V

3239

TRAITÉ COMPLET

D'ARITHMÉTIQUE.

IMPRIMERIE DE BACHELIER,
rue du Jardinet, nº 12.

COURS COMPLET

D'ARITHMÉTIQUE;

Par **L.-A. BOILLOT**,

Professeur de Mathématiques.

OUVRAGE APPROUVÉ PAR L'INSTITUT DE FRANCE.

DEUXIÈME ÉDITION,

ENTIÈREMENT DIFFÉRENTE DE LA PREMIÈRE, TANT SOUS LE RAPPORT DE LA
RÉDACTION, QUE SOUS CELUI DE L'ORDRE QUE L'AUTEUR A SUIVI
DANS L'EXPOSITION DES MATIÈRES.

A PARIS,

CHEZ L'AUTEUR, ÉDITEUR,

RUE DE LA HARPE, N° 66,

ET CHEZ LES PRINCIPAUX LIBRAIRES DES DÉPARTEMENTS.

1838

TABLE DES MATIÈRES.

NOTIONS PRÉLIMINAIRES.

Nature et origine du nombre.

TROISIÈME PARTIE DE LA NUMÉRATION.

Écriture en chiffres des nombres.

Des différentes espèces de nombres.

Des opérations élémentaires qui s'effectuent sur les nombres.

DE L'ARITHMÉTIQUE.

DE LA MULTIPLICATION.

Origine de cette troisième opération élémentaire.

DE LA DIVISION.

Origine de cette quatrième opération élémentaire.

Complément du problème de la division, ou origine des fractions ordinaires.

Changements que peuvent subir les deux termes d'une fraction.

Addition et soustraction des fractions et de leur réduction au même dénominateur.

Multiplication des fractions.

Division des fractions.

Moyen de simplifier les deux termes d'une fraction sans changer sa valeur.

Propriétés des nombres décimaux.

Complément du problème de la division par le secours des décimales, ou des quotients décimaux.

Théorie des décimales comparées aux fractions ordinaires.

Transformation d'une fraction ordinaire quelconque en décimales.

Transformation des fractions décimales en fractions ordinaires.

Addition et soustraction des nombres décimaux convertis en fractions ordinaires.

Multiplication et division des nombres décimaux, considérés sous la forme de fractions ordinaires.

Moyen de calculer le produit de deux nombres décimaux avec une approximation donnée.

De la troisième puissance d'un nombre ou du cube numérique.

De la quatrième puissance d'un nombre.

Origine de la sixième opération élémentaire ou de l'extraction des racines.

Du système et de la nomenclature des anciennes mesures.

Calculs des nombres complexes.

Transformation d'un nombre complexe en fraction ordinaire. De son unité principale ; et réciproquement.

De l'addition et de la soustraction effectuées immédiatement sur les nombres complexes.

Comparaison des mesures nouvelles aux anciennes ; et réciproquement.

PREMIER PROBLÈME.

RÉCIPROQUEMENT.

DEUXIÈME PROBLÈME.

TROISIÈME PROBLÈME.

Théorie des rapports et des proportions.

De l'équi-différence.

De l'équi-quotient, ou de la proportion.

De la règle d'intérêt simple.

De la règle d'intérêt composée.

De la règle d'escompte simple.

De la règle d'alliage.

Des progressions.

De la progression par différence.

Usages des logarithmes.

Des nombres dont les logarithmes ne se trouvent pas dans les tables.

Théorie des quantités ajoutées et soustraites.

Addition et soustraction des quantités ajoutées et soustraites.

De la soustraction des quantités ajoutées et soustraites.

De la multiplication des quantités ajoutées et soustraites.

Emploi des logarithmes des fractions ordinaires proprement dites.

Des logarithmes des quantités exprimées en décimales.

Des logarithmes dont les nombres ne se trouvent point dans les tables.

Des fractions ordinaires et décimales correspondantes à des logarithmes soustraits.

Du complément arithmétique, ou de la différence d'un nombre à son unité décuple.

Usages du complément arithmétique.

Application du complément arithmétique aux logarithmes.

Théorie des différents systèmes de numération.

De la transformation, dans le système décimal, d'un nombre écrit dans un système quelconque.

Transformation dans un système quelconque d'un nombre écrit dans le système décimal.

Théorie de la Divisibilité des nombres.

FIN DE LA TABLE DES MATIÈRES.

AVANT-PROPOS.

Le temps que l'on consacre d'habitude à une préface ne pourrait être mieux employé ici qu'à faire ressortir la grande utilité des Mathématiques, si je n'avais la certitude de n'exprimer que ce qui n'est ignoré de personne.

Mais, comme on peut se demander la cause pour laquelle ces connaissances, qui sont indispensables aux hommes de toutes les conditions, sont négligées à un tel point, qu'un très petit nombre d'entre eux les comptent pour quelque chose dans leur instruction, il convient de faire observer que c'est à cette fausse idée de croire les mathématiques beaucoup plus abstraites qu'elles ne le sont réellement, qu'il faut attribuer cette indifférence avec laquelle la jeunesse débute dans la carrière de ces sciences; indifférence qui du reste ne provient que de ce peu de confiance qu'elle a d'elle-même pour un genre d'étude qu'elle croit réservé à un petit nombre d'intelligences douées d'une organisation particulière pour ce genre d'étude.

De semblables idées, naît bientôt ce dégoût qui tout-à-coup rebute les commençants, et les éloigne ainsi d'une spécialité qui les prive de cet ensemble de connaissances qui, tout en ornant l'esprit, le développent et le fécondent.

Il importe donc que la jeunesse se pénètre bien que :
1° *n'est difficile à apprendre que ce qui est mal enseigné;*

2°. *N'est abstrait que ce que l'on ne peut éclaircir.*

Or, une science quelconque est toujours bien enseignée, si, d'une part, l'on a soin de se pénétrer des moyens que l'on veut employer pour la transmettre; et que, de l'autre, on présente cette science sous son véritable point de vue.

Ces deux conditions, essentielles à l'enseignement d'une science, ne peuvent se réaliser qu'autant que cette science est développée et expliquée sans emphase, ni confusion d'idées, au point de se trouver à *nu* et placée au grand jour, sous ses couleurs naturelles:

Alors, et dans ce cas seulement, il n'y a plus rien d'abstrait: l'élève voit, observe, compare et finit par porter un jugement certain sur l'ensemble du tout.

Tels sont les avantages qu'offre la méthode analytique que j'ai suivie dans la rédaction de cet ouvrage, comme étant la plus propre à aplanir les difficultés que présente aux commerçants l'étude des premiers éléments des sciences exactes; attendu que, aidée de l'analogie, cette méthode conduit le disciple et le maître de découvertes en découvertes, par cela même qu'elle procède du connu à l'inconnu, dans la voie du simple au composé; marchant constamment de propositions identiques en propositions identiques jusqu'à une dernière expression, la plus simple de toutes celles de la suite, renfermant implicitement la chose, qui, mise en évidence, ne peut échapper à l'une de ces définitions précises et générales qui constituent le fond des mathématiques.

Je ne m'attacherai pas davantage à faire ressortir tout le fruit que l'on peut retirer d'une telle méthode qui abonde en ressources et en moyens de tous genres, pour aplanir les difficultés et étendre à l'infini le cercle de l'intelligence.

Toutefois, on me permettra de faire connaître quels ont été les premiers succès que j'ai obtenus, en mettant sous les yeux de mes lecteurs le rapport qui a été fait à l'Institut de France, sur la première rédaction de cet ouvrage que je soumis à l'examen de l'Académie, dans le courant de l'année 1819.

A la vue de cette pièce, il jugera et de l'intérêt que peut offrir, et de l'utilité que peut avoir pour l'étude des premiers éléments des sciences mathématiques, cette seconde édition de mon *Traité d'Arithmétique*, qui, en raison des observations énoncées dans le rapport de l'Académie, diffère entièrement de la première, tant sous le rapport de la rédaction, que sous celui de l'ordre que j'ai suivi dans l'exposition des matières dont je m'occupe successivement.

Nota. *Les numéros entre parenthèses sont ceux des propositions auxquelles on aura recours pour faciliter la démonstration.*

RAPPORT

Fait à l'Institut de France, sur un ouvrage intitulé:
Traité......, *par* M. Boillot.

——◦◦◦——

Le secrétaire de l'Académie, pour les Sciences Mathématiques, certifie que ce qui suit est extrait du procès-verbal de la séance du lundi 3 avril 1820.

L'Académie nous a chargés, MM. Legendre, Poisson et moi, de lui rendre compte d'un traité d'Arithmétique, dont nous venons d'énoncer le titre. Ce titre, par sa bizarrerie, n'est pas fait pour prévenir en faveur de l'ouvrage; mais on serait injuste envers l'auteur si l'on n'en jugeait que sur cette indication. Il l'a heureusement oubliée pendant qu'il rédigeait son ouvrage, et a présenté, en général, les matières dont il s'occupe successivement à peu près de la même manière que tous ceux qui ont publié des traités d'Arithmétique élémentaire; mais il a eu soin de choisir presque toujours parmi les différentes méthodes qu'on peut employer pour exposer et démontrer les principes de l'Arithmétique, celles qui laissent dans l'esprit des Élèves les idées les plus nettes et les plus précises. Ce Traité est d'ailleurs très complet; l'extraction des racines, les diverses applications de l'arithmétique, la partie de la théorie des progressions qui sert à l'exposition de celle des logarithmes, comme on les présente ordinairement quand on veut le faire sans avoir recours à l'algèbre, et cette dernière théorie elle-même, y sont présentées d'une manière satisfaisante.

Nous ne balancerions pas à signaler ce Traité comme le meilleur des ouvrages de ce genre, si l'auteur n'avait mêlé à des développements très bien faits, à des définitions précises et à des raisonnements clairs et rigoureux, des passages où l'on voit avec peine des incorrections, et même des fautes trop évidentes pour qu'on ne soit pas surpris de ce qu'elles ont pu lui échapper. Il serait facile de faire disparaître la plupart de ces fautes, telle que la manière dont il énonce les quantités exprimées en décimales, et qui est aussi embarrassante, que contraire à l'usage généralement adopté (*); l'expression forcer un nombre, pour augmenter un nombre; la phrase où il dit le mot *ième*, au lieu de dire la terminaison *ième*; celle où il dit que le cube est formé du carré, comme celui-ci l'est de la racine; etc.

Mais on ne peut se dissimuler qu'il y en a quelques-unes qu'on ne pourrait corriger qu'en faisant des changements assez considérables dans l'ouvrage. Par exemple, l'auteur a tiré comme Euler la notion des fractions ordinaires de la nécessité d'exprimer le quotient de la division de deux nombres entiers, quand ce quotient n'est pas lui-même un nombre

---

(*) Par exemple, pour énoncer le nombre décimal abstrait 3,25, au lieu de dire 3 unités 25 centièmes, je disais 325 centièmes. Telles sont en effet les deux manières d'énoncer ces sortes de grandeurs. On verra dans cet ouvrage le motif qui m'avait conduit à adopter la seconde dans certains cas.

entier. Cette manière de présenter les fractions offre
quelques avantages quand on n'a parlé jusque alors que
de nombres entiers; mais comment peut-on y avoir
recours lorsqu'on a déjà, en traitant des fractions décimales, enseigné à partager l'unité en des parties
qu'on a nommées *dixièmes, centièmes,* non pour
exprimer le quotient d'une division, mais pour mesurer des grandeurs plus petites que l'unité (*).

L'auteur, après avoir donné les règles du calcul des
nombres décimaux en même temps que celles du calcul
des nombres entiers, d'après des raisonnements dont il
est difficile de se faire une idée bien nette, lorsqu'on
ne connaît pas encore les fractions ordinaires, revient,
après avoir traité de ces dernières, au calcul des décimales, et l'expose avec autant de clarté que de
simplicité. Nous pensons qu'il n'aurait dû en parler
que dans cet endroit, ce qui aurait rendu plus facile
à saisir le commencement de son Traité et aurait
aplani toutes ces difficultés que présente aux commerçants le calcul des décimales, sur lequel sa première manière laisse tant de nuages, tandis que la
seconde peut être regardée comme un modèle de la
précision et de la clarté qui font le principal mérite
d'un ouvrage de ce genre (**).

(*) J'ai donc dû supprimer la génération et la numération
des décimales, que je donnais immédiatement après le système de numération adopté pour les nombres entiers, pour
n'en parler qu'à la suite des fractions ordinaires, comme leur
donnant elles-mêmes naissance.

(**) Cette observation est la conséquence de la précédente :

Tel qu'il est, nous pensons qu'il peut être très utile pour l'enseignement des premiers éléments des sciences mathématiques, et que l'auteur a droit aux encouragements de l'Académie, si par une nouvelle rédaction de quelques chapitres il fait disparaître les défauts dont nous venons de parler, et quelques autres dont il lui sera facile de s'apercevoir, en examinant de nouveau son ouvrage dans l'esprit qui a présidé à la plus grande partie de son travail.

Signé, Poisson, Legendre, Ampère rapporteur.

L'Académie approuve le rapport et en adopte les conclusions.

Certifié conforme à l'original.

Le secrétaire perpétuel, chevalier des ordres royaux de Saint Michel et de la Légion-d'Honneur,

Signé, **DELAMBRE.**

---

aussi ayant, conformément à cette dernière, différé l'exposé des décimales, jusqu'à ce que j'aie fait celui des fractions ordinaires, il s'en est suivi que je n'ai pu fournir le calcul des nombres décimaux immédiatement à la suite de celui des nombres entiers ; et que j'ai dû m'en tenir à ma seconde manière de composition et de décomposition de ces grandeurs continuellement sous-décuples, ou dix en dix fois plus petites.

EXPLICATION

Des signes et termes techniques employés dans le cours de cet ouvrage.

⟞⬤⟝

SIGNES.

— c'est le signe de l'addition : il veut dire *plus*. Ainsi l'expression $4+3$, s'énonce *quatre plus trois,* et indique qu'il faut ajouter à 4 les trois unités contenues dans 3.

— Ce signe, qui est celui de la soustraction, s'énonce *moins.* Or, l'expression $7-4$ se traduira ainsi : *sept moins quatre;* ce qui veut dire que 7 doit être diminué des quatre unités composant le nombre 4.

= c'est le signe que l'on emploie pour exprimer l'égalité entre deux quantités : il se prononce *égale.* L'expression $4+3=7$ a pour énoncé *quatre plus trois égalent sept;* celle $7-4=3$ s'énoncera sept moins quatre. égale trois.

$>$ $<$ ces deux angles servent à désigner l'inégalité entre deux grandeurs; on place la plus grande de ces deux quantités du côté de l'ouverture de l'angle.

Exemple : $7+4>5$, que l'on prononce *sept plus quatre plus grand que cinq;* ce qui pourrait encore se désigner ainsi : *cinq plus petit que sept plus quatre;* mais il faudrait alors écrire $5<7+4$.

$\times$ Ce signe, qui est celui de la multiplication, signifie *multipliant* ou *multiplié par.* En sorte que cette indication 4×3 a pour énoncé *quatre multipliant* ou *multiplié par trois.*

Il ne faut pas confondre ce signe avec celui de l'addition $(+)$ qui est formé d'une ligne horizontale et d'une ligne verticale, perpendiculaires l'une à l'autre, tandis que le premier de ces signes est formé de deux obliques, qui, à la vérité, peuvent être aussi perpendiculaires l'une à l'autre.

Ce signe de la multiplication se remplace quelquefois par un point (.) mis entre les deux facteurs. D'où il suit que les deux expressions 4×3 et 4.3 sont identiques. On a donc.... $4 \times 3 = 4.3$.

: deux points ainsi disposés constituent le signe de la division : ils s'énoncent *divisé par;* c'est pourquoi $12 : 4$ se traduit *douze divisé par quatre.*

Une division s'indique aussi en écrivant la quantité à diviser au-dessus de celle qui doit la diviser, ayant soin de les séparer par un trait horizontal. Donc $12 : 4 = \dfrac{12}{4}$.

Le premier de ces signes de la division (:) s'emploie aussi dans les rapports, les proportions et les progressions par quotient, où il s'énonce *est à.*

Dans l'équi-différence où ce signe est encore employé, il veut dire *comme.*

Ces deux points ont encore cette dernière dénomination, quand ils sont séparés par un trait horizontal ($\div$), et placés devant l'équi-différence continue et la progression par différence.

:: Ces quatre points s'énoncent *comme* dans l'équi-quotient où ils sont employés.

Ils conservent encore la même signification lorsqu'ils sont séparés par un trait horizontal ($\div\div$) et qu'ils précèdent la progression par quotient.

$\sqrt{}$ c'est le signe *radical;* il indique une racine à extraire. On place dans son ouverture le nombre qui marque le degré de la racine à extraire.

C'est ainsi que $\sqrt[3]{8}$ signifie *qu'il faut extraire la racine troisième ou cubique de 8.*

Lorsqu'il n'y a point de nombre dans le radical, c'est tou-

jours une *racine deuxième* ou *currée* qu'il faut extraire ; c'est-
à-dire celle du degré le plus bas.

± Ce double signe de l'addition et de la soustraction s'énonce
plus ou moins, et s'emploie pour marquer que les quantités
qui en sont affectées peuvent être ajoutées ou soustraites.
C'est ainsi qu'à l'aide de ce double signe, dans la théorie
des rapports, nous indiquons que la somme ou la différence
des antécédents est à la somme ou à la différence des conséquents, comme l'un quelconque des antécédents est à son
conséquent.

Par exemple, dans cette suite de rapports égaux $8:4::6:3$,
on a $8 \pm 6 : 4 \pm 3 :: 8 : 4$ ou comme $6 : 3$; ce qui signifie que
$8 + 6$ ou $8 - 6$ est à $4 + 3$ ou à $4 - 3$, comme $8 : 4$ ou
comme $6 : 3$.

( ) Les parenthèses seront employées pour renfermer toutes
les quantités liées entre elles par l'indication d'une même
opération, chaque fois que le résultat de celle-ci devra
subir une autre opération ou concourir à la formation de
celui de cette dernière, afin de ne pas effectuer sur une grandeur concourant au résultat d'une opération, ce qui ne devra
être exécuté que sur ce même résultat.

Exemple. Pour indiquer que la somme des nombres 4 et 3,
qui est $4 + 3$, doit être multipliée par la différence de 7 sur 5,
ou par $7 - 5$, il faudra écrire $(4 + 3) \times (7 - 5)$; car si l'on
écrivait $4 + 3 \times 7 - 5$, on serait en droit d'ajouter ici à 4 le
produit de 3 par 7, pour ensuite diminuer cette somme de 5 ;
ce qui donnerait 79, tandis qu'il faut prendre la somme $4 + 3$
ou 7, autant de fois qu'il y a d'unités dans la différence de 7
sur 5 ; on a 14, résultat bien différent du précédent.

De plus, si l'on était obligé de multiplier le produit en croix
$(4 \times 3) \times (7 - 5)$, par la somme $6 + 2$, on serait obligé de
renfermer de nouveau son couple de facteurs $(4 \times 3) \times (7 - 5)$
entre deux autres parenthèses ou deux crochets $(\ [\ ]\ )$, et
l'affecter ensuite du nouveau facteur $(6 + 2)$; ce qui donnerait $[(4 \times 3) \times (7 - 5)] \times (6 + 2) = 112$.

TERMES TECHNIQUES.

Axiome. C'est une vérité incontestable, ou une proposition évidente par elle-même.

Ainsi, la proposition : *le tout est plus grand que l'une de ses parties* est un axiome.

Théorème. C'est une vérité qui devient évidente à la suite d'une démonstration ; telle est, par exemple, cette proposition : *lorsque plusieurs nombres ont un diviseur commun, leur somme a le même diviseur.*

Problème. C'est une question proposée qui exige une solution.

Exemple. *Trouver le nombre dont le quart égale une demie.*

On verra, dans le cours de cet ouvrage, comment on obtient 2 pour la solution de cet énoncé.

Lemme. C'est une proportion qui prépare la démonstration d'une autre.

Exemple. Soit à démontrer le moyen de multiplier entre eux les rapports par quotient.

Ce lemme : *puisque pour multiplier entre elles les fractions, on multiplie les numérateurs entre eux, et les dénominateurs aussi entre eux,* fait conclure que, pour multiplier les rapports par quotient entre eux, il faut faire séparément le produit des antécédents et celui des conséquents, qui sont respectivement les numérateurs et les dénominateurs des fractions exprimant les rapports en question.

Porisme. C'est une proposition à démontrer, telle que la suivante : *deux fractions qui ont le même numérateur, sont en raison inverse de leurs dénominateurs.*

On en trouvera la solution dans la théorie des rapports directs et inverses.

Scolie. C'est une remarque faite sur une ou plusieurs propositions précédentes. C'est ainsi qu'après avoir fait connaître les changements que peuvent subir les deux termes d'une fraction ordinaire ; l'une des scolies ou re-marques que nous ferons est que : *la valeur d'une fraction est indépendante de la valeur particulière de ses termes*, ou, en d'autres termes, *on peut multiplier comme on peut diviser les deux termes d'une fraction, chacun par un même nombre, sans changer la valeur de la fraction.*

Corollaire. C'est la conséquence qui découle d'une ou de plu-sieurs propositions précédentes ; ainsi, ayant dé-montré que multiplier par la fraction deux tiers, ou celle trois quarts, etc., c'est prendre les deux tiers, ou les trois quarts, etc., du multiplicande, nous dé-duirons le corollaire ou la conséquence suivante : donc, pour prendre les deux tiers, les trois quarts, etc., d'un nombre quelconque, il faut mul-tiplier ce nombre quelconque par la fraction deux tiers, ou par celle trois quarts, etc.

Hypothèse. C'est une supposition faite, dans l'énoncé d'une proposition, ou dans le cours d'une démons-tration.

Le nom commun de *proposition,* se donne indifféremment aux quatre termes qui suivent l'*axiome.*

Nota. Si j'ai donné un exemple à la suite de la définition que j'ai fournie de chacun des signes et termes techniques ci-dessus, c'est moins pour que le lecteur s'en occupe ici, que pour lui fournir le moyen de fixer ses idées sur leur emploi, lorsqu'il sera en état d'en faire usage. Pour le moment, il suffit qu'il se rende ces termes et ces signes familiers.

INTRODUCTION.

⸺❦⸺

Des mathématiques en général.

Ce ne serait pas sans difficultés qu'on se propose-
rait de mettre ici à la portée des commençants la définition des mathématiques, ainsi que chacune des
parties qui les composent, attendu qu'il faut déjà
avoir des notions sur ces sciences pour en concevoir
le fond et l'utilité ; aussi mon but, pour le moment,
est moins de chercher à les définir avec succès, que
d'en donner une idée aussi exacte que possible.

A cet effet, je ferai observer, sauf la chance de me
répéter plus tard, qu'une chose n'étant grande ou
petite, que par la comparaison qu'on en fait à une
autre plus petite ou plus grande, et de même espèce ;
il s'ensuit qu'une individualité quelconque peut être
plus ou moins considérable.

Partant, tout ce qui est ainsi susceptible d'être plus
ou moins considérable se nomme *grandeur* ou *quantité*. Donc, tout ce que l'on pourra faire sur les quantités, se réduira à leur augmentation ou à leur diminution.

Cela posé, l'ensemble des principes à l'aide desquels on parvient tant à la composition qu'à la décomposition des grandeurs en général, est précisément ce que l'on nomme *mathématiques*.

Pages.

156,   le nᵒ 192 *est* le nᵒ 182.
169,   le nᵒ 119 *est* le nᵒ 182.
205,   le nᵒ 554 *est* le nᵒ 254.

TRAITÉ COMPLET

D'ARITHMÉTIQUE.

NOTIONS PRÉLIMINAIRES.

1. La pluralité est dans la nature : partout on la remarque; aussi cette idée de pluralité est-elle en quelque sorte innée chez l'homme; car quel que soit l'objet qu'il envisage, un arbre, un fruit, une pierre, etc., il a de suite l'idée de plusieurs arbres, de plusieurs pierres, etc. : donc la pluralité de chaque espèce de choses est évidente.

Cela posé, il est en outre à la connaissance de l'homme que chacune de ces collections de choses de différente nature, varie à l'infini; cette variété lui est d'autant mieux connue, qu'il n'ignore pas qu'elle est souvent subordonnée à sa volonté, puisqu'il peut lui-même former des assemblages de pierres, de fruits, etc.; de même qu'il place arbitrairement les extrémités d'une ligne, ce qui lui donne des longueurs plus ou moins grandes, avec lesquelles il lui est loisible de renfermer des surfaces plus ou moins considérables, etc.

Partant, comme toutes ces différentes réunions de choses homogènes, composant des *tous* d'une variété infinie, sont, ainsi que les distances, ce qu'on appelle *quantités* ou *grandeurs*, nous sommes en droit de dire qu'il faut entendre par grandeur ou quantité *tout ce qui est susceptible d'augmentation ou de diminution.*

Il est à remarquer, d'après ce qui vient d'être dit, que

l'une des deux propriétés, *augmentation* ou *diminution*, seule, suffit pour qu'une chose fasse partie des grandeurs ou des quantités.

Or, l'augmentation et la diminution des quantités, qui sont, par la définition même des grandeurs, les seules opérations auxquelles elles soient assujéties, constituent ce que nous nommerons leur *composition et leur décomposition*.

Les lois desquelles dépendent ces deux genres d'opérations sur les quantités, reposant sur des principes évidents par eux-mêmes, tel que celui-ci : *le tout est plus grand que l'une de ses parties*, il en résulte que la composition et la décomposition des grandeurs ont en quelque sorte pour principes de ces vérités que certains philosophes nomment lois de croyance, au lieu *d'évidence de fait*, et que je désignerai sous le nom de *vérités* ou de *connaissances exactes*.

Les mathématiques ne traitant, en général, que de la composition et de la décomposition des quantités, ainsi que des relations qu'elles ont entre elles, nous dirons, pour le moment, que *ce sont des connaissances acquises par des vérités exactes, ou des connaissances basées sur des principes évidents par eux-mêmes*.

Si nous ajoutons à cela, ce que nous avons déjà dit, qu'on doit entendre par science *une collection de connaissances fondées sur des principes sûrs et certains*, nous saurons que *les mathématiques sont des sciences exactes, qui ne traitent, en général, que des grandeurs*, ou *la science, qui, en fournissant les moyens de mesurer les quantités, fait connaître les relations qui existent entre elles*.

Par cette définition des mathématiques, on voit combien leur champ est vaste, en raison de la multiplicité des choses susceptibles d'être augmentées ou d'être diminuées.

Il convient de faire remarquer ici, à l'égard des quantités, qu'il n'en existe aucune d'absolue ; car l'absolu détruit toute espèce de comparaison ; tandis que les grandeurs ne sont autre chose que des résultats ou des termes de quelque comparaison : nos expressions mêmes dans le discours, si l'on y fait attention, expriment fréquemment des termes ou des résultats de quelque comparaison. D'où il suit que rien n'est absolu dans la nature.

Ainsi, une chose, un être, ou mieux une individualité quelconque, qui serait envisagée seule, ne serait ni grande, ni petite. Telle serait par exemple, *la baleine* considérée isolément ; mais si on la rapproche de *l'animalcule des infusions*, on dira alors qu'elle est grosse, et que celui-ci est petit.

Il résulte de là qu'une quantité ne peut être grande ou petite, qu'autant qu'elle est comparée à une autre qui lui est inférieure ou supérieure, et en même temps *homogène* ; car, si l'on comparait des quantités *hétérogènes*, il est évident qu'on ne pourrait en retirer aucun résultat : telle serait, par exemple, la comparaison de *l'odeur* d'une fleur au *son* d'une cloche. Donc il faut comparer les odeurs aux odeurs, les sons aux sons, etc.

2. Le résultat de chacune de ces comparaisons, comme celui de tout autre, se nomme *rapport*.

On entendra donc par rapport, *le résultat de la comparaison de deux, ou d'une plus grande quantité de grandeurs homogènes.*

Comme on peut comparer les quantités sous divers points de vue, c'est-à-dire, qu'on peut avoir pour but de déterminer, ou leur longueur, ou leur pesanteur, ou etc., il s'ensuit qu'on obtiendra autant de rapports différents que l'on fera de comparaisons différentes ; savoir : dans le premier cas, *rapport de longueur* ou *rapport linéaire* ; dans le second, *rapport de poids,* de *pesanteur* ou de *gravité*, etc.

3. Pour comparer ainsi les quantités, il a donc fallu imaginer, pour chaque comparaison, une autre quantité de même nature que celle qu'on voulait comparer.

Chacune des quantités imaginées à cette fin, est appelée *unité*. On entendra donc par unité, *une quantité prise arbitrairement pour terme de comparaison à toutes les grandeurs de son espèce.*

1..

Il suit de cette définition de l'unité, qu'il y en a d'autant d'espèces, qu'on envisage de quantités différentes.

L'unité *linéaire* ou de *longueur* était le *pied de roi*, que tout le monde connaît ; on s'en servait pour mesurer les petites distances. Lorsqu'il était question de longueurs plus considérables, on se servait de la *toise*, qui était une autre unité de longueur composée de plusieurs fois la première. L'unité de *poids* était la *livre*, etc.

Mais comme ces sortes d'unités ont été rejetées à cause de leur peu d'uniformité, il est inutile de les définir ici, avec d'autant plus de raison que, par la suite, nous aurons occasion de nous en occuper lorsque nous exposerons l'ancienne et la nouvelle nomenclature des poids et mesures. En attendant, nous nous servirons de ces anciennes unités comme nous étant plus familières, et, par conséquent, plus propres à nous faire comprendre l'origine et la nature du *nombre*.

A l'égard de l'origine du nombre, dont nous allons nous occuper, il est bon de prévenir que nous ne considérerons, pour le moment, que le nombre entier ; sa définition, sur laquelle nous fournirons un commentaire, pour faire voir comment on est conduit à un système de numération, mettra le lecteur à même de comprendre celle que nous donnerons de chacun des autres nombres, lorsqu'ils se présenteront à la suite de nos développements.

Nature et origine du nombre.

4. Pour se former une idée juste du nombre, il convient de remonter à son origine. A cet effet, il suffit de résoudre cette question :

Déterminer une longueur quelconque : d'une table, par exemple.

Solution. Pour arriver à ce but, on appliquera sur cette longueur, l'unité pied, autant de fois que faire se pourra.

En supposant, abstraction faite du reste ou partie de l'unité, qui peut résulter d'une semblable comparaison, que cette unité pied ait été placée, sur la longueur donnée, une fois, plus une fois, il en résultera, d'après ce qui a été dit, que le rapport au pied, de cette longueur en question, est *un pied plus un pied :* résultat dont on ne peut se rendre compte ; mais afin de l'évaluer d'une manière précise, je compare ensuite la quantité d'unités le composant, à l'unité même ; et la quantité de fois que celle-ci sera contenue dans la quantité même de ces unités, me fournira le *nombre* exprimant le rapport de longueur cherché.

On peut donc dire, que le nombre *est le rapport de la quantité à l'unité.*

Pour en revenir à notre rapport, nous dirons qu'il pouvait être plus considérable, suivant que la longueur proposée se fût trouvée *d'un pied* de plus, ainsi de suite, à l'infini ; car il n'existe aucune quantité absolue, puisqu'elles ne sont grandes ou petites que les unes par rapport aux autres, et qu'ainsi, telle longueur qu'on juge considérable, comparativement à une autre, fait conclure à son tour qu'une nouvelle distance à laquelle on la rapporte est elle-même considérable.

Exemple. La distance de *Paris* à *Lyon* est petite à l'égard de celle de *Paris* à *Pékin.* Cette dernière devient petite si on la compare à la distance de la *Terre* au *Soleil ;* comme celle qui sépare notre *globe* de *Sirius* est grande par rapport à l'éloignement où nous sommes du *Soleil.*

5. Ces différentes hypothèses, auxquelles vient de donner lieu la solution précédente, nous fournissent donc les rapports suivants : *un pied plus un pied, un pied plus un pied plus un pied ; puis ce dernier augmenté encore d'un pied,* ainsi de suite, à l'infini.

Or, si nous comparons séparément chacun de ces rapports à l'unité *pied,* afin d'en conclure le nombre exprimant en *pieds* la longueur de chacune des lignes qu'ils représentent, nous obtiendrons ainsi une série de nombres dont chacun surpassera son précédent de l'unité. Telle est la suite naturelle et indé-

finie des nombres ; suite qui s'établit par conséquent en ajoutant continuellement l'unité à elle-même. Donc on peut définir ainsi le nombre :

C'est l'assemblage ou *la collection de plusieurs unités de
même espèce*. Quant à son origine, on voit *qu'elle vient* effectivement de *la comparaison d'une quantité d'unités à l'unité
même*.

6. D'après ce qui précède, si l'on voulait déterminer la *superficie* d'une *surface*, ou la *pesanteur* d'un *corps* quelconque,
il faudrait, d'une part, appliquer sur cette surface, selon les
moyens indiqués en géométrie, l'unité *are*, autant de fois que
cette *unité agraire* pourrait y être appliquée ; et, de l'autre
part, placer l'unité *livre* dans l'un des bassins d'une balance,
autant de fois qu'il serait nécessaire pour établir l'équilibre
avec l'autre bassin dans lequel serait déposé le corps proposé.

Cela étant fait, on se conduira comme dans l'exemple du
n° 4, c'est-à-dire que chacun de ces derniers rapports, qu'on
peut, toutefois, considérer comme étant exprimés respectivement par *un are plus un are plus un are*, et par *une livre plus
une livre plus une livre plus une livre*, se comparera à son
unité respectivement homogène, afin de connaître la quantité
de fois qu'elle y est contenue ; et, par suite, conclure que tel
est le nombre par lequel on pourra désigner chacun d'eux en
particulier.

Ces derniers exemples suffisent pour faire conclure, en outre,
que toutes les grandeurs pourront toujours ainsi être rappor-
tées à leurs unités homogènes : donc, *elles seront toutes, au besoin, susceptibles d'être évaluées en nombres*.

7. C'est ainsi que, par le secours du nombre, nous parve-
vons, non-seulement à nous rendre compte de l'idée de pluralité que nous suggère la répétition de chaque objet, mais
encore à fixer celle que nous devons concevoir de la *grandeur*
de chaque quantité en particulier et considérée dans sa nature
propre.

Ce premier pas étant fait, il n'y avait, à proprement parler, que la curiosité de satisfaite ; un besoin plus pressant encore, la *nécessité*, a dû, presque aussitôt, imposer à l'homme l'obligation de retirer tout le parti possible de son idée sur l'origine du nombre.

A cet effet, il est clair qu'après avoir imaginé et appris à former le nombre, l'homme a dû concevoir, sans peine, l'idée de former de nouveaux nombres, par le moyen d'autres nombres déjà tous formés : opération qu'il a nommée, avec juste raison, *composition des nombres*, ou, pour plus de généralité, *composition des quantités*.

Enfin, il a senti aussi la nécessité de s'assurer, par l'opération inverse, qui est la *décomposition des grandeurs*, de l'exactitude de la composition qu'il faisait de chacun, suivant ses besoins et l'utilité de tous ; de là l'origine des *sciences mathématiques*, qui n'ont, à proprement parler, pour objet que *la composition et la décomposition des grandeurs en général*.

8. *Corollaire.* Il suit de ce qui précède que, pour former le nombre, *il faut ajouter successivement l'unité à elle-même ;* mais cette opération pouvant être répétée indéfiniment, nous conduit à une collection indéfinie de nombres, qui ne peuvent être distingués les uns des autres que par des noms.

Il conviendra aussi de les représenter par des caractères particuliers, afin de simplifier leur écriture et de rendre leurs opérations de composition et de décomposition plus faciles. Telles sont les considérations qui ont conduit à un système de numération.

DE LA NUMÉRATION.

9. *La numération,* qui repose sur des conventions, *est donc l'art de former et de nommer les nombres ;* de même que, par son secours, *on parvient à les exprimer avec des caractères qu'on appelle chiffres :* elle offre par conséquent trois parties bien distinctes, qui sont : 1° *La formation des nom-*

*bres ; 2° les noms des nombres ; 3° enfin, l'écriture en chiffres
des nombres.*

PREMIÈRE PARTIE DE LA NUMÉRATION.

Formation des nombres.

10. Pour comprendre la formation des nombres, il suffit
de se rappeler qu'on part de l'unité, qui est le seul et unique
extrême de leur suite naturelle et indéfinie, et qu'ainsi, cette
unité, augmentée d'elle-même, donne un nouveau nombre
qui, étant encore augmenté de l'unité, en fournit un nouveau; ainsi de suite.

D'après cela, on voit qu'effectivement, la quantité des
nombres est illimitée : car quel que soit le nombre qu'on ima-
gine, on en découvre de suite un plus grand, en lui ajoutant
seulement l'unité ; et cette opération pouvant être répétée
indéfiniment, il s'ensuit évidemment, que la limite des
nombres est indéfinie. Cette collection indéfinie de nombres
nous conduit, comme je l'ai déjà dit, à la nécessité de donner à chacun d'eux un nom particulier, afin de pouvoir les
distinguer les uns des autres.

DEUXIÈME PARTIE DE LA NUMÉRATION.

Noms des nombres.

11. On entrevoit d'abord le grand inconvénient qu'on rencontrerait si l'on se proposait d'imaginer un nom pour
chaque nombre, puisque leur quantité est illimitée; mais afin
d'obvier à cet obstacle, on a commencé par donner aux premiers nombres les noms : *un, deux, trois, quatre, cinq, six,
sept, huit* et *neuf.* Ce dernier, augmenté de l'unité, donne le
nombre *dix.*

De cette collection de dix unités, on a formé un nouvel.

ordre d'unités nommées *dixaines* : de sorte que l'on comptera autant d'unités dixaines que l'on vient de compter d'unités simples. On dira donc : *une dixaine, deux dixaines, trois dixaines, quatre dixaines, cinq dixaines, six dixaines, sept dixaines, huit dixaines* et *neuf dixaines.*

Ces collections d'unités dixaines, expriment respectivement les nombres *dix, vingt, trente, quarante, cinquante, soixante, septante, octante* et *nonante.*

Mais, pour nous conformer à l'usage généralement adopté, au lieu de dire *septante, octante* et *nonante*, nous dirons respectivement *soixante-dix, quatre-vingt* et *quatre-vingt-dix.* C'est là l'une des bizarreries que nous avons à signaler dans le système de numération.

Comme chaque dixaine se forme du premier nombre *un*, augmenté successivement de neuf fois l'unité, il est évident que, pour aller d'une dixaine à l'autre, on comptera neuf nombres intermédiaires, qui seront les neuf premiers; en sorte qu'on aura, entre dix et vingt, les neuf nombres : *dix-un, dix-deux, dix-trois, dix-quatre, dix-cinq, dix-six, dix-sept, dix-huit* et *dix-neuf.*

Mais, par une seconde bizarrerie, consacrée aussi par l'usage, au lieu de dire *dix-un, dix-deux, dix-trois, dix-quatre, dix-cinq, dix-six*, on dit, respectivement : *onze, douze, treize, quatorze, quinze* et *seize.*

De vingt à trente, on comptera : *vingt-un, vingt-deux, vingt-trois, vingt-quatre, vingt-cinq, vingt-six, vingt-sept, vingt-huit* et *vingt-neuf;* même répétition de trente à quarante, de quarante à cinquante, etc.

De cette manière, on arrivera au nombre *quatre-vingt-dix-neuf,* ou *nonante-neuf,* qui est composé des collections de neuf dixaines et de neuf unités simples. Ce nombre quatre-vingt-dix-neuf étant augmenté d'une unité, donne celui qu'on appelle *cent.* Ce nombre cent est donc composé de neuf dixaines, de neuf unités, et plus encore de l'unité; c'est-à-dire de *dix dixaines.*

Cela étant, on comptera autant d'unités de cette dernière collection que l'on en a compté des précédents ordres. On dira donc : *une centaine, deux centaines,... et neuf centaines*, ou, plus simplement , *cent, deux cents,... et neuf cents*.

Comme chaque centaine est composée de l'unité , augmentée successivement de quatre-vingt-dix-neuf fois elle-même, il est clair que, pour arriver à cette centaine, il faut passer par chacun des quatre-vingt-dix-neuf premiers nombres, puis augmenter le dernier de l'unité; d'où il suit évidemment qu'on doit compter ces mêmes quatre-vingt-dix-neuf premiers nombres d'une centaine à l'autre ; et que, pour aller sans interruption de l'une d'elles à celle qui suit immédiatement, il faut ajouter successivement chacun de ces quatre-vingt-dix-neuf premiers nombres à chacune des collections de une, de deux... et de neuf centaines, de la même manière que les neufs premiers de ces nombres ont été ajoutés à chacune des neuf collections de dixaines.

En opérant ainsi , on arrive au nombre *neuf cent quatre-vingt-dix-neuf*, qui se compose des collections de neuf centaines, de neuf dixaines et de neuf unités. Ce nombre étant augmenté de l'unité, donne le nombre *mille*, qui est donc composé de dix unités de centaines.

Cette collection de dix centaines forme encore un nouvel ordre d'unités nommé *mille*; en sorte que l'on comptera par mille, comme on a compté par unités simples, par unités de dixaines et par unités de centaines.

Il n'est pas difficile de remarquer que , d'une unité de mille à l'autre, on compte les neuf cent quatre-vingt-dix-neuf premiers nombres, puisque chaque unité de mille se forme elle-même, en passant successivement par chacun de ceux-ci ; et en augmentant le dernier de l'unité. Ainsi, ajoutant successivement chacun de ces neuf cent quatre-vingt-dix-neuf premiers nombres, à chacune des collections de une, de deux... et de neuf unités de mille, on arrivera au nombre *neuf mille neuf cent quatre-vingt-dix-neuf,* qui, étant augmenté de l'unité, donne le nombre *dix mille*, qui est composé de dix unités de mille ; et qui, par les mêmes raisons que ci-dessus, formera encore un nouvel ordre d'unités nommé *dixaines de mille*.

On remarque encore que les neuf mille neuf cent quatre-vingt-dix-neuf premiers nombres sont intermédiaires entre chacune de ces nouvelles unités à l'autre. Or, en les ajoutant successivement à chacune des collections de une, de deux,... et de neuf unités de dixaines de mille, on arrive au nombre *quatre-vingt-dix-neuf mille neuf cent quatre-vingt-dix-neuf,* qui, augmenté de l'unité, donne le nombre *cent mille,* égal à la collection de dix dixaines de mille.

Ainsi, cette collection de dix dixaines de mille, forme l'ordre des centaines de mille, dont les différentes collections de une, de deux..., et de neuf unités de cet ordre, ont pour intermédiaires les quatre – vingt – dix – neuf mille neuf cent quatre-vingt-dix-neuf premiers nombres. Chacun de ceux-ci étant ajouté successivement à la collection de neuf centaines de mille, donnera le nombre *neuf cent quatre-vingt-dix-neuf mille neuf cent quatre-vingt-dix-neuf,* qui, augmenté de l'unité, donne le nombre *million.* Comptant autant d'unités million qu'on en a compté des précédentes, on formera l'ordre des unités millions, qui auront pour intermédiaires les neuf cent quatre-vingt-dix-neuf mille neuf cent quatre-vingt-dix-neuf premiers nombres.

Actuellement, on formera les dixaines et centaines de millions, et l'on aura ainsi les différentes unités de cet ordre million, dont les dixaines auront pour intermédiaires les neuf millions neuf cent quatre-vingt-dix-neuf mille neuf cent quatre-vingt-dix-neuf premiers nombres, et les centaines de ce même ordre d'unités million, auront pour intermédiaires les quatre-vingt-dix-neuf millions neuf cent quatre-vingt-dix-neuf mille neuf cent quatre-vingt-dix-neuf premiers nombres. Tous ceux-ci étant alors ajoutés successivement à la collection de neuf unités de centaines de millions, et le tout augmenté de l'unité, donne le nombre *billion,* qui lui-même compose encore un nouvel ordre d'unités de ce nom, dont les unités, les dixaines et les centaines, qui le composent, se forment comme celles des millions.

On continuera de créer ainsi les unités simples, les dixaines et les centaines de chacun des ordres *trillions, quatrillions, quintillions, sextillions,* etc., qui composent une suite ascendante d'unités continuellement *dix en dix fois plus grandes* ou *décuples.*

Telle est la propriété la plus remarquable du système de numération.

12. Si l'on examine attentivement la liaison de cette infinité d'ordres d'unités continuellement décuples on voit qu'on peut en simplifier le nombre, si je puis m'exprimer ainsi, en n'en composant qu'un seul avec trois de ceux-ci, et qui seront alors de *mille en mille fois plus grands;* savoir : 1º unités simples, unités, dixaines et centaines, pour le *premier ordre ternaire,* qui sera celui des *unités simples;* 2º unités, dixaines et centaines de mille, pour le *second ordre* aussi *ternaire,* qui sera celui des *mille;* 3º mêmes unités de millions, de billions, etc., pour les *troisième, quatrième,* etc., *ordres ternaires,* qui seront respectivement ceux des *millions,* des *billions,* etc.

13. *Scolie.* Il est à remarquer, sur la formation de ces différents ordres d'unités, qu'à partir des dixaines, pour aller de chacun d'eux à celui qui est immédiatement supérieur, on compte neuf unités de l'ordre d'où l'on part, comme le passage de chacun des trois ordres décuples, composant les ordres ternaires, à celui de l'ordre aussi décuple qui lui correspond, dans la tranche ternaire immédiatement supérieure, s'opère en comptant neuf cent quatre-vingt-dix-neuf unités de l'ordre de celles desquelles on part.

Ainsi, de mille à dix mille, on compte neuf unités de mille; et de dix mille à cent mille, on compte neuf dixaines de mille; comme aussi, de dix millions à dix billions, on compte neuf cent quatre-vingt-dix-neuf dixaines de million, etc.

D'où il suit que, pour déterminer la quantité des nombres par lesquels il faudra passer pour arriver à l'unité de tel ou tel ordre décuple; en partant de l'unité simple, on calculera de proche en proche, comme il a été dit, ceux que l'on compte pour arriver à chacune des unités des différents ordres décuples qui précèdent ceux dont il s'agit ; et l'on verra sans peine que cette quantité de nombres à compter est exprimée par un nombre composé d'autant de collections de neuf unités des différents ordres décuples qui précèdent celui de cette unité à laquelle on se propose d'arriver, qu'il y a de ces ordres décuples avant cette dernière.

14. Il n'est pas hors de propos de faire connaître ici la version la plus vraisemblable sur l'origine de la base du système de numération.

A ce sujet, nous ferons observer que, si le langage d'action a été le premier langage à l'aide duquel l'homme a transmis sa pensée à son semblable, le calcul des doigts a dû précéder aussi tous les autres calculs. Pour s'en convaincre, que l'on considère devant un arbre fruitier le premier homme qui imagina le moyen d'évaluer en nombre une collection quelconque d'individualités de telle ou telle espèce : là, pour se rendre compte de la quantité de fruits qu'il remarquait sur cet arbre, il dut nécessairement en compter d'abord autant qu'il voyait de doigts dans l'une de ses mains, puis autant qu'il en remarquait dans l'autre ; mais, ne trouvant bientôt plus dans ses mains de quoi continuer son addition successive, en passant d'un doigt à l'autre, à mesure qu'il allait de fruits en fruits, il eut recours au même expédient, en considérant de nouveau un doigt pour l'équivalent de dix autres représentant une semblable collection de fruits : ce qui le conduisit évidemment à une nouvelle suite d'unités qui s'étendait jusqu'à *dix fois dix*. De cette manière, il conçut les collections de *dix dixaines* ou de *cent unités*, de *dix fois cent* ou de *mille unités* ; ainsi de suite. De là, l'idée d'une suite d'unités continuellement *décuples*.

TROISIÈME PARTIE DE LA NUMÉRATION.

Écriture en chiffres des nombres.

15. Le premier calcul ayant été celui des doigts, il est clair que ceux-ci durent servir à exprimer tous les nombres possibles. En effet, si l'on représente l'unité simple par le petit doigt, le suivant représentera l'unité dixaine, et les deux réunis exprimeront le nombre *onze;* le troisième doigt représentera alors une centaine, le suivant l'unité de mille, et le pouce la dixaine de mille. Donc, les cinq doigts de l'une des mains, en commençant par le pouce, exprimeront le nombre *dix mille,* plus *mille,* plus *cent,* plus *dix* et plus *un,* ou *onze mille cent-onze.*

Ceci est suffisant pour faire voir de quelle manière on a dû se servir de ses doigts pour calculer; mais, quel que fût d'ailleurs ce moyen, il était trop compliqué pour qu'on n'eût pas recours à un expédient plus simple pour exprimer les nombres, et en opérer la composition et la décomposition : tel est le but de cette troisième partie de la numération, qui consiste à imaginer des caractères pour représenter les nombres, afin d'obvier à l'inconvénient qu'on rencontrerait en effectuant immédiatement sur ces nombres, écrits en toutes lettres, les différentes opérations que leur composition et leur décomposition nécessitent.

16. La grande difficulté qu'on entrevoit d'imaginer un caractère particulier pour chacun des nombres composant leur suite naturelle et indéfinie, se trouve levée, si l'on se rappelle que, dans leur formation, on a composé des unités continuellement décuples, et qu'alors le plus grand nombre d'unités de chaque espèce d'ordre ne saurait excéder neuf; ce qui fait voir qu'en imaginant des caractères pour les neuf premiers nombres seulement, on pourra avec ceux-ci représenter tous les nombres possibles, si on leur suppose deux valeurs, l'une *réelle* ou *naturelle,* et l'autre *locale.*

La valeur réelle ou naturelle qu'ont les caractères 1, 2, 3, 4, 5, 6, 7, 8 et 9, qui désignent respectivement les nombres *un, deux, trois, quatre, cinq, six, sept, huit* et *neuf*, est une propriété qu'ils ont d'*exprimer toujours le même nombre d'unités*.

La valeur locale est une autre propriété qu'ont ces chiffres d'*exprimer des unités de différentes valeurs*, c'est-à-dire que chacun d'eux, 5, par exemple, pourra exprimer *cinq unités simples, cinq unités de dixaines*, etc., ou bien *ils exprimeront des unités de dix en dix fois plus grandes en allant de la droite vers la gauche.*

Telle est la convention ingénieuse sur laquelle repose tout le système de numération.

Exemple. Écrire en chiffres le nombre *cinq dixaines cinq unités*.

Pour y parvenir, je substitue à l'expression en toutes lettres de chaque nombre d'unités, le caractère qui lui convient, et j'ai 5 *dixaines* 5 *unités;* mais, afin de simplifier davantage cette expression, je vais chercher à supprimer le mot intermédiaire *dixaine.* Pour cela, il me suffit de rappeler cette convention : *qu'un chiffre placé à la gauche d'un autre exprimera des unités dix fois plus grandes que celles qu'exprime celui qui est à sa droite;* et j'écris alors 55 *unités,* expression qui s'énonce *cinquante-cinq unités,* puisque la collection de cinq dixaines donne le nombre *cinquante.*

Cet exemple fait ressortir les deux propriétés ou valeurs du caractère 5.

Autre exemple. Écrire en chiffres le nombre *huit centaines cinquante-cinq unités,* on a 8 *centaines* 55 *unités.*

De même que pour faire disparaître le mot intermédiaire *dixaine,* dans l'exemple précédent, on a écrit les 5 unités du second ordre à la gauche du chiffre des unités simples, de même on placera les centaines du nombre proposé, par le second exemple, à la gauche des 5 dixaines : de cette manière, le chiffre 8 exprimera les 8 unités dix fois plus grandes que celles qu'exprimera le chiffre 5 de sa droite, et l'on aura 855 unités, qui s'énoncent *huit cent cinquante-cinq unités;* car la collection de huit centaines, donne le nombre *huit cents.*

17. Le cas où les nombres à écrire n'ont pas d'unités d'un certain ordre, a fait imaginer un dixième caractère (o) qu'on appelle *zéro.* Ce caractère n'a aucune valeur réelle; il servira seulement à marquer l'absence des unités de chaque ordre, et en même temps, à conserver aux chiffres significatifs, le rang qui leur conviendra par rapport aux unités qu'ils auront la propriété d'exprimer.

Exemple. Écrire en chiffres le nombre *huit cent-cinq unités.*
Employant le zéro pour remplacer les dixaines, on a 8o5 *unités.*

18. *Scolie.* D'après ce qui précède, on voit que, pour exprimer des dixaines, il faut deux chiffres; pour exprimer des centaines, il en faut trois; et que si l'on voulait représenter des unités dix fois plus grandes, ou des mille, il faudrait quatre chiffres : car elles se placeraient à la gauche des centaines; ainsi de suite.

Cela étant, qu'on se propose d'exprimer en chiffres le nombre *cinq cent douze millions deux cent vingt-un mille quatre cent soixante-dix-neuf unités.*

Pour parvenir à écrire ce nombre, nous allons, sans avoir égard à la quantité de chiffres qu'il faut employer pour exprimer telles ou telles unités, substituer à chacun des nombres *cinq cent-douze, deux cent vingt-un,* et *quatre cent soixante dix-neuf,* qui renferment toutes les unités des différents ordres du nombre proposé, les caractères qui conviennent pour les représenter : ce qui nous donne 512 *millions* 221 *mille* 479 *unités.*

Or, comme, d'après la convention : qu'un chiffre placé à la gauche d'un autre exprime des unités dix fois plus grandes que celles exprimées par cet autre, on a pu supprimer les mots intermédiaires *dixaines, centaines, mille,* etc., qui désignent des unités continuellement décuples; on pourra de même supprimer les mots *mille*, *million*, *billion*, etc., intermédiaires à des ordres d'unités *de mille en mille fois plus grands* : car l'unité simple de chacun de ces derniers ordres, est décuple de la plus haute unité de l'ordre immédiatement inférieur. Ainsi, l'on aura 512221479 unités pour l'expression en chiffres du nombre proposé.

Par là, on voit qu'effectivement les trois ordres d'unités de mille composent la seconde tranche ternaire; que ceux des millions composent la troisième tranche aussi ternaire; ainsi de suite. Observant, toutefois, que la première tranche de gauche, quel que soit d'ailleurs l'ordre de ses unités, pourra n'être composée que de deux et même que d'un seul chiffre, suivant qu'elle n'exprimera que des dixaines ou des unités simples de son ordre.

19. D'où il suit, qu'à partir de la quatrième tranche, c'est-à-dire de celle des *billions*, la dénomination de chacune d'elles a une base numérique; en sorte que, un nombre quelconque sera toujours composé *d'autant de tranches ternaires plus deux, que le comportera la base de la dénomination de sa tranche supérieure*, pourvu que ce nombre proposé renferme des unités d'un ordre plus élevé que celui des centaines de mille; car, dans le cas contraire, il ne serait composé que d'une ou de deux tranches, suivant qu'il ne renfermerait que des unités du premier ordre ternaire, ou qu'il en contiendrait du second; tandis que, s'il renfermait seulement des millions, on lui en compterait trois : je veux dire autant que *deux* ajouté au nombre *un*, qui doit être pris pour la base de la dénomination des millions, puisque celle des billions est *deux*, que celle des trillions est *trois* : ainsi de suite. Donc, etc.

Cela posé, il sera facile d'écrire en chiffres un nombre quelconque :

Il suffira de déterminer d'abord le nombre des tranches qui le composeront, par la seule inspection des plus hautes unités qui y seront contenues, parce que celles-ci composent tou-

jours *la première tranche de gauche ; puis on écrira chaque tranche comme si elle était seule , en commençant par celle des plus hautes unités , ayant soin de marquer, par le zéro, l'absence, soit des ordres d'unités décuples, soit des tranches ternaires.*

Exemple. Écrire en chiffres le nombre *trente-cinq millions trois cent-quatre unités.*

Comme les plus hautes unités de ce nombre sont des millions, il devra être composé de trois tranches ; savoir : 1° de celle des millions, qui ne sera elle-même composée que de deux chiffres, en ce qu'elle ne renferme point de centaines de son ordre ; 2° de celle des mille ; 3° enfin, de celle des unités simples.

Faisant usage du zéro pour marquer l'absence des trois ordres d'unités de mille, ainsi que pour les dixaines de l'ordre ternaire des unités simples, on aura 35000304 *unités,* pour l'expression en chiffres du nombre proposé.

20. Il résulte encore, de l'écriture en chiffres des nombres, qu'un nombre quelconque, sera toujours exprimé par autant de fois trois chiffres, qu'il comportera de tranches moins, toutefois, les chiffres qui pourront manquer dans la première tranche de gauche, lorsqu'elle ne sera pas complète ; c'est ainsi qu'on jugera d'avance, que le nombre *quatre quintillions douze quatrillions vingt-quatre millions trois cent cinq mille six unités ,* qui aura *cinq* plus *deux* ou *sept* tranches, contiendra *trois fois sept* ou *vingt-un,* moins *deux,* en tout *dix-neuf* chiffres ; il sera donc représenté par 4012000000024305006.

21. *Réciproquement.* Pour traduire dans le langage ordinaire un nombre quelconque, exprimé en chiffres, *on partage ce nombre en tranches par ordre ternaire, en allant de la droite vers la gauche ; puis on énonce séparément chaque tranche, comme si elle était seule, en commençant par la première de gauche, observant de donner à chacune d'elles la dénomination qui conviendra aux unités qu'elle aura la propriété d'exprimer d'après son rang.*

Quant à la dénomination des unités de chacune des tranches au-dessus de la troisième, le n° 19 fait conclure le moyen d'en obtenir la base numérique ; il consiste *à retrancher deux unités du nombre qui marque son rang en allant de droite à gauche :* le nombre restant donnera la base numérique en question.

Donc, la dénomination des unités de la cinquième tranche, par exemple, aura pour base *cinq* moins *deux* ou *trois :* elle exprimera par conséquent des *trillions*.

On comprendra aisément que ce calcul, une fois fait pour la première tranche de gauche, deviendra inutile pour les autres, car leurs dénominations s'ensuivront naturellement ; l'on n'aura qu'*à retrancher successivement l'unité de la base de celle-là, pour avoir celle de celles-ci.*

Nous allons appliquer cette règle à des exemples :

Premier exemple. Énoncer dans le discours le nombre 11028854877090909091.

A cet effet, je commence par le partager mentalement en tranches ternaires, comme il a été dit : ce qui me donne sept tranches. D'où je conclus que la première à gauche, qui n'est composée que de deux chiffres, exprime des *quintillions*.

On a donc *onze quintillons vingt-huit quatrillons huit cent cinquante-quatre trillions huit cent soixante-dix-sept billions quatre-vingt-dix millions neuf cent neuf mille quatre-vingt-onze unités,* pour l'énoncé du nombre proposé, qui exprime la pesanteur en livres de l'atmosphère, calculée à vingt lieues de hauteur.

Le poids de cette masse d'air, qui est représenté par ce nombre, nous fait voir combien l'accroissement des nombres est prodigieux. Un autre exemple, non moins sensible, de leur accroissement, est que l'unité qui serait suivie de quarante zéros exprimerait un nombre plus grand que celui des grains de sable de notre globe, en supposant qu'il ne fût composé que de sable, et que le grain égale la dixième partie de celui de chenevis.

2..

22. *Corollaire.* Il résulte de la propriété remarquable du système de numération, que *si l'on ajoute un, deux, trois, etc., zéros sur la droite d'un nombre, on le rend dix fois, cent fois, mille fois, etc., plus grand, ou, ce qui est la même chose, on le répète dix fois, cent fois, mille fois, etc.*

23. *Réciproquement. Si l'on retranche un, deux, trois, etc., zéros sur la droite d'un nombre, on le rend dix fois, cent fois, mille fois, etc., plus petit, ou on le divise en autant de parties égales.*

24. Comme on ne saurait être trop exercé sur le système de numération, je vais terminer son exposé par des exemples sur l'art d'écrire et d'énoncer les nombres:

1°. Écrire en chiffres le nombre *quatre quintillions quatre trillions vingt-quatre billions trois cent-cinq millions trois cent mille cinq cent vingt unités.*

A cet effet, je commence par représenter en chiffres les quintillions qui expriment les plus hautes unités du nombre proposé; puis je marque, par trois zéros, l'absence des trois ordres d'unités décuples de la tranche des quatrillions; ensuite, je remplace, par deux autres zéros, les centaines et les dixaines de trillions; enfin, immédiatement après les quatre trillions, je mets un zéro pour tenir lieu des centaines de billion, que je fais suivre des caractères 2 et 4 exprimant les autres unités de cet ordre ternaire, à la suite desquels j'écris les 305 millions contenus dans le nombre donné. Cette dernière tranche étant en outre suivie des 300 mille et des 520 unités, donnent 4000040243053005020 pour l'expression en chiffres du nombre proposé.

2°. Traduire dans le discours le nombre 5130740 qui exprime en toises le quart de la *Méridienne* de Paris.

Pour y parvenir, je partage ce nombre en tranches ternaires, en commençant par la droite; ce qui me donne trois tranches, dont la première de gauche exprime par conséquent *cinq millions*, les suivantes valent respectivement *cent trente mille* et *sept cent quarante ;* en tout *cinq millions cent trente mille sept cent quarante toises* pour cette distance du *pôle* à l'*équateur* sur la *méridienne* de Paris.

En suivant le même procédé pour le nombre 20522960, on trouve trois tranches ; et par conséquent *vingt millions cinq cent vingt-deux mille neuf cent soixante unités* pour la longueur en toises de la méridienne dont nous venons de parler.

Le système de numération étant bien compris, nous passerons aux différentes espèces de nombres.

Des différentes espèces des nombres.

25. On distingue plusieurs espèces de nombres, savoir : *le nombre concret*, qui est celui dans lequel on distingue la nature des unités, tels sont ceux 20 *hommes*, 4 *francs*, etc. ; le *nombre abstrait* est au contraire celui dans lequel on n'indique point l'espèce de l'unité, tels que les suivants : 20, 43, 15, etc.

Je ne ferai connaître, pour le moment, que ces deux sortes de nombres. Quant aux autres espèces, je les définirai à mesure qu'elles se présenteront.

26. *Scolie.* Les nombres sont donc eux-mêmes des grandeurs susceptibles de varier à l'infini, puisqu'on vient de voir qu'ils expriment les rapports entre les quantités et leurs unités respectivement homogènes ; ils sont donc susceptibles d'augmentation et de diminution. Or, voici leurs différents modes de composition et de décomposition.

Des opérations élémentaires qui s'effectuent sur les nombres.

27. Toutes les opérations qu'on peut faire sur les nombres, se réduisent à leur *composition* et à leur *décomposition*, c'est-à-dire, à leur *augmentation* et à leur *diminution*.

Nous considérerons trois opérations élémentaires par lesquelles on compose les nombres, savoir : l'*addition*, la *multiplication* et la *formation des puissances*.

Les trois opérations respectivement inverses : la *soustraction*, la *division* et l'*extraction des racines*, sont celles par lesquelles on parvient à la décomposition des nombres.

On peut donc dire que la composition et la décomposition des quantités, en général, sont soumises aux six opérations élémentaires que nous venons d'énoncer.

Lorsque ces opérations s'appliquent à des quantités dépendantes d'un système de numération, leur développement constitue la première partie des *Mathématiques* nommée *Arithmétique*.

DE L'ARITHMÉTIQUE.

28. *L'Arithmétique est donc*, d'après ce qui vient d'être exposé, *la science des nombres* ; elle a pour but *de faire connaître les voies de leur composition et de leur décomposition* ; c'est pourquoi nous allons commencer le développement de cette première partie des sciences exactes, par l'analyse de chacune des opérations élémentaires dont il a été question.

DE L'ADDITION.

Origine de cette première opération élémentaire.

29. La formation des nombres, par l'addition successive de l'unité à elle-même, a suggéré l'idée de former des nombres par le moyen d'autres nombres déjà tout formés ; c'est ainsi qu'après avoir composé les nombres 2 et 3, comme il suit : $1 + 1 = 2$ et $1 + 1 + 1 = 3$, on a conçu l'idée de réunir ceux-ci en un seul, qui pourra alors être considéré comme un *tout*, dont ils expriment eux-mêmes les parties. Ce tout est donc $1 + 1 + 1 + 1 + 1 = 2 + 3$ ou 5 ; tel est le but de l'addition ; qui est donc une *opération par laquelle on découvre un nombre appelé somme, qui contienne à lui seul toutes les unités exprimées par plusieurs autres nombres donnés.*

D'après cette définition, on obtiendra la somme de plusieurs nombres donnés en ajoutant successivement à l'un d'eux, toutes les unités contenues dans tous les autres.

A cet effet, et pour ramener l'addition à son plus haut état de simplicité, nous envisagerons deux cas ; savoir : celui où les nombres proposés seront des nombres simples, ou exprimés par un seul chiffre ; et celui où ils seront composés de plusieurs caractères.

1er *cas*. Former une somme avec les deux nombres 7 et 5, ou trouver le *tout* égal aux deux parties 7 et 5.

Il suffit donc d'ajouter cinq fois successivement l'unité au nombre 7, ou sept fois aussi successivement au nombre 5 : ce qui donnera 12 pour la somme totale de ces deux nombres 7 et 5.

En effet, $\qquad 7 + 1 + 1 + 1 + 1 + 1 = 12$;

comme $\qquad 5 + 1 + 1 + 1 + 1 + 1 + 1 + 1 = 12$.

On arriverait encore à ce résultat 12, en comptant cinq nombres à partir de 7, ou sept en commençant par 5, dans la suite naturelle et indéfinie des nombres 1, 2, 3, 4, 5, 6, 7, 8, 9, 10, 11, 12, 13, 14, 15, 16, etc., où chacun d'eux surpasse son précédent de l'unité.

On voit que ces différentes manières d'opérer l'addition sur des nombres simples, sont déjà très longues ; de |quelle longueur ne seraient-elles pas sur des nombres considérables, si l'on n'eût obvié à cet inconvénient en faisant dépendre l'addition des nombres composés, d'additions partielles de nombres simples. Ainsi, pour effectuer cette opération, sur tous les nombres possibles, il est important de bien savoir ajouter entre eux, tous les nombres simples 1, 2, 3, 4, 5, 6, 7, 8 et 9.

Il ne faut donc pas ignorer, que $7 + 5 = 12$; que $3 + 4$ font 7 ; que 8 ajouté à 7 ou 7 à 8 donne 15 ; etc.

2e *cas*. Former une somme avec deux nombres quelconques : par exemple avec 53 et 36.

On pourrait, comme dans le cas précédent, ajouter successivement trente-six fois l'unité au nombre 53, ou, à partir de 53, compter trente-six nombres dans leur suite naturelle : ce qui conduirait au nombre 89 qui exprime effectivement la somme demandée.

Mais la solution de ce second cas de l'addition, dont nous avons déjà parlé, se ramènera toujours à des additions partielles de nombres simples, si l'on remarque que la somme de plusieurs nombres quelconques, par exemple, celle des nombres 53 et 36, se compose de la réunion des collections de toutes leurs unités simples, ainsi que de toutes les dixaines, les centaines, etc., contenues dans les nombres proposés, et dont la plus grande quantité de chaque espèce ne peut excéder 9 ; car, dans le cas contraire, il faudrait qu'il y eût des caractères plus grands que 9, ce qui serait en contradiction avec le système de numération.

Ces sommes partielles, *de dix en dix fois plus grandes*, étant obtenues, on les réunira d'après la convention faite dans le système de numération, et l'on arrivera ainsi à la somme totale des nombres donnés.

Pour faciliter l'exécution de ces dernières opérations, on écrira les nombres proposés les uns au-dessous des autres, de manière que les unités simples, les dixaines, les centaines, etc., de chacun d'eux soient respectivement dans une même colonne verticale.

Ainsi, pour en revenir à notre exemple, on écrira les nombres proposés comme ci-contre, puis on dira, en commençant par la colonne des unités, $3 + 6 = 9$, résultat qu'on écrira au-dessous de cette colonne. Passant ensuite à celles des dixaines, on dira $5 + 3 = 8$. Ce dernier résultat s'écrira à la gauche de la précédente somme partielle, et l'on aura 89 pour la somme totale des deux nombres donnés.

$$\begin{array}{r} 53 \\ 36 \\ \hline 89 \end{array}$$

Cette manière d'opérer est évidemment générale pour tous les nombres possibles ; mais on remarque que chacune des sommes partielles peut souvent donner des unités de la colonne immédiatement supérieure, qui, par conséquent, y seront réunies.

Exemple. On demande ou la somme, ou le nombre, qui seul égale les quatre suivants, 195, 212, 243 et 326.

Écrivant ces quatre nombres, comme il a été dit ci-   195
dessus, puis commençant, comme dans l'exemple pré-   212
cédent, par ajouter tous les chiffres qui composent la   243
colonne des unités, on trouvera, pour cette première   326
somme partielle, seize unités, qui égalent une dixaine   976
et six unités. On écrira donc les six unités au-dessous de leur colonne, et l'on retiendra la dixaine pour la joindre aux autres unités de cet ordre, dont la somme n'est point encore déterminée, ce qui donnera, y compris la dixaine en question, dix-sept dixaines, ou une centaine et sept unités de dixaines. Celles-ci étant pareillement écrites au-dessous de la colonne de leur ordre, et la centaine retenue pour l'ajouter aux autres unités centaines, on trouvera neuf unités de ce dernier ordre, qui se placeront à la gauche des dixaines, et l'on aura 976 pour le nombre demandé.

30. On pourrait effectuer l'addition par la gauche, mais voici les inconvénients qu'on rencontrerait.

En faisant la somme des chiffres qui composent la première colonne à gauche, on obtiendrait bien la somme des unités de cet ordre, mais, en faisant celle des chiffres de la colonne immédiatement à droite, on pourrait obtenir des unités d'un ordre plus élevé, ce qui forcerait à revenir sur le précédent résultat ; puis, si, en revenant sur ce précédent résultat, on commençait encore par la gauche, on rencontrerait les mêmes inconvénients.

Ce sont là les considérations qui ont engagé à commencer l'addition par la droite.

Exemple. Soit à ajouter entre eux les nombres 587, 198 et 274.

En commençant par la gauche, on trouvera huit
centaines pour la somme de tous les chiffres qui composent cette première colonne à gauche. La somme de
tous ceux qui forment celle qui se trouve immédiatement à droite, est vingt-quatre dixaines, ou deux
centaines et quatre dixaines.

Réunissant ce dernier résultat, vingt-quatre dixaines,
au précédent, en plaçant seulement les unités de chaque
ordre au-dessous de leur colonne respective, comme on
le voit ci-contre ; puis faisant la somme de la colonne
des unités simples, on trouvera dix-neuf qu'on écrira
au-dessous des précédents résultats, comme on a fait du dernier de ceux-ci.

Actuellement, ajoutant de nouveau ces résultats, en commençant toujours par la gauche, on obtiendra les trois sommes
partielles suivantes, 1000, 50 et 9, lesquelles étant encore
ajoutées par la gauche, donneront enfin 1059 pour la somme
totale des nombres proposés.

31. De ce qui précède touchant l'addition, nous conclurons
généralement que, pour effectuer cette opération, *il faut
écrire tous les nombres à ajouter les uns au-dessous des autres, de manière que les unités de chaque ordre soient placées
dans une même colonne verticale; tirer un trait sous le dernier
nombre écrit, ajouter ensuite successivement tous les chiffres
qui composent chaque colonne, en commençant par la première de droite. Si chacune des sommes partielles ne surpasse
pas 9, on l'écrira telle qu'elle est, au bas de la colonne qui
l'aura produite; et si elle renferme des dixaines de son ordre,
on retiendra autant d'unités qu'elle en contiendra, afin de les
ajouter avec celles de la colonne immédiatement à gauche, en
observant d'écrire l'excédant de ces dixaines, s'il en existe un,
au-dessous de la colonne productive. Dans le cas contraire,
on le remplacera par un zéro, qui marquera l'absence des
unités de cet ordre, et en même temps forcera les chiffres qui
doivent exprimer les résultats à venir, à passer aux rangs qui
conviendront à la nature de leurs unités.*

Nous appliquerons la règle précédente à l'exemple suivant :

Quelle est la créance totale d'un individu à qui il est dû d'une part 738 francs, d'une autre 589 francs, et enfin 713 francs par une troisième personne, ou, ce qui revient au même, quel est le nombre qui exprime à lui seul les suivants, 738, 589 et 713.

Pour obtenir la solution de cette question, nous placerons, conformément à la règle générale pour effectuer l'addition, les nombres proposés les uns au-dessous des autres, comme ci-contre :

$$\begin{array}{r} 738 \\ 589 \\ 713 \\ \hline 2040 \end{array}$$

La somme des unités simples est vingt, ou deux dixaines sans unités. On marquera donc l'absence de celles-ci, dans la somme totale, par un zéro ; puis, retenant les deux dixaines pour les unir à la colonne des unités de cet ordre, on aura une centaine et quatre dixaines. Écrivant ces dernières au-dessous des dixaines, et retenant la centaine pour l'ajouter avec les unités de la troisième colonne, on obtiendra, pour cette troisième somme partielle, vingt centaines, ou 0 centaines et 2 mille, qui se placeront au quatrième rang de la somme totale qui est donc 2040 francs.

DE LA SOUSTRACTION.

Origine de cette seconde opération élémentaire.

32. Si, après avoir compté jusqu'à dix, en ouvrant successivement chaque doigt des deux mains, je ferme ensuite chacun d'eux aussi successivement, il est évident, que je ferai décroître cette série de nombres dans le même ordre qu'ils croissaient, lorsque je composais leur suite naturelle et indéfinie par l'addition successive de l'unité; c'est-à-dire que j'opérerai leur décomposition en faisant ainsi le contraire de ce qui a été fait pour les composer.

Je ferais encore le contraire de monter un escalier par deux, par trois, etc., marches à la fois, si je descends par sauts de deux, de trois, etc., degrés : en d'autres termes, si je retranche tout-à-coup, d'un nombre tout formé, des collections de deux, de trois, etc., unités, j'opérerai encore par là, la décomposition des nombres, en en supprimant ainsi successivement chacune des parties ou collections d'unités qui les auront composées.

Telle est la décomposition des nombres nommée *soustraction*, que nous dirons être pour le moment l'*opération inverse de l'addition*. Par la suite, on sera à même de conclure que *composer* et *décomposer* ne sont autre chose qu'*ajouter* et *soustraire*; de plus, que *c'est là le fond de l'arithmétique.*

33. Ce qui précède nous fait voir qu'après avoir appris à composer les nombres par l'addition successive de l'unité, ou par le moyen d'autres nombres déjà tout formés, on a dû se proposer le problème inverse, qui consiste à retrancher des nombres formés, toutes les parties qui y sont entrées, convaincu d'avance que si le résultat de cette décomposition est nul, on pourra en conclure l'exactitude de la composition.

Dans le cas contraire, le reste qu'on obtiendrait, exprimerait évidemment *une dernière partie de la somme;* et si cette somme n'eût été composée que de deux parties, il est clair que par cette opération, on n'aurait fait autre chose que retrancher l'une d'elles. Disons donc que, si au lieu de retrancher toutes les parties qui sont entrées dans une somme, on n'en retranchait qu'une, on aurait pour résultat le nombre exprimant la somme des autres parties : d'où il suit que, si la somme n'est composée que de deux parties, et qu'on en retranche l'une d'elles, on obtiendra l'autre de ces parties pour résultat. Tel est l'objet de la *soustraction,* qui est donc une opération ayant pour but : *connaissant une somme et l'une de ses deux parties, découvrir l'autre.*

D'après cet axiome, que *les parties réunies égalent le tout,* il résulte que la soustraction a aussi pour but *de trouver un nombre qui, ajouté à un autre nombre donné, fournisse un troisième nombre aussi donné.*

Le résultat de la soustraction se nomme *reste*, *excès* ou *dif-férence*, c'est-à-dire que ce résultat est, ou le reste de la somme donnée, après en avoir retranché la partie connue, ou l'excès de la somme sur cette partie, ou enfin, la différence qui, soit en plus, soit en moins, existe entre la somme et sa partie donnée.

Devant toujours retrancher la partie donnée de la somme connue ; et ayant connaissance de cet autre axiome que *le tout est plus grand que l'une de ses parties*, il en résulte que le nombre à retrancher, *sera toujours inférieur à celui dont on voudra le soustraire*.

Cela posé, on voit que la soustraction tire son origine de la nécessité de prouver l'addition : elle défait ce que fait cette dernière opération. Donc, si l'addition est la règle à l'aide de laquelle on compose les nombres, la soustraction sera celle qui conduira à leur décomposition.

Il sera donc vrai de dire, que l'addition et la soustraction sont les deux seules opérations fondamentales, dont l'une a pour objet la composition, et l'autre la décomposition des quantités ; car on verra par la suite que les autres opérations ne sont autre chose que des cas particuliers de celles-ci : elles seront donc élémentaires.

De ce qui vient d'être dit sur l'origine et la nature de la soustraction, nous passerons à l'analyse de chacun des cas que présente cette opération.

1er *cas.* Retrancher d'un nombre simple, un autre nombre simple, tel que 5 de 8.

Pour effectuer cette opération, il suffira de diminuer le plus grand de ces deux nombres, successivement d'autant d'unités qu'il y en a dans l'autre ; ce qui se fera par l'opération inverse de celle qui a été indiquée dans le n° 29.

En effet, le plus grand de ces nombres peut être envisagé comme ayant été formé du plus petit et de celui cherché : 8 est donc ici la somme de 5 augmenté de ce nombre inconnu. On arrivera donc à ce dernier, en faisant le contraire de ce qui a été fait pour former cette somme 8. Donc, etc.

On peut encore, à partir du plus grand de ces nombres, compter, de droite à gauche, dans la suite naturelle et indéfinie des nombres, autant de ceux-ci qu'il y en a pour arriver au plus petit des deux nombres proposés. La quantité d'unités égale à celle des nombres comptés, exprimera le reste cherché ; car à mesure qu'on arrive à un nombre immédiatement à gauche, on diminue d'une unité celui duquel on est parti et qui est le plus grand des deux nombres donnés.

Il suit de là, que si l'on représente, afin de faire le contraire de ce qui a été pratiqué dans le premier cas de l'addition, par huit doigts fermés, la somme donnée, et qu'ensuite on lève autant de ces doigts qu'il y a d'unités dans la partie connue, il est bien évident que la quantité des doigts qui resteront fermés exprimera l'autre partie de cette somme. Donc, etc. Ainsi, $8 - 5 = 3$.

Ces moyens de procéder à la décomposition de nombres plus considérables, présenteraient les mêmes difficultés que les procédés inverses employés primitivement à leur composition par voie d'addition ; mais, afin d'obvier à ces inconvénients, on a fait, comme dans cette dernière opération, dépendre la soustraction des nombres composés, de soustractions partielles de nombres simples. C'est pourquoi il importe aussi de savoir retrancher de mémoire un nombre simple d'un autre nombre simple, et ce, aussi promptement que nous lisons : $9 - 3 = 6, 7 - 3 = 4, 8 - 5 = 3$, etc.

2ᵉ *Cas.* Retrancher un nombre composé d'un semblable nombre : par exemple, 35 de 68.

D'après la définition de la soustraction, cette question peut s'énoncer ainsi : une somme 68 est donnée avec l'une de ses parties 35, découvrir l'autre partie de cette somme. On pourrait dire encore, qu'il s'agit ici de trouver le nombre qui, augmenté de 35, donne 68.

Il est évident qu'on obtiendrait la différence de ces deux nombres, comme dans le premier cas, en retranchant successivement 35 fois l'unité du nombre 68 ; mais afin de ramener cette opération à des soustractions partielles de nombres simples, comme il a été dit, il faut remarquer que la différence qui existe entre deux nombres quelconques, se compose de celle qui existe entre leurs unités simples, plus de celle qui appartient à leurs unités dixaines, augmentées en outre de celles qui subsistent entre leurs centaines, leurs mille, etc.

Ainsi l'on sera donc conduit à chercher séparément les différences qui existent entre les unités simples, entre les unités dixaines, etc., des nombres proposés; ce qui ramènera bien l'opération à des soustractions partielles de nombres simples, puisque le plus grand nombre possible d'unités de chaque ordre ne saurait excéder 9, qui est le plus grand des nombres simples.

Afin d'obtenir plus facilement ces différences partielles, on fera le même dispositif que dans l'addition, ayant soin d'écrire le plus petit de ces deux nombres au-dessous du plus grand, comme on le voit ci-contre.

$$\begin{array}{r} 68 \\ 35 \\ \hline 33 \end{array}$$

Cela étant fait, la différence de ces deux nombres s'obtiendra donc en retranchant successivement les unités, les dixaines, etc., du nombre inférieur, respectivement des unités, des dixaines, etc., du nombre supérieur.

Commençant cette opération par la droite, on dira : 5 ôté de 8, reste 3, qu'on écrira au-dessous de cette première colonne. Passant à celle immédiatement à gauche, on continuera de dire : 3 ôté de 6, reste 3. Ce dernier reste s'écrira pareillement au-dessous de la colonne à laquelle il appartient.

Réunissant ces deux restes partiels, conformément à la convention établie dans le système de numération, on obtiendra 33 pour la différence des deux nombres proposés, ou pour le nombre exigé par chacun des énoncés.

34. L'exemple précédent est suffisant pour faire voir comment doit s'effectuer le second cas de la soustraction, lorsque chacun des chiffres composant le nombre inférieur est plus petit que son correspondant du nombre supérieur; mais, bien que le nombre à retrancher ne puisse excéder celui duquel on

doit le soustraire, il arrive très souvent dans les soustractions partielles de nombres simples, que le chiffre du nombre inférieur surpasse son correspondant du nombre supérieur.

Les exemples suivants nous fourniront le moyen de lever toute difficulté sur ce point.

Premier exemple. Soit à déterminer la différence qui existe entre les deux nombres 345 et 238.

Après avoir disposé ces deux nombres comme dans l'exemple précédent, il est évident qu'on ne pourra retrancher les 8 unités du nombre inférieur, des 5 qui lui correspondent dans le nombre supérieur ; mais, afin de rendre cette soustraction possible, remarquons que le nombre 345 peut se décomposer en ces parties : 3 centaines, 3 dixaines et 15 unités, desquelles il faut ôter successivement les parties suivantes : 200, 30 et 8 unités, qui composent le nombre à retrancher 238.

$$\begin{array}{r} 345 \\ 238 \\ \hline 107 \end{array}$$

On disposera donc l'opération comme ci-contre, et l'on procédera à la soustraction en commençant par ôter les 8 unités du nombre inférieur, des 15 correspondantes du nombre supérieur. Le reste 7 s'écrira au-dessous de cette colonne; et l'on retranchera ensuite les 3 dixaines du nombre inférieur, des 3 dixaines qui leur correspondent. On fera connaître que ce dernier reste est nul, en mettant un zéro au-dessous des unités de cet ordre.

$$\begin{array}{r} 3\cancel{0}\cancel{0} + 3\cancel{0} + 15 \\ 2\cancel{0}\cancel{0} + 3\cancel{0} + 8 \\ \hline 1\cancel{0}\cancel{0} + 0 + 7 = 107 \end{array}$$

Enfin, passant à la colonne suivante de gauche, on trouvera une centaine de reste qu'on écrira au-dessous de cette colonne; puis on joindra ces trois restes partiels, suivant le principe de la numération écrite, et il viendra 107 pour la différence demandée.

Deuxième exemple. Une somme 80025 et l'une de ses deux parties 54734 sont données : découvrir l'autre partie de cette somme.

Le premier de ces nombres étant écrit au-dessus du   80625
second, on voit que les chiffres qui expriment les   54734
dixaines, les centaines et les mille du nombre inférieur,
excèdent leurs correspondants du nombre supérieur.

Ainsi, pour obtenir leur différence et en conclure le moyen
d'arriver à celle de deux nombres quelconques, je les disposerai
comme ci-dessous ; et l'on aura 25291 pour la différence totale
des deux nombres donnés.

De 7øøøø + 9øøø + 9øø + 12ø + 5 unités,
ou ôte 5øøøø + 4øøø + 7øø + 3ø + 4 unités ;
il reste 2øøøø + 5øøø + 2øø + 9ø + 1 = 25291.

35. Si l'on observe attentivement ce qui s'est passé dans les
deux exemples précédents, on en conclura facilement que, *toutes
les fois qu'un chiffre quelconque du nombre supérieur se trouvera trop petit, pour pouvoir en retrancher les unités contenues
dans son correspondant inférieur, on l'augmentera de dix
unités de son ordre ; c'est-à-dire d'une de l'ordre immédiatement supérieur, qui se prendra parmi la quantité de celles-ci
contenues dans le nombre supérieur, et son chiffre qui les exprimera, diminuera d'autant. Quand le chiffre de cet ordre
immédiatement supérieur sera zéro, on passera à celui qui est
immédiatement à gauche : ainsi de suite, jusqu'à ce que l'on
rencontre un chiffre significatif sur lequel on prendra cette unité
que l'on convertira en celles de l'ordre immédiatement inférieur, dont 9 resteront au zéro qui tient leur place, et la dixième
de ces mêmes unités se convertira encore en celles d'un ordre
immédiatement inférieur : ainsi de suite, jusqu'à ce que l'on
soit arrivé au chiffre pour lequel on était allé à l'emprunt ; de
cette manière, ce chiffre se trouvera augmenté de dix unités de
son ordre, et les zéros intermédiaires seront changés en 9.*

Cette manière d'opérer la soustraction n'est pas des plus
simples, principalement dans la division où elle serait employée
avec moins de succès que celle que nous allons donner. Mais,
auparavant, il convient de se la rendre familière ; c'est pourquoi nous en ferons l'application à l'énoncé suivant.

Quel est le nombre qu'il faut ajouter à 23568 pour avoir 50040? ou, si l'on veut, il est dû 50040 fr. à un banquier qui reçoit à-compte 23568 fr. ; à quoi se réduit la créance de ce dernier?

Afin d'obtenir la solution de cet énoncé, je raisonnerai ainsi : si le nombre demandé était connu, il est clair qu'en l'ajoutant à 23568, on formerait un nombre égal à 50040. Cette question est donc la même que celle-ci : une somme 50040 et l'une de ses parties 23568 sont données, découvrir l'autre partie de cette somme.

Il faut donc retrancher le plus petit de ces nombres donnés du plus grand, en l'écrivant d'abord au-dessous de ce dernier, et dire ensuite :

8 ôté de o, ne peut. Je prends, sur le 4 du nombre $\qquad$ 99
supérieur, une dixaine qui vaut dix unités, desquelles $\quad$ 50040
ôtant les 8 du nombre inférieur, il en reste 2 que j'écris $\quad$ 23568
au-dessous de la colonne des unités simples. $\qquad$ 26472

Pour obtenir la différence partielle entre les dixaines, je dis : 6 dixaines ôtées des 4 du nombre supérieur préalablement diminuées de celle qui vient d'y être prise pour rendre la précédente soustraction possible, c'est-à-dire 6 ôté de 3, ne peut. Je vais donc prendre une unité sur le chiffre 5 des dixaines de mille, et j'ai dix unités de mille, dont 9 restent au zéro qui tient leur place dans le nombre supérieur. Quant à la dixième de ces unités, je la convertis en centaines, dont 9 restent pareillement sur le zéro placé au rang de ces unités dans le même nombre supérieur; puis je réunis la dixième aux 3 dixaines de ce nombre pour lesquelles je suis allé à l'emprunt, ce qui m'en donne 13 que je diminue des 6 du nombre inférieur; et j'écris les 7 qui restent au-dessous de leur colonne.

Passant à celle des centaines, on a $9 - 5 = 4$, que j'écris au-dessous de cette colonne; puis 9 diminué de 3, reste 6 que je place pareillement au bas de la colonne des mille.

Enfin, arrivé aux dixaines de mille, il vient 2 à ôter de 5 diminué au préalable de l'unité qu'on lui a prise pour opérer les trois précédentes soustractions, ou, ce qui est la même chose, 2 ôté de 5 — 1, c'est-à-dire 2 ôté de 4 ou 4 — 2, reste 2 que j'écris à la gauche du précédent résultat; ce qui me donne une différence totale de 26472 pour le nombre ou la créance cherchée.

36. *Scolie.* On remarque, au sujet de l'exemple précédent, que la dernière soustraction partielle était, dans le principe, exprimée par 2 ôté de 5 — 1, ou par 5 — 1 — 2, expression qui signifie que 5 doit être diminué de 1 et en outre de 2, en tout de 3. Cette différence partielle était donc aussi le résultat de l'expression 5 — 3 ou 2. D'où il suit, qu'au lieu de compter pour une unité de moins le caractère du nombre supérieur, sur lequel on a emprunté une unité pour rendre possible la soustraction précédente, il suffit d'augmenter d'autant le chiffre du nombre inférieur qui lui correspond : par là, on ne fera qu'augmenter de la même quantité chacun des nombres proposés; ce qui n'altérera pas leur différence.

Cette vérité est fondée sur ce principe évident par lui-même :

La différence entre deux nombres n'est point altérée, lors même qu'on augmente ou qu'on diminue l'un et l'autre de ces nombres de la même quantité.

37. Ce principe énoncé va nous fournir un procédé plus commode et plus prompt pour résoudre le problème de la soustraction; il consiste : *à augmenter le chiffre supérieur de dix unités de son ordre, toutes les fois qu'il sera plus petit que son correspondant; et à augmenter d'autant le nombre inférieur, en comptant le chiffre suivant de ce dernier nombre pour une unité de plus.*

Exemple. Trouver un nombre qui, ajouté à 54734, donne 80025?

Après avoir disposé ces deux nombres comme ci-contre, on dira : 4 ôté de 5, reste 1; 3 ôté de 12, reste 9; mais, comme j'ai dit 3 ôté de 12, au lieu de dire 3 ôté

80025
54734
—————
25291

3..

de 2, j'ai augmenté le nombre supérieur de dix dixaines ; j'augmenterai donc le nombre inférieur d'autant, en
comptant son chiffre 7 des centaines pour une unité de plus ;
et j'aurai 8 à ôter de 10, ce qui me donnera 2 pour reste. Je viens
encore d'augmenter le nombre supérieur de dix centaines ;
j'en ferai autant au nombre inférieur, en disant : $4 + 1$ ou 5
ôté de 10, reste 5. Enfin, par la même raison, je dirai : $5 + 1$
ou 6 ôté de 8, reste 2. En sorte que la différence totale 25291
satisfera à la question.

38. *Scolie.* Quand tous les chiffres du nombre supérieur sont
respectivement plus grands que ceux du nombre inférieur, il
est alors indifférent de commencer la soustraction par la gauche
ou par la droite.

Exemple. Retrancher le nombre 5232 de celui 8645.   8645
On dira : 5 ôté de 8, reste 3 ; 2 ôté de 6, reste 4 ; 3 ôté   5232
de 4, reste 1 ; enfin, 2 ôté de 5, reste 3.   ————
                                                              3413
Le résultat 3413 est évidemment le même que celui
qu'on obtiendrait si l'on commençait cette opération par la
droite.

39. Si tous les chiffres du nombre supérieur ne sont pas
respectivement plus grands que ceux du nombre inférieur, il
ne sera pas indifférent de commencer l'opération par la gauche
ou par la droite.

Pour faire ressortir les inconvénients qu'on rencontrerait en
commençant la soustraction par la gauche, lorsque tous les
chiffres du nombre inférieur ne sont pas respectivement plus
petits que leurs correspondants du nombre supérieur, nous
nous proposerons de résoudre cette question : Une somme
8645 et l'une de ses deux parties 6956 sont données ; découvrir
l'autre partie de cette somme.

En retranchant le chiffre des unités de mille du nom-   8645
bre inférieur, de son correspondant supérieur, on trouve   6956
bien deux unités de mille de différence ; car, dans tous
les cas de la soustraction, le premier chiffre à gauche du nom-

bre supérieur, excédera toujours son correspondant inférieur, puisque ce dernier nombre doit toujours être plus petit que le premier ; mais en passant ensuite au chiffre des centaines, on voit qu'il ne peut se retrancher de son correspondant. Dans ce cas, pour continuer la soustraction, on est obligé de diminuer le précédent résultat d'une unité, et de rapporter cette unité de mille aux 6 centaines du nombre supérieur : ce qui donne un reste égal à 6. La même chose arrive lorsqu'on passe à la soustraction des dixaines et à celle des unités ; mais ces difficultés se lèvent de la même manière. On diminue chaque résultat précédent d'une unité, qu'on ajoute au chiffre immédiatement à droite du nombre supérieur ; puis on en retranche le chiffre correspondant du nombre inférieur, ce qui donne le reste suivant : ainsi de suite, jusqu'à la dernière des soustractions partielles, dont le résultat exprime toujours le chiffre des unités simples de la différence totale des deux nombres donnés.

Ce sont ces considérations qui obligent à commencer la soustraction par la droite.

40. De tout ce qui précède, concernant la soustraction, on conclut que, pour effectuer cette opération, *il faut écrire le plus petit nombre sous le plus grand, de manière que les unités du même ordre se correspondent ; tirer un trait sous les deux nombres ainsi disposés, pour les séparer du résultat qui sera placé au-dessous ; puis on retranchera chaque chiffre inférieur de son correspondant supérieur, en commençant par le premier de droite ; et l'on écrira chaque reste partiel sous la colonne qui l'aura fourni. Si ce reste est nul, on l'indiquera par un zéro placé sous cette colonne.*

Dans le cas où le chiffre inférieur serait plus grand que son correspondant supérieur, on augmentera celui-ci de dix unités de son ordre, en observant d'augmenter aussi d'une unité le chiffre suivant du nombre inférieur.

Enfin, étant parvenu au dernier chiffre de gauche, on écrira au-dessous le reste s'il n'est pas nul, ou zéro dans le cas contraire : ce qui terminera l'opération.

Afin de se familiariser avec cette règle générale pour effectuer la soustraction, nous l'appliquerons à l'exemple suivant :

L'actif d'un négociant est de 5oo54 francs, et son passif se monte à 39447 francs ; quelle est sa situation ?

Solution. L'avoir du négociant étant supérieur à son débet, il est clair que son avoir sera exprimé par la différence qui existe entre ces deux nombres : c'est donc le résultat de l'opération 5oo54—39447 qui donnera la solution de l'énoncé.

Après avoir disposé mes nombres comme le prescrit la règle ci-dessus, je dis, en commençant par la droite : 7 ôté de 14, reste 7 ; mais comme j'ai retranché 7 de 14, au lieu de retrancher ce nombre de 4, il en résulte que le nombre supérieur a été augmenté d'une dixaine. Pour en faire autant au nombre inférieur, nous dirons : 4+1, ou 5 ôté de 5, reste zéro, qu'on écrit au-dessous de cette colonne. Passant à la suivante de gauche, on a 4 à ôter de 10, le reste 6 étant écrit au-dessous des centaines, on dira, par les mêmes raisons que ci-devant : 9+1, ou 10 ôté de 10, reste zéro. Enfin, il vient 3+1, ou 4 à ôter de 5, ce qui donne 1 pour dernière différence partielle ; et pour reste total 10607 qui est l'avoir du négociant.

                                            5oo54
                                            39447
                                            10607

Indépendamment de l'exemple précédent, le lecteur fera bien de s'exercer en outre sur les suivants.

1°. *Trouver la différence entre* 70436 *et* 39579 ;

2°. *Quel est le nombre qui doit être ajouté à* 3840 *pour égaler* 10000 ;

3°. *Déterminer la seconde des deux parties d'une somme* 17052, *dont la première est* 5403.

1re OPÉRATION.	2e OPÉRATION.	3e OPÉRATION.
70436	10000	17052
39579	3840	5403
30857	6160	11649

41. *Scolie.* Si l'on se reporte à l'origine et à la nature de chacune des deux opérations addition et soustraction, que nous venons de développer, on remarquera, à l'égard de la première, qu'il pourra arriver de deux choses l'une : ou les nombres à ajouter seront inégaux, ou il seront égaux.

Dans la seconde hypothèse, le mode de composition pourra être simplifié; mais quel que soit le nom qu'on donne à la méthode, l'opération n'en sera pas moins un cas particulier de l'addition; c'est pourquoi on ne pourra que la considérer comme une seconde règle élémentaire conduisant encore à la composition des quantités.

Quant à la seconde de ces deux opérations, on comprendra également qu'elle peut être composée de plusieurs soustractions partielles de nombres égaux; et si, afin de ramener l'opération à une seule soustraction, l'on réunit ces derniers, selon le cas élémentaire de l'addition, dont il vient d'être parlé, il est constant qu'on arrivera aussi à une deuxième opération élémentaire pour procéder à la décomposition des grandeurs.

D'un autre côté, nous ferons observer que, 1° dans le cas abrégé de l'addition ou les nombres à ajouter sont égaux, il pourra se faire que l'un d'eux sera, en outre, égal à celui qui indiquera la quantité de ces nombres à ajouter. Cette nouvelle remarque conduira encore à une troisième et dernière opération élémentaire pour effectuer la composition des quantités.

2°. Il en sera de même du cas où l'on aura à faire plusieurs soustractions partielles de nombres égaux; c'est-à-dire qu'il arrivera parfois d'avoir à exécuter autant de ces soustractions, qu'il y aura d'unités dans l'un des nombres à retrancher : telle sera aussi la troisième et dernière des opérations élémentaires qui s'emploieront à la décomposition des grandeurs.

Nous sommes donc en droit de dire que, des six opérations que nous avons à développer successivement tant au sujet de la composition qu'à l'égard de la décomposition des grandeurs en général, l'addition et la soustraction seront les seules de *fondamentales.*

Preuves des deux premières opérations élémentaires.

42. La preuve de l'addition se fait par la sbustraction ; ce qui est évident, attendu que si d'une somme on retranche toutes les parties qui y sont entrées, on doit obtenir zéro pour résultat.

Si donc, en commençant par la gauche, on ajoute tous les chiffres qui composent cette première colonne, et qu'on retranche le résultat de la partie similaire de la somme totale qui se trouve écrite au-dessous, on aura zéro. Dans le cas contraire, le reste ne pourra provenir que de la retenue faite sur la somme partielle qui viendra, dans l'ordre que nous suivons, et qui a précédé dans celui de la composition de la somme totale ; c'est pourquoi ce reste sera converti en unités de l'ordre immédiatement inférieur, pour les joindre au chiffre suivant de la somme totale ; puis on en retranchera celle de tous les chiffres qui composent la colonne de cet ordre d'unités : ainsi de suite, jusqu'à la somme des unités simples, qui donnera zéro pour résultat final. Dans le cas contraire, la première opération sera irrégulière.

Nous appliquerons cette règle à l'exemple suivant.

La somme des chiffres de la première colonne de gauche est 12 mille, qui, ôtés des 13 mille écrits au-dessous, donne pour reste une de ces mêmes unités, laquelle exprime la retenue faite sur la somme des centaines ; c'est pourquoi cette unité de mille sera convertie en centaines, en l'unissant aux trois unités de cet ordre contenues dans la somme totale : ce qui donnera treize centaines, desquelles ôtant les 11 unités composant la colonne de cet ordre, on aura 2 centaines de reste. Ce dernier reste sera donc, par les mêmes raisons que ci-devant, joint au chiffre des dixaines de la somme totale : ce qui présentera 21 dixaines. De celle-ci, ôtant les 19 dixaines exprimées dans la colonne de ces unités, on aura 2 pour la retenue qui a été faite sur la somme des unités simples ; laquelle retenue étant jointe aux 7 unités simples de la somme totale, donne un reste 27 égal à toutes les unités contenues dans la première colonne de droite, d'où je conclus l'exactitude de la somme.

43. L'addition peut aussi se prouver par elle-même. A cet effet, on détermine de nouveau chaque somme partielle, en commençant par le bas de la colonne, si elles ont été obtenues par le haut. C'est ainsi que, dans l'exemple ci-contre, après avoir dit : $7 + 5 + 4 = 16$; $1 + 8 + 6 + 7 = 22$ et $2 + 6 + 3 + 8 = 19$, on recommencera par le bas en disant : $4 + 5 + 7 = 16$; $1 + 7 + 6 + 8 = 22$ et $2 + 8 + 3 + 6 = 19$; et si la somme totale est la même de part et d'autre, il est probable qu'elle sera juste. Je dis qu'il n'y a que probabilité sur l'exactitude d'une somme vérifiée de cette manière, parce que si, en descendant la colonne, on dit que $8 + 6 = 15$ ou 13, il arrivera souvent qu'en la remontant on dira encore que $6 + 8 = 15$ ou 13. D'où l'on voit qu'on peut commettre la même erreur d'une manière comme de l'autre, et, par conséquent, obtenir deux sommes identiques, qui n'en seraient pas moins irrégulières. Donc, le procédé du numéro précédent, pour vérifier l'addition, doit être en tout préférable.

$$\begin{array}{r} 687 \\ 365 \\ 874 \\ \hline 1926 \end{array}$$

44. On pourrait aussi se rendre compte de l'exactitude d'une somme, en en retranchant celle de tous les nombres, moins un, qui la composent. Ce *moins un* devra alors exprimer le résultat de la soustraction. Donc la somme précédente 1926 diminuée de ses deux parties 365 et 874, devra se réduire à 687.

45. La preuve de la soustraction se fait par l'addition, ce qui est évident : *la preuve d'une opération ne peut se faire que par l'opération contraire, ou celle qui défait ce qui a été fait par la première*, quelles que soient d'ailleurs les méthodes employées pour l'une comme pour l'autre de ces opérations. C'est ainsi que monter un escalier marche par marche, ou deux à deux et même trois à trois degrés à la fois, n'est au fond que

monter l'escalier; tandis que les descendre un à un, deux à deux, trois à trois, etc. degrés, à la fois, s'il est possible, est précisément le contraire de monter l'escalier. Donc pour faire la preuve de la soustraction, *il suffit d'ajouter le résultat de l'opération au nombre qu'on a retranché, et, si la première opération a été bien faite, on doit obtenir le nombre supérieur :* ce qui est d'ailleurs évident, d'après la définition même de la soustraction (33).

46. La soustraction peut encore se prouver par elle-même : car, *si de la somme donnée on retranche à son tour la partie obtenue, il est clair qu'on obtiendra l'autre partie de cette somme,* je veux dire celle qui était donnée.

Usages de l'addition et de la soustraction.

47. Il est inutile d'entrer dans des détails sur l'emploi de chacune de ces deux règles : on saura toujours, d'après leurs définitions respectives, quand il s'agira d'ajouter ou de soustraire des nombres exprimant des quantités homogènes. Les exemples qui ont servi, dans le cours du développement de chacune de ces opérations, suffisent, au surplus, pour nous mettre à même d'en faire l'application. D'un autre côté, je donnerai par la suite, et de la manière la plus satisfaisante, les diverses applications des six opérations élémentaires.

DE LA MULTIPLICATION.

Origine de cette troisième opération élémentaire.

48. Nous avons déjà fait remarquer n° **41**, au sujet de l'addition, qu'on pouvait avoir à réunir entre eux des nombres égaux ou inégaux.

Le cas particulier de l'addition où les nombres à ajouter sont égaux entre eux, a donné naissance à une nouvelle opération élémentaire appelée *multiplication*, qui servira encore à composer les quantités, beaucoup plus brièvement que selon les lois ordinaires de l'addition.

49. Afin d'avoir une idée très précise sur l'origine de la multiplication, et sur cette opération elle-même, de manière à pouvoir la présenter sous son véritable point de vue, nous nous proposerons de résoudre cette question : *déterminer la somme égale à quinze fois le nombre douze?*

A cet effet, et pour ne point mettre de côté l'analogie, qui seule peut nous conduire de découvertes en découvertes, nous baserons notre solution sur la formation des nombres, en considérant la partie 12 de cette somme demandée, comme étant composée de *dix* plus *deux*, et le nombre 15, qui marque combien on doit prendre de fois cette partie, comme étant lui-même formé de *dix* plus *cinq*.

Cela posé, prendre quinze fois le nombre douze, c'est prendre ce nombre d'abord dix fois, et ensuite cinq fois, ou, si l'on veut, c'est le répéter cinq fois, plus dix fois. Donc, cette somme cherchée se composera des deux parties : *cinq fois douze* et *dix fois douze*.

Mais, à cause que $12 = 10 + 2$, chacune de ces parties énoncées, se composera elle-même de deux autres parties, savoir : la première, de *cinq fois deux* et de *cinq fois dix*; et la seconde de *dix fois deux* et de *dix fois dix*.

Procédant à la recherche de chacune de ces deux sommes principales : *cinq fois douze* et *dix fois douze*, pour en former celle qui devra être égale à *quinze fois douze*, nous chercherons séparément chacune de celles qui les composent.

Si, pour plus de précision, nous nous servons du premier langage des calculs, nous dirons, d'après les doigts : 1° cinq fois deux font *dix*; cinq fois dix font *cinq dix* ou *cinq dixaines*, c'est-à-dire *cinquante* : première somme partielle égale à *dix* plus *cinquante*, ou à *soixante unités*.

2°. Dix fois deux font *deux dixaines* ou *vingt*, qui, augmenté de dix fois *dix* ou *cent*, donne *cent-vingt unités* pour seconde somme partielle.

Réunissant ces deux résultats partiels : *soixante* et *cent-vingt*, on a *cent-quatre-vingt* pour l'équivalent de *quinze fois douze*.

30. Quelque simple que soit la méthode que nous venons d'imaginer, pour faire une addition de nombres égaux, on conçoit facilement qu'il serait difficile, pour ne pas dire impossible, d'additionner ainsi une grande quantité de nombres considérables, avec le seul secours des doigts ou de la règle générale prescrite pour l'addition. Il convient donc de soumettre ce cas particulier de la première opération élémentaire, à une autre méthode simple et générale.

Pour y parvenir, il est clair qu'à la règle générale de l'addition, il faut, dans l'hypothèse où l'on a à ajouter entre eux des nombres égaux, substituer d'autres conditions ; puis imaginer un nom et pour le nombre à ajouter, et pour celui qui marque combien de fois ce dernier doit être répété pour composer la somme qui recevra aussi un nom particulier.

Or, c'est aux signes et aux noms que nous connaissons, à nous conduire aux signes et aux noms qui doivent convenir aux différentes choses composant l'ensemble des nouvelles méthodes auxquelles nous conduisent celles déjà établies ; car si nous voulons aller de découvertes en découvertes, il faut que nous marchions du connu à l'inconnu.

51. Nous dirons donc, que ce cas particulier de l'addition où les nombres à ajouter entre eux sont égaux, donne naissance à des sommes que nous nommerons *doubles, triples, quadruples*, etc., suivant qu'elles seront formées de deux, de trois, de quatre, etc., nombres égaux : d'où naîtront les mots *doubler, tripler, quadrupler*, etc., pour dire respectivement ajouter un nombre quelconque, une fois, deux fois, trois fois, etc., à lui-même.

Si nous donnons ensuite le nom général de *multiples* à ces sommes doubles, triples, quadruples, etc., qui contiennent un nombre donné une quantité quelconque et exacte de fois, il en résultera le mot général *multiplier*, pour dire encore ajouter un nombre quelconque, une fois, deux fois, trois fois, etc., à lui-même.

Dans ce cas abrégé de l'addition, nommé *multiplication*, on donne au nombre à ajouter le nom de *multiplicande*; et celui qui marque combien de fois ce dernier doit entrer dans le résultat qu'on nomme *produit*, s'appelle *multiplicateur*. On désigne aussi ces deux nombres multiplicande et multiplicateur, sous la dénomination commune de *facteurs*, attendu qu'ils concourent tous les deux à la formation du produit.

Ainsi, la multiplication des nombres entiers est donc une opération par laquelle on ajoute à lui-même un nombre appelé multiplicande, autant de fois *moins une*, qu'il y a d'unités dans un autre nombre nommé multiplicateur, ou plus généralement, *la multiplication sert à découvrir un nombre appelé produit, qui se compose d'un autre nombre nommé multiplicande, de la même manière qu'un troisième nombre appelé multiplicateur se compose de l'unité.*

52. Donc, *le produit est au multiplicande, ce que le multiplicateur est à l'unité,* c'est-à-dire que si le multiplicateur est le double, le triple, etc., de l'unité, le produit sera lui-même le double, le triple, etc., du multiplicande.

53. *Réciproquement; le multiplicande est au produit, ce que l'unité est au multiplicateur;* ce qui veut dire que si l'unité est la deuxième, la troisième, etc., partie du multiplicateur, le multiplicande sera alors la deuxième, la troisième, etc., partie du produit.

54. Il résulte de là, que le *produit peut être envisagé* comme un tout, *dont le multiplicande est l'une des parties égales et dont le nombre de celles-ci est exprimé par la quantité des unités composant le multiplicateur.*

Ainsi, 1° plus le multiplicande est grand, plus le produit est grand; car plus l'une des parties égales du tout est grande, plus le tout lui-même est considérable;

2°. Plus le multiplicateur est grand, plus encore le produit est grand ; car plus le nombre des parties égales d'un *tout* est considérable, plus le *tout* lui-même est grand.

Donc, *le produit augmente en raison directe de chacun de ses facteurs ;* et, réciproquement, *il diminue aussi en raison directe de chacun d'eux.*

55. Il suit encore de là, que *le multiplicateur doit être essentiellement abstrait ;* car il n'a d'autre propriété que celle d'indiquer le nombre de fois que le multiplicande entre dans le produit.

Enfin, si l'on fait attention qu'une somme doit toujours être de la nature des parties qui la composent, on en conclura, en outre, que *le produit sera constamment de la nature de son multiplicande.*

56. Ce qui précède étant bien compris, nous passerons à l'analyse de chacun des cas que nous présente la multiplication.

1er *Cas.* Multiplier un nombre simple par un autre nombre simple : tel que 8 par 7.

Il est évident que pour obtenir la solution de cette question, il faut se servir de l'addition, ou ajouter le multiplicande 8 six fois à lui-même, en l'écrivant un pareil nombre de fois au-dessous de lui-même : ce qui donnera...................
$8 + 8 + 8 + 8 + 8 + 8 + 8 = 56$ pour résultat.

Ce premier cas de la multiplication a suggéré l'idée de former les sommes doubles, triples...... et nonuples de chacun des neuf nombres simples, ou mieux, les produits entre eux de tous les nombres depuis 1 jusqu'à 9, pris deux à deux.

En sorte qu'ayant placé chacun de ces produits dans des cases construites au-dessous du multiplicande, et vis-à-vis le multiplicateur, on est parvenu à former

la table ci‑dessous, dont l'idée est attribuée à Pytha‑
gore (*).

1	2	3	4	5	6	7	8	9
2	4	6	8	10	12	14	16	18
3	6	9	12	15	18	21	24	27
4	8	12	16	20	24	28	32	36
5	10	15	20	25	30	35	40	45
6	12	18	24	30	36	42	48	54
7	14	21	28	35	42	49	56	63
8	16	24	32	40	48	56	64	72
9	18	27	36	45	54	63	72	81

37. Pour faire usage de cette table, il faut bien concevoir sa
formation. On a d'abord écrit dans les neuf cases composant
la première ligne horizontale, les neuf nombres simples; puis
on a ajouté chacun de ces nombres à lui‑même, et l'on a écrit
la somme dans la case immédiatement au‑dessous de ce nom‑
bre : on a ainsi obtenu les sommes doubles des neuf nombres
simples ou le produit de chacun d'eux par 2.

Cela étant, fait on a ensuite ajouté chacun de ces mêmes nom‑
bres deux fois à lui‑même, ou une seule fois à sa somme double
déjà obtenue; et chacune de ces nouvelles sommes a été pla‑
cée dans la seconde case au‑dessous du nombre respectif. De

(*) Cette table qui ne nous paraît qu'un jeu, n'en est pas moins l'effet
d'un grand coup de génie de Pythagore.

cette manière on est arrivé à la somme triple de ce nombre ou à son produit par 3; ainsi de suite, jusqu'à ce que l'on ait eu le produit de chacun de ces nombres simples par 9.

Au moyen de cette table, il sera donc facile de trouver le produit d'un nombre simple, par un semblable nombre : celui de 8 par 7, par exemple.

Pour cela, on descendra le long de la ligne verticale du multiplicande 8, jusqu'à ce qu'on soit arrivé à la case correspondante à la ligne horizontale du multiplicateur 7. Cette case renfermera le produit demandé, qui est donc 56.

Les autres cas de la multiplication devant être ramenés à des multiplications partielles de nombres simples, il importe de bien connaître la table dont nous venons d'expliquer la formation.

Pour se la rendre familière, on pourra s'exercer à la former un nombre quelconque de fois.

58. Au sujet de l'usage de la table de multiplication, il convient de faire remarquer que deux nombres simples multipliés en quelque ordre que ce soit, donnent toujours le même produit, et que ainsi $8 \times 7 = 7 \times 8$.

Cette remarque ne s'appliquant ici qu'aux produits des nombres simples, il importe de démontrer l'égalité de ces deux produits d'une manière générale, afin d'en conclure que celui de deux nombres abstraits reste intact, en quelque ordre qu'on multiplie ceux-ci.

A cet effet, il faut simplement se rappeler que le multiplicande 8 du premier de ces produits, représente l'assemblage de huit unités (4).

Je développerai donc ces huit unités sur une même ligne horizontale, et j'écrirai 7 fois cette ligne; ce qui me donnera un tableau composé de 56 unités. Donc $8 \times 7 = 56$.

Pareillement, en renversant le tableau, je trouve les sept unités du multiplicande du second de mes produits, développées aussi sur une même ligne horizontale, qui s'y trouve répétée autant de fois qu'il y a d'unités dans son multiplicateur 8. Comme rien n'a été changé ni dérangé dans le tableau, il est évident que la totalité des unités est encore 56. Donc aussi $7 \times 8 = 56$; ce qu'il fallait démontrer. Donc, etc.

59. La démonstration précédente pouvant indistinctement s'appliquer à un couple quelconque de facteurs abstraits, il s'ensuit qu'on pourra prendre indifféremment l'un ou l'autre des facteurs d'un produit pour le multiplicateur, et établir alors cette propriété caractéristique de chacun d'eux : *il marque toujours le nombre de fois que l'autre est entré dans le produit.*

60. *Corollaire.* Il suit de ce qui précède que *le produit est à chacun de ses facteurs, ce que l'autre est à l'unité;* et réciproquement, *chacun des facteurs est au produit, ce que l'unité est à l'autre facteur* (52 et 53).

61. *Deuxième cas.* Multiplier un nombre composé par un nombre simple, tel que 537 par 6.

Il faut, comme précédemment, ajouter 537 cinq fois à lui-même. A cet effet, je l'écris cinq fois au-dessous de lui-même, et je remarque que le chiffre 7 des unités entre 6 fois dans la somme, celui des dixaines aussi 6 fois, et celui des centaines un pareil nombre de fois, etc.

$$\begin{array}{r} 537 \\ 537 \\ 537 \\ 537 \\ 537 \\ 537 \\ \hline 3222 \end{array}$$

La question peut donc se ramener à prendre six fois successivement chacun des chiffres du multiplicande.

Mais, comme le plus grand nombre possible d'unités de chaque ordre de ce multiplicande ne saurait excéder 9, et que l'on connaît tous les produits partiels des nombres simples, on rappellera la multiplication d'un nombre composé par un nombre simple, à des multiplications partielles de deux nombres simples. A cette considération, je répéterai ce que j'ai déjà dit, qu'il importe d'être familier avec la table de multiplication.

Or, en admettant la parfaite connaissance de tous les produits résultant des couples de facteurs que peu-
vent fournir les neuf nombres simples, je répéterai qu'il   53₇
s'agit ici de prendre six fois le chiffre 7 des unités du   6
multiplicande 537, six fois celui de ses dixaines, et un   ̄3̄2̄2̄2̄
semblable nombre de fois celui de ses centaines.

A cet effet, et pour plus de commodité, on écrira le multiplicateur 6 au-dessous du multiplicande, comme on le voit
ci-contre, et l'on dira : 6 fois 7 font 42. J'écris les deux unités simples de ce produit partiel, et retiens ses quatre dixaines
pour les joindre au produit partiel des unités de ce dernier
ordre, en continuant de dire : 6 fois 3 font 18, et 4 de retenue
font 22 dixaines, ou 2 centaines et deux dixaines; j'écris les
deux dixaines à la gauche du produit partiel des unités simples, et je retiens les deux centaines pour les joindre au produit des unités de cet ordre, et je poursuis en disant : 6 fois 5
font 30, et 2 de retenue font 32 centaines, ou 3 mille et 2 centaines. Écrivant les deux centaines à la gauche des dixaines,
et les 3 unités de mille à la gauche des centaines, on aura 3222
pour le produit demandé.

3ᵉ *Cas*. Multiplier 654 par 32, ou trouver le nombre qui
contient 32 fois 654.

Il est évident qu'il faut, comme dans l'exemple précédent,
prendre 32 fois le multiplicande 654, ce qui revient, d'après
ce qui a été dit n° 49, à le prendre d'abord 2 fois, et ensuite
30 fois. Ce qui pourrait se faire, 1° en prenant deux fois successivement chacun des chiffres composant le multiplicande
(2ᵉ cas); 2° en répétant ensuite trente fois aussi successivement
chacun de ces mêmes caractères du multiplicande; mais comme
on n'a pas, dans la table de multiplication, les produits partiels
de nombres simples, par des nombres composés de deux chiffres, il faudrait (59) multiplier au contraire successivement ce
dernier multiplicateur 30, par le chiffre des unités, puis par
celui des dixaines, et enfin, par celui des centaines du multiplicande, selon ce qui a été dit dans le 2ᵉ cas. Alors le produit

total de 654 par 32, ou de 32 par 654, serait égal à la réunion de ces quatre produits partiels, dont chacun résulte d'un nombre composé par un nombre simple, en observant, toutefois, que les deux premiers seront exprimés en unités simples ; le troisième, qui, dans le principe, devait résulter des 5 dixaines du multiplicande, par le multiplicateur 30, et qui a été obtenu en multipliant 30 par 5, facteur dix fois moindre, sera exprimé en dixaines (54) ; et le quatrième de ces produits partiels exprimera, par les mêmes raisons, des centaines. On aura donc :

$$654 \times 32 = (654 \times 2) + (654 \times 30) ;$$

mais, si l'on décompose ce dernier, comme il vient d'être dit, on obtiendra :

$$654 \times 32 = (654 \times 2) + (30 \times 4) + [(30 \times 5) \times 10]$$
$$+ [(30 \times 6) \times 100] = 1308 + 120 + (150 \times 10)$$
$$+ (180 \times 100) = 1308 + 120 + 1500 + 18000 = 20928.$$

Ce moyen d'obtenir la solution du 3e cas de la multiplication, quelque simplifié qu'il soit, comparativement à celui qui était indiqué en premier lieu, devenant encore trop long pour la recherche du produit de facteurs composés de plusieurs chiffres, on a, comme nous l'avons déjà dit, fait dépendre la multiplication de ceux-ci, de multiplications partielles de nombres simples ; c'est-à-dire qu'on cherchera, pour le cas dont il s'agit, deux nombres, dont l'un contiendra deux fois 654 (2e cas), et l'autre trente fois. Pour obtenir ce dernier, il suffira de découvrir celui qui contiendra seulement trois fois 654, nombre qui sera alors dix fois trop petit (54), et qu'on rappellera à sa juste valeur, en plaçant un zéro sur sa droite (22). La somme de ces deux produits partiels sera bien le nombre qui contiendra 32 fois 654.

En disposant mes deux facteurs comme il a été dit ;   654
puis multipliant successivement chaque chiffre du   32
multiplicande par celui des unités du multiplicateur   1308
(2e cas), on aura 1308 pour le premier produit partiel.   19620
Multipliant ensuite, et d'après les mêmes lois, ces   20928

4..

mêmes chiffres du multiplicande par le 3 du multiplicateur, il viendra 1962. Après avoir écrit ce dernier produit au-dessous du premier, en colonne d'addition, en mettant d'abord sous les unités le zéro qui doit être placé sur la droite de ce dernier produit partiel, pour le rendre dix fois plus grand, on fera l'addition de ces deux produits partiels; et l'on aura 20928 pour le produit ou le nombre demandé.

Quatrième cas. Multiplier 34228 par 535, ou (**52**) trouver un nombre qui soit à 34228 ce que 535 est à 1, ou encore, (**53**), celui auquel 34228 est ce que 1 est à 535, ou enfin, en obtenir un qui contienne 535 fois celui 34228.

On arrivera à la solution commune à ces différents énoncés, en découvrant la somme de trois nombres, dont l'un contiendra le multiplicande 5 fois (2ᵉ cas); le second 30 fois (3ᵉ cas); et le troisième 500 fois. Pour obtenir ce dernier nombre, il suffira d'en découvrir un qui contienne 5 fois le multiplicande: ce nombre qui sera 100 fois trop petit (**54**), se rappellera à sa juste valeur, en plaçant deux zéros sur sa droite (**22**).

Afin de calculer ces trois nombres, on dispo-

```
  34228
    535
 ──────
 171140
1026840
171140001
──────────
18311980
```

sera les facteurs comme précédemment, et l'on trouvera 171140 pour premier produit partiel. Celui qui résultera des dixaines du multiplicateur sera 1026840.

Avant de passer à la recherche du troisième de ces nombres, on placera d'abord un zéro sous chacune des colonnes unités et dixaines des deux produits précédents : ce qui rendra ce troisième produit partiel cent fois plus grand, et se trouvera par là rappelé à sa valeur : il sera donc 17114000.

Faisant la somme de ces trois résultats partiels, on arrivera à 18311980 pour le produit ou le nombre cherché.

62. *Scolie.* On remarque, par les exemples ci-dessus, en considérant le multiplicande comme n'exprimant que des unités simples, que les dixaines du multiplicateur donnent un produit dont les plus basses unités sont des dixaines; que les centaines de ce même facteur donnent des centaines pour plus basses unités de leur produit, ainsi de suite. D'où l'on conclut, en intervertissant l'ordre des facteurs dont il est ici question, que toutes les fois que le multiplicateur sera des unités simples, les plus basses unités du produit seront de même nature que les plus basses du multiplicande. Ce qui est d'autant plus évident que, par exemple, le plus petit nombre possible de dixaines, qui est une dixaine ou 10, étant multiplié par le plus petit nombre aussi possible d'unités, qui est 1, donne 10. Ainsi, à bien plus forte raison, le produit exprimera-t-il des dixaines pour plus basses unités, si le nombre de celles du premier de ces facteurs, et celui des unités simples du second sont plus considérables? Donc, etc.

Au surplus, multiplier des dixaines par des unités, c'est ajouter des dixaines à elles-mêmes : donc, dans cette hypothèse, la somme exprimera des dixaines pour plus basses unités : car l'unité d'un *tout* ne peut être que de la nature de celles qui l'ont produit ou composé.

On démontrerait de la même manière que des centaines multipliées par des unités simples, ou ces dernières multipliées par les premières, donnent un produit dont les plus basses unités sont des centaines; et que ces mêmes unités simples étant multipliées par, ou multipliant des mille, donnent des unités de ce dernier ordre.

Donc, *toutes les fois que le chiffre partiel du multiplicateur exprimera des unités dix fois, cent fois, etc., plus grandes que des unités simples, ou, en d'autres termes, chaque fois que ce chiffre exprimera des dixaines, des centaines, etc., le produit partiel qui en résultera exprimera respectivement des dixaines, des centaines, etc.*

D'après cela, on pourra : 1° se dispenser de mettre les zéros nécessaires sur la droite de chaque produit partiel pour lui faire exprimer les unités convenables; 2° faire abstraction des zéros qui pourront se trouver intermédiaires dans le multiplicateur, pourvu, toutefois, qu'on ait soin, dans l'un comme dans l'autre cas, de placer le premier chiffre de chaque produit partiel sous la colonne à laquelle ses plus basses unités appartiendront. Cette colonne sera toujours la même que celle du chiffre qui aura servi de multiplicateur.

Exemple. Multiplier 728 par 804, ou composer un nombre de 804 fois 728.

On voit, par le type ci-contre, qu'on a fait abstraction du zéro intermédiaire du multiplicateur, parce qu'il ne s'agissait, dans cette hypothèse, que de trouver deux nombres, dont l'un contint 4 fois le multiplicande, et l'autre 800 fois.

$$\begin{array}{r} 728 \\ 804 \\ \hline 2912 \\ \dots\dots \\ 5824\dots \\ \hline 585312 \end{array}$$

A l'égard de ce dernier, on a pris seulement 8 fois le multiplicande, ce qui a donné 5824, nombre 100 fois trop petit, et qu'on a rappelé à sa valeur, en mettant son premier chiffre de droite sous la colonne des centaines, qui est celle du multiplicateur partiel respectif.

63. *Corollaire.* Il suit de là que si l'un des facteurs, et même tous les deux, étaient terminés par des zéros, on pourrait supprimer mentalement ces zéros pour les placer sur la droite du produit total, sans que le produit fût altéré.

En effet, le produit diminue en raison directe de chacun de ses facteurs (54). Il faudra donc, pour le rappeler à sa juste valeur, le prendre autant de dixaines de fois que l'un et l'autre facteurs auront été rendus de dixaines de fois plus petits.

Exemple. Déterminer le produit de 2400 par 170, ou composer un nombre avec 2400 de la même manière que 170 a été composé de 1.

Je détermine donc le produit de 24 par 17, et j'ai 408, résultat qui est 100 fois trop petit par rapport au multiplicande, et en outre dix fois moindre par rapport au multiplicateur : en tout 10 fois 100 ou 1000 fois inférieur au nombre cherché; car (54) ce dont le multiplicande est trop faible, doit être multiplié par ce dont le multiplicateur est trop petit. Ainsi, pour rendre ce produit 408, d'une part, 100 fois, et de l'autre, 10

$$\begin{array}{r} 2400 \\ 170 \\ \hline 168 \\ 24 \\ \hline 408000 \end{array}$$

fois, en tout 1000 fois plus grand, il faudra mettre trois zéros sur sa droite (**22**), nombre de zéros égal à celui contenu tant dans l'un que dans l'autre des facteurs. Donc, etc.

64. La solution du problème suivant comprend tous les cas que nous venons d'expliquer sur la multiplication :

Trouver un nombre qui soit à 405000, ce que 3008 est à 1, ou celui auquel 405000 est ce que 1 est à 3008?

A cet effet, il faut donc multiplier 405000 par 3008.

$$\begin{array}{r} 405\not0\not0\not0 \\ 3\not0\not08 \\ \hline 3240 \\ 1215\ldots\ldots \\ \hline 1218240000 \end{array}$$

Les deux facteurs proposés étant disposés comme précédemment, et supprimant mentalement les trois zéros qui terminent le multiplicande, il vient à multiplier 405 par 3008.

Ce produit, qui sera 1000 fois trop petit, se composera donc des deux suivants : $405 \times 8 = 3240$ et 405×3000.

Si l'on fait aussi abstraction des zéros qui terminent le multiplicateur de ce dernier produit, on obtient $405 \times 3 = 1215$ qu'il faut rendre 1000 fois plus grand ; c'est pourquoi on l'écrira, en colonne d'addition, au-dessous du précédent, en plaçant son premier chiffre sous les mille. Il viendra donc $3240 + 1215000 = 1218240$ pour le produit total de 405 par 3008 ; lequel étant multiplié par 1000, donnera 1218240000 pour celui de 405000 par 3008, qui doit satisfaire à la question proposée.

65. D'après ce qui précède, nous conclurons en général que, pour effectuer la multiplication, *il faut écrire le multiplicateur au-dessous du multiplicande ; puis tirer un trait sous ces deux facteurs, afin de les séparer des produits partiels ; multiplier ensuite successivement le multiplicande par chacun des chiffres du multiplicateur ; écrire tous ces produits les uns au-dessous des autres, de manière que le premier chiffre de chacun d'eux soit dans la colonne du même ordre que celle du chiffre du multiplicateur qui aura donné ce produit partiel ; et, enfin, tirer un trait sous ces produits partiels ainsi disposés, à l'effet de placer au-dessous leur somme, qui exprimera le produit* *total, après avoir placé sur sa droite autant de zéros qu'on aura pu en supprimer mentalement sur la droite, tant de l'un que de l'autre de ses facteurs.*

66. *Scolie.* Les raisonnements qui viennent d'être fournis sur la multiplication font connaître qu'on ne doit pas confondre cette opération avec son problème ; car on a dû remarquer que celui-ci peut être présenté sous divers points de vue, tandis que la multiplication, elle-même, ne peut l'être que sous un seul, qui est celui exprimé par sa définition (51).

C'est ainsi que chacun des problèmes suivants conduira à la multiplication de 4 par 3, ou, ce qui est la même chose, de 3 par 4 (59) :

1°. *Composer avec* 4, *un nombre, de la même manière que* 3 *l'a été avec* 1 ? (51).

2°. *Former avec* 3, *une quantité, de la même manière que* 4 *l'a été avec* 1 ? (51).

3°. *Quel est le nombre qui est à* 4 *ce que* 3 *est à* 1 ? (52).

4°. *Quel est celui qui est à* 3 *ce que* 4 *est à* 1 ? (59 et 52).

5°. *Trouver le nombre auquel* 4 *est ce que* 1 *est à* 3 ? (53).

6°. *Déterminer celui auquel* 3 *est ce que* 1 *est à* 4 ? (59 et 53).

7°. *Faire connaître le triple de* 4 ? (52).

8°. *Chercher le quadruple de* 3 ? (59 et 52).

9°. *On demande le nombre dont* 4 *est la troisième partie ?* (53).

10°. *On veut connaître celui dont* 3 *est la quatrième partie ?* (59 et 53).

Etc., etc., etc.

On voit par là que la multiplication est, de toutes les opérations dont on compose les quantités, celle qui offre le plus d'avantages, en raison de la multiplicité des points de vue sous lesquels on peut présenter son problème.

Le plus grand de ces avantages est que cette opération ne peut, de la manière dont nous l'avons présentée, laisser échapper aucun cas, non-seulement sur toutes les espèces de nombres, mais encore sur toutes les grandeurs de telle ou telle espèce; c'est-à-dire que, dans l'une comme dans l'autre des parties des sciences exactes, *multiplier voudra toujours dire composer, avec les quantités qui seront l'objet de telle ou telle branche des mathématiques, une grandeur qui soit à celle prise pour multiplicande, ce que celle adoptée pour multiplicateur sera elle-même à l'unité.*

Il est donc à propos de méditer avec soin l'origine et la nature de ce cas abrégé de l'addition, vu que ce n'est que l'étude approfondie que nous en avons faite qui nous a conduit à la parfaite connaissance des relations qui existent entre le produit et l'un de ses facteurs, comparativement à l'autre mis en rapport avec l'unité, et réciproquement.

Les autres remarques qui ont été faites sur cette troisième opération élémentaire, émanent encore de sa nature.

Aux différents énoncés précédents, nous allons ajouter ceux auxquels donnent lieu les principaux usages de la multiplication.

Principaux usages de la multiplication.

67. 1°. Le premier usage de la multiplication est de *trouver le prix de plusieurs unités, quand celui d'une seule est donné.*

Exemple. La toise d'ouvrage coûte 23 fr., combien coûteront 3252 toises?

Il est clair qu'autant de fois l'unité toise est contenue dans le nombre 3252, autant de fois on doit prendre 23 francs. Donc il faut multiplier 23 fr. par 3252, ou (59), pour plus de facilité, 3252 par 23, pouvu qu'on ne perde pas de vue que le produit, dans cette hypothèse, doit être exprimé en francs, attendu que son véritable multiplicande est 23 francs (55).

2°. *La multiplication sert en outre à réduire les unités d'espèces supérieures en espèces inférieures.*

Par exemple : les livres en sous, les sous en deniers, les toises en pieds, les pieds en pouces et ceux-ci en lignes; etc., etc.

En effet, si la toise vaut six pieds, 4 toises vaudront 4 fois 6 pieds, ou $6^p \times 4 = 24$ pieds, etc. Donc, etc.

68. Aux usages ci-dessus, j'ajouterai un exemple sur chacun de ceux qu'on déduit de la définition de la multiplication et des conséquences qui en découlent.

Premier exemple. Composer un nombre avec 204, de la même manière que 1020 a été formé de l'unité.

On voit sans peine, d'après ce qui a été dit n° 52, que ce nombre se composera d'autant de fois le multiplicande 204, que le multiplicateur 1020 se compose lui-même de 1. Il est donc exprimé par le produit en croix 204×1020, qui égale 208080.

Deuxième exemple. Chercher un nombre qui soit à 6400 ce que 180 est à 1.

Le n° 52 nous fait voir qu'il s'agit encore ici de multiplier 6400 par 180, ce qui donne 1152000 pour le nombre demandé.

Troisième exemple. Déterminer le nombre auquel 12 est ce que 1 est à 3.

La solution de cet énoncé se trouve dans le n° 55 ; c'est-à-dire qu'il faut chercher un produit auquel le multiplicande 12 sera ce que l'unité est au multiplicateur 3.

En effet, l'unité étant le tiers de 3, le multiplicande 12 devra être le tiers du nombre exigé. Or, le nombre duquel 12 est le tiers est bien celui qui est le triple ou trois fois plus grand que 12. Donc, il faut multiplier 12 par 3 ; le résultat 36 satisfera à la question.

Suivant les propriétés énoncées dans les n°ˢ 59 et 60, qui résultent de la démonstration du n° 58, on peut dire que le multiplicateur 3 est aussi à ce résultat 36, ce que 1 est au multiplicande 12.

Quatrième exemple. Quel est le nombre qui contient 11 fois 121 ?

La définition de la multiplication nous fait voir qu'on peut énoncer ainsi ce problème : trouver un nombre appelé produit, qui se compose du multiplicande 121, de la même manière que le multiplicateur 11 se compose de 1. Il faut donc multiplier 121 par 11, et le résultat 1331 sera le nombre contenant 11 fois 121, ou celui qui est à 121 ce que 11 est à 1, ou encore celui auquel 121 est ce que 1 est à 11.

En prenant le multiplicateur pour le multiplicande, nous dirons, en outre, que le produit 1331 est aussi à 11 ce que 121 est à 1, ou que 121 en est la onzième partie, comme 1 exprime le onzième de 11.

69. Ces exemples, tirés tant de la définition de la troisième opération élémentaire, que des conséquences qui en découlent naturellement, joints aux principaux usages que nous avons fait connaître de cette opération, sont suffisants pour mettre le lecteur à même de faire toujours une juste application de la multiplication sur tous les nombres entiers possibles.

Par la suite on verra, comme il l'a déjà été dit, que ces usages s'appliquent encore à toutes espèces de nombres ; c'est pourquoi on doit tous se les rendre familiers, car ils ne laisseront échapper aucun cas sur toutes les espèces de quantités, lorsqu'il s'agira de les composer par voie de multiplication.

70. Je vais présenter la division sous un point de vue aussi général que celui sous lequel je viens de montrer le cas particulier de l'addition, ou les nombres à ajouter entre eux sont égaux. Le lecteur voudra donc bien apporter une grande attention à l'étude des développements que je fournirai sur l'origine et la définition de la quatrième opération élémentaire, qui ne sera autre chose qu'un cas abrégé de la soustraction, et par conséquent l'opération inverse de la multiplication.

DE LA DIVISION.

Origine de cette quatrième opération élémentaire.

71. C'est dans la preuve de la multiplication que nous allons trouver la division.

A cet effet, nous rappellerons ce qui a été dit n° 59 : qu'un produit se compose toujours d'autant de fois l'un de ses facteurs, qu'il y a d'unités dans l'autre. D'où il suit qu'après avoir obtenu le résultat d'une multiplication, on a dû s'assurer de son exactitude, en en retranchant l'un des facteurs autant de fois qu'il se trouvait d'unités dans l'autre, étant convaincu d'avance que, dans cette hypothèse, le reste de la dernière de ces soustractions devra être nul ; car chacun des facteurs exprime le nombre de fois que l'autre est entré dans le produit (59). Donc la soustraction présente un moyen naturel de vérifier la multiplication ; ce qui est d'ailleurs évident, puisque la multiplication est un cas de de l'addition, opération qui se vérifie elle-même par la soustraction. Donc cette opération, inverse de l'addition, doit servir de vérification à tous les cas qui dépendent de celle-ci.

Exemple. On demande si le produit 2140, qui résulte de la multiplication de 428 par 5, est exact ?

Pour résoudre cette question, il suffit de s'assurer si 428 est entré 5 fois dans le produit 2140, ou si 5 y est entré 428 fois.

En s'arrêtant à ce dernier moyen d'obtenir la solution du problème, on retranchera du produit 2140, le facteur 5 successivement 428 fois ; et afin de simplifier le nombre des soustractions, on rendra ce facteur 5 dix fois, cent fois, mille fois, etc., plus grand, suivant qu'on pourra, par une seule soustraction, le retrancher ou dix fois, ou cent fois, ou mille fois, etc. ; ici l'on ne retranchera le facteur 5 que cent fois, en le rendant 100 fois plus grand, par deux zéros qu'on mettra sur sa droite. On aura donc à retrancher 500 de 2140 autant de fois qu'il pourra en être retranché, et chaque fois qu'on effectuera cette soustraction, on ôtera 100 fois 5 de 2140. On voit, par le tableau ci-contre, que cette opération s'est réitérée quatre fois, avec un reste 140.

Ne pouvant plus faire cent soustractions dans une seule, on en fera dix seulement, en ôtant de ce dernier reste 140, le facteur 5 rendu dix fois plus grand. On retranchera donc 50 de 140 autant de fois qu'on le pourra. Cette dernière opération s'effectue deux fois, et donne un

```
           2140
     500 = 100 fois 5.
          ─────
          1640
     500 = 100 fois 5.
          ─────
          1140
     500 = 100 fois 5.
          ─────
           640
     500 = 100 fois 5.
          ─────
           140
      50 =  10 fois 5.
          ─────
            90
      50 =  10 fois 5.
      40 =   8 fois 5.
          ─────
        0      428 fois 5.
```

reste 40, qui est précisément la somme octuple de 5. Donc 5 se retranchera huit fois exactement de 40.

Réunissant les différents nombres de fois que 5 a été retranché de 2140, on trouvera 428 pour somme. Donc le produit 2140 est exact, attendu que si 5 en a été retranché 428 fois exactement, c'est parce qu'il y était entré un pareil nombre exact de fois, tel que l'indique ce dernier facteur 428.

72. Par ce qui précède, on remarque que le nombre de fois que le facteur a été retranché du produit 2140, exprime précisément l'autre facteur de ce produit; en sorte que si ce facteur 428 avait été inconnu, il n'en eût pas moins été trouvé, c'est-à-dire que de ce procédé de soustractions successives, employé à la vérification d'un produit, naît le problème suivant : *un produit et l'un de ses facteurs étant donnés, découvrir l'autre facteur*.

La solution de cette question s'obtiendra toujours au moyen de ce même procédé de vérification; car si le produit donné est 2140, et que le facteur connu soit 5, on sait que l'autre facteur, quel qu'il soit, marque le nombre de fois que 5 est entré dans

2140. Or, le nombre de fois que 5 est entré dans 2140 est égal au nombre de fois qu'il y est contenu; et ce dernier nombre est lui-même égal à la quantité de fois que 5 peut être retranché de 2140. Donc, etc.

73. Si un produit était donné, et qu'on en demandât les facteurs, le problème serait alors indéterminé; c'est-à-dire qu'il présenterait un nombre indéfini de solutions: que le produit donné soit, par exemple, 60. On peut dire que ce produit provient des cinq couples de facteurs en nombres entiers : 3×20, 10×6, 12×5, 15×4 et 30×2, sans compter les couples en nombres fractionnaires que nous ne serons à même de déterminer que lorsque nous connaîtrons les fractions ordinaires.

Ceci fait voir qu'il faut absolument joindre au produit donné l'un de ses facteurs, afin de pouvoir en conclure l'autre, d'après le procédé des soustractions successives employé plus haut à la vérification d'un produit.

74. Malgré que le procédé des soustractions successives du n° **71** ait été simplifié en retranchant par centaines, puis par dixaines et enfin par unités, le facteur connu, du produit donné, il devient encore assez long; car il se compose d'un nombre de soustractions successives égal à celui des unités contenues dans chacun des chiffres exprimant le facteur inconnu.

Ce procédé serait beaucoup plus simple si l'on arrivait à déterminer par une seule soustraction le nombre des unités de chaque espèce qui doivent composer ce facteur cherché; car l'opération serait ramenée à un nombre de soustractions partielles, égal à celui des chiffres composant le facteur inconnu : c'est à quoi l'on est parvenu. L'opération a reçu le nom de *division;* le produit donné celui de *dividende;* et le facteur connu a été appelé *diviseur.* Quant au résultat, on le nomme *quotient.*

75. Il résulte de là que *la division n'est autre chose qu'un cas abrégé de la soustraction*, puisqu'elle est le plus haut degré de simplification d'un procédé de soustractions successives employé, soit à la vérification d'un produit, soit à la solution de ce problème : *un produit et l'un de ses facteurs étant donnés, découvrir l'autre facteur*. Elle a donc pour but *de déterminer un nombre appelé quotient, qui, multiplié par un autre nombre donné, nommé diviseur, produise un troisième nombre aussi donné appelé dividende*.

76. D'où l'on voit que le dividende ne sera dans tous les cas qu'un produit, dont le diviseur et le quotient en seront les facteurs. Ainsi, d'après ce qui a été dit n° 58, on peut considérer le quotient comme étant le multiplicande ; or, on a vu (52) que le produit est au multiplicande, ce que le multiplicateur est à l'unité. Donc, *le dividende est au quotient ce que le diviseur est à 1* ; c'est-à-dire que *le dividende se compose du quotient de la même manière que le diviseur se compose de l'unité*.

76 *bis*. *Réciproquement ; le quotient est au dividende ce que l'unité est au diviseur* ; c'est-à-dire que *le quotient exprime une partie du dividende égale à celle du diviseur représentée par 1*.

77. De même, si l'on considère à son tour le diviseur comme étant le multiplicande (58), on pourra dire aussi : *le dividende est au diviseur ce que le quotient est à 1* ; *et réciproquement, le diviseur est au dividende ce que l'unité est au quotient* (60).

78. Ce qui précède touchant l'origine et la définition de la division étant bien compris, nous passerons à l'analyse de chacun des cas que nous présente cette opération.

1er *Cas*. Celui où le diviseur est un nombre simple ; tel est l'exemple : trouver un nombre qui, multiplié par 5, donne 2140.

Solution. Je fais observer que j'aurai ce facteur inconnu, si je découvre ses unités simples, ses dixaines, ses centaines, etc.

Pour y parvenir, je m'attacherai d'abord aux plus hautes

unités de ce facteur, sachant que ses plus hautes unités, multipliées par le diviseur, ont donné les plus hautes unités du dividende ; mais avant d'en déterminer le nombre, il faut commencer par découvrir quel en est l'ordre.

A cet effet, on cherchera quelle est la limite supérieure de cet ordre d'unités du quotient. Or, pour arriver à ce dernier point, après avoir disposé mon opération comme on le voit ci-contre, je suppose que le quotient puisse avoir une unité de mille. Par là, j'admets que le diviseur 5 est entré mille fois dans le dividende 2140 ; mais le produit de 5 par 1000 qui est 5000, excède le dividende : 5 n'est donc pas entré 1000 fois dans le produit. Cela étant, qu'on suppose une centaine au quotient, on verra que le diviseur est entré des centaines de fois dans le dividende. D'où l'on conclut que la limite supérieure des plus hautes unités du quotient est ici l'ordre des unités de mille.

$$\begin{array}{r|l} 2140 & 5 \\ \cline{2-2} 140 & 428 \\ 40 & \\ 0 & \end{array}$$

Parvenu à ce point, de reconnaître que le quotient renfermera des centaines, il reste à en déterminer le nombre, qui ne pourra excéder 9, puisque la limite supérieure des plus hautes unités de ce facteur est l'unité de mille.

Ainsi, ce nombre de centaines quel qu'il soit, en sa qualité de facteur, a donc la propriété d'indiquer la quantité de centaines de fois que 5 est entré dans les 21 centaines du dividende (62). Partant, le nombre de centaines de fois que 5 est entré dans 2100, est égal au nombre de centaines de fois que 5 y est contenu ; mais si l'on considère les centaines du quotient comme étant un nombre d'unités simples, le dividende 2100 deviendra 21 : car le produit diminue en raison directe de chacun de ses facteurs (54) ; et alors il s'agira de déterminer la quantité de fois que 21 contient 5. On voit sans peine que ce nombre est 4, qu'on écrit au-dessous du diviseur. Le produit 20 centaines, de ces deux facteurs, étant fait, et retranché des 21 centaines du dividende, donne une centaine de reste, qui ne peut être que la retenue faite sur les produits partiels résultants des dixaines et des unités du quotient par le diviseur; c'est pourquoi l'on joint à ce reste les autres chiffres 4 et 0 du dividende, qui en avaient été détachés comme ne faisant point partie du produit des centaines du quotient par le diviseur; ce qui donne 140 pour nouveau dividende partiel. Ce second dividende est donc la somme des produits résultant des dixaines et des unités du quotient par le diviseur. En sorte qu'il s'agit actuellement de trouver un nombre composé de dixaines et d'unités, qui, multiplié par 5, donne 140.

Cette question est la même que celle primitivement proposée, offrant même cet avantage de plus : que les plus hautes unités du quotient sont connues. Ainsi, les dixaines du quotient, multipliées par le diviseur, ont donné les dixaines du dividende (62); c'est pourquoi le chiffre des unités de ce dividende ne fera pas partie de ce produit.

Partant, ce nombre de dixaines du quotient, qui ne peut excéder 9, a donc la propriété d'indiquer la quantité de fois que 5 est entré dans 14. Or, le nombre de fois que 5 est entré dans 14 est égal au nombre de fois qu'il y est contenu. On est donc conduit à chercher combien de fois 14 contient 5 : le quotient 2 s'écrira à la droite de celui des centaines qui l'a précédé. Cela étant fait, on retranchera, du dividende 14, le produit 10 qui résulte des deux dixaines du quotient par le diviseur, le reste 4 qu'on obtient est sans doute la retenue qui a été faite sur le produit des unités du quotient par le diviseur. Si donc on joint à ce reste le caractère 0 qui a été détaché du précédent produit, comme n'en faisant point partie, il viendra 40 pour le produit des unités du quotient par le diviseur. Or, le nombre des unités simples du quotient, quel qu'il soit, a la propriété d'indiquer le nombre de fois que 5 est entré dans 40. Donc, les unités du quotient seront au nombre de 8 : car 5 est contenu 8 fois dans 40, sans reste. D'où l'on conclut que le quotient total 428 est le nombre qui, multiplié par 5, donne 2140.

Remarquons, à l'égard de cet exemple, qu'au lieu d'avoir abaissé sur la droite du premier reste, les deux derniers chiffres du dividende, on aurait pu se borner à ne descendre que le premier de gauche de ceux-ci, puisque l'autre en a été ensuite détaché.

2ᵉ *cas*. Soit à diviser 21870 par 54, ou quel est le nombre qui, multiplié par 54, donne 21870; ou encore, trouver celui qui est à 21870 ce que 1 est à 54 (**76** *bis*); ou enfin, chercher le nombre duquel 21870 s'est formé, d'autant de fois que 54 s'est lui-même formé de 1 (**76**)? Ce nombre demandé sera aussi celui qui s'est formé de 1, de la même manière que 21870 s'est lui-même composé de 54 (**77**).

Solution. Lorsque le diviseur offre plus d'un chiffre, l'analyse du problème n'est pas plus difficile : on cherche, comme précédemment, à découvrir la limite des plus hautes unités du quotient, sachant que ses plus hautes unités, multipliées par les plus hautes du diviseur, ont donné les plus élevées du dividende.

A cet effet, je suppose une unité de mille au quotient, laquelle étant multipliée par les 5 dixaines du diviseur, me donnerait un produit 50000 (**62**) qui excéderait mon dividende, et à bien plus forte raison le surpasserait-il s'il était accru du produit de cette même unité, multipliée par les 4 unités simples du diviseur : car on aurait alors 54000 pour le résultat de la multiplication du diviseur en entier, par cette unité de mille.

Concluons donc de là, que le quotient ne renfermera pas de mille ; et supposons alors une unité de centaine, qui, multipliée par le diviseur 54, me donne un produit 5400.

L'infériorité de ce produit 5400 sur mon dividende, me fait voir que la limite supérieure des plus hautes unités du quotient sera l'unité de mille : elles seront par conséquent de l'ordre des centaines.

Pour arriver au nombre de celles-ci, je ferai observer : 1° que ce nombre de centaines, quel qu'il soit, étant multiplié par les unités du diviseur, a produit, avec les retenues provenant des autres parties du quotient, multipliées par le diviseur en entier, les centaines du dividende (62); 2° que ce même nombre de centaines du quotient, étant multiplié par les dixaines du diviseur a donné, avec la retenue des précédents produits partiels, les mille du dividende (62 et 54). Ainsi, la partie 218 du dividende exprime le produit des centaines du quotient, par le diviseur en entier, et, en outre, les retenues faites sur les autres produits partiels résultant des dixaines et des unités du quotient, par ce même diviseur en entier. En sorte que, pour obtenir les centaines du quotient, on a ce problème à résoudre : trouver le nombre simple qui, multiplié par ou multipliant 54, donne 218.

Ce nombre, comme on le sait, a la propriété d'indiquer combien de fois 54 est entré dans 218. Or, le nombre de fois que 54 sera contenu dans 218, exprimera les centaines du quotient.

De même qu'on ne saurait, par une seule opération, déterminer le produit d'un nombre simple par un nombre composé; de même on ne pourra déterminer le nombre simple de fois que 54 est contenu dans 218; mais, si l'on fait attention que la partie 21 de ce dernier exprime la somme du produit des centaines du quotient, par le premier chiffre à gauche du diviseur, et la retenue faite sur le produit résultant de ces mêmes centaines du quotient, par les unités du diviseur, on verra que le nombre de fois que 5 sera contenu dans 21, sera encore les centaines du quotient. Par là, on fait abstraction des unités tant dans le diviseur que dans le dividende; et l'on dit : en 21 combien de fois 5? quatre fois avec un reste 1.

Avant d'écrire ce quotient 4, il faut s'assurer si le reste 1 n'est pas au-dessous de la retenue faite sur le produit des unités simples du diviseur; c'est-à-dire qu'il faut examiner si ce reste joint au chiffre suivant 8, qui devra alors exprimer ce produit augmenté de la retenue faite sur les produits partiels résultant des autres parties du quotient, ne donne pas un nombre inférieur au produit des unités du diviseur, par les centaines du quotient, ce qui n'a pas lieu : car $18 > 4 \times 4$, ou 16. Donc on peut écrire avec assurance 4 au quotient.

5..

Dans le cas contraire, il eût fallu diminuer ce quotient partiel d'une ou de plusieurs unités.

Cela posé, il nous reste à faire le produit du diviseur par le quotient partiel 4 ; et à le retrancher du dividende partiel 218. Ces deux opérations s'effectueront en même temps, en retranchant chaque produit partiel, à mesure qu'on l'obtiendra, de chacune des parties 8 et 21 du dividende 218, qui les expriment respectivement.

Dans le cours de ces opérations, on aura soin d'augmenter d'autant de dixaines de son ordre, chacune des parties du dividende partiel qui a été assignée à chaque produit partiel, toutes les fois que ce dernier ne pourra s'en retrancher ; et de retenir alors autant d'unités que la partie aura été augmentée de dixaines de son ordre, pour les joindre au produit suivant, etc. : ce qui est fondé sur ce que la différence entre deux nombres n'est point altérée, lorsqu'on augmente l'un et l'autre de ces nombres de la même quantité (37). Ainsi, l'on dira : 4 fois 4 font 16, ôté de 18, reste 2. Ce reste s'écrira au-dessous du chiffre 8 ; puis on continuera de dire : 4 fois 5 font 20, et un de retenue font 21, ôté de 21, reste zéro. Le reste total 2 étant la retenue faite sur les autres produits résultant des dixaines et des unités du quotient, par le diviseur en entier, sera joint à la partie restante du dividende total, et il viendra 270 pour le produit total résultant des dixaines et des unités du quotient, par le diviseur. Ainsi, la question qui se présente naturellement est de trouver un nombre dont les plus hautes unités sont des dixaines, qui, multipliées par 54, donne 270.

En faisant le même raisonnement que plus haut, on verra que le dernier caractère zéro, qui tient la place des unités simples de ce dividende partiel 270, ne doit point faire partie du produit des dixaines du quotient, par le diviseur ; c'est pourquoi il en sera détaché.

Partant, les dixaines du quotient seront exprimées par le nombre de fois que 54 sera contenu dans 27, ou, d'après les mêmes raisons que ci-devant, par le nombre de fois que 2 contiendra 5. Or, 5 étant plus grand que 2 ; et par conséquent

$27 < 54$, il est bien évident que 5 ne peut être contenu seulement une unité de fois dans 2, ni 54 dans 27; car s'il en était autrement, on aurait 540 pour le produit du diviseur 54, par cette dixaine du quotient (**22**), nombre qui excède le produit 27 proposé.

Cela étant, on porte zéro au quotient pour indiquer qu'il ne renferme point de dixaines; et l'on considère alors le reste 27 comme étant la retenue faite sur le produit des unités du quotient, par le diviseur 54. En sorte que, si l'on joint à cette retenue le dernier chiffre zéro du dividende total, il viendra 270 pour ce produit des unités du quotient, par le diviseur.

On est donc enfin conduit à chercher le nombre simple, qui multiplié par 54, donne 270. Ainsi, la quantité de fois que 54 sera contenu dans 270, ou, comme on l'a déjà dit, le nombre de fois que 5 sera contenu dans 27, exprimera les unités du quotient. On trouve que ce facteur 5 est contenu 5 fois dans 27, avec un reste 2 qui représente précisément la retenue faite sur le produit des unités du diviseur, par ce dernier quotient partiel; car $4 \times 5 = 20$. D'où l'on conclut que les unités du quotient sont au nombre de 5; c'est pourquoi on écrit 5 à la droite du précédent quotient partiel.

Opérant actuellement sur le diviseur, avec les unités simples du quotient, de la même manière qu'on l'a fait avec les autres unités de ce quotient, on dira : 5 fois 4 font 20, ôté de 20, reste zéro; 5 fois 5, font 25, plus 2 de retenue, font 27, ôté de 27, reste encore zéro. Donc le nombre cherché est exprimé par le quotient total 405.

79. Comme l'analyse des cas où le diviseur renferme trois, quatre, etc., chiffres, est absolument la même que celle des cas précédents, nous allons, en examinant le mécanisme de ceux-ci, déduire une règle générale pour effectuer la division. Cette règle consiste : *à écrire le dividende et le diviseur sur une même ligne horizontale, en les séparant par une accolade et à détacher sur la gauche du dividende, un nombre de chiffres nécessaire pour pouvoir contenir le diviseur. Le nombre de fois*

que le diviseur est contenu dans cette première partie du divi-
dende, donne le premier chiffre de gauche du quotient, qui
s'obtient en ne s'arrêtant qu'aux premiers chiffres à gauche de
cette partie, nécessaires pour pouvoir contenir le premier
chiffre aussi à gauche du dividende ; à retrancher de ce pre-
mier dividende partiel, le produit du diviseur par le quotient
partiel respectif ; enfin, à descendre à côté du reste le chiffre
suivant du dividende proposé ; ainsi de suite, jusqu'à ce que
l'on ait épuisé tous les chiffres du dividende total, en observant
de mettre un zéro au quotient, toutes les fois que le dividende
partiel ne contiendra pas le diviseur.

80. *Scolie.* Chaque dividende partiel se composant du produit du diviseur, par son quotient respectif, et en outre de la
retenue faite sur les produits résultants du même diviseur, par
les autres quotients partiels, il est évident qu'on ne peut assigner de règle pour déterminer de suite le chiffre du quotient.

Donc, avant d'écrire chaque quotient partiel, il faudra le
vérifier de la manière suivante, extraite de M. Francœur :

« Quant à la vérification du quotient, on peut la faire en
» opérant de gauche à droite; car si la soustraction du pro-
» duit n'est pas possible, à plus forte raison ne le sera-t-elle
» pas, lorsque les retenues auront accru ce nombre à sous-
» traire.

» Ainsi, pour éprouver le quotient 6 dans la division de
» 1914 par 326, on dira : $6 \times 3 = 18$, ôté de 19, reste 1,
» qui joint au 1 suivant, donne 11; $2 \times 6 = 12$ qu'on ne peut
» ôter de 11. Donc 6 est trop fort, et l'on doit essayer 5.

» Dans aucun cas la retenue ne peut égaler le multiplica-
» teur, puisque, s'il est 5, il faudrait que le chiffre à multiplier
» fût égal à 10, pour qu'on eût 5 à retenir. Si donc on fait à
» la fois la multiplication et la soustraction, la retenue sera
» au plus égale au multiplicateur ; et si en faisant l'épreuve,
» comme il vient d'être dit, on trouve un reste égal au chiffre
» que l'on essaie, on doit en conclure qu'il n'est point trop
» fort. Soit, par exemple, 25063 à diviser par 3572 ; le 8 ré-

» sultant de 25 par 3 est trop fort ; pour éprouver 7, on dira :
» $3 \times 7 = 21$, ôté de 25, il reste 4, et l'on a 40 ; $7 \times 5 = 35$,
» ôté de 40, il reste 56 ; enfin, $7 \times 7 = 49$, ôté de 56, il
» reste 7. Donc le 7 est bon.

» En général, l'épreuve doit être poussée jusqu'à ce qu'on
» ne puisse soustraire, ou jusqu'à ce qu'on trouve un reste au
» moins égal au chiffre éprouvé. »

81. Il est à remarquer, au sujet de la division, que, 1° le
nombre de chiffres détachés sur la gauche du dividende pour
pouvoir contenir le diviseur, donne un chiffre au quotient ; et
que chacun des autres, qu'on descend successivement à côté
des restes, en donne pareillement un à ce quotient. De
là, il sera toujours facile de juger du nombre des chiffres
composant le quotient, avant même de les avoir obtenus.

2°. Le quotient partiel ne peut excéder 9, qui est le plus
grand des nombres simples ; car, dans le cas contraire, ce serait une preuve que celui précédemment obtenu est trop faible
au moins d'une unité.

3°. Il est à propos de marquer par un point chaque chiffre
qu'on descend, afin d'éviter le double emploi d'un chiffre du
dividende total.

82. La division étant une des opérations de l'arithmétique
dont l'exécution présente le plus de difficultés, il convient
d'appliquer la règle générale, et les remarques ci-dessus, à
l'exemple suivant :

Par quel nombre faut-il multiplier 6748 pour avoir 20581400,
ou quel est le nombre qui est à 1 ce que 20581400 est à 6748 ?

D'après la nature de cette question, on voit sans peine que
pour en obtenir la solution, il faut diviser 20581400 par 6748 :
car le résultat d'une division, multiplié par, ou multipliant
le diviseur, doit toujours donner le dividende ; comme également, le dividende est, dans tous les cas possibles, au diviseur ce que le quotient est à 1. Donc, etc.

Partant, je place ci-contre le dividende et le diviseur, comme il est dit dans la rè-gle générale; puis je prends sur la gauche de ce dividende la partie 20581 qui est nécessaire pour contenir le diviseur en entier. Cela étant, les chiffres 2 et 0, ou 20, pris sur la gauche de ce premier dividende partiel, contiennent 3 fois le premier chiffre à gauche du diviseur, avec un reste 2, qui, joint au chiffre suivant, donne 25; retranchant 7×3 de ce résultat 25, on a 4 de reste; mais $4 > 3$. Donc 3 sera le premier chiffre à gauche du quotient (80).

$$\begin{array}{r|l} 20581400 & 6748 \\ \cline{2-2} 337400 & 3050 \\ 00009 & \end{array}$$

Le produit du diviseur par ce premier quotient partiel étant retranché du dividende partiel, donne pour reste 337, à côté duquel abaissant le chiffre suivant 4 du dividende total, j'ai 3374 qui ne contient pas le diviseur; c'est pourquoi je porte zéro au quotient, et il vient, après avoir abaissé un second chiffre du dividende total, 33740 à diviser par 6748 : le quotient partiel 5 se placera à la droite du précédent. Le reste, ainsi que le dernier caractère du dividende total, étant nuls, on doit mettre zéro au quotient pour marquer qu'il ne renferme point d'unités simples. Le nombre cherché est donc 3050.

83. *Scolie*. Le point de vue sous lequel nous venons de présenter la division étant aussi général que celui sous lequel nous avons envisagé la multiplication ; d'un autre côté, le passage de cette dernière opération à la première, s'opérant par la recherche de l'un des facteurs de celle-ci, facteur dont on a fait abstraction pour la vérifier (71 et 72), il s'ensuit évidemment que le problème de cette quatrième opération élémentaire, qui, elle-même, ne peut être envisagée que sous le seul point de vue de sa définition, pourra, comme celui de la multiplication, se présenter de plusieurs manières différentes.

C'est ainsi que, si, en renvoyant à tout ce qui a été dit tant sur la multiplication que sur la division, nous rappelons que dans tous les cas possibles de cette dernière, le dividende est toujours un produit, dont le diviseur et le quotient sont les facteurs, on comprendra que la division de 12 par 4 satisfera à chacun des énoncés suivants :

1°. *Trouver le nombre qui, multiplié par* 4, *donne* 12? (75).

2°. *Chercher celui auquel* 12 *est ce que* 4 *est à* 1 ? (76).

3°. *Fournir celui qui est à* 12 *ce que* 1 *est à* 4? (76 *bis*).

4°. *Obtenir la grandeur qui est à* 1 *ce que* 12 *est à* 4? (77).

5°. *Quelle est la quantité à laquelle* 1 *est ce que* 4 *est à* 12? (77).

6°. *Partager le nombre* 12 *en autant de parties égales qu'il y a d'unités dans* 4?

7°. *Quelle est la partie de* 12 *semblable à celle de* 4, *représentée par* 1?

Etc., etc., etc.

84. Les connaissances que nous venons d'acquérir sur la multiplication et sur la division étant des plus exactes, nous reviendrons sur ce qui a été dit (54) : que *le produit augmente et diminue en raison directe de chacun de ses facteurs ;* c'est-à-dire que : 1° *si l'on multiplie l'un ou l'autre des facteurs d'un produit ou par* 2, *ou par* 3, *ou par* 4, *ou par etc., le produit se trouvera lui-même multiplié ou par* 2, *ou par* 3, *ou par* 4, etc.

2°. *Si l'on divise l'un des facteurs d'un produit par un nombre quelconque, le produit se trouvera lui-même divisé par le même nombre.*

D'où il suit que, *si l'on a à multiplier ou à diviser un produit, par un nombre quelconque, on y parviendra en rendant l'un ou l'autre de ses facteurs, autant de fois plus grand, ou plus petit, qu'il y aura d'unités dans ce nombre quelconque qui devra servir de multiplicateur, ou de diviseur au produit en question.*

Il suit encore de là que, *si l'on voulait qu'un produit restât intact en multipliant ou en divisant l'un de ses facteurs par un nombre quelconque, il faudrait, dans le premier cas, diviser, et dans le second, multiplier l'autre facteur par le même nombre.*

85. Porisme. *Si l'on ajoute telle ou telle grandeur à l'un ou à l'autre des facteurs d'un produit, ce dernier se trouvera augmenté d'autant de fois cette quantité ajoutée, qu'il y aura d'unités dans l'autre facteur.*

En effet, cette quantité ajoutée se trouve répétée dans le produit, autant de fois qu'il y a d'unités dans l'autre facteur (89). Donc, etc.

86. Réciproquement, *si l'on diminue l'un ou l'autre des facteurs d'un produit, d'une quantité quelconque, le produit sera diminué d'autant de fois cette quantité retranchée, qu'il y aura d'unités dans l'autre facteur.*

En effet, cette quantité soustraite eût été prise autant de fois qu'il y a d'unités dans le facteur qui devait la multiplier.

87. *Corollaire.* Puisque dans toute division, le dividende n'est autre chose qu'un produit dont le diviseur et le quotient sont les facteurs (75 et 76), il est évident que les raisonnements du n° 84 s'appliquent en d'autres termes à la division, c'est-à-dire que : 1° *on peut multiplier ou diviser le dividende et le diviseur, chacun par un même nombre, sans troubler le quotient.* Donc, si le dividende et le diviseur sont terminés par des zéros, on pourra en supprimer à chacun d'eux un égal nombre. Ainsi, le quotient de 5344000 par 3200 est le même que celui de 53440 par 32;

2°. *Si l'on multiplie le dividende ou le diviseur par un nombre quelconque, on rendra le quotient autant de fois plus grand, ou autant de fois plus petit, qu'il y aura d'unités dans ce nombre, suivant qu'il aura multiplié le dividende ou le diviseur;*

3°. *On rendra encore un quotient autant de fois plus grand, ou autant de fois plus petit, qu'il y aura d'unités dans un nombre, suivant que celui-ci divisera son diviseur, ou son dividende.*

Donc, il y a deux moyens pour rendre un quotient plus grand, et deux moyens aussi pour le rendre plus petit. Les deux premiers consistent :

A multiplier le dividende, ou à diviser le diviseur, par le nombre qui indique combien on veut rendre de fois ce quotient plus grand.

Et les deux seconds se bornent : *à diviser le dividende, ou à multiplier le diviseur, par la quantité qui marque combien on veut rendre de fois plus petit le quotient.*

Ce qui précède étant bien compris, nous passerons aux principaux usages de la division ; ils nous fourniront aussi plusieurs points de vue sous lesquels nous pourrons présenter son problème.

Principaux usages de la division.

88. 1°. *La division sert à partager une somme en parties égales entre plusieurs personnes.*

Exemple. Partager la somme 62850 francs entre 12 personnes.

Il est évident que si l'on connaissait la part de chacune de ces 12 personnes, en la répétant 12 fois, on trouverait 62850 francs. Le problème est donc le même que celui-ci : un produit 62850 et l'un de ses facteurs 12 sont donnés, découvrir l'autre facteur. Donc il faut diviser 62850 par 12 : le quotient exprimera en francs, la part de chaque personne.

2°. *Lorsque le prix de plusieurs unités est connu, ainsi que le nombre de ces unités, la division conduit au prix de l'unité.*

Exemple. 3252 toises d'ouvrage ont coûté 74796 francs, on demande le prix de la toise de cet ouvrage ?

Il est clair que si le prix de la toise de cet ouvrage était connu, et qu'on le répétât 3252 fois, on trouverait 74796 fr.

Donc, voici la question : un produit 74796 est donné avec l'un de ses facteurs 3252, découvrir son autre facteur. On a donc 74796 : 3252 = 23 francs pour le prix cherché.

3°. *Lorsqu'une somme est donnée avec le prix de l'unité, la division fait connaître combien l'on pourrait acheter de ces unités avec la somme donnée.*

Exemple. La toise de maçonnerie coûte 23 francs, combien pourrait-on faire construire de toises de cette maçonnerie avec une somme de 74796 francs?

Il est évident qu'on fera construire autant de toises de maçonnerie que de fois 23 francs seront contenus dans 74796 fr. (*voyez* le 1°). Donc, etc. Réponse, 3252 toises.

89. Comme on ne saurait être trop exercé sur l'application des opérations élémentaires, je vais fournir la solution de quelques énoncés sur la division, en attendant que j'aie développé la formation des puissances et l'extraction des racines, pour, ensuite, m'occuper des différentes applications de l'arithmétique :

1°. *Quel est le nombre qui, multiplié par* 345, *donne* 154900?

La définition de la division nous fait voir que l'inconnue de cet énoncé est égale au quotient de 154900 par 345 : ce nombre est donc 420.

On pourrait encore s'assurer de l'opération à effectuer pour obtenir ce nombre, en faisant le raisonnement suivant : si ce nombre était connu, on le vérifierait en s'assurant que 154900 en est composé de 345 fois. D'où l'on conclut que cet énoncé se réduit à celui-ci : un produit 154900 est donné, avec l'un de ses facteurs 345, découvrir l'autre facteur. Donc, etc.

2°. *Déterminer le nombre qui est à* 120 *ce que* 1 *est à* 5?

Il ne faut pas confondre cet énoncé avec celui-ci : trouver le nombre auquel 120 est ce que 1 est à 5; car ce dernier s'obtiendrait par la multiplication de 120 par 5 (55 et 58, 3ᵉ ex.), tandis que le premier doit s'obtenir par la division de 120 par 5. Ce qui est évident, puisque l'unité est la 5ᵉ partie de 5, le nombre cherché sera la 5ᵉ partie de 120. Or, cette 5ᵉ partie de

120 sera exprimée par le quotient qui résultera de la division de 120 par 5. (*Voyez* le n° **76** *bis*).

3°. *Quel est le nombre duquel* 504 *s'est formé, de la même manière que* 14 *l'a été de* 1?

Le nombre 14 étant composé de 14 fois l'unité, il est clair que 504 s'est formé lui-même de 14 fois le nombre inconnu. Ce dernier est donc l'une des 14 parties égales de 504. Donc, on l'obtiendra en divisant 504 par 14.

On sait d'ailleurs que le dividende se compose du quotient, de la même manière que le diviseur se compose de l'unité (**75**). Donc, etc. Réponse, 36.

4°. *On demande le nombre auquel* 504 *est ce que* 36 *est à* 1?

Le nombre 36 étant 36 fois plus grand que l'unité, 504 est aussi 36 fois plus grand que le nombre inconnu. D'où l'on conclut que si ce dernier était connu, et qu'on le répétât 36 fois, on aurait 504. Donc 504 est un produit dont 36 est l'un des facteurs ; quant à l'autre facteur qui est $504 : 36 = 14$, il exprime bien le nombre auquel 504 est ce que 36 est à 1 (**77**).

Ayant reconnu que 504 est 36 fois plus grand que le nombre inconnu, on aurait pu en conclure de suite que la 36ième partie de 504, ou $504 : 36$, égalerait le nombre demandé. Donc encore, etc.

5°. *On propose de déterminer le nombre qui est à celui qui se compose de* 36, *de la même manière que* 14 *est composé de* 1, *ce que* 1 *est à* 9?

On voit sans peine que si l'on connaissait le nombre qui est à 36 ce que 14 est à 1, il ne resterait plus qu'à déterminer celui auquel il est ce que 1 est à 9. Or, le n° **52** nous fait voir que pour obtenir le nombre qui est à 36 ce que 14 est à 1, il faut multiplier 36 par 14 ; le résultat 504 est le nombre auquel celui qu'on demande est ce que 1 est à 9. Cela posé, 1 étant la 9ième partie de 9, le nombre cherché sera la 9ième partie de 504 : il est donc $504 : 9 = 56$. (**88**, 1°).

Il est bon de faire remarquer ici que c'est à la définition que nous avons donnée de chacune des opérations, multiplication et division, ainsi qu'aux conséquences qui en ont été déduites, qu'on doit l'avantage de pouvoir présenter le problème de chacune d'elles sous autant de points de vue essentiels, que ceux sous lesquels nous l'avons déjà offert; c'est ce qui prouve l'importance qu'on doit attacher à bien définir chaque chose.

Preuve de la multiplication et de la division.

90. Nous avons déjà vu (71), que la preuve de la multiplication se faisait par la division. En effet, pour s'assurer de l'exactitude d'un produit, il suffit de vérifier si l'un des facteurs y est entré autant de fois que l'autre facteur l'indique; c'est-à-dire qu'il faut diviser le produit par l'un de ses facteurs, et si la première opération a été bien faite, le quotient exprimera l'autre facteur.

La question suivante et son problème inverse suffiront pour mettre en pratique ce qui précède :

L'aune de drap coûte 15 francs, quel est le prix de 10 aunes ?

Il est évident que les 10 aunes de drap à 15 francs, font 10 fois 15 francs ou 150 francs.

Réciproquement, l'aune de drap coûte 15 francs, combien aura-t-on d'aunes de ce drap pour une somme de 150 francs?

Il est clair qu'on aura autant d'aunes de ce drap, que de fois 15 francs seront contenus dans 150 francs (88, 2°). Donc, etc.

91. Quant à la preuve de la division, il est évident, d'après la définition même de cette opération, qu'elle doit se faire par la multiplication.

En effet, le quotient multiplié par le diviseur, ou ce dernier multiplié par le premier, conduira toujours au dividende.

Il est bon de faire observer que ces deux opérations, qui se prouvent mutuellement, se prouvent encore par les propriétés remarquables qui résultent des symptômes de divisibilité des nombres, comme nous le verrons dans cette théorie supplémentaire: mais, comme ceux à l'aide desquels on reconnaît quand un nombre est divisible par 9, sont très remarquables, et en même temps susceptibles d'être démontrés immédiatement après la théorie des fractions ordinaires, nous donnerons à la suite de ces dernières, le moyen de prouver la multiplication et la division d'après les propriétés de divisibilité du nombre 9; en attendant, on s'en tiendra aux moyens que nous venons d'indiquer pour vérifier un produit et un quotient : ils sont d'ailleurs les plus sûrs et les plus naturels.

Complément du problème de la division, ou origine des fractions ordinaires.

92. Si l'on opère la division sur des nombres pris au hasard, on comprendra aisément que le quotient de deux nombres entiers, ne sera pas toujours lui-même un nombre entier.

On s'aperçoit donc de suite que la division conduira souvent à un reste.

C'est le parti qu'on est obligé de tirer du reste que présente ce cas fréquent de la division, où le dividende n'est pas un multiple du diviseur, qui va nous conduire aux fractions ordinaires.

Exemple. Déterminer le quotient de 27 par 4.

Opérant selon la règle prescrite pour la division, on trouve 6 au quotient avec un reste 3. Ce reste nous fait voir que le nombre qui, multiplié par 4, donne 27, tombe entre 6 et 7 : car $6 \times 4 < 27$ et $7 \times 4 > 27$. Ce nombre est donc plus grand que 6, et en même temps, plus petit que 7; il est donc 6 et quelque chose, ou 7 moins quelque chose ; mais la différence des nombres 6 et 7 est 1, c'est-à-dire que $6 + 1 = 7$, comme $7 - 1 = 6$. Donc la partie qui doit s'ajouter à 6, ou celle qui doit se retrancher de 7, pour compléter le quotient de 27 par 4 est moindre que l'unité.

Cela posé, pour obtenir ce dont 6 doit être augmenté, voici le raisonnement que nous ferons.

Cette partie, plus petite que l'unité, qu'il faut ajouter à 6 pour avoir le quotient de 27 par 4, doit, elle-même, être exprimée par le résultat de la division de 3 par 4, vu que le dividende peut être considéré comme étant composé des deux parties 24 et 3. Donc le quotient de 27 par 4 doit évidemment se former de la somme des deux quotients partiels 24 : 4 et 3 : 4. Or, pour obtenir ce dernier, disons : de même que le dividende total 27 a été décomposé en ses deux parties 24 et 3, dont la première est le plus grand multiple du diviseur 4 qui soit contenu dans 27; de même le dividende partiel 3 se décomposera en ses trois parties 1 + 1 + 1.

Partant, le quotient de 3 par 4 sera donc exprimé par (1 : 4) + (1 : 4) + (1 : 4) ou par trois fois le quotient de 1 par 4; c'est-à-dire par *trois fois la quatrième partie de* 1, attendu que diviser par 4, c'est prendre la quatrième partie du dividende quel qu'il soit (88, 1°). Donc le *quatrième de* 3 est autant que *trois fois le quatrième de* 1.

Réciproquement; *trois fois la quatrième partie de* 1 sont égales à *une fois le quatrième de* 3. Ce sont donc *les trois quatrièmes de* 1, ou, plus simplement, *trois quatrièmes de* 1, ou encore 3 *des* 4 *parties égales dont on conçoit l'unité divisée*, qu'il faut ajouter au quotient 6 pour avoir celui de 27 par 4. Ce dernier est donc par conséquent 6 plus *trois quatrièmes de l'unité*.

On conçoit facilement, d'après ce que nous venons de dire, que si le diviseur, au lieu d'être 4, était tout autre nombre, tels que 5, 9, 12, 15, etc., la quantité des parties, exprimées par le reste de la division, qu'il faudrait ajouter au quotient en nombre entier, pour le compléter, serait alors respectivement des *cinquièmes*, des *neuvièmes*, des *douzièmes*, des *quinzièmes*, etc., de l'unité.

Ces sortes de grandeurs, qui expriment des quantités moindres que l'unité, ont reçu, par cette raison, le nom de *nombres rompus* ou de *fractions ordinaires*.

93. On remarque que chaque fraction ordinaire : telle que *trois quatrièmes de un*, ou, plus simplement, *trois quatrièmes*, est exprimée par deux nombres; savoir : 3 et 4.

Le dernier de ces nombres se nomme *dénominateur*, parce qu'effectivement il dénomme le nombre des parties égales dont on conçoit l'unité divisée; et le premier, qui s'écrit au-dessus du dénominateur, se nomme *numérateur*, parce qu'il numère la quantité de ces parties qu'on doit prendre.

L'un et l'autre de ces nombres, qui sont séparés par un trait horizontal, s'appellent aussi *les deux termes de la fraction*.

Ainsi, le nombre rompu en question s'écrira $\frac{3}{4}$.

94. *Réciproquement;* Pour énoncer une fraction, *on énonce d'abord le numérateur et ensuite le dénominateur, ayant soin d'ajouter à ce dernier la terminaison ième.*

Cette terminaison ième rappellera toujours des divisions faites dans l'unité, et remplacera par conséquent un nombre indéfini de mots qu'il aurait fallu imaginer pour exprimer toutes les divisions possibles de l'unité. Ainsi, la fraction $\frac{3}{8}$ s'énoncera *trois huitièmes*.

Les fractions qui ont pour dénominateur les nombres 2, 3 et 4, sont exceptées de cette règle générale pour énoncer les fractions; c'est-à-dire que nous nous conformerons à l'usage, en les énonçant respectivement *demi*, *tiers* et *quart*.

Notre première fraction $\frac{3}{4}$ s'énoncera donc *trois quarts;* et le quotient cherché de 27 par 4 sera $6 + \frac{3}{4}$, qu'on énoncera : *six plus trois quarts*, ou simplement, *six trois quarts*.

95. De ce qui précède, on conclut facilement que le numérateur d'une fraction sera toujours un dividende dont le dénominateur sera, dans tous les cas, le diviseur. Quant au quotient ou l'autre facteur de ce dividende, il sera constamment exprimé par la fraction elle-même. Donc, *la valeur de toute*

fraction ordinaire, répétée autant de fois qu'il y aura d'unités dans son dénominateur, égalera le numérateur même de la fraction (75). Ainsi, la fraction $\frac{3}{4}$ prise quatre fois, ou multipliée par son dénominateur, vaut 3.

Donc, *toutes les fois qu'on supprimera le dénominateur d'une fraction, on rendra l'expression autant de fois plus grande qu'il y aura d'unités dans son dénominateur.* Donc $5 = \frac{5}{7}$ pris 7 fois, ou 5 est 7 fois plus grand que $\frac{5}{7}$.

Donc enfin, *pour multiplier une fraction par son dénominateur, il faut supprimer ce dernier.*

96. On conclut en outre de ce qui précède, que toute fraction ordinaire n'est autre chose qu'une division indiquée. Donc toute division à effectuer : celle de 27 par 4, par exemple, peut s'indiquer sous cette forme $\frac{27}{4}$.

Cette dernière fraction, dont le numérateur excède le dénominateur, n'est pas une fraction proprement dite, mais bien des entiers mis sous la forme de fraction, et qui, pour cette raison, prend le nom de *nombre fractionnaire* ; car il est évident que cette expression $\frac{27}{4}$ renferme des unités, puisque le terme 4 indique que chaque unité est divisée en 4 parties égales ; et que le terme 27 fait connaître le nombre de ces parties à prendre.

Partant, l'expression $\frac{4}{4} = 1$. Donc autant de fois 4 trouvera son égal dans le numérateur 27, autant il y aura d'unités dans l'expression $\frac{27}{4}$.

Ainsi, pour mettre à découvert les unités contenues dans un nombre fractionnaire, tel que $\frac{27}{4}$, *il faut effectuer la division du numérateur par le dénominateur ; ce qui donnera, pour* celui-ci, 6 unités plus 3 à diviser par 4 ou $\dfrac{3}{4}$, en tout $6 + \dfrac{3}{4}$.

De même $\dfrac{60}{12} = 5$ unités; réciproquement, $5 = \dfrac{60}{12}$ puisque le diviseur 12 multiplié par le quotient 5, reproduit le dividende 60, qui exprime des douzièmes; c'est-à-dire que si l'unité se compose de 12 douzièmes, les 5 unités vaudront 5 fois 12 douzièmes ou $\dfrac{60}{12}$. Donc, etc.

97. Il résulte de ce qui vient d'être dit, qu'on pourra toujours mettre des entiers sous telle forme fractionnaire que l'on voudra.

Exemple. Veut-on savoir combien le nombre 6 vaut de neuvièmes.

Pour cela, on comprend qu'il faut multiplier 9 par 6 ou 6 par 9, ce qui donnera 54 neuvièmes, ou $\dfrac{54}{9}$.

En effet, puisque l'unité vaut $\dfrac{9}{9}$, les 6 unités vaudront 6 fois 9 neuvièmes ou $\dfrac{54}{9}$.

D'où il suit que pour convertir des entiers en fractions de telle ou telle dénomination, *il faut multiplier ces entiers par le dénominateur de la fraction; et affecter le produit de ce dénominateur.*

98. *Scolie.* Lorsqu'on aura des entiers accompagnés d'une fraction, on pourra toujours mettre ces entiers sous la forme fractionnaire de l'espèce de celle-ci : et ce, *en les multipliant par le dénominateur de la fraction; puis en ajoutant au produit le numérateur de la même fraction, ayant soin d'affecter cette somme du dénominateur de la fraction.*

Exemple. Qu'il soit question de mettre l'expression $6 + \dfrac{3}{4}$, représentée par les deux espèces de nombres 6 et $\frac{3}{4}$, sous la forme fractionnaire *quart,* et la ramener ainsi à une seule es-pèce de nombre.

Pour cela, on convertira d'abord les 6 unités en *quarts*; et l'on aura 24 quarts, auxquels ajoutant les $\frac{3}{4}$ compris dans le nombre proposé, on obtiendra $\frac{27}{4}$ pour l'équivalent de celui-ci. Donc, etc.

99. *Porisme.* De ce que les fractions ordinaires servent à compléter le quotient de deux nombres entiers, quand ce quotient n'est pas un nombre entier, on peut en conclure qu'*elles servent aussi à exprimer les rapports non assignables en nombres entiers, de même qu'à évaluer ceux de ces rapports qui sont moindres que l'unité.*

Pour s'en convaincre, il suffit de se proposer d'évaluer en nombre une longueur quelconque représentée par *a*.

A cet effet, on sait que mesurer une longueur veut dire chercher combien de fois cette longueur *a* contient une autre longueur *b* déterminée et prise pour unité linéaire. Donc il faut appliquer sur cette longueur *a*, l'unité *b*, autant de fois qu'elle pourra y être appliquée; ce qui revient *à diviser cette quantité représentée par* a, *en autant de parties égales à l'unité homogène* b, *que cette quantité comporte elle-même de ces unités.*

Le nombre cherché est donc représenté par $\frac{a}{b}$. Cela étant, on a vu (98) qu'une expression fractionnaire pouvait être l'é-quivalent d'un entier accompagné d'une fraction proprement dite ; la quantité $\frac{a}{b}$ sera telle, si l'entier *a* n'est pas un mul-tiple de *b*, ou mieux, si après avoir compté un nombre *q* exact de fois *b* dans *a*, on obtient un reste qu'il m'est loisible de désigner par R.

Partant, veut-on évaluer la fraction à laquelle ce reste R peut conduire; alors il y a une attention à avoir, en ce que cette fraction, au lieu d'être, comme il a été dit n° 95, $\frac{R}{b}$, sera $\frac{b}{R}$; car, ici, le dividende b est une longueur prise pour unité, et qui, à cause de sa supériorité sur R, ne peut plus être appliquée sur ce reste. C'est donc cette dernière longueur R qu'il faut placer sur la première, autant de fois que faire se pourra; ce qui donne bien $\frac{b}{R}$. Donc le rapport de la longueur donnée, à l'unité b, est $\frac{a}{b} = q + \frac{b}{R}$. La fraction $\frac{b}{R}$, qui se trouve dans ce rapport, vaudra $\frac{1}{2}$, $\frac{1}{3}$, $\frac{1}{4}$, $\frac{1}{5}$, etc., selon que le reste R sera contenu 2, 3, 4, 5, etc., fois exactement dans l'unité b.

Je ne parlerai point ici du reste auquel pourrait conduire la dernière division de $\frac{b}{R}$, non plus que des subséquents; je me bornerai pour le moment à faire remarquer que ce moyen d'évaluer les rapports fractionnaires, ainsi que ceux moindres que l'unité, n'est autre que celui de subdiviser chaque terme de comparaison en tel ou tel nombre de parties égales, afin d'en compter sinon une quantité exacte dans une grandeur inférieure à l'unité, du moins un certain nombre d'assez petites pour que le reste omis soit au-dessous de l'approximation qu'on se proposera d'apporter dans le résultat de la comparaison, lequel résultat aura pour numérateur ce nombre d'unités affecté d'une dénomination égale à la subdivision en question.

Par la suite nous reviendrons sur cette question; en attendant, nous allons reprendre la théorie des fractions par les changements qu'on peut faire subir à leurs termes.

Changements que peuvent subir les deux termes d'une fraction.

100. 1°. *Si l'on multiplie le numérateur d'une fraction par 2, par 3, par 4, etc., sans toucher au dénominateur, on rend la fraction 2 fois, 3 fois, 4 fois, etc., plus grande.*

Exemple. Si l'on multiplie par 2 le numérateur de la fraction $\frac{3}{4}$, on aura $\frac{3\times2}{4}=\frac{6}{4}$.

Cette dernière fraction $\frac{6}{4}$ est deux fois plus grande que la fraction proposée. En effet, dans le premier cas, l'unité est divisée en quatre parties égales desquelles on doit en prendre 3. Dans le second cas, la même unité est encore divisée en un même nombre de parties égales desquelles on doit en prendre 6, c'est-à-dire 3×2, ou deux fois plus que dans le premier cas. Donc, etc.

Ceci est encore fondé sur ce qu'ayant multiplié le dividende 3 par 2, sans toucher au diviseur 4, le quotient $\frac{6}{4}$ ou l'autre facteur de 3 est nécessairement double (**87**, 2°).

2°. *Si l'on multiplie le dénominateur d'une fraction par 2, par 3, par 4, etc., sans toucher au numérateur, on rend la fraction 2 fois, 3 fois, 4 fois, etc., plus petite.*

Exemple. Soit la même fraction $\frac{3}{4}$; en multipliant le dénominateur par 3, on a $\frac{3}{4\times3}=\frac{3}{12}$.

Cette dernière fraction $\frac{3}{12}$ est 3 fois plus petite que la fraction $\frac{3}{4}$.

En effet, dans le premier cas, on prend 3 des 4 parties égales dont l'unité est composée ; et dans le second, on prend le même nombre de parties de cette unité qui est divisée en 3 fois 4, ou

12 parties, c'est-à-dire en 3 fois plus de parties que dans le premier cas ; ces parties sont donc 3 fois plus petites que les premières. Or, prendre un même nombre de parties, mais des parties trois fois moindres, c'est effectivement en prendre trois fois moins. Donc, etc.

Ceci se démontrerait encore, comme le 1°, d'après ce qui a été dit n° 87, 2°.

101. *Scolie.* Si l'on emploie l'opération inverse dans chacun des cas précédents, concernant les changements que peuvent subir les deux termes d'une fraction, il est évident qu'il en résultera que :

1°. *Si l'on divise le numérateur d'une fraction, sans toucher au dénominateur, on rendra la fraction 2 fois, 3 fois, 4 fois, etc., plus petite, suivant qu'on aura divisé ce numérateur par 2, par 3, par 4, etc.*

Exemple. Divisant par 3 le numérateur de la fraction $\frac{3}{4}$, on a $\frac{3 : 3}{4} = \frac{1}{4}$, fraction qui est 3 fois plus petite que $\frac{3}{4}$.

En effet, cette fraction proposée $\frac{3}{4}$ indique qu'il faut prendre 3 des 4 parties égales qui composent l'unité, tandis que la seconde $\frac{1}{4}$ marque qu'il faut prendre 3 fois moins de ces parties. Donc, etc.

Cette démonstration vient à l'appui de ce qui a été dit n° 87, 3°.

2°. *Enfin, si l'on divise le dénominateur d'une fraction par un nombre quelconque, sans toucher au numérateur, on rendra la fraction autant de fois plus grande qu'il y aura d'unités dans le nombre quelconque qui aura servi de diviseur au dénominateur.*

Exemple. Divisant par 2 le dénominateur de la fraction

$\frac{3}{8}$, nous aurons $\frac{3}{8 : 2} = \frac{3}{4}$, qui est une fraction deux fois plus grande que celle $\frac{3}{8}$.

En effet, le dénominateur 4 de la fraction $\frac{3}{4}$, indique que l'on conçoit ici l'unité divisée en deux fois moins de parties que dans la fraction proposée : chacune de ces quatre parties est par conséquent deux fois plus grande que l'une des huit premières. Or, comme on prend toujours le même nombre de parties dans l'un et dans l'autre cas, il est visible que dans le second, où les parties sont doubles, on en prend deux fois plus. Donc, etc.

Le 3° du n° **87** comprend encore la démonstration de cette dernière proposition.

102. *Scolie*. Par ce qui précède, on voit qu'il y a deux manières de rendre une fraction plus grande ; savoir : *ou en multipliant le numérateur, ou en divisant le dénominateur de la fraction par le nombre qui marque combien de fois on doit la rendre plus grande.*

Ceci revient à la conséquence du n° **87**.

103. *Réciproquement ;* Il y a aussi deux manières pour rendre une fraction plus petite ; savoir : *ou en divisant le numérateur, ou en multipliant le dénominateur de cette fraction par le nombre qui indique combien de fois on doit la rendre plus petite.*

C'est ce qui a déjà été démontré dans le n° **87**.

Premier exemple. Veut-on rendre la fraction $\frac{3}{4}$ quatre fois plus grande, on aura $\frac{3 \times 4}{4} = \frac{12}{4}$, ou $\frac{3}{4 : 4} = \frac{3}{1}$. Donc, $\frac{12}{4} = \frac{3}{1} = 3$.

Ce résultat 3 vaut donc 4 fois la fraction $\frac{3}{4}$: il s'obtiendrait encore, d'après ce qui a été dit n° 95 , en supprimant, dans cette hypothèse, son dénominateur 4.

Deuxième exemple. Qu'il s'agisse de rendre la fraction $\frac{6}{7}$ trois fois plus petite, on aura : 1° $\frac{6:3}{7} = \frac{2}{7}$; 2° $\frac{6}{7\times 3} = \frac{6}{21}$.

Le tiers de $\frac{6}{7}$ est donc $\frac{2}{7}$, ou $\frac{6}{21}$; donc, $\frac{2}{7} = \frac{6}{21}$.

104. *Scolie.* On voit par les deux exemples ci-dessus, que,

1° $\frac{3}{4} = \frac{6}{1}$; 2° $\frac{6}{21} = \frac{2}{7}$.

La première $\frac{12}{4}$ peut être considérée comme provenant de celle $\frac{3}{1}$, après avoir multiplié chacun de ses termes 3 et 1 par le même nombre 4 ; et la seconde $\frac{2}{7}$ comme résultant de la fraction $\frac{6}{21}$, après avoir divisé chacun de ses termes 6 et 21 par le même nombre 3.

D'où il suit que la valeur d'une fraction est indépendante de la valeur particulière de ses termes ; c'est-à-dire qu'on *peut multiplier ou diviser les deux termes d'une fraction, chacun par un même nombre, sans changer la valeur de la fraction.*

Bien que cette belle conséquence, de ce qui précède, soit en outre démontrée dans le n° **87,** nous allons en faire ressortir l'évidence par un exemple sur chaque cas.

Exemple. Pour le premier cas : si l'on multiplie les deux termes de la fraction $\frac{3}{4}$ chacun par 2, on aura $\frac{3\times 2}{4\times 2} = \frac{6}{8}$.

Cette dernière fraction est égale à la première.

En effet, en multipliant le numérateur 3 par 2, on rend bien la fraction 2 fois plus grande (100, 1°); mais en multipliant le dénominateur aussi par 2, on la rend 2 fois plus petite (100, 2°), ou on la rappelle à sa juste valeur. Donc, etc.

Ce qui se démontre encore de la manière suivante : Le dénominateur 8 de la fraction obtenue, indique que l'unité est divisée en deux fois plus de parties que ne le fait connaître celui de la fraction proposée. Ces parties sont par conséquent deux fois plus petites.

D'un autre côté, le numérateur 6, de la même fraction obtenue, marque que l'on doit prendre le double de ces parties deux fois plus petites. Or, prendre deux fois plus de parties d'une même unité; mais des parties deux fois plus petites, c'est toujours n'en prendre que la même quantité. Donc, etc.

Exemple. Pour le second cas, dans lequel on divise chacun des deux termes d'une fraction par un même nombre.

Si donc, on divise par 2 les deux termes de la fraction $\frac{4}{6}$, on aura $\frac{4:2}{6:2} = \frac{2}{3}$ qui est une fraction équivalente à celle proposée. Donc, $\frac{4}{6} = \frac{2}{3}$.

En effet, lorsqu'on a divisé le numérateur par 2, on a effectivement rendu la fraction deux fois plus petite ; mais en divisant aussi le dénominateur par 2, on l'a rendu deux fois plus grande. Donc, etc.

105. Les fractions, comme on vient de le voir, sont des quantités plus ou moins considérables qui expriment des grandeurs plus petites que l'unité. Elles sont donc comme les nombres entiers, susceptibles de composition et de décomposition par voies des mêmes opérations : en conséquence, nous allons nous occuper de l'analyse de chacune des quatre premières règles élémentaires sur ces sortes de nombres.

Addition et soustraction des fractions et de leur réduction au même dénominateur.

106. *Porisme.* Lorsque les fractions ont le même dénominateur; je veux dire quand elles sont mesurées par la même

unité, il est facile d'en faire la somme, comme il est aisé d'en déterminer leur différence ; car on voit que $\frac{1}{7} + \frac{4}{7} = \frac{5}{7}$, et que $\frac{4}{7} - \frac{1}{7} = \frac{3}{7}$; c'est-à-dire que, dans le premier cas, *on ajoute tous les numérateurs entre eux, et l'on donne à la somme le dénominateur commun aux fractions proposées ;* et que, dans le second de ces deux cas, *on retranche le plus petit numérateur du plus grand, et l'on donne aussi au reste le dénominateur commun aux fractions sur lesquelles on a opéré.*

Mais, lorsque les fractions n'ont pas le même dénominateur, on ne peut avec elles former un tout, ni établir une différence qui leur soit homogène ; car, des tiers réunis avec des quarts, quantités qui ne sont pas similaires, ne peuvent former un tout, ni fournir une différence homogènes.

Ainsi, si l'on avait à réunir les fractions $\frac{2}{3}$ et $\frac{3}{4}$, on serait obligé de les transformer en deux autres fractions équivalentes, qui eussent la même unité de mesure, ou, en d'autres termes, qui eussent le même dénominateur.

107. Pour obtenir deux nouvelles fractions respectivement égales aux deux nombres rompus donnés, tels que $\frac{3}{4}$ et $\frac{2}{3}$, il suffit de faire remarquer que, quel que soit l'ordre qu'on observe dans la multiplication des dénominateurs 3 et 4, on obtiendra toujours le même produit (58) ; et par conséquent deux fractions $\frac{3}{12}$ et $\frac{2}{12}$ qui sont bien mesurées par la même unité $\frac{1}{12}$; mais qui ne sont pas respectivement égales aux deux primitives, puisque la première a été rendue 3 fois, et la seconde 4 fois plus petites (100, 2°). En sorte que, pour ne point changer leur valeur, il faut multiplier le numérateur de la première par 3, et celui de la seconde par 4 (104).

C'est de là que résulte la règle prescrite en arithmétique,

pour réduire deux fractions au même dénominateur, elle consiste : *à multiplier les deux termes de la première, chacun par le dénominateur de la seconde ; et les deux termes de celle-ci, chacun par le dénominateur de la première.*

On aura donc ici $\frac{3}{4} = \frac{9}{12}$, et $\frac{2}{3} = \frac{8}{12}$. La somme des deux fractions $\frac{3}{4}$ et $\frac{2}{3}$ est donc égale à celle de leurs équivalentes $\frac{9}{12}$ et $\frac{8}{12}$, qui est $\frac{9}{12} + \frac{8}{12} = \frac{9+8}{12} = \frac{17}{12}$.

Quant à leur différence, il est visible qu'elle est exprimée par la fraction $\frac{1}{12}$: car $\frac{9}{12} - \frac{8}{12} = \frac{9-8}{12} = \frac{1}{12}$.

108. Si l'on avait un plus grand nombre de fractions à réduire au même dénominateur, on ferait le même raisonnement.

Exemple. Qu'il soit question de découvrir trois fractions respectivement égales aux trois suivantes : $\frac{2}{3}$, $\frac{3}{4}$ et $\frac{4}{5}$; et en même temps mesurées par la même unité.

A cet effet, on multipliera leurs dénominateurs entre eux, selon ce qui a été dit dans l'exemple précédent ; c'est-à-dire qu'on les combinera entre eux par voie de multiplication des trois manières suivantes : $3 \times (4 \times 5)$, $4 \times (3 \times 5)$ et $5 \times (3 \times 4)$, et l'on aura $\frac{2}{60}$, $\frac{3}{60}$ et $\frac{4}{60}$, dont la première a été rendue 5 fois 4, ou 20 fois plus petite ; la seconde 5 fois 3, ou 15 fois moindre ; et enfin, la troisième 4 fois 3, ou 12 fois au-dessous de ce qu'elle était.

Ainsi, pour rappeler chacune d'elles à sa valeur, en les conservant sous cette dernière dénomination, il faut multiplier le numérateur de la 1re par 20, produit des dénominateurs de la 2e et de la 3e ; celui de la 2e par 15, produit des dénominateurs de la 1re et de la 3e ; et enfin, multiplier le numérateur de la 3e par 12, produit des dénominateurs des deux premières : ce qui nous conduira aux fractions $\frac{40}{60}$, $\frac{45}{60}$ et $\frac{48}{60}$, qui

ont la même unité de mesure ; et qui sont, en même temps, respectivement égales à celles qui étaient proposées.

La somme de ces fractions données est donc

$$\left(\frac{2}{3} + \frac{3}{4} + \frac{4}{5}\right) = \left(\frac{40}{60} + \frac{45}{60} + \frac{48}{60}\right) = \frac{40+45+48}{60} = \frac{133}{60} \ (106),$$

ou $2 + \frac{13}{60}$ (96).

Si l'on avait un plus grand nombre de fractions, telles que les quatre suivantes : $\frac{3}{4}$, $\frac{2}{3}$, $\frac{4}{5}$ et $\frac{5}{7}$, on appliquerait les mêmes raisonnements sur la formation du produit de leurs dénominateurs ; et l'on arriverait aux quatre nouvelles grandeurs

$$\frac{3 \times (3 \times 5 \times 7)}{4 \times (3 \times 5 \times 7)}, \ \frac{2 \times (4 \times 5 \times 7)}{3 \times (4 \times 5 \times 7)}, \ \frac{4 \times (4 \times 3 \times 7)}{5 \times (4 \times 3 \times 7)} \ \text{et}$$

$$\frac{5 \times (4 \times 3 \times 5)}{7 \times (4 \times 3 \times 5)}, \ \text{qui sont mesurées par la même unité}$$

$$\frac{1}{4 \times 3 \times 5 \times 7} = \frac{1}{420}, \ \text{et qui égalent respectivement celles}$$

données.

En effectuant les multiplications indiquées, on remarquera sans peine que les deux termes de chacune des fractions proposées, sont multipliés successivement par le produit résultant des dénominateurs de toutes les autres, ce qui donne

$$\frac{315}{420}, \ \frac{280}{420}, \ \frac{336}{420} \ \text{et} \ \frac{300}{420},$$

ou $\frac{315 + 280 + 336 + 300}{420} = \frac{1231}{420} = 2 + \frac{391}{420},$

pour la somme des nombres rompus en question.

109. De ce qui précède, on conclut la règle générale prescrite pour la réduction des fractions au même dénominateur ;

elle consiste : *à multiplier les deux termes de chacune d'elles successivement, par le produit des dénominateurs de toutes les autres.*

110. On remarque que le procédé ci-dessus, concernant la réduction des fractions au même dénominateur, deviendra très long lorsque le nombre des fractions sera plus grand, et leurs termes plus considérables ; mais s'il arrivait, parmi les dénominateurs des fractions proposées, que l'un d'eux fût multiple de chacun des autres, on simplifierait l'opération en divisant alors ce dernier par chacun de ceux-ci, car on obtiendrait par ce moyen, le nombre par lequel il faudrait multiplier les deux termes de la fraction respective, pour la ramener à la dénomination du nombre adopté pour dividende des dénominateurs de ces fractions.

C'est de cette manière qu'on arriverait encore à des fractions respectivement égales à celles données ; et qui auraient pour dénominateur commun, le nombre qui aurait servi de dividende à leurs dénominateurs.

Exemple. Soient les fractions $\frac{2}{3}$, $\frac{3}{4}$, $\frac{5}{6}$, $\frac{1}{2}$ et $\frac{7}{12}$, à réduire au même dénominateur.

Pour simplifier les calculs de la règle générale ci-dessus, je profiterai de ce que le dénominateur 12 est un multiple de chacun des autres ; et les réduirai alors à la dénomination *douzième.*

A cet effet, je multiplie les deux termes de chacune de mes fractions par le quotient qui résulte de la division de 12, par le dénominateur de celle-ci ; ce qui me donne cette nouvelle suite de fractions $\frac{8}{12}$, $\frac{9}{12}$, $\frac{10}{12}$, $\frac{6}{12}$ et $\frac{7}{12}$, dont la somme est

$$\frac{8+9+10+6+7}{12} = \frac{40}{12} = 3 + \frac{4}{12}, \text{ ou } 3 + \frac{1}{3} \text{ (104).}$$

111. Il arrivera très rarement de reconnaître, au premier abord, dans la série des nombres, ou parmi les dénomina-

teurs des fractions proposées, si l'un d'eux a la propriété
d'être exactement divisible par chacun des autres; mais on
pourra toujours obtenir ce nombre en faisant le produit de
tous les dénominateurs, car chacun d'eux ayant ainsi concouru à la formation de ce produit, il est clair que chacun
d'eux le divisera exactement.

Exemple. Soient les quatre fractions $\frac{2}{3}$, $\frac{3}{4}$, $\frac{4}{5}$ et $\frac{5}{6}$ à ramener à la même unité de mesure.

Pour arriver le plus promptement possible à cette réduction, je vais donc, conformément à ce qui vient d'être dit,
faire le produit des quatre dénominateurs : ce qui me donnera 360 pour le multiple de chacun d'eux. Mais, avec un peu
d'attention, l'on voit que 60 jouit aussi de cette propriété. Il
convient donc d'adopter cette dernière dénomination *soixantième*, de préférence à celle *trois cent soixantième*, attendu
que plus les termes d'une fraction sont petits, mieux on juge
de la valeur de celle-ci.

Les fractions proposées seront donc converties en soixan-
tièmes, en multipliant les deux termes de la première par 20,
les deux termes de la seconde par 15, ceux de la troisième
par 12, et enfin ceux de la quatrième et dernière par 10 ; ce

qui donnera $\frac{40}{60}$, $\frac{45}{60}$, $\frac{48}{60}$ et $\frac{50}{60}$. Leur somme est exprimée

par $\dfrac{40 + 45 + 48 + 50}{60} = \dfrac{183}{60} = 3 + \dfrac{3}{60}$ ou $3 + \dfrac{1}{20}$.

112. Il est parfois plus commode d'opérer la réduction des
fractions au même dénominateur, en les prenant par groupes
de deux, de trois, etc., selon qu'on en trouve une, deux, etc.,
qui peuvent se ramener à la dénomination d'une seconde,
d'une troisième, etc.; puis de celles-ci, on n'en formera qu'une
seule en les réunissant par voie d'addition ; ce qui simplifiera
d'autant le nombre de celles à réduire à une mesure commune.

Exemple. On propose de trouver la mesure commune aux fractions $\dfrac{3}{4}$, $\dfrac{2}{3}$, $\dfrac{11}{15}$, $\dfrac{7}{12}$, $\dfrac{4}{5}$, $\dfrac{13}{14}$ et $\dfrac{6}{7}$.

A cette fin, je formerai trois groupes, savoir : 1° $\dfrac{3}{4}$, $\dfrac{2}{3}$ et $\dfrac{7}{12}$; 2° $\dfrac{4}{5}$ et $\dfrac{11}{15}$; 3° $\dfrac{6}{7}$ et $\dfrac{13}{14}$.

La première série me donne $\dfrac{9}{12} + \dfrac{8}{12} + \dfrac{7}{12} = \dfrac{24}{12} = 2$; la seconde se change en celle $\dfrac{12}{15} + \dfrac{11}{15} = \dfrac{23}{15} = 1 + \dfrac{8}{15}$; et la troisième de ces premières séries de fractions conduit à $\dfrac{12}{14} + \dfrac{13}{14} = \dfrac{25}{14} = 1 + \dfrac{11}{14}$.

Parvenu à ce point, il ne reste plus qu'à réduire au même dénominateur les deux fractions $\dfrac{8}{15}$ et $\dfrac{11}{14}$; vu que la première collection des fractions données est égale à 2 unités, sans reste fractionnaire. Dans le cas où leur somme $\dfrac{24}{12}$ eût conduit à un reste, le nombre des fractions sur lesquelles il eût fallu opérer en dernier lieu, se serait réduit à trois au lieu de deux.

Partant, la question consiste donc, dans cette hypothèse, à trouver la dénomination commune aux deux quantités $\dfrac{8}{15}$ et $\dfrac{11}{14}$: elle est $\dfrac{1}{15 \times 14} = \dfrac{1}{210}$; et les deux fractions se changent en $\dfrac{8 \times 14}{15 \times 14}$ et $\dfrac{11 \times 15}{14 \times 15} = \dfrac{112}{210}$ et $\dfrac{165}{210}$, dont la somme est $\dfrac{112 + 165}{210} = \dfrac{277}{210} = 1\,\dfrac{67}{210}$.

Cette dernière somme étant augmentée des trois parties entières 2, 1 et 1 extraites des sommes provenant des trois premiers groupes ci-dessus, donne $5\,\dfrac{67}{210}$.

113. *Corollaire.* Par ce qui précède, on reconnaît le moyen de juger de la plus grande de deux, ou d'un plus grand nombre de fractions données : il suffit de réduire ces fractions au même dénominateur, et alors, *la plus grande sera celle qui aura le plus grand numérateur ; et elles exprimeront la même grandeur si les numérateurs sont égaux.*

114. Afin de mettre en pratique ce qui vient d'être dit, nous nous proposerons les quatre problèmes suivants :

1°. *Déterminer la somme des fractions* $\frac{7}{8}$, $\frac{3}{11}$, $\frac{4}{9}$ *et* $\frac{2}{7}$;

2°. *Chercher la quantité qu'il faut ajouter à* $\frac{2}{3}$ *pour avoir* $\frac{3}{4}$;

3°. *Trouver la partie d'une somme* $\frac{8}{9}$ *dont l'autre partie est* $\frac{4}{7}$;

4°. *Enfin, faire connaître quelle est la plus grande des deux fractions* $\frac{6}{7}$ *et* $\frac{5}{6}$; *et déterminer en outre leur différence.*

D'après la nature de ces énoncés, on voit qu'il ne s'agit, dans le premier, que de réduire quatre fractions au même dénominateur, puis d'ajouter leurs numérateurs, afin d'obtenir celui de la fraction, de même dénomination, exprimant à elle seule toutes celles qui ont été proposées. Cette fraction somme est $\frac{10411}{5544} = 1 + \frac{4867}{5544}$.

A l'égard de la seconde de ces questions, la définition même de la soustraction, nous fait voir qu'il faut retrancher $\frac{2}{3}$ de $\frac{3}{4}$. Ce qui est d'autant plus évident, c'est que cette différence, qui est $\frac{1}{12}$, doit être telle qu'étant augmentée de $\frac{2}{3}$

ou $\dfrac{8}{12}$, elle égale $\dfrac{3}{4}$ ou $\dfrac{9}{12}$. Donc cet énoncé est le même que

son suivant, dont la solution au lieu d'être $\dfrac{1}{12}$ est $\dfrac{20}{63}$.

Quant à la réponse au quatrième de ces problèmes, elle rentre encore dans la solution de la soustraction des fractions ; car il s'agit de réduire deux fractions $\dfrac{6}{7}$ et $\dfrac{5}{6}$ au même dénominateur ; et de retrancher la plus petite de la plus grande, ce qui fait dire que $\dfrac{6}{7} > \dfrac{5}{6}$; et que leur différence est $\dfrac{1}{42}$.

115. *Corollaire.* Il résulte de l'addition et de la soustraction des fractions que, 1° *si l'on ajoute une, deux, trois, etc., unités au numérateur d'une fraction, on augmente celle-ci d'une, de deux, de trois, etc., unités de sa dénomination.*

En effet, soit la fraction $\dfrac{3}{7}$; si l'on ajoute deux unités à son

numérateur, il vient $\dfrac{3+2}{7} = \dfrac{5}{7}$, qui est une fraction expri

mant la somme de celles $\dfrac{3}{7}$ et $\dfrac{2}{7}$; car cette somme $\dfrac{3}{7} + \dfrac{2}{7} = \dfrac{5}{7}$

nous ramène à l'expression précédente. Donc, etc.

2°. *Si l'on supprime une, deux, trois, etc., unités au numérateur d'une fraction, on la diminue d'une, de deux, de trois, etc., unités de sa dénomination.*

Ce qui est évident, car le numérateur de la fraction $\dfrac{5}{7}$ étant

diminué de 3 unités, conduit à l'expression $\dfrac{5-3}{7} = \dfrac{2}{7}$, qui

n'est autre chose que la fraction qu'il faut ajouter à $\dfrac{3}{7}$ pour

avoir $\dfrac{5}{7}$, vu que $\dfrac{2}{7} + \dfrac{3}{7} = \dfrac{5}{7}$. Donc, etc.

116. *Scolie.* Bien que les expressions *augmenter et rendr plus grand* aient la signification propre de *rendre plus considérable,* on doit, dans la langue des calculs, établir une grande différence entre leurs acceptions; car augmenter une grandeur de deux unités, veut dire qu'il faut ajouter à cette quantité les deux unités en question; tandis que la rendre deux fois plus grande, indique qu'on doit prendre cette grandeur elle-même deux fois, ou la multiplier par 2. De là, la distinction que nous ferons dans la suite du *augmenter* et du *rendre plus grand.*

Multiplication des fractions.

117. La multiplication sur les fractions n'offre que trois cas; ce qui est évident, car on ne peut avoir à multiplier qu'une fraction par un nombre entier, ou un nombre entier par une fraction, ou enfin une fraction par une fraction.

118. 1er *cas.* Multiplier la fraction $\dfrac{5}{12}$ par 3.

D'après la définition donnée sur la multiplication (51), la question se réduit à trouver un nombre qui contienne 3 fois $\dfrac{5}{12}$. Or, le nombre cherché contiendra 3 fois la fraction $\dfrac{5}{12}$, s'il est composé de 3 fois cette fraction $\dfrac{5}{12}$, ou s'il est 3 fois plus grand que $\dfrac{5}{12}$.

Ainsi, pour rendre cette fraction 3 fois plus grande, il faut rendre son numérateur 3 fois plus grand (100, 1°.), ou, quand on le peut, rendre son dénominateur 3 fois plus petit (101, 2°.); mais comme le dénominateur de la fraction multiplicande n'est pas toujours un multiple du multiplicateur, on s'arrêtera au premier de ces procédés, et l'on aura, pour le cas actuel, $\dfrac{5}{12} \times 3 = \dfrac{5 \times 3}{12} = \dfrac{15}{12}$, pour le produit demandé.

7.

Si l'on veut mettre à découvert les entiers contenus dans cette expression, on aura $1 + \dfrac{3}{12}$ (96), ou $1 + \dfrac{1}{4}$ (104).

De là il est facile de déduire la règle générale pour multiplier une fraction par un nombre entier, elle consiste : *à multiplier le numérateur de la fraction multiplicande par le multiplicateur, et à affecter le produit du dénominateur de la même fraction multiplicande.*

119. Ce cas de la multiplication des fractions peut encore se démontrer de la manière suivante :

Si l'on supprime le dénominateur 12 du multiplicande $\dfrac{5}{12}$, on rendra ce facteur 12 fois plus grand (95) ; et par conséquent, le produit 5×3 qui en résultera, sera 12 fois trop grand. Pour le rappeler à sa juste valeur, il faudra le rendre 12 fois plus petit, en le divisant par 12 ; ce produit est donc $\dfrac{5 \times 3}{12}$, ou $\dfrac{15}{12} = 1 + \dfrac{3}{12}$, ou $1 + \dfrac{1}{4}$. Donc encore, etc.

120. 2me *cas.* Multiplier le nombre 12 par $\dfrac{5}{7}$, ou chercher le nombre qui est à 12 ce que $\dfrac{5}{7}$ sont à 1 (52).

En raisonnant comme précédemment, et sachant que le produit se compose du multiplicande, de la même manière que le multiplicateur se compose de l'unité (51), on voit qu'il s'agit ici de trouver un nombre qui exprime les $\dfrac{5}{7}$ de 12, ou, ce qui est la même chose, de prendre 5 fois le $\dfrac{1}{7}$ du nombre 12. Or, le septième de 12 est 12 divisé par 7 ou $\dfrac{12}{7}$ (96).

Donc les $\dfrac{5}{7}$ de 12 vaudront 5 fois $\dfrac{12}{7}$ ou $\dfrac{12}{7} \times 5 = \dfrac{12 \times 5}{7} = \dfrac{60}{7}$ (1er *cas*).

Ceci vient à l'appui de la vérité annoncée n° 53 : que le

multiplicande est au produit ce que l'unité est au multiplicateur; c'est-à-dire qu'ici 12 est à $\dfrac{60}{7}$, ce que 1 est à $\dfrac{5}{7}$, ou, en d'autres termes, le produit $\dfrac{60}{7}$ exprime les $\dfrac{5}{7}$ de 12, parce que le multiplicateur $\dfrac{5}{7}$ exprime lui-même les $\dfrac{5}{7}$ de l'unité. Or, *multiplier* 12 *par* $\dfrac{5}{7}$, *c'est prendre les* $\dfrac{5}{7}$ *de* 12.

D'où l'on conclut que, pour multiplier un nombre entier par une fraction, *il faut diviser le multiplicande par le dénominateur de la fraction multiplicateur, puis multiplier le résultat par le numérateur de la même fraction multiplicateur, ou plus brièvement, multiplier le nombre entier par le numérateur du multiplicateur, et affecter le résultat du dénominateur de cette fraction multiplicateur.*

121. On peut encore démontrer cette règle ainsi qu'il suit :

Si l'on supprime le dénominateur 7 du multiplicateur $\dfrac{5}{7}$, on rend ce facteur 7 fois plus grand (**95**). Le produit qui augmente en raison directe de chacun de ses facteurs (**54**), se trouve par cela même sept fois trop grand (**84**). Donc il faudra rendre ce produit 12×5 sept fois plus petit, en le divisant par 7 (**96**) : ce qui donnera $\dfrac{12 \times 5}{7} = \dfrac{60}{7} = 8 + \dfrac{4}{7}$. Donc, etc.

122. 3ᵉ *cas.* Multiplier la fraction $\dfrac{3}{4}$ par celle $\dfrac{7}{8}$, ou trouver la partie de $\dfrac{3}{4}$ équivalente à celle de l'unité exprimée par $\dfrac{7}{8}$ (**52**), ou encore, ce qui revient au même, quels seront les $\dfrac{7}{8}$ de $\dfrac{3}{4}$ (2ᵉ *cas*)?

Il est évident, d'après ce qui a été dit précédemment, qu'il faut prendre sept fois la huitième partie de trois quarts, ou rendre cette fraction $\frac{3}{4}$ huit fois plus petite, puis prendre le résultat sept fois.

Or, on rend une fraction huit fois moindre, en multipliant son dénominateur par 8 (100, 2°.); et l'on prend sept fois cette fraction, en multipliant son numérateur par 7 (100, 1°), ce qui donne $\frac{21}{32}$ pour le produit de $\frac{3}{4}$ par $\frac{7}{8}$, ou pour la fraction qui est à $\frac{3}{4}$ ce que $\frac{7}{8}$ sont à 1.

D'un autre côté, ce résultat $\frac{21}{32}$ n'est autre que les $\frac{7}{8}$ de $\frac{3}{4}$. Donc, *multiplier par* $\frac{7}{8}$ *c'est prendre les* $\frac{7}{8}$ *du multiplicande;* de même que *multiplier la fraction* $\frac{2}{3}$, *ou le nombre entier* 6, *par* $\frac{5}{6}$, *c'est évaluer les* $\frac{5}{6}$ *de* $\frac{2}{3}$, ou de 6, qui sont respectivement exprimés par $\frac{2}{3} \times \frac{5}{6} = \frac{2 \times 5}{3 \times 6} = \frac{10}{18}$, et par $6 \times \frac{5}{6}$ $= \frac{6 \times 5}{6} = \frac{30}{6} = 5$.

Si l'on divise par 2 chacun des termes du premier résultat, et par 6 ceux du second, on aura $\frac{5}{9}$ et $\frac{5}{1} = 5$.

D'où il résulte que, *pour multiplier une fraction par une fraction, il faut multiplier ces fractions termes à termes,* c'est-à-dire *le numérateur de l'une par le numérateur de l'autre, et le dénominateur de la première par le dénominateur de la seconde; puis diviser le premier de ces produits par le second.*

123. Cette règle générale, concernant le troisième cas de la multiplication des fractions, se déduit encore de ce qui suit.

Le n° 95 nous fait voir que si l'on supprime le dénominateur de chacune de ces fractions, on rendra le premier de ces facteurs 8 fois, et le second 4 fois trop grand : le produit 7×3 qui en résulte, est d'une part 8 fois, et de l'autre 4 fois, en tout 8×4 ou 32 fois trop grand. Il faudra donc, pour rappeler ce produit 7×3 à sa juste valeur, le rendre 8×4 fois plus petit, en le divisant par cette quantité; c'est-à-dire que *le produit d'une fraction par une fraction, est exprimé par le quotient qui résulte de la division du produit des numérateurs de ces fractions, par celui de leurs dénominateurs.* Donc, etc.

124. Cette dernière règle générale convient également aux deux premiers cas.

En effet, si l'on met les facteurs en nombres entiers de ceux-ci, sous la forme fractionnaire, en leur donnant pour dénominateur l'unité; ce qui ne change point leur valeur, il est évident qu'alors ces deux premiers cas rentreront dans le troisième.

125. *Premier corollaire.* Il résulte de ce qui précède, sur la multiplication des nombres entiers et rompus, que *le mot multiplier n'emporte pas toujours avec lui la signification d'augmentation : il signifie augmenter lorsque le multiplicateur est plus grand que* 1; *lorsque le multiplicateur est* 1 *, le produit est invariable ou toujours égal au multiplicande; enfin, quand le multiplicateur est moindre que l'unité, le produit est toujours inférieur au multiplicande.*

En effet, 1° multiplier 4 par 2, c'est ajouter 4 une fois à lui-même, ce qui donne 8 pour la somme double de 4, le multiplicateur étant double de 1.

2°. Multiplier 5 par 1, c'est prendre 5 une fois, ou c'est chercher un nombre qui soit à 5 ce que l'unité est à elle-même. Donc ce nombre ne peut être autre que le multiplicande.

3°. Multiplier 6 par $\frac{1}{2}$, équivaut à chercher le nombre qui est à 6, ce que la moitié de l'unité est à cette unité. Le produit de 6 par $\frac{1}{2}$ ne peut donc être exprimé que par 3, moitié du multiplicande 6. De même, s'il s'agissait de multiplier $\frac{1}{2}$ par $\frac{1}{2}$, le produit serait évidemment $\frac{1}{4}$, attendu qu'il devrait exprimer la moitié d'un demi, par cela seul que le multiplicateur $\frac{1}{2}$ exprime la moitié de l'unité.

Donc, effectivement, le mot *multiplier* peut emporter l'une des trois significations : *augmentation, égalité*, ou *diminution*, suivant que le multiplicateur sera ou plus grand, ou égal, ou enfin plus petit que l'unité.

126. *Deuxième corollaire.* Pour prendre les $\frac{2}{3}$, les $\frac{3}{4}$, les $\frac{5}{6}$, les $\frac{7}{8}$, etc., d'un nombre quelconque, entier ou rompu, il faut multiplier ce nombre respectivement par $\frac{2}{3}$, par $\frac{3}{4}$, par $\frac{5}{6}$, par $\frac{7}{8}$, etc.

127. *Troisième corollaire.* L'évaluation des fractions de fractions se déduit naturellement de ce qui vient d'être exposé touchant leur multiplication.

Exemple. Veut-on prendre les $\frac{4}{5}$ des $\frac{5}{8}$ des $\frac{3}{4}$ des $\frac{2}{3}$ d'un nombre quelconque, tel que de 324.

Pour y parvenir, il faut d'abord évaluer les $\frac{3}{4}$ des $\frac{2}{3}$, en multipliant $\frac{2}{3}$ par $\frac{3}{4}$, ce qui donnera $\frac{6}{12}$.

Pour prendre les $\frac{5}{8}$ des $\frac{3}{4}$ des $\frac{2}{3}$, ou pour déterminer les $\frac{5}{8}$ des $\frac{6}{12}$, il faut multiplier $\frac{6}{12}$ par $\frac{5}{8}$ (**126**), ce qui donnera $\frac{30}{96}$.

Enfin, pour avoir les $\frac{4}{5}$ des $\frac{5}{8}$ des $\frac{3}{4}$ des $\frac{2}{3}$, ou pour obtenir les $\frac{4}{5}$ des $\frac{30}{96}$, il faut multiplier $\frac{30}{96}$ par $\frac{4}{5}$, et l'on aura $\frac{120}{480}$.

Donc, prendre les $\frac{4}{5}$ des $\frac{5}{8}$ des $\frac{3}{4}$ des $\frac{2}{3}$ du nombre 324, c'est en prendre les $\frac{120}{480}$; mais comme le numérateur 120 provient de la multiplication de tous les numérateurs entre eux, et que le dénominateur 480 exprime le produit des dénominateurs de ces mêmes fractions, il s'ensuit que la fraction de fraction qu'il faut prendre de ce nombre quelconque 324, a pour numérateur le produit de ceux de toutes les fractions de fractions, et pour dénominateur le produit de ceux de toutes ces mêmes fractions.

Donc, si l'on remarque parmi les numérateurs et les dénominateurs de ces fractions qui se combinent entre elles par voie de multiplication, des facteurs communs, on pourra les supprimer dans l'un et dans l'autre de ces produits numérateur et dénominateur : ce qui n'altérera pas la fraction exprimant le résultat de leur multiplication entre elles, attendu que les deux termes de cette fraction-produit se trouveront, par cela même, divisés chacun par ces mêmes facteurs supprimés de part et d'autre.

C'est ainsi que, si, dans notre exemple, nous supprimons les facteurs 4, 5 et 3 qui sont communs aux numérateurs et aux dénominateurs de notre produit $\frac{2}{3} \times \frac{3}{4} \times \frac{5}{8} \times \frac{4}{5} = \frac{120}{480}$, il se réduira à $\frac{2}{8}$ ou à $\frac{1}{4}$ qui exprime les $\frac{4}{5}$ des $\frac{5}{8}$ des $\frac{3}{4}$ des $\frac{2}{3}$ qu'il faut prendre de 324.

La fraction $\frac{120}{480}$ primitivement obtenue, se ramène donc à $\frac{1}{4}$.

En effet, divisant ses deux termes d'abord par 10, en supprimant le zéro sur la droite de chacun d'eux (23); puis par 12 le haut et le bas du résultat $\frac{12}{48}$, on arrive à cette fraction $\frac{1}{4}$.

L'énoncé précédent se réduit donc à prendre le $\frac{1}{4}$ de 324, qui est $324 \times \frac{1}{4} = 324 : 4$, ou $\frac{324}{4} = 81$.

Donc, pour évaluer les fractions de fractions, *il faut multiplier tous les numérateurs entre eux, puis tous les dénominateurs aussi entre eux, après avoir supprimé les facteurs communs à l'un et à l'autre de ces produits. Le premier de ces résultats affecté d'un dénominateur égal au second, exprimera la fraction qu'il faudra prendre du nombre proposé.*

Nous appliquerons cette règle à l'exemple ci-après :

Prendre les $\frac{5}{7}$ des $\frac{7}{9}$ des $\frac{3}{4}$ des $\frac{4}{5}$ des $\frac{2}{3}$ de la fraction $\frac{6}{11}$.

On a donc $\frac{2}{3} \times \frac{4}{5} \times \frac{3}{4} \times \frac{7}{9} \times \frac{5}{7}$ de $\frac{6}{11}$, ce qui donne $\frac{6}{11} \times \frac{2}{9}$, après avoir supprimé les facteurs communs aux numérateurs et aux dénominateurs. Quant au résultat, il est $\frac{12}{99} = \frac{4}{33}$.

128. Il est bon de mettre en pratique ce qui précède au moyen de quelques problèmes; les suivants sont très propres à atteindre ce but :

1°. *Quelle est la fraction qui est à celle* $\frac{3}{11}$, *ce que le nombre rompu* $\frac{2}{3}$ *est lui-même à 1 ?*

2°. *Former une grandeur avec* $\frac{4}{5}$ *de la même manière que celle* $\frac{11}{13}$ *s'est formée de l'unité ?*

3°. *Que valent les* $\frac{6}{7}$ *des* $\frac{2}{5}$ *des* $\frac{3}{4}$ *d'une aune d'étoffe quelconque ?*

4°. *Déterminer la quantité qui est aux* $\frac{5}{7}$ *des* $\frac{2}{3}$ *des* $\frac{3}{4}$ *de* 4, *ce que* $\frac{3}{7}$ *sont à* 1 ?

Voici dans le même ordre la solution des questions précédentes :

1°. La fraction qui est à $\frac{3}{11}$ ce que $\frac{2}{3}$ sont à 1, ne peut que provenir de la multiplication de $\frac{3}{11}$ par $\frac{2}{3}$; attendu que le produit $\frac{3}{11} \times \frac{2}{3}$, qui est $\frac{6}{33}$ ou $\frac{2}{11}$ sera à son multiplicande $\frac{3}{11}$ ce que son multiplicateur $\frac{2}{3}$ est à 1 (52). Ce qui est d'ailleurs évident ; car les $\frac{2}{3}$ de $\frac{3}{11}$ valent deux fois le $\frac{1}{3}$ de $\frac{3}{11}$; mais la 3ᵉ partie de $\frac{3}{11}$ est $\frac{1}{11}$ (101, 1°). Or, deux fois $\frac{1}{11}$ font $\frac{2}{11}$. Donc, etc.

2°. Si l'on fait attention que $\frac{11}{13}$ sont formés des $\frac{11}{13}$ de l'unité, on en conclura que former une quantité avec $\frac{4}{5}$ de la même manière que $\frac{11}{13}$ se sont formés de l'unité, c'est prendre les $\frac{11}{13}$ de $\frac{4}{5}$, et ce, en multipliant $\frac{4}{5}$ par $\frac{11}{13}$ (126) ; ce qui donnera $\frac{4}{5} \times \frac{11}{13} = \frac{44}{65}$.

3°. Pour prendre les $\frac{6}{7}$ des $\frac{2}{5}$ des $\frac{3}{4}$ de l'unité aune, on voit sans peine qu'il faut d'abord prendre les $\frac{3}{4}$ d'une aune qui sont

$1 \times \dfrac{3}{4}$, puis prendre les $\dfrac{2}{5}$ du résultat, ce qui donne $1 \times \dfrac{3}{4} \times \dfrac{2}{5}$,

dont les $\dfrac{6}{7}$ sont $1 \times \dfrac{3}{4} \times \dfrac{2}{5} \times \dfrac{6}{7}$ (126), ou $\dfrac{1}{1} \times \dfrac{3}{4} \times \dfrac{2}{5} \times \dfrac{6}{7}$ (124)

$= \dfrac{36}{140}$. Divisant les deux termes de celle-ci chacun par 4,

on a $\dfrac{9}{35}$.

4°. Il est clair que pour obtenir la solution du quatrième énoncé, il faut commencer par déterminer les $\dfrac{5}{7}$ des $\dfrac{2}{3}$ des $\dfrac{3}{4}$ du nombre 4. Ils sont $4 \times \dfrac{3}{4} \times \dfrac{2}{3} \times \dfrac{5}{7}$ ou $\dfrac{4}{1} \times \dfrac{3}{4} \times \dfrac{2}{3} \times \dfrac{5}{7} = \dfrac{10}{7}$.

Cela étant fait, il reste à former avec $\dfrac{10}{7}$ une quantité de la même manière que $\dfrac{3}{7}$ ont été formés de 1, c'est-à-dire qu'il faut chercher la quantité qui est à $\dfrac{10}{7}$ ce que $\dfrac{3}{7}$ sont à 1. Or, le résultat de $\dfrac{10}{7} \times \dfrac{3}{7}$ qui est $\dfrac{30}{49}$ jouit bien de cette propriété ; car, n° 52.

Il fallait donc, dans cette hypothèse, introduire encore $\dfrac{3}{7}$ comme facteur dans l'expression $\dfrac{4}{1} \times \dfrac{3}{4} \times \dfrac{2}{3} \times \dfrac{5}{7}$, et chercher alors le résultat de $\dfrac{4}{1} \times \dfrac{3}{4} \times \dfrac{2}{3} \times \dfrac{5}{7} \times \dfrac{3}{7} = \dfrac{30}{49}$, qui est la quantité obtenue par la première opération. Donc, etc.

Division des fractions.

129. Ayant présenté la multiplication sous un point de vue qui ne laisse échapper aucun cas, pour toutes les espèces de nombres, il est clair que la division doit être susceptible de la même généralité, puisqu'il n'y a de différence entre ces deux opérations qu'en ce que dans l'une on cherche un produit, et dans l'autre l'un des facteurs de celui-ci.

On peut donc répéter ici que la division fait découvrir un nombre qui est au dividende ce que l'unité est au diviseur (**76**); et que par conséquent le dividende est formé du quotient de la même manière que le diviseur est lui-même formé de l'unité, et réciproquement.

130. Cela posé, nous passerons à l'analyse de chacun des cas que nous présente la division des fractions. Ces cas sont évidemment les mêmes que ceux qui se sont présentés sur la multiplication de ces sortes de grandeurs.

Premier cas. Diviser la fraction $\dfrac{5}{7}$ par le nombre 8.

De ce qui vient d'être dit, il résulte que diviser $\dfrac{5}{7}$ par 8, c'est trouver un nombre qui soit à $\dfrac{5}{7}$ ce que l'unité est à 8 unités. Or, l'unité est la huitième partie du nombre 8; donc le quotient cherché sera la huitième partie du dividende $\dfrac{5}{7}$.

Ainsi, la question se réduit à prendre le $\dfrac{1}{8}$ de $\dfrac{5}{7}$ (**126**), ou à rendre cette fraction 8 fois plus petite : ce qui donne $\dfrac{5}{56}$ (**100**, 2°).

Si l'on voulait baser cette analyse sur le principe inverse, qui est que le dividende est au quotient ce que le diviseur est à 1, on dirait : puisque le diviseur 8 est 8 fois plus grand que 1, le dividende $\dfrac{5}{7}$ est lui-même 8 fois plus grand que le quotient; donc ce dernier est 8 fois plus petit que $\dfrac{5}{7}$, il est par consé-quent exprimé par $\dfrac{5}{7}$ rendu 8 fois moindre, ou par $\dfrac{5}{7\times 8}=\dfrac{5}{56}$.

Donc, etc.

De là, on conclut que *pour diviser une fraction par un nombre entier, il faut multiplier le dénominateur de la fraction dividende par le nombre entier qui sert de diviseur.*

Cette règle générale peut aussi se démontrer de la manière suivante :

Si l'on supprime le dénominateur 7 du dividende $\frac{5}{7}$, on a un nouveau dividende 5 qui est 7 fois trop grand (95) ; il faut donc, pour que le quotient ne soit pas altéré, multiplier aussi par 7 le diviseur 8 (87), et l'on aura 5 à diviser par 56, ou $\frac{5}{56}$, résultat déjà obtenu précédemment. Donc, etc.

On pourrait encore dire : si après avoir supprimé le dénominateur 7 de la fraction donnée comme produit, on obtient un nouveau dividende 5 sept fois plus grand (95), le quotient de 5 par 8 ou $\frac{5}{8}$ qu'on obtient alors (96), sera sept fois celui cherché. Donc pour arriver à ce dernier, il faut prendre le septième de $\frac{5}{8}$; ce qui revient à rendre la fraction $\frac{5}{8}$ sept fois plus petite, en multipliant son dénominateur 8 par 7. Donc encore, etc.

De cette dernière démonstration, on conclut que la règle générale ci-dessus peut s'énoncer ainsi qu'il suit :

Le quotient d'une fraction par un nombre entier, est égal à celui qui résulte de la division du numérateur de la fraction dividende, par le diviseur en nombre entier, rendu ensuite autant de fois plus petit qu'il y a d'unités dans le dénominateur de cette même fraction dividende.

Exemple. Le quotient de $\frac{3}{11}$ par 5, d'après cette règle, est donc égal au 11ième de celui de 3 par 5 : il est par conséquent $\frac{3}{5 \times 11}$ ou $\frac{3}{55}$.

En effet, $\frac{3}{11}$ divisé par 5, selon la première règle, donne

$$\frac{3}{11} : 5 = \frac{3}{11 \times 5} = \frac{3}{55} \; ; \text{ mais } 11 \times 5 = 5 \times 11 \; (88).$$

Donc, etc.

131. 2e *cas*. Soit à diviser un nombre entier par une fraction : tel que 6 à diviser par $\frac{8}{9}$.

Pour obtenir ce quotient, on raisonnera ainsi : le diviseur étant les $\frac{8}{9}$ de l'unité, le dividende 6 est les $\frac{8}{9}$ du quotient. Or, les $\frac{8}{9}$ du quotient étant exprimés par le nombre 6, il est évident que, si l'on rend ce nombre 6 huit fois plus petit, en le divisant par 8, le résultat $\frac{6}{8}$ n'exprimera plus que la neuvième partie du quotient ; en sorte que, pour avoir le quotient total, il suffit de prendre 9 fois sa neuvième partie $\frac{6}{8}$: car ce quotient égale ses $\frac{9}{9}$. On a donc $6 : \frac{8}{9} = \frac{6}{8} \times 9 = \frac{6 \times 9}{8}$

$= \frac{54}{8}$ pour le quotient demandé.

D'où l'on voit que, *pour obtenir le quotient d'un nombre entier par une fraction, il faut diviser le dividende en nombre entier par le numérateur de la fraction diviseur ; puis multiplier le résultat par le dénominateur de la même fraction diviseur, ou, ce qui revient au même, multiplier le dividende par le dénominateur de la fraction diviseur ; et diviser ensuite le résultat par le numérateur de la même fraction diviseur.*

Si l'on eût basé l'analyse précédente sur le principe inverse, que le quotient est au dividende ce que l'unité est au diviseur, on n'en aurait pas moins conclu la même règle ; mais les raisonnements auraient été en quelque sorte plus difficiles, en ce que, au premier abord, on ne juge pas facilement de ce que l'unité peut être à un diviseur fractionnaire. Toutefois nous essaierons de rendre cette solution intelligible ; pour cela, reprenons le même exemple : 6 à diviser par $\frac{8}{9}$.

Le quotient cherché étant à 6 ce que 1 est à $\frac{8}{9}$, nous commencerons par déterminer ce que 1 est à $\frac{8}{9}$. A cet effet, remarquons que l'unité comparée à $\frac{8}{9}$ est la même chose que $\frac{9}{9}$ comparés à $\frac{8}{9}$: car on peut toujours convertir l'unité en fraction de même dénomination que celle à laquelle on la compare.

Cela posé, si l'on fait attention que le rapport entre deux quantités ne change pas lorsqu'on multiplie l'une ou l'autre de ces grandeurs par le même nombre, on comprendra que $\frac{9}{9}$ sont à $\frac{8}{9}$ ce que 9 est à 8.

Or, 9 étant le dividende et 8 le diviseur, le résultat de la comparaison de 9 à 8 est donc $\frac{9}{8}$. Donc l'unité est les $\frac{9}{8}$ du diviseur $\frac{8}{9}$. Donc enfin le quotient de 6 par $\frac{8}{9}$ est les $\frac{9}{8}$ de 6.

Pour l'obtenir, il faut donc multiplier 6 par $\frac{9}{8}$ (**126**), ce qui donne $6 \times \frac{9}{8} = \frac{6 \times 9}{8} = \frac{54}{8}$. Donc, etc.

La même règle est encore démontrée par ce qui suit :

Si l'on supprime le dénominateur 9 du diviseur, on rend ce dernier, qui est l'un des facteurs du dividende 6, neuf fois plus grand (**95**), il faut donc, pour que l'autre facteur ou le quotient ne soit pas altéré, multiplier ce dividende 6 par le même nombre 9 (**87**) ; ce qui conduit à la division de 6×9 par 8, ou au quotient de 54 par 8 qui est $\frac{54}{8}$. Donc, etc.

Disons en outre que, si, au lieu de diviser 6 par $\frac{8}{9}$, l'on divisait 6 par 8, diviseur 9 fois plus grand (95), le résultat $\frac{6}{8}$ serait neuf fois trop petit (87, 2°). Pour le rappeler à sa juste valeur, il faudrait le rendre 9 fois plus grand (100, 1°), en multipliant son numérateur 6 par 9, dénominateur de la fraction diviseur. Donc encore, etc.

En d'autres termes, *le quotient d'un nombre entier par une fraction, est égal à autant de fois celui du dividende par le numérateur de la fraction diviseur, qu'il y a d'unités dans le dénominateur de cette dernière.*

Ainsi, le quotient de 7 par $\frac{5}{9}$ est donc égal à $(7 : 5) \times 9$, ou à $\frac{7}{5} \times 9 = \frac{7 \times 9}{5} = \frac{63}{5}$.

152. 3ᵉ *cas.* Diviser la fraction $\frac{5}{8}$ par celle $\frac{3}{4}$, ou, ce qui est la même chose, fournir la solution commune aux problèmes suivants :

1°. *Trouver le nombre entier ou rompu, auquel* $\frac{5}{8}$ *sont ce que* $\frac{3}{4}$ *sont à* 1 (59 et 52) ; *ou celui qui est à* $\frac{5}{8}$, *ce que* 1 *est à* $\frac{3}{4}$ (55)?

2°. *Quel est le nombre qui, multiplié par ou multipliant* $\frac{3}{4}$, *donne* $\frac{5}{8}$ (59)?

3°. *Quel est celui dont les* $\frac{3}{4}$ *égalent* $\frac{5}{8}$?

Solution. Puisque le diviseur ne contient que trois fois le quart de l'unité, le dividende $\frac{5}{8}$ n'est formé que de trois fois le quart du quotient ; en sorte que si l'on rend ce dividende trois fois plus petit, en multipliant son dénominateur par 3 (**100**, 2°), on aura $\dfrac{5}{24}$ pour le quart du quotient. Partant, si l'on prend quatre fois ce un quart du quotient, en multipliant son numérateur par 4 (**100**, 1°), on aura $\dfrac{20}{24}$ pour ce quotient total, qui est celui de $\dfrac{5}{8}$ par $\dfrac{3}{4}$; et en même temps l'expression qui satisfait aux différents énoncés proposés : car, dans le premier, on a un produit $\dfrac{5}{8}$ qui est au quotient cherché, ce que le diviseur $\dfrac{3}{4}$ est à 1 (**76**); c'est donc $\dfrac{5}{8} : \dfrac{3}{4} = \dfrac{5 \times 4}{8 \times 3} = \dfrac{20}{24}$; résultat qui est en outre à $\dfrac{5}{8}$ ce que 1 est à $\dfrac{3}{4}$ (**76** *bis*).

Par le second, on a un produit $\dfrac{5}{8}$ et l'un de ses facteurs $\dfrac{3}{4}$; il s'agit de découvrir l'autre facteur (**72** et **75**). Donc, etc.

Quant au nombre exigé par le troisième de ces énoncés, on comprend que, s'il était connu, on le vérifierait en en prenant les $\dfrac{3}{4}$ qui sont représentés ici par $\dfrac{5}{8}$. Mais, comme on prend les $\dfrac{3}{4}$ d'un nombre en le multipliant par $\dfrac{3}{4}$ (**126**), il s'ensuit qu'on rentre dans le cas précédent, et qu'on a encore $\dfrac{5}{8} : \dfrac{3}{4} = \dfrac{5 \times 4}{8 \times 3} = \dfrac{20}{24}$. Donc, encore, etc.

Donc, *pour diviser une fraction par une fraction, il faut multiplier le numérateur de la fraction dividende, par le dénominateur de la fraction diviseur, et le dénominateur de la même fraction dividende par le numérateur de la fraction diviseur; puis diviser ensuite le premier de ces produits par le second, ou ce qui revient au même, renverser la fraction diviseur, puis multiplier le dividende par cette fraction ainsi renversée* (**122**).

On a donc pour l'exemple proposé $\dfrac{5}{8} : \dfrac{3}{4} = \dfrac{5}{8} \times \dfrac{4}{3} = \dfrac{5 \times 4}{8 \times 3}$

$= \dfrac{20}{24}.$

Ce troisième et dernier cas de la division des fractions peut, comme le précédent, être analysé d'après le principe : que le quotient est au dividende ce que l'unité est au diviseur.

Dans cette hypothèse, disons donc : que le quotient ci-dessus est à $\dfrac{5}{8}$ ce que l'unité ou $\dfrac{4}{4}$ sont à $\dfrac{3}{4}$. Partant, le $\dfrac{1}{4}$ étant contenu 4 fois dans $\dfrac{4}{4}$ et 3 fois dans $\dfrac{3}{4}$, il est clair que l'unité, qui est à $\dfrac{3}{4}$ ce que $\dfrac{4}{4}$ sont eux-mêmes à $\dfrac{3}{4}$, est à ce même diviseur $\dfrac{3}{4}$ ce que 4 est à 3. L'unité est donc les $\dfrac{4}{3}$ du diviseur $\dfrac{3}{4}$, et le quotient cherché est par conséquent les $\dfrac{4}{3}$ du dividende $\dfrac{5}{8}$. Pour obtenir ce quotient, il faut donc prendre les $\dfrac{4}{3}$ de $\dfrac{5}{8}$, en multipliant $\dfrac{5}{8}$ par $\dfrac{4}{3}$ (126) ; ce qui donne $\dfrac{5}{8} \times \dfrac{4}{3} = \dfrac{20}{24}.$ Donc, etc.

On voit qu'en envisageant ainsi la question, on est conduit directement à la règle générale que nous venons de prescrire pour effectuer la division d'une fraction par une fraction.

133. *Scolie.* De ce que nous venons de dire, il est facile de remarquer que le rapport de l'unité à une fraction quelconque, sera toujours exprimé par la fraction renversée, c'est-à-dire par le quotient résultant de la division du dénominateur de la fraction par son numérateur. C'est ainsi que l'on voit que l'unité est double de la fraction $\dfrac{1}{2}$; car l'unité est à cette fraction $\dfrac{1}{2}$ ce que $\dfrac{2}{2}$ sont à $\dfrac{1}{2}$, ou ce que 2 est à 1. Ce rapport 2 est à 1,

8..

qui n'est autre que le quotient de 2 par 1, donne $\frac{2}{1} = 2$.
Donc, etc.

134. La règle générale donnée plus haut, pour diviser une fraction par une fraction, peut encore se démontrer en éliminant successivement le dénominateur et du dividende et du diviseur, comme on l'a fait dans les deux premiers cas (**130** et **131**).

A cet effet, reprenons le même exemple : diviser $\frac{5}{8}$ par $\frac{3}{4}$.

En supprimant le dénominateur 4 du diviseur $\frac{3}{4}$, on multiplie ce dernier par 4 (**95**); il faut donc, pour ne pas altérer le quotient, multiplier le dividende $\frac{5}{8}$ par ce même dénominateur 4 (**87**), et il viendra $\frac{5 \times 4}{8}$ (**118**) à diviser par 3; ce qui donne $\frac{5 \times 4}{8} : 3$.

Par un raisonnement semblable, on voit qu'en supprimant le dénominateur 8 du nouveau dividende $\frac{5 \times 4}{8}$, il faut aussi multiplier, par ce même nombre 8, son diviseur 3; ce qui donne enfin $(5 \times 4) : (3 \times 8) = 20 : 24 = \frac{20}{24}$. Donc, etc.

135. *Scolie.* D'après ce qui précède, on voit que le mot *diviser* n'emporte pas toujours avec lui la signification de diminution : *lorsque le diviseur est plus grand que l'unité, le quotient est inférieur au dividende ; quand le diviseur est égal à l'unité, le quotient est égal au dividende ; et enfin, quand le diviseur est au-dessous de l'unité, le quotient est plus grand que le dividende.*

C'est-à-dire que ce que nous faisons observer ici sur le diviseur comparé à l'unité, à l'égard du dividende comparé au quotient, et réciproquement, est l'inverse de ce que nous avons dit (**125**) du multiplicateur comparé à l'unité, à l'égard

gard du produit comparé au multiplicande, et réciproquement.

Donc le mot *diviser*, de même que celui *multiplier*, peut emporter avec lui ou la signification *de diminution*, ou *celle d'égalité*, ou enfin *celle d'augmentation*.

En effet, 1° $\frac{1}{2} : 3 = \frac{1}{6}$ qui est le tiers de $\frac{1}{2}$; car diviser $\frac{1}{2}$ par 3, c'est prendre la troisième partie de ce dividende, vu que c'est chercher le nombre qui, multiplié par 3, donne $\frac{1}{2}$ (75).

Donc cette quantité à déterminer doit être le tiers de $\frac{1}{2}$, ou cette dernière fraction est trois fois plus grande que ce nombre cherché (76). Donc, etc.

2°. $\frac{1}{2} : 1 = \frac{1}{2}$, attendu que diviser $\frac{1}{2}$ par 1, c'est chercher la quantité qui, multipliée par 1, donne $\frac{1}{2}$, elle ne peut être autre que le multiplicande $\frac{1}{2}$, le multiplicateur étant 1. Donc, etc.

3°. Diviser $\frac{1}{2}$ par $\frac{1}{2}$, on a $\frac{1}{2} : \frac{1}{2} = \frac{1}{2} \times \frac{2}{1} = \frac{2}{2} = 1$.

En effet, on voit qu'il s'agit, dans cet exemple, de trouver un nombre qui soit à $\frac{1}{2}$ ce que l'unité est à la fraction $\frac{1}{2}$. Or, l'unité étant le double de sa moitié prise pour diviseur, le quotient sera le double du dividende $\frac{1}{2}$, c'est-à-dire qu'il sera $\frac{1}{2} \times 2 = \frac{2}{2} = 1$. Résultat qui s'accorde avec celui obtenu ci-dessus. Donc, etc.

136. Concluons de ce qui vient d'être dit, que diviser par une fraction ayant pour numérateur l'unité, c'est multiplier le multiplicande par le dénominateur de cette fraction multiplicateur.

Exemple. Diviser 5 par $\frac{1}{8}$, ou $\frac{3}{4}$ par $\frac{1}{6}$.

C'est dans le premier cas, multiplier par 8, et dans le second par 6; car on a : 1° $5 : \frac{1}{8} = 5 \times \frac{8}{1} = \frac{5 \times 8}{1} = \frac{40}{1}$ $= 40$; 2° $\frac{3}{4} : \frac{1}{6} = \frac{3}{4} \times \frac{6}{1} = \frac{3 \times 6}{4 \times 1} = \frac{18}{4} = 4 + \frac{1}{4}$. Donc, etc.

137. Concluons en outre de là, que la règle générale prescrite pour la division d'une fraction par une fraction, convient également aux deux premiers cas de cette opération sur les nombres rompus.

Il suffit de mettre les termes en nombres entiers de l'un et de l'autre de ces cas, sous la forme fractionnaire, en leur donnant pour dénominateur l'unité.

On aura donc pour les deux premiers exemples fournis sur la division des fractions : 1° $\frac{5}{7} : 8 = \frac{5}{7} : \frac{8}{1} = \frac{5}{7} \times \frac{1}{8} = \frac{5}{56}$; 2° $6 : \frac{8}{9} = \frac{6}{1} : \frac{8}{9} = \frac{6}{1} \times \frac{9}{8} = \frac{54}{8}$.

138. *Corollaire.* Les raisonnements précédents, sur la division des fractions, nous fournissent le moyen de résoudre divers problèmes qui semblent n'appartenir qu'aux règles de fausses positions.

Exemple. Trouver un nombre dont les $\frac{5}{6}$ égalent $\frac{2}{3}$.

Solution. La question se réduit à diviser $\frac{2}{3}$ par $\frac{5}{6}$; car il suffit de trouver un facteur qui, combiné par voie de multiplication avec $\frac{5}{6}$, donne $\frac{2}{3}$.

En effet, une fois que le nombre demandé sera obtenu, il faudra en prendre les $\frac{5}{6}$, et ce en le multipliant par $\frac{5}{6}$ **(126)**.

On peut donc préciser l'énoncé de cette question, en disant :

un produit $\frac{2}{3}$ et l'un de ses facteurs $\frac{5}{6}$ sont donnés, découvrir l'autre facteur de ce produit. On a donc $\frac{2}{3} : \frac{5}{6} = \frac{2}{3} \times \frac{6}{5} = \frac{12}{15} = \frac{4}{5}$ pour la quantité dont les $\frac{5}{6}$ égalent $\frac{2}{3}$; c'est-à-dire que $\frac{4}{5} \times \frac{5}{6} = \frac{20}{30}$ ou $\frac{2}{3}$, après avoir divisé ses deux termes par 10.

Si l'on remarque que dans le produit en croix $\frac{4}{5} \times \frac{5}{6}$, le facteur 5 est commun aux produits des numérateurs et des dénominateurs, on en conclura de suite $\frac{4}{5} \times \frac{5}{6} = \frac{4}{6} = \frac{2}{3}$.

De même, si l'on proposait de trouver un nombre dont les $\frac{7}{9}$ fissent 15, on verrait, par des raisonnements semblables, que pour obtenir ce nombre, il faut diviser un produit 15 par l'un de ses facteurs $\frac{7}{9}$, ce qui donnera $15 : \frac{7}{9} = \frac{15}{1} \times \frac{9}{7} = \frac{135}{7}$.

En effet, les $\frac{7}{9}$ de $\frac{135}{7}$ qui sont exprimés par le produit $\frac{135}{7} \times \frac{7}{9}$, sont bien égaux à 15 unités, vu que $\frac{135}{9} = 15$.

Nous reviendrons sur ces sortes d'énoncés, ainsi que sur quelques autres relatifs à tout ce qui a été dit à l'égard de la division des fractions, lorsque nous aurons terminé cette théorie des quantités moindres que l'unité.

159. *Scolie.* Les nombres fractionnaires, tels que $\frac{27}{4}$ qui égale $6 + \frac{3}{4}$, nous font voir que certains rapports seront évalués par des nombres entiers accompagnés de fractions; c'est ce que nous avons déjà fait comprendre (99). Il importe donc de donner ici les opérations élémentaires sur ces grandeurs exprimées par deux espèces de nombres.

Des opérations sur les entiers accompagnés de fractions.

140. Les opérations élémentaires sur ces sortes de nombres, peuvent s'effectuer de plusieurs manières : soit en convertissant les entiers en fractions de même espèce que celles qui les accompagnent, soit en opérant immédiatement sur ces nombres.

Nous adopterons cette dernière manière comme étant la plus simple et la plus naturelle.

Addition et soustraction des nombres entiers accompagnés de fractions.

141. Quant à ce qui concerne l'addition des nombres entiers accompagnés de fractions, je ferai observer que leur somme doit se composer de celle de leurs parties entières, plus de celle de leurs fractions. Donc cette opération consiste *à faire séparément la somme des parties entières, comme il a été n° 31 ; puis celle de leurs fractions ordinaires, comme il est prescrit n° 106, en observant d'extraire les entiers qui pourront être contenus dans cette dernière somme (96), pour les réunir à la première, qui sera en outre accompagnée de la fraction restante.*

Exemple. On a à réunir $26\frac{3}{4}$ d'une chose quelconque avec $15\frac{6}{7}$ de la même chose.

On aura donc $(26 + 15) + \left(\dfrac{3}{4} + \dfrac{6}{7}\right)$. Effectuant, il vient

$$41 + \left(\frac{3\times 7}{4\times 7} + \frac{6\times 4}{7\times 4}\right) = 41 + \frac{(3\times 7)+(6\times 4)}{7\times 4} = 41 + \frac{45}{28}.$$

Mais, comme l'expression $\dfrac{45}{28} = 1 + \dfrac{17}{28}$, on a pour la somme totale demandée $41 + 1 + \dfrac{17}{28}$, ou $42 + \dfrac{17}{28}$.

142. A l'égard de la soustraction de ces sortes de nombres, il suffit de comprendre que leur différence doit être aussi égale à celle qui existe entre leurs parties entières, augmentée de celle qui subsiste entre leurs fractions, pour en conclure que *cette opération doit être ramenée à prendre d'abord la diffé-rence entre deux fractions ordinaires* (**106**), *pour la joindre à celle de leurs parties entières qu'on déterminera ensuite.*

Relativement à la première de ces soustractions partielles, il est bon de faire observer que, après avoir réduit les fractions au même dénominateur, si celle à retrancher est plus grande que celle de laquelle on doit la soustraire, *il faudra*, afin de rendre la soustraction possible, *ajouter à son numérateur un nombre égal au dénominateur commun*, ce qui augmentera le nombre supérieur d'une unité; c'est pourquoi *on aura soin de compter la partie entière du nombre inférieur pour une unité de plus* (**37**).

Exemple. Retrancher $15\frac{3}{4}$ de $26\frac{2}{7}$.

On aura $\left(26\frac{2}{7}\right) - \left(15\frac{3}{4}\right) = \left(\frac{2}{7} - \frac{3}{4}\right) + (26-15)$. Rédui-sant les fractions à la même dénomination, il vient $\left(\frac{8}{28} - \frac{21}{28}\right)$ $+ (26-15)$. Comme on ne peut ôter $\frac{21}{28}$ de $\frac{8}{28}$, on ajoute à cette dernière une unité ou $\frac{28}{28}$, sans oublier d'en faire autant aux 15 unités du nombre inférieur, si l'on ne retranche cette unité des 26 du nombre supérieur : ce qui donnera $\left[\left(\frac{8}{28} + \frac{28}{28}\right) - \frac{21}{28}\right]$ $+ \left[26-(15+1)\right]$ ou $\left[\left(\frac{8}{28} + \frac{28}{28}\right) - \frac{21}{28}\right] + \left[(26-1)-15\right]$ $= (26-16) + \left(\frac{36}{28} - \frac{21}{28}\right) = 10 + \frac{15}{28}$ pour la différence demandée.

Multiplication des entiers joints à des fractions.

143. Pour effectuer la multiplication sur ces nombres, il faut encore les considérer comme étant composés chacun de deux parties, savoir : de celle des unités entières ; et de celle exprimée par la fraction qui accompagne ces entiers, pour en conclure que *cette opération doit être ramenée à des multiplications partielles, dont quelques-unes fourniront des résultats fractionnaires, desquels on extraira les entiers qui pourront y être contenus, à l'effet de les réunir aux produits partiels exprimés en nombres entiers. La somme de tous ces produits partiels, qui s'obtiendra comme il a été dit n° 141, sera le produit cherché.*

Exemple pour chaque cas.

1er. *cas.* Soit à multiplier $16\frac{2}{3}$ par 5.

On a $\left(16\frac{2}{3}\right) \times 5 = \left(\frac{2}{3} \times 5\right) + (16 \times 5) = 80 + \frac{10}{3}$; mais $\frac{10}{3} = 3 + \frac{1}{3}$: on a donc $80 + 3 + \frac{1}{3} = 83\frac{1}{3}$ pour le produit demandé.

2me *cas.* Multiplier le nombre entier 5 par $16\frac{2}{3}$. Ce qui donne $5 \times \left(16\frac{2}{3}\right) = \left(5 \times \frac{2}{3}\right) + (5 + 16) = 83\frac{1}{3}$ (1er *cas*).

3e *cas.* Trouver le produit de $16\frac{2}{3}$ par $5\frac{2}{7}$.

Il est évident que, dans ce cas, il faut multiplier chacune des parties 16 et $\frac{2}{3}$ composant le multiplicande, successivement par chacune des parties 5 et $\frac{2}{7}$ du multiplicateur. Donc le produit $\left(16\frac{2}{3}\right) \times \left(5\frac{2}{7}\right)$ doit être égal à la somme des quatre produits partiels suivants : $\frac{2}{3} \times \frac{2}{7}$, $16 \times \frac{2}{7}$, $\frac{2}{3} \times 5$ et 16×5.

Type de l'opération.

$$\text{Multiplicande } 16\frac{2}{3}$$

$$\text{Multiplicateur } 5\frac{2}{7}.$$

Premier produit partiel (122). $\frac{2}{3} \times \frac{2}{7} = \frac{4}{21}$ ci..... $\frac{4}{21}$

Deuxième produit partiel (120). $16 \times \frac{2}{7} = \frac{32}{7}$ ci. $4 + \frac{4}{7}$

Troisième produit partiel (118). $\frac{2}{3} \times 5 = \frac{10}{3}$ ci. $3 + \frac{1}{3}$

Quatrième produit partiel...... $16 \times 5 = 80$ ci. 80...

$$87 + \frac{4 + 12 + 7}{21}.$$

On a donc $87 + \frac{23}{21}$ ou $87 + 1 + \frac{2}{21} = 88\frac{2}{21}$ pour le produit total de $16\frac{2}{3}$ par $5\frac{2}{7}$.

144. *Scolie*. On remarque facilement, que ce cas, qui sera toujours le plus compliqué de la multiplication de ces sortes de nombres, ne peut fournir que trois produits partiels fractionnaires, dont le second, qui résulte de la partie entière des unités du multiplicande, par la fraction du multiplicateur, aura pour dénominateur celui de cette dernière (120); et le troisième de ces mêmes produits partiels qui est celui provenant de la fraction du multiplicande, par la partie entière du multiplicateur, aura pour dénominateur celui de la fraction multiplicande (118).

Quant au premier de ces produits fractionnaires, il n'est pas difficile de voir que son dénominateur sera toujours un multiple de chacun des deux autres, car il en est le produit; attendu que ce produit fractionnaire résulte de la multiplication entre elles des deux fractions multiplicande et multiplicateur (122) qui ont elles-mêmes fourni les deux autres produits fractionnaires, en les combinant séparément par voie de multiplication avec des entiers; et qui, par cette raison, ont donné des résultats ayant chacun pour dénominateur celui du facteur fractionnaire respectif (118 et 120).

On peut donc dire, à l'égard de la multiplication d'un nombre entier accompagné d'une fraction, par un semblable nombre, que *les trois produits fractionnaires qui en résultent, pourront toujours être ramenés à la dénomination du produit des dénominateurs des fractions facteurs.*

Donc, dans l'addition des produits partiels, on évitera la réduction au même dénominateur de ces fractions.

Il suffira, après en avoir extrait les unités pour les réunir aux produits partiels exprimés en nombres entiers, d'ajouter d'abord au premier numérateur, le produit du second numérateur, par le troisième dénominateur; et ensuite le produit du troisième numérateur par le second dénominateur (110); puis affecter cette somme du dénominateur du premier produit fractionnaire.

On aura ainsi la somme des parties fractionnaires, de laquelle on extraira encore les unités qui pourront y être contenues, pour les ajouter à celle des unités, qui, étant en outre accompagnée de la fraction restante, exprimera le produit des facteurs proposés.

C'est ainsi que, dans l'exemple ci-dessus, les trois fractions $\frac{4}{21}$, $\frac{4}{7}$ et $\frac{1}{3}$, qu'on a obtenues après avoir extrait les unités contenues dans les produits partiels fractionnaires, se changent en $\frac{4 + 12 + 7}{21}$ dont la somme qui est $\frac{23}{21}$ ou $1 + \frac{2}{21}$, étant réunie aux 87 unités, exprimant celle des produits partiels en nombres entiers, augmentée elle-même des unités déjà extraites des produits fractionnaires, donnera $88 \frac{2}{21}$ pour le produit total des deux nombres donnés.

145. Si le nombre des facteurs accompagnés de fractions ordinaires excédait d'eux, l'opération ne différerait en rien des cas précédents : car, *on commencerait par déterminer le produit des deux premiers, selon ce qui vient d'être dit, que l'on multiplierait ensuite par le second des facteurs donnés : ainsi de suite, jusqu'au dernier, qui multipliant, d'après les mêmes lois, le dernier produit obtenu, fournirait le produit des facteurs proposés.*

146. De plus, si ces facteurs proposés contenaient plusieurs fractions ordinaires additives ou soustractives, on comprend qu'on les remènerait préalablement à des facteurs accompagnés chacun d'une seule fraction, *en retranchant de la somme de ces premières fractions, celle des secondes.*

Exemples.

1°. Si l'on avait à multiplier $16 + \dfrac{6}{15} + \dfrac{4}{15}$ par $5 + \dfrac{11}{63} + \dfrac{7}{63}$, l'opération se réduirait à multiplier la première de ces sommes qui est $16 + \left(\dfrac{6}{15} + \dfrac{4}{15}\right)$, par la seconde qui est $5 + \left(\dfrac{11}{63} + \dfrac{7}{63}\right)$. En sorte que le produit de ces deux facteurs proposés est exprimé par

$$\left[16 + \left(\dfrac{6}{15} + \dfrac{4}{15}\right)\right] \times \left[5 + \left(\dfrac{11}{63} + \dfrac{7}{63}\right)\right]$$

$$= \left(16 + \dfrac{10}{15}\right) \times \left(5 + \dfrac{18}{63}\right), \text{ ou (104) par } \left(16\dfrac{2}{3}\right) \times \left(5\dfrac{2}{7}\right)$$

$$= 88\dfrac{2}{21} \text{ (143, 3}^e\text{ cas). Donc, etc.}$$

2°. Multiplier $16\dfrac{2}{3}$ par $\left(5 + \dfrac{3}{4} - \dfrac{2}{5}\right)$.

Le multiplicateur étant exprimé par l'entier 5, augmenté ou diminué de la différence des deux fractions $\dfrac{3}{4}$ et $\dfrac{2}{5}$, suivant que celle additive sera plus grande ou plus petite que la soustractive.

Il est clair que, dans cette hypothèse, le produit est

$$\left(16+\frac{2}{3}\right)\times\left[5+\left(\frac{3}{4}-\frac{2}{5}\right)\right]=\left(16\frac{2}{3}\right)\times\left(5\frac{7}{20}\right)=89\frac{1}{6}$$

(**145**, 3e *cas*).

Dans le cas contraire, je veux dire, si la fraction soustractive était plus grande que celle additive, *il faudrait retrancher son excès sur celle-ci, de la partie entière, ou simplement de l'une de ses unités, considérée sous la même dénomination ; et joindre le reste au surplus de l'entier.*

Par là, on évitera, pour l'instant, les facteurs accompagnés de fractions soustractives.

3°. Enfin, multiplier $7+\dfrac{3}{4}+\dfrac{2}{3}-\dfrac{3}{12}$ par $5\dfrac{2}{7}$.

Le multiplicande sera ramené à un facteur en nombre entier accompagné d'une seule fraction, en ajoutant à ses unités le résultat de la somme de ses deux premières fractions, diminuée elle-même de la troisième fraction ; c'est-à-dire qu'on aura

$$7+\left[\left(\frac{3}{4}+\frac{2}{3}\right)-\frac{3}{12}\right]\times\left(5\frac{2}{7}\right)=7+\left[\left(\frac{45}{60}+\frac{40}{60}\right)-\frac{15}{60}\right]$$

$$\times\left(5\frac{2}{7}\right)=\left(7\frac{7}{6}\right)\times\left(5\frac{2}{7}\right)=\left(8\frac{1}{6}\right)\times\left(5\frac{2}{7}\right)=43\frac{1}{6}.$$

Division des nombres entiers accompagnés de fractions.

147. Le quotient d'un nombre entier joint à une fraction, par un semblable nombre, ne pourrait s'obtenir partiellement sans éprouver de grandes difficultés, en raison de la multiplicité des calculs dans lesquels on serait conduit.

Le moyen le plus simple qui se présente à l'esprit pour effectuer la division sur ces grandeurs, c'est d'éliminer les dénominateurs des parties fractionnaires, pour ramener ainsi l'opération à celle des nombres entiers ; ce qui présente trois cas, savoir : quand le dividende seul est accompagné de fractions ; lorsque le diviseur seul est un nombre entier joint à une fraction; et enfin, quand le dividende et le diviseur contiennent des fractions.

1er *cas.* Soit à diviser $34\frac{5}{9}$ par 6.

Il est évident que, si l'on supprime le dénominateur de la fraction $\frac{5}{9}$ du dividende, on multiplie cette partie du produit $34\frac{5}{9}$ par 9 (95). Or, pour que ce produit ou dividende soit multiplié en totalité par 9, il faut aussi multiplier son autre partie 34 par le même nombre 9, et réunir les deux produits 34×9 et 5 pour former un dividende composé d'une seule partie, qui dans cette hypothèse, est $(34\times9)+5=311$.

Mais comme ce dividende est 9 fois trop grand, il faut aussi multiplier par 9 le diviseur 6, l'un des facteurs de ce produit, pour que l'autre facteur, qui est le quotient demandé, ne soit pas altéré (87) : on aura donc le nombre entier 311 à diviser par le nombre aussi entier 54; c'est-à-dire que l'expression fractionnaire $\frac{311}{54}$ satisfait à la question.

Il est facile de remarquer qu'on arriverait à la même expression fractionnaire $\frac{311}{54}$, si l'on réduisait les entiers du dividende en fraction de même espèce que celle qui les accompagne : car on aurait une fraction à diviser par un nombre entier (150, 1er *cas*); c'est-à-dire qu'il viendrait, pour le cas actuel, $\frac{(34\times9)+5}{9}$, ou $\frac{311}{9}$, à diviser par 6 : ce qui donnerait $\frac{311}{9}:\frac{6}{1}=\frac{311}{9}\times\frac{1}{6}=\frac{311}{54}$, ou 311 à diviser par 54. Effectuant cette division, on obtient $5+\frac{41}{54}$. Donc, etc.

2e *cas.* Diviser 34 par $6\frac{3}{4}$.

Il est clair, d'après ce qui précède, qu'en supprimant le dénominateur de la partie $\frac{3}{4}$ du diviseur , il faut pareillement multiplier par 4 son autre partie 6., afin de la réunir à la première; et d'obtenir par là un diviseur 27 quatre fois trop grand.

Ayant ainsi quadruplé le facteur $6\frac{3}{4}$, il faut aussi multiplier le produit ou le dividende 34, par le même nombre 4, pour que l'autre facteur, qui est le quotient cherché, ne change pas de valeur (87); on aura donc à diviser 136 par 27, ou $\frac{136}{27}$

$$= 5 + \frac{1}{27}.$$

On serait encore conduit à cette dernière expression, si l'on convertissait les entiers du diviseur en fraction de même espèce que celle contenue dans ce facteur : car on aurait un entier à diviser par une fraction (131); et il viendrait $34 : \frac{27}{4} = \frac{34}{1} \times \frac{4}{27} = \frac{136}{27}$, ou 136 à diviser par 27; le quotient serait encore $5\frac{1}{27}$. Donc, etc.

3e *cas.* Diviser $34\frac{5}{9}$ par $6\frac{3}{4}$.

Les raisonnements des deux cas précédents, nous fournissent la solution de ce troisième, c'est-à-dire que, 1° on éliminera le dénominateur de la partie fractionnaire du dividende, comme on l'a fait dans le 1er *cas,* en multipliant la partie entière de ce terme par le dénominateur de sa fraction; et en augmentant le produit du numérateur de cette même fraction; puis on multipliera chaque partie du diviseur, par ce même dénominateur : ce qui donnera respectivement, pour nouveau dividende et diviseur, 311 et $54\frac{27}{4}$.

2°. L'élimination du dénominateur de la fraction de ce dernier diviseur s'opérera comme il a été dit dans le 2e *cas.* En sorte que le produit de la partie entière de ce diviseur par le dénominateur de sa fraction, étant augmenté du numérateur de cette fraction ; et le nouveau dividende multiplié par ce même dénominateur, ramènera enfin l'opération à diviser 1244 par 243, ou à l'expression $\dfrac{1244}{243}$ qui égale $5 + \dfrac{29}{243}$.

148. *Scolie.* Il est à remarquer, au sujet des exemples précédents, qu'en multipliant la partie entière du dividende et celle du diviseur, chacune par le dénominateur de sa fraction respective, on n'a fait autre chose que convertir de part et d'autre, ces entiers en fraction de même espèce que celle qui les accompagnait (98) ; ce qui a ramené ainsi l'opération à celle des fractions ordinaires ; car pour éliminer le dénominateur du diviseur, on a multiplié le dividende par ce dénominateur ; et l'on a ensuite multiplié le diviseur par le dénominateur du dividende, pour transformer ce dernier aussi en un nombre entier ; c'est-à-dire que l'on a effectivement mis en pratique la règle des nᵒˢ 132 et 134, concernant la division d'une fraction par une fraction.

Mais, comme dans cette hypothèse, le premier de ces produits excédait le second, on a dû le diviser par ce dernier afin de mettre à découvert les entiers contenus dans l'expression fractionnaire obtenue, et terminer ainsi par la division des nombres entiers, l'opération qui d'abord avait été commencée par celle des fractions ordinaires.

Donc, la division des nombres entiers joints à des fractions ordinaires, se ramène à celle de ces dernières, en convertissant les entiers en fractions de même espèce que celles qui les accompagnent (98) ; et quand le dividende proposé sera plus grand que son diviseur, ou en d'autres termes, lorsque le quotient cherché sera supérieur ou même égal à 1, l'opération se terminera toujours par une division de nombres entiers.

149. C'est ainsi qu'en reprenant l'exemple du 3ᵉ cas, nᵒ 147, on arrive, d'après la règle ci-dessus, au même résultat : car le quotient de $34\,\dfrac{5}{9}$ par $6\,\dfrac{3}{4}$, s'obtient en divisant $\dfrac{(34\times 9)+5}{9}$, par $\dfrac{(6 \times 4) + 3}{4}$ ou de $\dfrac{311}{9}$ par $\dfrac{27}{4}$; ce qui donne $\dfrac{311}{9} : \dfrac{27}{4}$

$= \dfrac{311}{9} \times \dfrac{4}{27} = \dfrac{1244}{243}$, ou 1244 à diviser par 243 : le quotient est encore $5\,\dfrac{29}{243}$. Donc, etc.

130. Nous allons appliquer ce qui précède à quelques exemples sur la division des fractions proprement dites, ainsi que sur les opérations des nombres entiers accompagnés de fractions.

1°. *Quel est le nombre qui, multiplié par 5, donne* $\dfrac{1}{3}$?

Solution. On voit sans peine que le quintuple de ce nombre inconnu, doit être égal à un tiers. Il s'agit donc ici de trouver l'un des facteurs du produit $\dfrac{1}{3}$, dont l'autre facteur est 5 (78);

c'est-à-dire que l'on a à déterminer le quotient de $\dfrac{1}{3}$ par 5, qui est

$\dfrac{1}{3} : 5 = \dfrac{1}{3} : \dfrac{5}{1} = \dfrac{1}{3} \times \dfrac{1}{5} = \dfrac{1}{15}$. En effet, $\dfrac{1}{15} \times 5 = \dfrac{5}{15} = \dfrac{1}{3}$.

2°. *Déterminer la quantité qui est à 7 unités, ce que une seule unité est à* $\dfrac{3}{11}$?

Solution. Il est clair que cette question peut aussi s'énoncer de cette manière : trouver la quantité à laquelle 7 unités sont ce que $\dfrac{3}{11}$ de 1 sont à l'unité.

Cette fraction $\dfrac{3}{11}$ exprimant 3 des 11 parties égales dont on conçoit ici l'unité divisée, il en résulte que le nombre 7 unités exprime lui-même les $\dfrac{3}{11}$ de celui cherché. Donc, si ce nombre inconnu était trouvé, et qu'on le multipliât par $\dfrac{3}{11}$, le résultat serait 7 (126).

Cette question proposée est encore celle-ci : un produit 7 et l'un de ses facteurs $\frac{3}{11}$ étant donnés, découvrir l'autre facteur de ce produit, qui sera donc le résultat de la division de 7 par $\frac{3}{11}$, ou $7 : \frac{3}{11} = \frac{7}{1} \times \frac{11}{3} = \frac{77}{3} = 25\frac{2}{3}$.

Ce nombre $\frac{77}{3}$ est donc celui auquel 7 unités sont ce que $\frac{3}{11}$ sont eux-mêmes à une seule unité. En effet, les $\frac{3}{11}$ de $\frac{77}{3}$ sont bien 7 ; car $\frac{77}{3} \times \frac{3}{11} = \frac{77 \times 3}{3 \times 11} = \frac{77}{11} = 7$.

3°. *Quelle est la quantité à laquelle $\frac{7}{9}$ sont ce que $\frac{2}{3}$ sont eux-mêmes à 1 ?*

Solution. L'expression $\frac{2}{3}$ étant double du tiers de l'unité, la fraction $\frac{7}{9}$ est donc égale aux deux tiers du nombre cherché. Les deux tiers de ce dernier, qui s'obtiendraient en multipliant ce nombre par $\frac{2}{3}$ (**126**), valent $\frac{7}{9}$. Cette dernière fraction exprime donc le produit de $\frac{2}{3}$ par ce nombre inconnu : il s'obtiendra donc en divisant $\frac{7}{9}$ par $\frac{2}{3}$; ce qui donnera $\frac{7}{9} : \frac{2}{3} = \frac{7}{9} \times \frac{3}{2} = \frac{21}{18}$, pour la quantité dont les $\frac{2}{3}$ sont exprimés par $\frac{7}{9}$. En effet, $\frac{21}{18} \times \frac{2}{3} = \frac{42}{54} = \frac{7}{9}$, parce que $\frac{42 : 6}{54 : 6} = \frac{7}{9}$.

4°. *Partager entre trois personnes les $\frac{3}{4}$ d'un tout quelconque ?*

Solution. Il est évident que chacune de ces trois personnes aura un des $\frac{3}{4}$ de ce *tout*. Mais voyons de quelle manière on peut être conduit à ce résultat, d'après les raisonnements précédents.

Le *tout* en question appartenant à trois individus, il est clair que chacun d'eux n'en aura que la troisième partie, attendu que cette partie multipliée par le nombre des co-partageants doit reproduire le *tout* proposé (88), qui, dans cette hypothèse, devient le produit résultant de la part de chaque personne, multipliée par le nombre de ces personnes (88). Donc il faut diviser $\frac{3}{4}$ par 3; ce qui donnera $\frac{3}{4} : \frac{3}{1} = \frac{3}{4} \times \frac{1}{3} = \frac{3}{12}$ ou $\frac{1}{4}$. Donc, etc.

5°. *Le prix de 7 unités est de 55 francs* $\frac{2}{3}$ *franc, on demande le prix d'une seule de ces unités ?*

Solution. Si l'on met sous la forme fractionnaire *tiers* le prix donné, on aura $\frac{167}{3}$ francs pour le prix des 7 unités. Le 2ᵉ du n° 88 fait voir qu'il faut diviser la fraction $\frac{167}{3}$ par 7. Le résultat sera $\frac{167^{fr.}}{3} : \frac{7}{1} = \frac{167^{fr.}}{3} \times \frac{1}{7} = \frac{167^{fr.}}{21} = 7\frac{20}{21}$ francs.

6°. *Avec une somme de 12 francs* $\frac{3}{4}$ *franc, combien se procurera-t-on d'unités dont le prix de l'une est de* $\frac{5}{6}$ *franc ?*

Solution. Convertissant, comme dans l'exemple précédent, la somme donnée, en fraction du franc de l'espèce de celle qui l'accompagne, il viendra à diviser $\frac{51^{fr.}}{4}$ par $\frac{5^{fr.}}{6}$; car autant de fois le prix $\frac{5}{6}$ franc sera contenu dans la somme $\frac{51}{4}$ de fr., autant d'unités on pourra se procurer (88, 3°).

Effectuant, on a : $\frac{51}{4} : \frac{5}{6} = \frac{51}{4} \times \frac{6}{5} = \frac{306}{20} = 15\frac{3}{10}$.

7°. *Quel est le nombre qui, combiné par voie de multiplication avec* $3\frac{2}{11}$, *donne* $15\frac{3}{10}$?

Solution. La définition de la division nous fait connaître que $15\frac{3}{10}$ est un dividende, dont $3\frac{2}{11}$ est le diviseur.

Le troisième cas du n° **147** fait voir que le moyen le plus simple d'arriver à ce quotient, est de convertir, de part et d'autre les entiers en fractions de l'espèce de celles qui les accompagne respectivement ; c'est-à-dire qu'on obtiendra ce nombre auquel $\frac{153}{10}$ sont ce que $\frac{35}{11}$ sont eux-mêmes à 1, en divisant $\frac{153}{10}$ par $\frac{35}{11}$.

D'après les principaux usages de la division, on voit sans peine que le résultat de cette division satisfait encore à cet autre énoncé : $\frac{35}{11}$ *d'une unité quelconque ont été payés* $\frac{153^{fr.}}{10}$; *combien l'unité ?*

Effectuant cette division, on a $\frac{1683}{350}$ pour le nombre demandé ; et, par conséquent, $\frac{1683}{350}$ francs, ou $4\frac{283}{350}$ pour le prix de l'unité du second énoncé.

8°. *Quel est le nombre dont les* $\frac{3}{7}$ *de ses* $\frac{2}{3}$ *égalent* $\frac{1}{2}$?

Solution. Si ce nombre était connu, on le vérifierait en prenant les $\frac{3}{7}$ de ses $\frac{2}{3}$ qui, dans l'hypothèse, égaleraient $\frac{1}{2}$. Mais les $\frac{3}{7}$ des $\frac{2}{3}$ de ce nombre sont exprimés par ce nombre multiplié par $\left(\frac{2}{3}\times\frac{3}{7}\right)$. (n° **126**). Donc, $\frac{1}{2}$ est le produit de ce nombre inconnu, multiplié par le résultat de $\frac{2}{3}\times\frac{3}{7}$, ou par $\frac{6}{21}=\frac{2}{7}$.

Or, si l'on divise ce produit $\frac{1}{2}$ par $\frac{2}{7}$, l'un de ses facteurs, on aura $\frac{1}{2} : \frac{2}{7} = \frac{1}{2} \times \frac{7}{2} = \frac{7}{4}$, résultat exprimant en outre la quantité dont les $\frac{3}{7}$ des $\frac{2}{3}$, ou les $\frac{2}{7}$ égalent $\frac{1}{2}$. Ce qui est évident ; car

$$\frac{7}{4} \times \frac{2}{7} = \frac{2}{4} = \frac{1}{2}.$$

9°. *Si les $\frac{3}{7}$ de l'unité coûtaient $\frac{3}{4}$ de franc, quel serait le prix de l'unité ?*

Solution. Il est évident que le prix des $\frac{3}{7}$ de l'unité est à cette fraction de l'unité, ce que le prix cherché est à cette même unité. Or, nous avons vu (**77**) que le dividende est au diviseur ce que le quotient est à 1. Donc, $\frac{3}{4}$ est un dividende dont la fraction $\frac{3}{7}$ est le diviseur : le prix de l'unité, dans cette hypothèse, est donc exprimé par $\frac{3^{fr.}}{4} : \frac{3}{7} = \frac{3^{fr.}}{4} \times \frac{7}{3} = \frac{7^{fr.}}{4}$ (n° **127**) $= 1$ franc $\frac{3}{4}$.

151. Les opérations sur les fractions, ainsi que celles sur les entiers qui en sont accompagnés, étant bien comprises, nous rappellerons que les deux termes d'une fraction étant divisés chacun par un même nombre, ne changent point la valeur de cette fraction (**104**). Or, si l'on divise le numérateur et le dénominateur d'une fraction par un même nombre entier, les deux termes de la fraction seront moindres que ceux de celle proposée (**135**), et d'autant moindres que leur diviseur en nombre entier aura été plus grand.

Partant, comme il est plus facile de se former une idée juste de la valeur d'une fraction lorsqu'elle est exprimée par de moindres termes, il convient donc de ramener ceux de celle-ci chacun à une expression d'un même nombre de fois plus simple. Cet expédient offrira en outre l'avantage de rendre les calculs sur ces grandeurs ramenées à cet état, d'autant plus abrégés que les deux termes de l'expression seront eux-mêmes moins considérables.

Moyens de simplifier les deux termes d'une fraction sans changer sa valeur.

152. On parviendra à diminuer les deux termes d'une fraction sans changer sa valeur, en divisant l'un et l'autre de ces termes par 2, et en répétant cette division autant de fois qu'elle pourra se faire exactement de part et d'autre.

On divisera ensuite les deux derniers quotients chacun par trois, autant de fois consécutives qu'on le pourra. On fera successivement la même chose avec les nombres 5, 7, 11, 13, 17, etc., c'est-à-dire avec les nombres *premiers* ou *générateurs* (*), parce que ceux-ci une fois épuisés, il est évident que leurs multiples ne peuvent servir comme diviseurs.

Cette méthode est celle des diviseurs successifs.

Comme un nombre n'est pas toujours divisible exactement ou par 2 ou par 3, ou par 5, etc., on éprouvera sans doute des difficultés pour savoir quand les deux termes d'une fraction seront divisibles chacun ou par 2, ou par 3, ou par 5, ou par 7, etc.; c'est pourquoi il conviendrait de donner ici les symptômes à l'aide desquels on reconnaît quand un nombre est divisible par les nombres premiers que nous venons d'énoncer. Mais comme la quantité de ces nombres est illimitée, et que la loi générale à laquelle est subordonnée la recherche des conditions de divisibilité par chacun d'eux, ne peut être exposée ici, je me bornerai pour le moment à faire connaître les symptômes de divisibilité par 2 et par 5.

(*) Les nombres premiers sont ceux qui n'ont d'autres diviseurs qu'eux-mêmes et l'unité, tels que 2, 3, 5, 7, 11, etc.

1°. *Tout nombre qui finit par un chiffre pair* (*) *ou par zéro est divisible par 2*;

2°. *Tout nombre terminé par 5 ou par o est divisible par 5.*

Il convient en outre de répéter ici *qu'un nombre sera divisible par autant de fois le facteur 10 qu'il y aura de zéros sur sa droite* (23).

J'ai déjà dit que si je me bornais à ce petit nombre de symptômes de divisibilité, ce n'était que parce que ceux pour les autres nombres premiers sont très compliqués, et par conséquent non susceptibles d'être démontrés dans ce chapitre. Mais tout en renvoyant à la théorie de la divisibilité des nombres pour l'explication des symptômes ci-dessus donnés, nous allons indiquer une autre méthode pour diminuer les deux termes d'une fraction sans changer sa valeur : cette méthode est telle qu'elle conduit directement au plus grand nombre possible, divisant exactement chacun des termes d'une fraction. Je veux parler du *plus grand diviseur commun*.

Recherche du plus grand diviseur commun.

153. Les tâtonnements que l'on est obligé de faire dans la méthode des diviseurs successifs, ont conduit à la recherche de cette nouvelle voie pour abaisser les deux termes d'une fraction d'une manière plus expéditive. Elle repose sur les trois principes suivants :

154. *Premier principe. Quand plusieurs nombres ont un diviseur commun, leur somme a le même diviseur.*

C'est ainsi que si les nombres 6, 12 et 15 sont divisibles par 3, leur somme 33 est aussi divisible par le même nombre 3.

(**) On entend par nombre *pairs* ceux qui se divisent exactement par 2, en ce que, semblablement au nombre 2, ils peuvent être considérés comme étant la somme de deux parties égales d'unités entières. Donc, si l'on nomme n un entier quelconque; $2n$ sera une quantité paire, et $2n \pm 1$ une quantité impaire.

En effet, le quotient de chacun de ces nombres, par le diviseur commun, étant par l'hypothèse un nombre entier, la réunion de ces trois quotients partiels, qui composent le quotient total de la somme des trois nombres proposés par le diviseur commun, est nécessairement un nombre entier. Donc, etc.

La réciproque est fausse : le diviseur d'une somme ne divise pas toujours toutes les parties qui la composent.

Ce qui est évident ; car, bien que 30 soit divisible par 5, ses parties 12 et 18 ne sont pas divisibles par ce nombre 5. Ceci deviendra encore plus évident si l'on fait attention que l'on a toujours la faculté de décomposer une somme, ayant un diviseur quelconque en des parties non multiples de ce diviseur; tandis qu'il n'en est pas de même de la proposition directe, c'est-à-dire que si, par hypothèse, plusieurs parties ont un diviseur commun, il ne nous appartient point de convertir leur somme, qui est invariable, en un nombre non multiple du diviseur qui peut appartenir aux parties de cette somme. Donc, etc.

155. *Deuxième principe. Le diviseur d'un nombre en divise exactement les multiples.*

En effet, tout multiple d'un nombre n'est autre chose que la somme de ce nombre ajouté une certaine quantité de fois à lui-même (51).

Ainsi le nombre 3 divisant 6, divisera aussi 12, 18, 36, etc., en général tous les multiples de 6.

156. *Troisième principe. Lorsqu'une somme est composée de deux parties, tout nombre qui divise séparément la somme et l'une de ses parties, divise nécessairement l'autre partie de cette somme.*

Ce qui est évident, car si l'on divise la somme par son diviseur, le quotient sera un nombre entier, qui devra être égal à la réunion des quotients partiels des deux parties, par le même diviseur; mais, par hypothèse, le premier de ces quotients partiels est un nombre entier; le second sera donc aussi un nombre entier, pour que, étant ajouté au premier, il donne un quotient total en nombre entier.

Exemple. Soit 20 la somme donnée, et 12 l'une de ses parties.

Il est clair que si 4 divise séparément la somme 20 et sa partie 12, ce même nombre 4 divisera son autre partie 8, c'est-à-dire qu'on aura $\frac{20}{4} = \frac{12}{4} + \frac{8}{4}$, qui doit être un entier.

157. Ce troisième principe peut s'énoncer ainsi :

Tout diviseur commun à deux quantités, divise le reste de la division de la plus grande par la plus petite.

On comprendra que cette manière d'énoncer ce principe est identique à la première, si l'on fait attention que le produit du diviseur par le quotient en nombre entier, est dans l'hypothèse, un multiple du diviseur commun en question. Donc, en retranchant ce produit du dividende, on en ôte un nombre exact de fois ce diviseur commun (155) ; en sorte que le reste qu'on obtient contient encore ce même diviseur commun un nombre exact de fois. Donc, etc.

158. Ces principes établis, nous passerons à la recherche du plus grand diviseur commun à deux quantités ; et pour fixer nos idées, nous considérerons les nombres 336 et 126.

Le plus grand diviseur commun à ces deux nombres, ne saurait surpasser le plus petit, car il doit le diviser exactement. On est donc conduit à essayer si le plus petit nombre, qui se divise par lui-même, et donne 1 pour quotient exact, peut aussi diviser exactement le plus grand ; auquel cas 126 sera le plus grand diviseur commun demandé. Ce qui n'arrive pas, car 336 divisé par 126, donne 2 au quotient et 84 de reste, on a donc $336 = (126 \times 2) + 84$.

Cela posé, le plus grand diviseur commun entre 336 et 126, divise séparément la somme 336 et l'une de ses parties 126×2 (155) ; il doit donc diviser l'autre partie 84 (156), c'est-à-dire qu'il divisera séparément 126 et 84. Or, le plus grand diviseur commun entre les deux nombres proposés, est le même que celui qui existe entre 126 et 84; il ne peut donc pas être plus grand que 84, puisqu'il faut qu'il le divise.

Opérant sur 126 et 84, comme sur les nombres donnés, on voit que 84 n'est pas le diviseur cherché; car 126 divisé par 84 donne un reste 42. Par un raisonnement semblable aux précédents, on voit que le diviseur commun aux nombres 336 et 126, qui était le même que celui qui pouvait exister entre 126 et 84, est encore le même que celui qui appartient aux nombres 84 et 42.

Opérant sur ces derniers nombres comme plus haut, on en conclura que 42 est le plus grand diviseur commun cherché, puisqu'il divise 84 sans reste. En sorte que si les deux nombres proposés avaient exprimé la fraction $\frac{126}{336}$, elle se réduirait à $\frac{3}{8}$, en divisant ses deux termes chacun par 42.

Cette dernière fraction $\frac{3}{8}$ est dite *irréductible*, parce que ses termes n'ont plus de diviseur commun; et les deux nombres 3 et 8, qui l'expriment, sont dits *premiers entre eux*.

159. De là la règle générale prescrite pour trouver le plus grand diviseur commun entre deux nombres; elle consiste :

A diviser le plus grand des nombres proposés, par le plus petit; si le reste est zéro, on en conclura que ce plus petit nombre est le diviseur cherché. Dans le cas contraire, le plus petit de ces deux nombres proposés sera divisé par le reste obtenu dans la division précédente. Si le reste de cette seconde division est nulle, on en conclura que ce premier reste est le diviseur demandé; et si l'on obtient encore un reste, il servira de diviseur au premier, ainsi de suite. Le reste qui aura divisé exactement son précédent, sera le plus grand diviseur commun cherché. Lorsque ce dernier est l'unité, cela indique que les deux nombres proposés sont premiers entre eux; car (135).

160. *Scolie.* Le nombre des divisions à effectuer pour ob-

tenir le plus grand diviseur commun entre deux nombres, ne pourra jamais excéder le plus petit des deux nombres proposés ; ce qui est évident, car à chaque division, ce plus petit nombre doit diminuer au moins de l'unité.

161. La recherche du plus grand diviseur commun entre une quantité plus considérable de nombres donnés, se déduit facilement de ce qui précède ; s'il y en a trois, par exemple, *on cherchera d'abord le plus grand diviseur commun des deux premiers, selon ce qui vient d'être dit ; puis celui qui existe entre ce diviseur commun des deux premiers nombres donnés, et le troisième de ces nombres. Ainsi de suite pour une plus grande quantité de nombres proposés.*

En effet, s'il existe un diviseur commun entre ces trois nombres proposés, il divisera séparément chacun d'eux.

Si donc on a trouvé celui qui appartient aux deux premiers, on est conduit à s'assurer s'il divise le troisième. Dans le cas où il ne le diviserait pas, il ne pourra être considéré comme diviseur commun des nombres proposés ; mais ce diviseur appartenant au troisième nombre donné, et au diviseur commun aux deux premiers, il s'ensuit qu'il satisfera à la question par la seule raison que ces deux premiers nombres proposés, sont multiples de leur premier diviseur commun, et que celui-ci est lui-même multiple du dernier diviseur commun (**155**). Donc, etc.

Le lecteur pourra s'exercer sur l'exemple suivant :

Trouver le plus grand diviseur commun aux quatre nombres 2211, 1608, 1005 et 1206 ?

TYPE DE L'OPÉRATION.

Première recherche : entre 2211 *et* 1608.

1ʳᵉ DIVISION.	2ᵉ DIVISION.	3ᵉ DIVISION.	4ᵉ DIVISION.

$$2211 \left|\dfrac{1608}{1}\right. \qquad 1608 \left|\dfrac{603}{2}\right. \qquad 603 \left|\dfrac{402}{1}\right. \qquad 402 \left|\dfrac{201}{2}\right.$$
$$603 \qquad\qquad 402 \qquad\qquad 201 \qquad\qquad 0$$

Deuxième recherche :   *Troisième recherche :*
entre 1005 *et le* 1ᵉʳ *div. trouvé* 201.   *entre* 1206 *et* 201

DIVISION UNIQUE.   DIVISION UNIQUE.

$$1005 \left|\dfrac{201}{5}\right. \qquad\qquad\qquad 1206 \left|\dfrac{201}{6}\right.$$
$$0 \qquad\qquad\qquad\qquad\qquad 0$$

Origine des décimales.

162. L'origine et la théorie des fractions ordinaires étant
bien comprises, si l'on reprend le problème sur le complément
de la division des nombres entiers, en considérant pour diviseurs des nombres exprimés par l'unité suivis de zéros, on
aura à ajouter au quotient en nombre entier, pour le compléter, des fractions ordinaires dont les dénominateurs seront ces
mêmes diviseurs exprimés par l'unité suivie de zéros ; car si
l'on divise par 10, on a le dixième ; de même que si l'on divise
par 100 on obtient la centième partie du dividende (**76** et **129**),
ou des quotients 10 fois et 100 fois moindres que le dividende ;
ainsi de suite, c'est-à-dire que ces diviseurs ou dénominateurs
étant continuellement *décuples* ou *dix en dix fois plus grands*,
les quotients ou les fractions qui en résulteront seront eux-
mêmes *sous-décuples* ou *dix en dix fois plus petits* (**76** *bis*).
De là l'origine des *décimales* que nous dirons être pour le moment *des fractions ordinaires dix en dix fois plus petites* ou

des nombres rompus d'une dénomination exprimée par l'unité suivie de zéros.

L'uniformité qui existe dans cette dernière manière de sub-diviser un dividende, fait que nous considérerons deux sortes de fractions ordinaires, savoir : celles qui ont pour dénominateur un nombre autre que l'unité suivie de zéros, et celles qui auront cette même unité suivie de zéros pour dénominateur.

Ces dernières que nous venons de dire être continuellement sous-décuples ou décuples en les prenant dans l'ordre inverse, ont donc une grande analogie avec les unités *dixaines, centaines, mille,* etc., qui sont continuellement décuples, ou sous-décuples, en les prenant dans l'ordre opposé.

Ces sortes de fractions, *de dix en dix fois moindres,* pourront donc s'écrire et s'énoncer d'une manière analogue à celles employées pour écrire et énoncer les nombres entiers, et, par conséquent, susceptibles d'être traitées séparément des autres fractions ordinaires. Tel est le but du chapitre suivant.

Génération et numération des décimales.

163. Nous venons de voir, dans le numéro précédent, qu'un dividende quelconque, qui serait divisé successivement par les nombres décuples 10, 100, 1000, etc., donnerait respectivement pour quotient des dixièmes, des centièmes, des millièmes, etc., du dividende. Or, si nous considérons l'unité simple pour dividende, il s'ensuivra que les quotients respectifs seront, dans cette hypothèse, $\frac{1}{10}, \frac{1}{100}, \frac{1}{1000}$, etc., de l'unité simple.

Cela posé, on sait que $100 = 10 \times 10$; que $1000 = 10 \times 10 \times 10$, ou 100×10 ; que $10000 = 10 \times 10 \times 10 \times 10$, ou 1000×10, etc. Donc, on obtiendrait encore les mêmes quotients, si, à partir du premier, on divisait successivement chacun d'eux par le même nombre 10 ; en sorte que l'unité se trouverait, par cela même, divisée d'abord en 10, puis en 10 fois 10 ou en 100 parties égales, ainsi de suite. Cette unité serait de cette manière continuellement *sous-décuplée*, ou rendue *de dix en dix fois plus petite*, comme elle a été continuellement *décuplée*, ou rendue *de dix en dix fois plus grande*, pour former les unités dixaines, centaines, etc.

Mais, comme rien ne s'oppose à une semblable subdivision, en ce que l'unité simple n'est, dans tous les cas, qu'une quantité arbitraire; car si je dis que tel corps pèse une livre, je puis également dire qu'il pèse seize onces, attendu que toutes ces unités égalent la première.

Nous pouvons donc dire que l'unité simple est susceptible de diminution de la même manière qu'en la décuplant continuellement on a formé les unités qui composent la suite ascendante de droite à gauche de cette même unité prise pour point de départ du système de numération.

164. Il suit donc de là que pour arriver au moyen d'exprimer, d'une manière abrégée, les fractions $\frac{1}{10}$, $\frac{1}{100}$, $\frac{1}{1000}$, etc., de l'unité simple que nous venons d'obtenir, et dont le numérateur de chacune ne pourra qu'être double, triple, quadruple.... et nonuple, suivant que le dividende se composera lui-même du double, du triple..... et du nonuple de l'unité, d'après une loi uniforme à celle que nous avons employée pour exprimer les parties décuples de cette même unité, il suffit de prendre la suite dans un ordre opposé, et de former avec ces numérateurs, en allant de gauche à droite, une nouvelle suite d'unités qui soient continuellement *sous-décuples* ou *dix en dix fois plus petites*, et qui, par cette raison, prendront les noms de *dixièmes, centièmes, millièmes*, etc. , et généralement celui de *décimales*.

On entendra donc par *décimales, des parties de dix en fois plus petites que l'unité principale*.

Ainsi, le dixième sera dix fois plus petit que l'unité, le centième dix fois plus petit que le dixième, et par conséquent dix fois dix ou cent fois moindre que l'unité; le millième dix fois plus petit que le centième, ou la dix fois dix ou centième partie du dixième, ou enfin une unité dont il en faudra dix fois cent ou mille pour composer l'unité principale : ainsi de suite à l'égard des *dix millièmes*, des *cent millièmes*, etc.

165. *Réciproquement ;* si l'on part de l'ordre des millièmes, pour retourner sur ses pas, nous dirons que dix de ces unités en valent une de l'ordre centième, qui est immédiatement supérieur ; de même que dix de celles de ce dernier ordre en valent une de l'ordre des dixièmes, dont dix égalent l'unité simple.

Actuellement, on concevra mieux pourquoi j'ai dit plus haut que le nombre des unités de chacun de ces ordres ne pourrait excéder 9 ; car si l'on avait seulement $\frac{10}{1000}$, on aurait une expression égale à celle $\frac{1}{100}$, de même que $\frac{10}{100} = \frac{1}{10}$, et que $\frac{10}{10} = 1$ (**104** et à voir en outre le n° **23**). Donc, etc.

166. D'après ce qui précède, on voit que la manière d'écrire des parties décimales de l'unité ne doit offrir aucune difficulté.

Il suffit de placer successivement chacun des chiffres qui indiquent les dixièmes, les centièmes, etc., au rang des dixièmes, des centièmes, etc., que nous allons lui assigner.

A cet effet, il ne faut que se rappeler la valeur des unités exprimées par un chiffre placé à la gauche d'un autre, pour en conclure que *le chiffre des dixièmes doit être placé immédiatement à la droite de celui des unités simples ; celui des centièmes au second rang, celui des millièmes au troisième, ainsi de suite pour les autres.*

Mais, afin de ne pas confondre les unités décuples avec celles-ci, on est convenu d'employer le signe (,) pour les en séparer. Cette virgule se place toujours immédiatement à la droite du chiffre des unités simples. Donc, tous les chiffres qui se trouveront à la gauche de cette *virgule décimale* exprimeront des unités *décuples ;* tandis que ceux placés sur sa droite exprimeront les unités *sous-décuples.*

Ainsi, si l'on avait *quatre unités cinq dixièmes sept centièmes* à exprimer en chiffres, ou aurait 4,57 que l'on énoncerait *quatre unités cinquante-sept centièmes ;* car les dixièmes sont décuples des centièmes. Donc, les 5 unités de ce premier ordre sous-décuple en valent 50 de celles du second, qui, avec les 7 de ce dernier, donnent bien 57 centièmes. Donc, etc.

Autre exemple. Écrire en chiffres le nombre *quatre unités cinq dixièmes sept centièmes sept millièmes;* on a 4,577, qu'on énoncera *quatre unités cinq cent soixante-dix-sept millièmes.*

167. Lorsqu'il n'y aura pas d'unités d'un certain ordre sous-décuple, on emploiera le zéro qui servira aux mêmes fins que dans les nombres entiers.

Exemple. Écrire *cinq unités trois dixièmes six millièmes* ou *cinq unités trois cent-six millièmes.*

Employant le zéro pour l'ordre des centièmes, on aura 5,306 pour l'expression en chiffres du nombre décimal proposé.

Autre exemple. Écrire pareillement en chiffres *sept millièmes;* on a 0,007.

168. Si ce chiffre 7 exprimait des unités beaucoup inférieures aux précédentes, on serait peut-être embarrassé sur la quantité de zéros à placer sur sa gauche pour lui faire exprimer les unités sous-décuples demandées. Mais, afin de lever toute difficulté sur ce point, nous allons chercher le moyen de déterminer le nombre de chiffres qu'il faudra pour exprimer des unités d'un ordre décimal quelconque. Pour cela, nous n'avons qu'à jeter un coup d'œil sur les deux échelles de numération, partant toutes les deux de l'unité simple qui peut être considérée comme leur centre; on y remarquera que les chiffres exprimant les dixièmes, les centièmes, etc., correspondent respectivement à ceux placés aux rangs des dixaines, des centaines, etc.; c'est-à-dire que l'une quelconque des unités décimales est à pareil rang de droite de l'unité principale, qu'occupe, à la gauche de celle-ci, l'unité décuple qui lui correspond. D'où l'on conclut qu'il faudra autant de chiffres pour exprimer des dixièmes, des centièmes, des millièmes, etc., qu'il en faudra pour exprimer respectivement des dixaines, des centaines, des mille, etc., y compris toujours, dans l'un comme dans l'autre cas, celui des unités simples qui sera constamment détaché des parties décimales par le signe convenu (,).

etc. . . . . I I I I I I I I I I,I I I I I I I I . . . . etc.

suite décuple. — centaine de mille. dixaine de mille. centaine mille. dixaine. unité simple. dixième. centième. millième. dix millième. cent millième. — suite sous-décuple.

169. *Scolie*. Ce tableau nous fait voir que les décimales, bien que nous ayons tiré leur origine des fractions ordinaires, n'en sont pas moins des quantités sous-décuples qui ne sont autre chose qu'une extension du système adopté pour les nombres entiers.

Donc, si l'on avait à écrire en chiffres le nombre décimal *trente-quatre unités vingt-huit centièmes*, qui se compose des deux nombres *trente-quatre unités* et *vingt-huit centièmes*, exprimant respectivement les unités décuples et sous-décuples de ce nombre, on aurait, en écrivant les deux parties 34 et 28 à la suite l'une de l'autre, en les séparant par la virgule, comme on le voit par le tableau ci-dessus, 34^{unités},28 pour l'expression décimale demandée.

Autre exemple. Écrire en chiffres la quantité décimale *trente-quatre unités vingt-huit dix-millièmes*.

La partie décimale de ce nombre, devant exprimer des unités sous-décuples du quatrième ordre, il est évident que les deux chiffres 2 et 8 ou 28, qui les représentent, doivent être précédés d'un zéro pour marquer l'absence des centièmes et d'un second zéro pour tenir lieu des dixièmes. Donc, il faut d'abord écrire séparément les deux parties 34 unités et 0,0028; puis à la place du zéro mis sur la gauche de la virgule décimale de cette seconde partie 0,0028, substituer la première partie 34 unités; ce qui donne 34,0028 pour l'expression demandée.

Si l'unité décimale du plus bas ordre donné, se fût trouvée de quelques rangs inférieurs, à plus forte raison, aurait-on été obligé d'écrire le nombre proposé d'après le même moyen, et qui consiste :

A représenter par le secours des caractères, la partie décimale considérée isolément; puis ensuite la placer à la droite de la partie entière, en interposant entre elles la virgule décimale.

Exemple. Soit à exprimer en chiffres le nombre *onze unités cent quarante-cinq cent-millièmes.*

Les deux parties de cette quantité étant écrites séparément, donnent 11 unités et 0,00145, qui réunies, conduisent à la seule expression 11,00145 satisfaisant à la question.

170. *Scolie.* Sans entrer, du moins pour le moment, dans la règle concernant l'énonciation des quantités décimales, l'inconvénient ci-dessus, en ce qui concerne l'art de les écrire, disparaîtra si l'on fait attention que le nombre 34,28, fourni par le premier exemple du n° **169**, peut s'énoncer : *trois mille quatre cent vingt-huit centièmes;* car chaque unité simple vaut 100 centièmes, les quatre unités du nombre proposé valent bien 4 fois 100 ou 400 centièmes, qui, réunis aux 28 centièmes de ce nombre donné, égalent 428 centièmes.

Parvenu à ce point, disons : puisque la dixaine est décuple de l'unité, elle vaut 10 fois 100 ou 1000 centièmes. Donc les

3 dixaines de notre nombre proposé valent 3ooo centièmes, lesquels étant réunis aux 428, donnent effectivement 3428 centièmes pour l'équivalent de 34,28. Donc, etc.

C'est par un raisonnement semblable qu'on s'assurera que les quantités 34,0028 et 11,00145, fournies par les deuxième et troisième exemples du même numéro, peuvent s'énoncer respectivement : *trois cent quarante mille vingt-huit dix-millièmes* et *un million cent mille cent quarante-cinq cent-millièmes.*

Ainsi énoncés, ces nombres s'écrivent sans difficulté :

Il suffit, après avoir écrit l'un et l'autre selon la loi des nombres entiers, de faire passer le premier chiffre de droite du premier, au quatrième rang décimal; et celui du second de ces nombres au cinquième, comme exprimant respectivement des unités dix-millièmes et cent-millièmes; et ce, en plaçant la virgule décimale, immédiatement sur la gauche du quatrième chiffre de droite de l'un, et sur la gauche du cinquième de l'autre.

171. *Corollaire.* Il suit de ce qui précède, qu'on pourra, pour plus de facilité, *écrire les quantités décimales comme les nombres entiers ; puis détacher sur leur droite par une virgule, autant de chiffres qu'il sera nécessaire pour faire exprimer aux chiffres à droite les unités de l'ordre décimal demandé.*

Ce nombre de chiffres à détacher se déterminera toujours, si, comme on le voit par le tableau précédent, on sait quel est l'ordre décuple correspondant à cet ordre décimal donné : il faudra autant de chiffres, moins un, pour exprimer les unités de cet ordre décimal donné, qu'il en faut pour exprimer les unités de l'ordre décuple correspondant. Ce moins un est toujours le chiffre des unités simples, qui doit être placé sur la gauche de la virgule décimale.

Enfin, si le nombre donné ne renferme pas assez de chiffres pour en détacher la quantité prescrite, on y suppléera par des zéros mis sur sa gauche.

Premier exemple. Écrire le nombre *deux millions deux cent trente mille quatre cent huit dix-millièmes* (**170**).

Les unités du plus bas ordre décimal donné, étant des dix-millièmes, correspondant à celui des dixaines de mille, on en conclut que les unités de la suite décuple compteront à partir du cinquième chiffre de droite, qui sera alors celui des unités simples. Ainsi, l'on détachera quatre chiffres sur la droite du nombre 2230408, qui a été écrit comme un nombre entier, et l'on aura 223^{unités},0408 pour l'expression en chiffres du nombre proposé, qui s'énoncera alors 223 *unités* 408 *dix-millièmes.*

Deuxième exemple. Écrire le nombre *trente-deux dix-millionièmes.*

Ce nombre proposé renfermant pour plus basses unités des dix-millionièmes, correspondant aux dixaines de million, on en conclut qu'il faut huit chiffres pour les exprimer, y compris celui des unités ; mais, comme le nombre proposé n'en renferme que deux, on y suppléera par six zéros mis sur sa gauche, dont le premier, de ce côté, sera détaché par la virgule, comme marquant la place des unités simples ; ce qui donnera 0,0000032.

172. *Réciproquement ;* pour traduire dans le langage ordinaire, les quantités exprimant des décimales, *on les énoncera comme les nombres entiers ; et l'on donnera au dernier chiffre de droite, la dénomination qui conviendra à l'ordre des unités décimales qu'il aura la propriété d'exprimer.*

Ce qui est évident, puisque les parties décimales s'écrivent d'après les mêmes conventions que les nombres entiers ; c'està-dire qu'en allant de la gauche vers la droite, on rencontre également des unités de dix en dix fois plus petites.

Quant à l'espèce des unités du dernier chiffre décimal, *on la trouvera toujours en comptant successivement de gauche à droite, sur chaque chiffre, les noms dixièmes, centièmes , millièmes,* etc.

Exemple. Traduire, dans le discours, le nombre 124,0352.

Après avoir énoncé la partie décuple 124 unités, j'énonce celle sous-décuple 0,0352, comme
si elle exprimait 352 unités; et je remplace la
dénomination *unités*, de cette dernière partie,
par celle *dix-millièmes* qui appartient à l'espèce d'unités exprimée par le dernier chiffre
décimal : en sorte que j'ai, pour l'énoncé du
nombre proposé : *cent vingt-quatre unités trois cent cinquante-
deux dix-millièmes.*

124 , 0 3 5 2

Autre exemple. Exprimer dans le langage ordinaire le nombre 0,0000032.

Le dernier chiffre de droite exprimant
des *dix-millionièmes*, j'énoncerai d'abord
le nombre proposé comme s'il exprimait 32
unités; et je lui donnerai ensuite la terminaison *dix-millionièmes;* c'est-à-dire que
j'énoncerai *trente-deux dix-millionièmes.*

0 , 0 0 0 0 0 3 2

175. Cette réciprocité nous reconduit à la proposition directe : car en nous offrant le moyen de déterminer l'espèce des
unités du dernier chiffre décimal, elle nous montre celui d'arriver au nombre de chiffres qu'il faut détacher sur la droite
d'une quantité décimale, pour lui faire exprimer des unités
d'un ordre décimal donné, sans au préalable avoir comparé
cet ordre sous-décuple, à celui des unités décuples correspondantes.

Ce moyen consiste : *à écrire, comme on l'a déjà dit, le nombre proposé de même que si c'était un nombre entier; à
compter sur chacun de ses chiffres, en commençant par la
droite, les noms dixième, centième, millième, etc., dans
l'ordre inverse; c'est-à-dire en commençant par celui de ces
noms qui désigne l'espèce des unités exprimées par le premier
chiffre de droite, jusqu'à ce que l'on soit arrivé à celui
dixième qui est celui qui convient à l'unité du premier ordre*

décimal; et à placer la virgule décimale immédiatement sur la gauche du chiffre affecté de ce nom dixième.

La partie des chiffres qui pourra se trouver sur la gauche de la virgule décimale, exprimera des unités entières qui s'énonceront séparément, en traduisant le nombre dans le langage ordinaire. Enfin, si le nombre proposé ne renfermait pas assez de chiffres pour compter les noms nécessaires à cette fin, on y suppléerait par des zéros mis sur sa gauche.

Exemple. Écrire le nombre *trente - deux dix - millionièmes.*

Ayant écrit ce nombre comme le serait celui *trente-deux unités,* je compte, à partir de la dénomination donnée, en rétrogradant vers la gauche, les noms *dix-millionièmes, millionièmes,* etc., jusqu'à celui *dixième* qui est celui du premier ordre sous - décuple ; et, après avoir remplacé par des zéros les points qui tiennent lieu des caractères qui devaient être affectés des dénominations isolées, dans cette hypothèse, comme on le voit ci-dessus, je place la virgule décimale, immédiatement sur la gauche de celui de ces zéros qui est au rang des dixièmes ; puis je marque l'absence des unités simples par un autre zéro ; ce qui me donne 0,0000032 pour l'expression en chiffres du nombre décimal proposé.

0 , 0 0 0 0 0 3 2

unité. — dixième. — centième. — millième. — dix-millième. — cent millième. — millionièmes. — dix-millionièmes.

Propriétés des nombres décimaux.

174. Outre les propriétés, que nous venons de remarquer, des nombres décimaux, de s'énoncer et de s'écrire comme les nombres entiers, ils jouissent encore de deux autres propriétés non moins remarquables par rapport à leur grande utilité.

175. Premièrement. *Si l'on rapproche la virgule décimale de un, de deux, de trois, etc., rangs vers la droite, on rend le* *nombre décimal dix fois, cent fois, mille fois, etc., plus grand ; ce qui équivaut à dire qu'on le multiplie par l'unité suivie d'autant de zéros, que l'on a avancé la virgule de rangs vers la droite.*

Exemple. Soit le nombre 3,25.

Rapprochant la virgule d'un rang vers la droite, on a 32,5 : nombre 10 fois plus grand que celui donné ; et exprimant par conséquent le produit de 3,25 par 10.

En effet, le chiffre 3, qui était au rang des unités, a passé à celui des dixaines ; le caractère 2, qui était au rang des dixièmes, a passé, par la même raison, à celui des unités ; et enfin, le 5 qui était au rang des centièmes, se trouve par là au rang des dixièmes.

Partant, chacune des figures du nombre obtenu exprimant des unités dix fois plus grandes, il est clair que le nombre lui-même est dix fois plus grand. Donc, etc.

On démontrerait de la même manière que le nombre serait rendu cent fois, mille fois, etc., plus grand, si l'on eût avancé la virgule de deux, de trois, etc., rangs vers la droite.

176. Réciproquement ; *si l'on recule la virgule décimale de un, de deux, de trois, etc., rangs vers la gauche, on rend le nombre décimal dix fois, cent fois, mille fois, etc., plus petit ; c'est-à-dire qu'on le divise par l'unité suivie d'autant de zéros que l'on a avancé la virgule de rangs vers la gauche.*

Exemple. Soit proposé le nombre 54,25.

Rétrogradant la virgule d'un rang vers la gauche, on a 5,425 qui est un nombre 10 fois plus petit que 54,25.

La démonstration de cette réciprocité est la même que celle de la proposition directe, à ceci près : que les caractères au lieu de passer à des rangs de dix en dix fois plus grands, passent à des rangs de dix en dix fois plus petits. Donc, etc.

177. Secondement. *On peut ajouter autant de zéros que l'on veut sur la droite d'un nombre décimal, sans changer sa valeur.*

Exemple. Le nombre 3,2 est la même chose que 3,20, ou que 3,200, etc.

En effet, chacun de ces derniers nombres ne renferme toujours que 3 unités et 2 dixièmes, ou *trente-deux dixièmes*, avec cette différence : que ce nombre de dixièmes a été, dans le premier cas, converti en centièmes ; et dans le second, en millièmes. Ce qui est fondé sur ce que un nombre de dixièmes doit exprimer dix fois plus de centièmes, et cent fois plus de millièmes, qu'il n'exprimait lui-même de dixièmes. Donc, etc.

178. Réciproquement ; *on peut supprimer autant de zéros que l'on veut sur la droite d'un nombre décimal, sans changer sa valeur.*

Exemple. Le nombre 3,200 est le même que 3,20, ou que 3,2.

Ceci n'a besoin d'aucun commentaire, c'est la conséquence de ce qui précède.

179. Comme on ne saurait être trop familier sur la manière d'écrire et d'énoncer les nombres décimaux, nous allons nous exercer au moyen de quelques exemples :

1°. *Écrire le nombre mille une unités trois dix-millièmes.*

Pour y parvenir, si l'on fait l'application de la règle du n° **169**, il faut envisager séparément les deux parties, 1001 unités et 3 dix-millièmes, décuples et sous-décuples de ce nombre. Or, cette dernière qui est 0,003 (**167**) étant écrite à la suite de la première, en l'en séparant par la virgule, donne 1001^{unités},003 pour l'expression en chiffres du nombre proposé.

Mais, si pour écrire ce nombre avec plus de facilité, on fait usage de la règle du n° **171**, il faudra l'énoncer selon ce qui a été dit n° **170**; c'est-à-dire qu'il faut commencer par convertir ses unités décuples en celles du plus bas ordre décimal contenu dans ce nombre. Or, les 1001 unités valent 1001 fois 10000 ou 10010000 dix-millièmes qui, avec les 3 dix-millièmes du nombre en question, donnent 10010003 *dix-millièmes pour l'égal de* 1001 *unités* 3 *dix-millièmes*. Cela étant, on détachera donc par la virgule décimale, quatre chiffres sur la droite de ce nombre 10010003, écrit comme s'il eût exprimé des unités. Alors, le dernier chiffre 3 de droite, se trouvera au rang des *dix-millièmes;* et l'on aura 1001^unités,0003 pour l'écriture en chiffres du nombre donné.

2°. *Soit encore à écrire le nombre sept mille trois cent quatre unités deux cent quinze dix-millièmes, ou soixante-treize millions quarante mille deux cent quinze dix-mil-lièmes* (**170**).

Si l'on était embarrassé pour arriver à cette dernière traduction, voici le moyen d'y parvenir sans difficulté : les 7304 unités valent en dix-millièmes 7304 fois 10000 ou 73040000, plus les 215 dix-millièmes du même nombre, donnent bien les 73040215 dix-millièmes écrits de la même manière que s'il s'agissait du nombre 73040215 unités; mais, pour faire exprimer au premier chiffre 5 de droite, des dix-millièmes, il ne reste plus qu'à détacher quatre chiffres décimaux, en plaçant la virgule décimale immédiatement sur la droite du cinquième ou sur la gauche du quatrième caractère qui sont ceux des unités simples et des dixièmes; et il vient 7304^unités,0215 pour l'expression qui satisfait à la question.

3°. Enfin, *que vaut en unités et en parties décimales, le nombre* 11 *mille* 15 *millièmes.*

Pour résoudre cette question, il suffit d'écrire ce nombre comme s'il exprimait 11 mille 15 unités : ce qui donnera 11015; puis détacher sur sa droite par la virgule décimale, autant de chiffres qu'il sera nécessaire pour faire exprimer au dernier chiffre de droite des millièmes : il viendra 11,015 qui s'énonce 11 *unités,* 15 *millièmes.* Donc le nombre proposé égale 11 unités et 15 millièmes d'unités.

180. Questions réciproques. 1°. *Énoncer le nombre* 24,00052.

Le dernier chiffre décimal de ce nombre étant au rang des cent-millièmes, je l'énonce comme si c'était un nombre entier, en lui donnant la dénomination *cent-millièmes* (172), ou en traduisant séparément chaque partie, j'ai 24 *unités* 52 *cent-millièmes*.

2°. *Traduire dans le discours la quantité* 14,00007.

On a : *un million quatre cent mille sept cent-millièmes*, ou 14 *unités*, 7 *cent-millièmes*.

De ces deux manières d'énoncer les quantités exprimées en décimales, c'est la seconde qui est la plus usitée ; mais la première convient mieux pour les écrire, dans beaucoup de cas.

181. Voici en outre quelques problèmes relatifs aux deux secondes propriétés des nombres décimaux.

1°. *Quel est le nombre qui est* 100 *fois plus grand que* 2,35? *En d'autres termes, déterminer le produit de* 2,35 *par* 100.

Ce nombre ne peut être autre que 235 unités (175) ; car chacun des chiffres de ce dernier nombre, exprime des unités centuples de celles qu'il exprime dans celui proposé.

2°. *Rendre la quantité décimale* 0,25 *dix fois plus petite, ou, ce qui est la même chose, déterminer le quotient de* 0,25 *par* 10.

Le n° **176** nous conduit à 0,025 qui est en effet la quantité demandée ; car chacune de ses figures se trouve à un rang immédiatement inférieur à celui qu'elle occupe dans le nombre proposé.

3°. *Que vaut en millièmes le nombre* 4^{unités},25.

Chaque centième se composant de 10 millièmes, les 425 centièmes donnés, égalent donc 425 fois 10, ou 4250 millièmes, ou enfin 4^{unités},250 (**177**).

Avant que de passer outre, le lecteur fera bien de se familiariser tant avec la manière d'écrire et d'énoncer les nombres décimaux, que sur les propriétés que nous venons de leur faire connaître.

Complément du problème de la division par le secours des décimales, ou des quotients décimaux.

192. *Scolie.* Si l'on fait attention que la fraction ordinaire $\frac{3}{4}$, qui a été ajoutée à 6 pour compléter le quotient de 27 par 4 dans le problème du n° 92, peut être représentée par 0,75 qui expriment pareillement les $\frac{3}{4}$ des 100 parties égales dont on peut concevoir l'unité divisée, on en conclura que les fractions décimales, qui tirent leur origine du complément du problème de la division, quand le diviseur est l'unité suivie de zéros (162), ou des fractions ordinaires quand celles-ci ont un dénominateur ou un diviseur exprimé par cette même unité suivie de zéros (163), peuvent servir aussi à compléter le quotient de deux nombres entiers, quand ce quotient n'est pas lui-même un nombre entier. Tel est le cas de la division qui, tout en donnant naissance aux fractions ordinaires et aux nombres fractionnaires (92 et 96), va nous conduire aux quotients décimaux plus grands ou plus petits que l'unité.

Pour mieux fixer nos idées, nous reprendrons le problème du n° 92, dans lequel il s'agit de chercher le quotient de 27 par 4, ou de trouver le nombre qui, multiplié par 4, donne 27.

Par un raisonnement semblable à celui qui nous a conduits au quotient $6\frac{3}{4}$ (92), nous dirons que ce nombre cherché tombe entre 6 et 7, et que par conséquent il doit être plus grand que 6, et plus petit que 7 ; car ici, comme précédemment, $6 \times 4 < 27$, et $7 \times 4 > 27$.

Partant, la quantité que l'on doit ajouter à 6, pour avoir l'autre facteur du produit 27, est moindre que 1. Elle exprimera donc des parties de l'unité ; telles que 3 des 4 dont on a, dans la même hypothèse, divisé chacune des trois unités qui exprimaient le reste de la division ; mais, comme notre but ici

est de représenter cette quantité $\frac{3}{4}$ en décimales, nous

allons procéder à la recherche des unités *dixièmes, centièmes,* etc., qui doivent l'exprimer.

Pour y parvenir, il suffit de convertir le premier reste 3 unités en dixièmes, en mettant un zéro sur sa droite (**177**); car, l'unité valant 10 dixièmes, les 3 unités en valent 3 fois 10 ou 30 (**22**). Le quotient de 30 dixièmes par 4, est évidemment 7 dixièmes; puisque ce nombre de dixièmes qui, multiplié par 4, donne 30 dixièmes, tombe entre 7 et 8 dixièmes; attendu que le produit 30 dixièmes, qui doit toujours être de la nature de son multiplicande 7 dixièmes (**55** et **75**), est intercepté par les produits 7×4 et 8×4. On écrira donc ce quotient partiel 7 à la droite de celui des 6 unités, ayant soin de l'en séparer par la virgule décimale. Cela étant fait, et ayant retranché, du dividende partiel 30, le produit 7×4, qui est 28, le reste 2 dixièmes se convertira à son tour en unités immédiatement inférieures, en mettant aussi un zéro sur sa droite; car un nombre de dixièmes doit exprimer dix fois plus de centièmes qu'il n'exprime de dixièmes. En sorte que le résultat de la division de 20 par 4, qui est 5, exprimera les centièmes du quotient, que l'on écrira à la droite de ses dixièmes précédemment obtenus; puis on fera le produit de 5 par 4 qu'on retranchera du dividende partiel 20 : le reste zéro que l'on obtient fait conclure que le quotient décimal demandé, ou celui de 27 par 4, est exactement 6,75.

Autre exemple. Diviser 1252 par 430.

Opérant selon la règle générale prescrite pour la division, on trouve 2 au quotient avec un reste 392 unités.

Convertissant, comme précédemment, ce premier reste en dixièmes, en mettant un zéro sur sa droite, on aura à diviser 3920 par 430; ce qui donnera les dixièmes ou le premier

$$\begin{array}{r|l} 1252 & \underline{430} \\ \overline{3920} & 2{,}9116 \\ 500 \\ 700 \\ 2700 \\ 120 \end{array}$$

chiffre décimal du quotient, qui, dans cette hypothèse, est 9 avec un reste 5o dixièmes que l'on convertira en centièmes, en mettant de nouveau un zéro sur sa droite, et l'on aura 5oo centièmes à diviser par 43o ; ce qui donne une unité centième au quotient et un reste 7o centièmes, qui, convertis en millièmes, en fournissent 7oo. Ce dernier dividende donne un millième pour quotient partiel, que l'on écrira à la suite des précédents ; puis on multipliera pareillement le diviseur par ce quotient partiel, afin d'en retrancher le produit du dividende respectif; le reste 27o millièmes qui résulte de cette dernière opération, se convertira encore en dix millièmes, en mettant toujours un zéro sur sa droite ; de cette manière, on obtiendra les dix millièmes du quotient. Ainsi de suite, pour chacun des autres chiffres représentant les cent millièmes, les millionièmes, etc., du quotient total, si l'on veut qu'il en exprime.

Si nous nous en tenons aux dix millièmes, dans l'exemple proposé, nous dirons que le quotient de 1252 par 43o, ou que le nombre qui, multiplié par 43o, donne 1252, est 2,9116 à moins d'un dix-millième près. Or, 2,9116........ $\times$ 43o $=$ 1252. C'est de quoi nous nous convaincrons facilement lorsque nous aurons connaissance de la multiplication des nombres décimaux.

183. *Scolie.* C'est par ce moyen que l'on trouve que le quotient de 1o par 3, est 3,333 à moins d'un millième près.

Les nombres 1oo, 1ooo, etc., qui sont décuples du dividende précédent, étant divisés par le même diviseur 3, donneront pour quotients respectifs 33, 3333,..... etc., 333, 3333.... etc., etc., à moins d'un dix-millième près.

Donc, le $\frac{1}{3}$ ou le quotient par 3, de tout nombre exprimé par l'unité, suivie de zéros, sera toujours connu; car sa partie décuple, placée sur la gauche de la virgule décimale, *sera toujours exprimée par autant de 3, qu'il y aura de zéros sur la droite de l'unité du dividende.*

Quant à sa partie sous-décuple, *elle se composera d'autant de trois qu'il faudra de caractères pour exprimer l'unité décimale de l'approximation qu'on voudra apporter au quotient.*

Le $\frac{1}{3}$ de 10000 à moins d'un centième près est donc 3333, 33, et celui de 100000 à moins d'un millième près est 33333, 333.

184. *Autre scolie.* Ce qui précède nous fait voir que le quotient de deux nombres entiers, qui est toujours exprimable exactement en nombre fractionnaire, quand il n'est pas lui-même un nombre entier, ne l'est pas toujours d'une manière exacte en décimales; c'est-à-dire que tous les quotients, ou toutes les grandeurs exprimées en décimales, n'ont pas toujours un dernier chiffre décimal. Mais la division nous fournit le moyen de déterminer le quotient de deux nombres quelconques, à moins de telle ou telle unité décimale près : *Il suffira pour cela de convertir les restes successifs, respectivement en dixièmes, en centièmes, etc., en mettant un zéro sur la droite de chacun d'eux. On continuera de convertir ainsi les restes successifs, jusqu'à ce que l'on soit arrivé à la décimale du quotient qui exprimera l'unité près de son exactitude.*

Ces sortes de quotients ou de nombres décimaux seront définis dans la conversion des fractions ordinaires en décimales.

185. Lorsqu'on a conçu les deux manières de compléter le quotient de 27 par 4 (**92** et **182**), on voit que la fraction ordinaire $\frac{3}{4} = 0,75$, et que par conséquent $0,75 = \frac{3}{4}$; ce qui prouve que non-seulement les fractions ordinaires qui ont pour dénominateur l'unité suivie de zéros (**162** et **163**); mais bien, toute fraction ordinaire quelconque pourra toujours être ramenée à la dénomination décimale d'une manière exacte ou approchée, *en effectuant la division du numéra-*

teur par son dénominateur, comme il a été dit (182); et réciproquement; une fraction décimale pourra également être transformée en une fraction ordinaire de telle ou telle dénomination, même autre que celle exprimée par l'unité suivie de zéros.

Ce qui est d'autant plus évident que, l'une et l'autre espèce de fraction, outre l'avantage qu'elles ont de compléter le quotient de deux nombres entiers, quand ce quotient n'est pas lui-même un nombre entier, ont en outre la propriété de désigner la mesure des grandeurs plus petites que l'unité (99); c'est-à-dire que l'une comme l'autre de ces expressions fractionnaires, servent aussi à évaluer les rapports entre les quantités plus petites que l'unité, ou lorsque ces rapports sont fractionnaires.

Les décimales sont, de même que les fractions ordinaires et les autres espèces de nombres, susceptibles de composition et de décomposition.

Mais, avant que de nous occuper des quatre premières opérations élémentaires sur ces sortes de quantités, nous allons les comparer aux fractions ordinaires, afin que par le secours de ces dernières et de leurs calculs, que nous connaissons déjà, nous puissions en conclure, de la manière la plus simple, non-seulement les moyens d'effectuer les opérations sur les nombres décimaux, mais en outre la réciprocité de cette comparaison qui consiste à convertir une fraction ordinaire quelconque en décimales; ce qui présentera plusieurs cas que nous développerons en particulier.

Théorie des décimales comparées aux fractions ordinaires.

186. Après avoir bien compris la série des différents ordres d'unités continuées indéfiniment à droite et à gauche de l'unité principale (168), on voit, comme nous l'avons déjà fait remarquer (169), que le système des décimales n'est qu'une extension de celui adopté pour les nombres entiers; d'un autre côté, on sait que les décimales, de même que les frac-

tions ordinaires qui leur ont donné naissance (**162**), expriment des quantités moindres que l'unité. Or, il est bien évident qu'une fraction décimale doit être égale à une fraction ordinaire de telle ou telle dénomination (**185**).

Aussi, l'objet de cette théorie est-il de trouver la fraction ordinaire équivalente à une fraction décimale quelconque, et réciproquement.

187. *Tout nombre décimal est équivalent à une fraction ordinaire dont le numérateur est le nombre décimal même, abstraction faite de la virgule; et dont le dénominateur est l'unité suivie d'autant de zéros qu'il y avait de chiffres décimaux sur la droite de la virgule.*

Ainsi, le nombre décimal $0,0365$ est équivalent à la fraction ordinaire $\dfrac{365}{10000}$.

En effet, $0,0365 = \dfrac{3}{100} + \dfrac{6}{1000} + \dfrac{5}{10000}$. Si l'on réduit ces trois fractions au même dénominateur, on aura

$$\frac{300}{10000} + \frac{60}{10000} + \frac{5}{10000} = \frac{365}{10000}. \text{ Donc, etc.}$$

188. Réciproquement ; *toute fraction ordinaire qui a pour dénominateur l'unité suivie de zéros, est toujours équivalente à un nombre décimal qui est le numérateur de la fraction proposée, après avoir détaché sur sa droite autant de chiffres décimaux qu'il y avait de zéros sur la droite du dénominateur.*

Ainsi, $\dfrac{365}{10000} = 0,0365.$

En effet, $\dfrac{365}{10000} = \dfrac{3\cancel{0}\cancel{0}}{100\cancel{0}\cancel{0}} + \dfrac{6\cancel{0}}{1000\cancel{0}} + \dfrac{5}{10000}$ (**104**), fractions ordinaires qui égalent respectivement $0,03$, $0,006$, $0,0005$ (**187**); et qui, par conséquent, peuvent être exprimées par le seul nombre décimal $0,0365$ (**166**). Donc, etc.

Cet exemple fait voir que, *toutes les fois que le numérateur*

*de la fraction ordinaire à transformer en décimales, ne ren-
fermera pas assez de chiffres pour en détacher autant qu'il y
a de zéros sur la droite de son dénominateur, il faudra y sup-
pléer par des zéros mis sur sa gauche.*

189. *Scolie.* Il est à remarquer, au sujet du n° 188, que
cette réciprocité, qui concerne la transformation des fractions
ordinaires en décimales, ne comprend que les fractions qui
ont pour dénominateur l'unité suivie de zéros. Ce qui est évident puisque la proposition directe ne peut, dans tous les cas,
que donner une fraction ordinaire de cette sorte, pour l'expression équivalente à un nombre décimal ayant un dernier
chiffre décimal.

Il convient cependant d'examiner ici, si une fraction ordinaire quelconque, ne peut pas être transformée en un nombre
décimal.

Transformation d'une fraction ordinaire quelconque en décimales.

190. La transformation d'une fraction ordinaire en décimales, s'effectuera toujours en opérant la division du numérateur par le dénominateur, comme nous l'avons déjà dit
n° 185.

Pour rendre cette opération évidente, il suffit de rappeler
que le numérateur d'une fraction n'est autre chose qu'un dividende, et le dénominateur son diviseur (95).

Ainsi, le procédé du n° 182 nous fournit le moyen de convertir en décimales une fraction ordinaire plus grande ou plus
petite que l'unité; pour cela, *il faut diviser le numérateur de
la fraction proposée par son dénominateur, ayant soin de
placer la virgule décimale sur la droite du chiffre des unités
simples, lorsqu'on l'aura obtenu, ou qu'on aura marqué l'absence des unités de cet ordre par un zéro; puis on convertira
chaque reste successivement en dixièmes, en centièmes, etc.,
au moyen d'un zéro que l'on mettra sur la droite de chacun
d'eux* (182).

191. La transformation du numéro précédent ne s'effectuera pas toujours d'une manière exacte; c'est de quoi l'on peut se convaincre par l'examen attentif de chacun des cas suivants, qui feront en outre connaître le moyen de juger d'avance si une fraction est ou non exactement conversible en décimales :

192. 1ᵉʳ *cas. C'est celui où le dénominateur de la fraction ordinaire proposée est l'unité suivie de zéros.*

Or, le n° 88 nous fait voir qu'une fraction ordinaire de cette nature, est toujours exactement transformable en décimales.

Mais, lorsque le dénominateur n'est pas l'unité suivie de zéros sur sa droite, tel que celui de la fraction $\frac{11}{80}$, on est conduit à l'un des deux derniers cas suivants :

193. 2ᵉ *cas. Lorsque le dénominateur de la fraction proposée est un nombre autre que l'unité suivie de zéros, et qu'il peut se décomposer exactement en des facteurs 2, ou en des facteurs 5, ou, enfin, en des facteurs 2 et 5, la fraction se transformera exactement en décimales.*

Car une fraction de cette dénomination peut toujours être ramenée à une autre fraction équivalente dont le dénominateur sera l'unité suivie de zéros sur sa droite.

Pour ramener cette fraction à cet état, il suffit, dans la première hypothèse, d'introduire dans le dénominateur le facteur 5 autant de fois que le facteur 2 s'y trouvera lui-même contenu.

Dans la seconde hypothèse, on introduira dans le dénominateur le facteur 2, autant de fois que le facteur 5 s'y trouvera.

Et enfin, dans la troisième, on fera en sorte que les facteurs 2 et 5 se trouvent contenus le même nombre de fois dans le dénominateur. Observant toutefois, dans l'un comme dans l'autre de ces cas, d'introduire le même nombre de fois dans le numérateur le facteur qui aura été introduit dans le dénominateur (104).

Partant, il est évident que chacun des couples de facteurs 2×5, compris dans le dénominateur, donnera un seul facteur 10 dans ce dénominoteur. Or, ces derniers facteurs 10, combinés entre eux, donneront un nouveau diviseur qui sera exprimé par l'unité suivie d'autant de zéros, que le dénominateur précédent comprenait de fois le facteur 10 (**22**).

Exemple. Soient les fractions $\dfrac{7}{16}$, $\dfrac{11}{125}$ et $\dfrac{13}{80}$.

Décomposant le dénominateur de chacune de ces fractions en ses facteurs 2 et 5, on obtiendra respectivement $\dfrac{7}{2 \times 2 \times 2 \times 2}$, $\dfrac{11}{5 \times 5 \times 5}$ et $\dfrac{13}{2 \times 2 \times 2 \times 2 \times 5}$.

Introduisant quatre fois le facteur 5 dans le dénominateur de la première de ces dernières fractions, trois fois le facteur 2 dans le dénominateur de la seconde, et trois fois le facteur 5 dans celui de la troisième, on aura $\dfrac{7}{2.2.2.2.5.5.5.5}$, $\dfrac{11}{5.5.5.2.2.2}$ et $\dfrac{13}{2.2.2.2.5.5.5.5}$.

Faisant les mêmes opérations sur les numérateurs respectifs, afin que les fractions ne soient pas altérées, il viendra

$$\dfrac{7.5.5.5.5}{2.2.2.2.5\,5.5.5}, \quad \dfrac{11.2.2.2}{5.5.5.2.2.2} \quad \text{et} \quad \dfrac{13 \times 5 \times 5 \times 5}{2.2.2.2.5.5.5.5}.$$

Effectuant les multiplications, on a $\dfrac{4375}{10000}$, $\dfrac{88}{1000}$ et $\dfrac{1625}{10000}$, fractions qui égalent respectivement $0,4375$; $0,088$ et $0,1625$ (n° **188**).

Ces expressions décimales sont donc respectivement équivalentes aux fractions ordinaires proposées; c'est-à-dire que les divisions de chacun des numérateurs de ces fractions données, par son dénominateur respectif, auraient donné les mêmes résultats.

194. *3ᵐᵉ cas. Quand le dénominateur d'une fraction irréductible contient d'autres facteurs que ceux 2 et 5, la fraction
ne peut se transformer exactement en décimales.*

En effet, les deux termes de la fraction proposée n'ayant aucun facteur commun, les facteurs autres que ceux 2 et 5 qui sont
dans le dénominateur de cette fraction, y resteront toujours,
lors même qu'on multipliera chacun des termes de la fraction,
par un même nombre quelconque. Or, comme il n'y a que le
compte de facteurs 2 et 5 qui donne un produit exprimé par
l'unité suivie de zéros, il en résulte qu'on ne pourra convertir
la fraction ordinaire proposée en une autre équivalente qui
ait pour dénominateur l'unité suivie de zéros (**192**). Donc, etc.

Exemple. Soit la fraction $\dfrac{3}{11}$ à tranformer en décimales.

On effectuera la division comme il
a été dit nᵒˢ **184** et **190**, et l'on aura
le type ci-contre :

$$\begin{array}{c|l} 3\overline{0} & 11 \\ 8\overline{0} & \overline{} \\ 3\overline{0} & 0,2727\ldots \text{ etc.} \\ 8\overline{0} & \\ 3 & \end{array}$$

Par cette division, on voit que les
chiffres 2 et 7 obtenus au quotient
doivent se reproduire indéfiniment,
et dans le même ordre. Donc ce quotient ne peut s'obtenir
exactement; mais plus on mettra de chiffres au quotient,
plus on approchera de la véritable valeur de la fraction
$\dfrac{3}{11}$.

C'est de cette manière que l'on trouve que $\dfrac{7}{9}=0,777\ldots$ etc.;

et que $\dfrac{4}{13} = 0,307692307692\ldots\ldots$ etc.

195. Les fractions décimales, telles que 0,2727..... etc.,
et 0,307692307692..... etc.; dans lesquelles plusieurs chiffres se répètent périodiquement, dans le même ordre et indéfiniment, ont reçu le nom de *fractions décimales circulantes,*
ou *fractions décimales périodiques ;* et la partie 27 de la pre-

mière, de même que celle 307692 de la seconde, qui se reproduisent périodiquement, s'appellent *périodes*.

Lorsque la période ne commence qu'après un certain nombre de décimales, telle que 0,1231717... etc., la fraction est dite *fraction décimale périodique mixte* ; et la partie 123, qui ne reparaît plus au quotient, est dite *la partie mixte* de ce quotient.

196. Les trois cas que nous venons d'examiner, nous offrent donc le moyen de convertir en décimales, d'une manière exacte ou approchée, les fractions ordinaires ; ce qui donne naissance à plusieurs sortes de quotients décimaux. Il nous reste actuellement à résoudre le problème inverse.

Nous allons donc exposer le moyen de trouver la fraction ordinaire qui aura donné naissance à une fraction décimale quelconque ; ainsi que le nombre fractionnaire équivalent à une expression décimale quelconque plus grande que l'unité.

Transformation des fractions décimales en fractions ordinaires.

197. Cette transformation présente autant de cas que l'on a obtenu d'expressions décimales différentes dans la conversion des fractions ordinaires en fractions décimales.

1ᵉʳ *cas. C'est celui où l'expression décimale proposée à un dernier chiffre décimal.*

Or, le n° **187** donne la solution de ce premier cas.

2ᵐᵉ *cas.* Soit la fraction décimale périodique 0,6666... etc., à transformer en fraction ordinaire.

Pour trouver la fraction ordinaire qui a donné naissance à cette fraction décimale, je raisonne ainsi :

Si de 10 fois 0,6666... etc., = 6,6666... etc. **(175)**,
on ôte 1 fois 0,6666... etc., = 0,6666... etc.,
il reste 9 fois 0,6666... etc., = 6,0000... 0 = 6 unités.

Donc, si 9 fois 0,666... etc., égalent 6 unités, une seule fois 0,666... etc., vaudra le $\frac{1}{9}$ de 6, ou

$$6 \times \frac{1}{9} = \frac{6}{9} = \frac{2}{3} \ \text{(126)}.$$

Soit encore la fraction 0,2727... etc., à convertir en fraction ordinaire.

Afin de faire passer la période au rang des unités, on dira :

Si de 100 fois (175) 0,2727... etc. $= 27,272727...$ etc.,
on ôte 1 fois....... 0,2727... etc. $= \ \ 0,272727...$ etc.,
il restera 99 fois.... 0,2727... etc. $= 27,000000...$ etc.,
ou 27 unités.

Donc, si 99 fois 0,2727... etc., égalent 27 unités, une seule fois 0,2727... etc., ne vaut par conséquent que $\frac{1}{99}$ de 27 unités, ou $27 \times \frac{1}{99} = \frac{27}{99} = \frac{3}{11}$, après avoir divisé le haut et le bas par le diviseur commun 9.

Si la période de la fraction proposée était composée de 3, de 4, etc., chiffres ; afin de faire passer, comme dans les exemples précédents, toute la période sur la gauche de la virgule décimale, on prendrait cette fraction proposée 1000 fois, 10000 fois, etc., et l'on n'en retrancherait toujours qu'une seule fois cette fraction proposée ; ce qui donnerait respectivement pour reste 999 fois, 9999 fois, etc., la fraction donnée ; mais chacun de ces restes égalerait alors la période respective, considérée comme des unités. Or, une seule fois cette fraction proposée vaudrait la 999ème, ou la 9999ème, ou etc., partie de la période relative : ce qui fait voir que *toute fraction périodique, moindre que l'unité, est exprimée par une fraction ordinaire qui a pour numérateur la période même, et pour dénominateur un nombre composé d'autant de* 9 *qu'il y a de chiffres à la période.*

Ainsi, $0,307\,692\,307\,692\ldots$ etc. $= \dfrac{307692}{999999}$.

En divisant les deux termes de cette dernière par leur plus grand diviseur commun, qui est 76923, on obtient $\dfrac{4}{13}$ pour la valeur de la fraction proposée.

3ᵉ cas. Si la fraction décimale périodique surpassait l'unité, on ajouterait au nombre entier placé sur la gauche de la virgule, la fraction ordinaire équivalente à la fraction périodique.

Exemple. $3,2727\ldots$ etc. $= 3 + \dfrac{27}{99}$ ou $3 + \dfrac{3}{11}$.

Convertissant les 3 unités en onzièmes, on aura $\dfrac{36}{11}$ pour l'expression fractionnaire équivalente à $3,2727\ldots$ etc.

4ᵉ cas. La conversion d'une fraction périodique mixte en fraction ordinaire, se conclut du cas précédent :

On considère la partie mixte comme étant des unités, et pour cela on transporte la virgule décimale sur la gauche de la première période, ne perdant pas de vue le nombre de fois qu'on rend plus grande la fraction proposée, afin de rappeler à sa juste valeur la fraction ordinaire que l'on obtiendra.

Ainsi, pour évaluer en fraction ordinaire la quantité... $0,1231717\ldots$ etc., on avancera la virgule de trois rangs sur la droite, ce qui donnera $123,1717\ldots$ etc., expression qui est 1000 fois plus grande que la fraction proposée. Donc pour la rappeler à sa juste valeur, il faut rendre son équivalente $123 + \dfrac{17}{99}$ ou $\dfrac{12194}{99}$, 1000 fois plus petite ; ce qui se fera en multipliant par 1000 le dénominateur de cette dernière (**100**, 2°), et l'on aura $\dfrac{12194}{99000}$ pour la fraction ordinaire équivalente à $0,1231717\ldots$ etc. Cette fraction $\dfrac{12194}{99000}$ se réduit à

$\dfrac{6097}{49500}$.

198. *Scolie.* Si l'on applique la règle du n° **197** à la fraction périodique $0,999\ldots$ etc., dont la période est 9, on trouvera que sa valeur est $\dfrac{9}{9} = 1$.

Pour concevoir comment la fraction $0,999\ldots$ etc., prolongée indéfiniment, est rigoureusement égale à l'unité, on fera observer que, plus on prend de décimales, plus on approche de l'unité ; car les erreurs que l'on commettrait en prenant $0,9$, $0,99$, $0,999$, etc., au lieu d'être l'unité, ne seraient que $0,1$, $0,01$, $0,001$, etc.

Ces erreurs, comme on le voit, diminuent très rapidement ; et quand la fraction $0,999\ldots$ etc., se prolonge à l'infini, l'erreur est moindre que toute quantité assignable. Donc cette fraction $0,99\ldots$ etc., est rigoureusement égale à l'unité.

119. *Corollaire.* La fraction périodique $0,999\ldots$ etc., étant égale à l'unité, il s'ensuit que, si l'on divise successivement cette fraction par les nombres 10, 100, 1000, etc., les quotients $0,0999\ldots$ etc., $0,0099\ldots$ etc, $0,000999\ldots$ etc., etc., auront respectivement pour valeur $0,1$, $0,01$, $0,001$, etc. ; donc l'expression décimale $7,39999\ldots$ etc. $= 7,4$; celle $8,54999\ldots$ etc. $= 8,55$.

200. *Porisme.* Lorsqu'un nombre n'est pas composé d'une infinité de décimales, ou lorsque étant périodique, la période n'est pas 9, il est impossible de l'exprimer avec un plus petit nombre de chiffres décimaux.

En effet, la quantité exprimée par la totalité des chiffres supprimés sur la droite du nombre proposé, ne peut jamais valoir plus d'une unité de l'ordre du dernier chiffre conservé ; car lors même que la partie supprimée est composée d'une infinité de 9, elle ne vaut que rigoureusement l'unité de cet ordre conservé. Donc, etc.

Mais, dans beaucoup de circonstances, on se contente d'approcher de la valeur d'un nombre décimal à moins d'un dixième, d'un centième, d'un millième, etc., près, en ne conservant qu'une, deux, trois, etc., décimales.

Ainsi, la valeur du nombre décimal 7,5432 à moins d'un centième près, est 7,54; car la partie 0,0032 négligée est moindre que la fraction périodique mixte 0,0099 .. etc., c'est-à-dire moindre que 0,01.

201. *Scolie.* Pour approcher de plus près de la valeur d'un nombre décimal, d'après le procédé du n° précédent, il faut distinguer trois cas.

1°. Si le premier chiffre décimal à supprimer est moindre que 5, on le supprimera avec ceux qui le suivent, en ne conservant que les chiffres placés sur sa gauche.

2°. Si ce premier chiffre à supprimer est plus grand que 5, ou si, étant égal à 5, il est suivi d'autres chiffres significatifs, on augmentera d'une unité le dernier chiffre conservé.

3°. Si ce chiffre est égal à 5, et qu'il ne soit suivi d'aucun chiffre signatif, on peut indifféremment conserver le dernier chiffre décimal tel qu'il est, ou l'augmenter d'une seule unité de son ordre; car alors l'erreur en plus égale celle en moins.

Voilà le principe sur lequel sont fondés les trois cas que nous venons d'observer sur la réduction du nombre des caractères exprimant les unités sous-décuples d'un nombre décimal.

202. Les quantités décimales, de même que les autres espèces de nombres, expriment des rapports plus ou moins considérables; aussi ces grandeurs sont-elles assujéties aux lois de la composition et de la décomposition des quantités.

Calcul des nombres décimaux.

203. Nous venons de voir qu'un nombre décimal quelconque est toujours conversible en fraction ordinaire. Nous profiterons donc de la connaissance que nous avons du calcul de ces dernières, pour analyser les quatre premières opérations élémentaires sur les nombres décimaux, en les considérant sous la forme de fractions ordinaires.

Addition et soustraction des nombres décimaux convertis en fractions ordinaires.

204. *Exemple.* Effectuer les deux premières opérations élémentaires sur les nombres 5,28 et 3,5.

Convertissant ces deux nombres proposés en fractions ordinaires, il vient à effectuer ces deux opérations sur les nombres fractionnaires suivants : $\dfrac{528}{100}$ et $\dfrac{35}{10}$.

Réduisant ces deux expressions au même dénominateur, on a, pour la première opération,

$$\frac{528}{100} + \frac{35}{10} = \frac{528}{100} + \frac{350}{100} \ (110) = \frac{528 + 350}{100} = \frac{878}{100},$$

et pour la seconde il vient

$$\frac{528}{100} - \frac{350}{100} = \frac{528 - 350}{100} = \frac{178}{100}.$$

Ces deux résultats fractionnaires étant convertis en décimales, donnent respectivement pour la somme et pour la différence des nombres proposés, 8,78 et 1,78.

205. D'après cela, on voit 1° que *l'addition des nombres décimaux s'effectuera comme celle des nombres entiers, en ne faisant aucune attention à la virgule décimale, pourvu que l'on ait soin, après avoir écrit les unités, les dixaines, etc., sous* *les unités, les dixaines, etc., d'écrire pareillement les dixièmes, les centièmes, etc., sous les dixièmes, les centièmes, les millièmes, etc.*

Pour parvenir avec plus de facilité à placer ainsi ces unités, on pourra, si on le juge à propos, faire en sorte que les nombres proposés renferment autant de chiffres décimaux l'un que l'autre, en mettant des zéros sur leur droite (**177**), puis on mettra en pratique la règle générale prescrite pour l'addition des nombres entiers (**31**), en observant toutefois que *les plus basses unités de la somme totale, seront de même espèce que les plus basses qui y seront entrées;* et que conséquemment *il faudra détacher sur la droite de cette somme totale, autant de chiffres décimaux qu'il y en aura dans celui des nombres ajoutés, qui exprimera ces plus basses unités, ou simplement autant qu'il s'en trouvera dans l'un d'eux, si on les ramène à la même unité décimale.*

Exemple. Trouver le nombre décimal équivalent aux trois suivants : 4,5, 28,15 et 134,227.

Je fais en sorte que ces nombres aient autant de décimales l'un que l'autre; puis je les écris en colonne d'addition, comme il est dit plus haut, et je trouve pour somme 166,877.

$$\begin{array}{r} 4,500 \\ 28,150 \\ 134,227 \\ \hline 166,877 \end{array}$$

206. 2°. Que *la soustraction des nombres décimaux doit s'effectuer comme celle des nombres entiers : on place les dixièmes sous les dixièmes, les centièmes sous les centièmes, etc.,* c'est-à-dire que ce qui vient d'être prescrit pour l'addition de ces sortes de nombres est applicable en d'autres termes à leur soustraction.

Exemple. Une somme 4,305 est donnée, ainsi que l'une de ces parties 2,18 ; découvrir l'autre partie de cette somme.

$$\begin{array}{r} 4,305 \\ 2,180 \\ \hline 2,125 \end{array}$$

On aura donc 2,125 pour cette autre partie.

Autre exemple. Trouver un nombre qui, ajouté à 0,05204, donne 0,1008.

Il faut retrancher 0,05204 de 0,1008 (57).

On ne doit pas être étonné de ce que le nombre à retrancher renferme plus de chiffres décimaux que celui duquel on doit le retrancher; car le plus grand nombre décimal n'est pas toujours celui qui renferme le plus de décimales, mais bien celui dont le premier de ses chiffres à gauche est le plus élevé, ou qui exprime les plus hautes unités. Ainsi, le nombre demandé est 0,04876.

$$\begin{array}{r} 0,10080 \\ 0,05204 \\ \hline 0,04876 \end{array}$$

Multiplication et division des nombres décimaux, considérés sous la forme de fractions ordinaires.

207. Quant à ces deux opérations, on sait que multiplier un nombre par 10, par 100, par 1000, etc., c'est le rendre 10 fois, 100 fois, 1000 fois, etc., plus grand (**22**).

Réciproquement; diviser un nombre par 10, par 100, par 1000, etc., c'est le rendre 10 fois, 100 fois, 1000 fois, etc., plus petit (**23**).

Donc, *pour multiplier ou pour diviser un nombre décimal par l'unité suivie de zéros, il suffit d'avancer la virgule d'autant de rangs vers la droite du multiplicande, ou vers la gauche du dividende, qu'il y a de zéros sur la droite de l'unité qui sert de multiplicateur ou de diviseur* (**175** et **176**). *S'il n'y avait pas assez de chiffres pour effectuer le déplacement de la virgule, on y suppléerait par des zéros mis sur la droite du multiplicande ou sur la gauche du dividende.*

Exemple. Pour la multiplication. Soit 5,4 à multiplier par 10000.

Il faut donc avancer la virgule de quatre rangs vers la droite du multiplicande 5,4, et par conséquent placer trois zéros sur la droite de ce facteur; ce qui donnera 54000 pour produit.

Exemple. Pour la division. Soit à diviser 5,4 par 1000.

Il faut donc transporter la virgule au quatrième rang de gauche du dividende, et par conséquent placer trois zéros sur sa gauche, sans compter le quatrième zéro qui doit tenir lieu des unités; ce qui donnera 0,00054 pour le quotient demandé.

208. Cela posé, qu'il s'agisse, 1° de multiplier un nombre décimal par un nombre quelconque; par exemple, 5,28 par 3,5.

En convertissant chaque facteur en fraction ordinaire, on aura $\dfrac{528}{100} \times \dfrac{35}{10} = \dfrac{528 \times 35}{100 \times 10} = \dfrac{18480}{1000}$ (n° **122**) $= 18,480$ (**188** et **207**) pour le produit demandé.

D'où l'on voit qu'il a suffi de multiplier 5,28 par 3,5, en faisant abstraction de la virgule décimale de chacun de ces facteurs, et de séparer sur la droite du produit total 18480 les trois décimales contenues tant dans l'un des facteurs que dans l'autre.

Autre exemple. Soit à multiplier 0,25 par 0,05.

En se conduisant comme dans l'exemple précédent, on a $\dfrac{25}{100} \times \dfrac{5}{100} = \dfrac{25 \times 5}{100.100} = \dfrac{125}{10000} = 0,0125$ (**207** et **188**) pour le produit des deux nombres proposés.

Ces deux exemples de multiplication nous démontrent clairement que cette opération sur les nombres décimaux *doit s'effectuer comme celle des nombres entiers, sans faire aucune attention à la virgule décimale, tant du multiplicande que du multiplicateur, ayant soin de détacher sur la droite du produit total autant de chiffres décimaux qu'il y en aura dans les deux facteurs.*

Si le produit ne renferme pas assez de chiffres pour en détacher le nombre prescrit, on y suppléera par des zéros placés sur sa gauche.

209. 2°. Qu'il soit question de diviser un nombre décimal par un nombre quelconque, tel que 3,5 par 0,054.

Mettant ces deux nombres sous la forme de fractions ordinaires, on aura $\dfrac{35}{10}$ à diviser par $\dfrac{54}{1000}$; ce qui donnera $\dfrac{35}{10}$

: $\dfrac{54}{1000} = \dfrac{35}{10} \times \dfrac{1000}{54} = \dfrac{35 \times 1000}{10 \times 54} = \dfrac{35000}{540} = \dfrac{3500}{54}$ (104) ;

on aura donc 3500 à diviser par 54.

Cet exemple seul nous prouve que *la division des nombres décimaux doit s'effectuer comme celle des nombres entiers, sans faire attention à la virgule décimale, pourvu que l'on ait soin de faire en sorte que le dividende et le diviseur renferment le même nombre de chiffres décimaux, au moyen de zéros que l'on placera sur la droite de celui du dividende ou du diviseur qui en exigera pour compléter le nombre de celles contenues dans l'autre.*

210. On ne se convaincrait pas moins de l'exactitude de cette règle générale, si, en reprenant notre exemple, on réduisait au même dénominateur les deux fractions $\dfrac{35}{10}$ et $\dfrac{54}{1000}$, équivalentes respectivement aux deux nombres décimaux proposés ; car on aurait $\dfrac{3500}{1000} : \dfrac{54}{1000}$, ou, en supprimant le dénominateur commun au dividende et au diviseur, 3500 à diviser par 54 : ce qui n'a pas altéré le quotient (87). Donc, etc.

On pourrait aussi effectuer la division immédiatement sur les fractions $\dfrac{3500}{1000}$ et $\dfrac{54}{1000}$, ce qui donnerait encore $\dfrac{3500}{1000} : \dfrac{54}{1000}$

$= \dfrac{3500 \times \cancel{1000}}{\cancel{1000}} \cdot \dfrac{}{54} = \dfrac{3500}{54}$, ou 3500 à diviser par 54. Donc encore, etc.

211. *Scolie.* La règle générale que nous avons donnée n° **208** pour effectuer la multiplication des nombres décimaux, peut encore se démontrer de la manière suivante :

Soit de nouveau 0,25 à multiplier par 0,05.

D'après cette règle citée, le produit de ces deux nombres décimaux sera donc $0,25 \times 0,05 = \dfrac{25 \times 5}{1000} = 0,0125.$

En effet, en multipliant 0,25 par 5 unités, le produit serait 1,25 ; car le multiplicateur 5 nous indiquerait que le multiplicande 0,25 devrait être ajouté quatre fois à lui-même (61). Or, (207). Donc, etc.

Ceci vient à l'appui de ce qui a été dit n° 62 ; que, quand le multiplicateur était des unités simples, les plus basses unités du produit étaient toujours de la nature des plus basses du multiplicande.

Cela posé, si, au lieu de multiplier 0,25 par 5 unités, on multipliait 0,25 par 0,5, facteur 10 fois plus petit, le produit serait 10 fois moindre que 1,25 (54) : il serait donc 0,125 (175) ; mais comme l'on doit multiplier 0,25 par un facteur encore 10 fois plus petit que 0,5, le produit sera 10 fois moindre que le dernier résultat obtenu : on aura donc 0,0125. Donc, etc.

212. Il est à observer, à l'égard de ce qui précède, touchant la multiplication des nombres décimaux, que le multiplicande et le multiplicateur seront d'ordinaire composés l'un et l'autre de plusieurs chiffres décimaux, tels que les deux facteurs 34,253297 et 12,725, qui donneraient un produit composé de neuf chiffres décimaux ; c'est-à-dire que les plus basses unités de ce produit seraient des *billionièmes,* unités d'autant moindres que l'unité principale serait elle-même plus petite. Si, par exemple, cette unité était le *franc,* il en résulterait que, passé les *centièmes,* ou tout au plus les *millièmes,* le restant des décimales serait annulé. Ce qui fait voir qu'il peut arriver très souvent, dans la pratique, *de substituer à un produit décimal rigoureux une approximation suffisante.*

Il est donc à propos de donner ici le moyen le plus expéditif pour obtenir le produit de facteurs décimaux avec une approximation donnée, et appropriée à la précision que l'importance des calculs nécessite.

Moyen de calculer le produit de deux nombres décimaux avec une approximation donnée.

213. Soit, par exemple, à déterminer à moins d'un centième près, le produit de 34,253297 par 12,725.

Avant de passer à la solution de cette question, il est bon de faire observer, d'après ce qui a été dit n° **62**, que si l'on multiplie par des unités 10 fois, 100 fois, etc., plus petites que l'unité principale : je veux dire par des dixièmes, par des centièmes, etc., on obtiendra un produit dont les plus basses unités seront 10 fois, 100 fois, etc., plus petites que les plus basses du multiplicande. Comme aussi, si l'on multiplie par des unités 10 fois, 100 fois, etc., plus grandes que l'unité simple, ou par des dixaines, des centaines, etc., on obtiendra un produit dont les plus basses unités seront 10 fois, 100 fois, etc., plus grandes que les plus basses du multiplicande (**54**).

Cela posé, et pour en revenir à notre exemple, on disposera les deux facteurs donnés comme à l'ordinaire ; et, en ce que leur produit ne doit s'obtenir qu'à un centième près, il faudra borner chacun des produits partiels à cette même unité près.

$$
\begin{array}{r}
34,253297 \\
12,725 \\
\hline
0,15 \\
0,68 \\
23,94 \\
68,50 \\
342,53 \\
\hline
435,80
\end{array}
$$

Partant, en commençant par le premier chiffre à droite du multiplicateur, j'ai à déterminer quelles sont les plus hautes unités du multiplicande par lesquelles doit commencer le chiffre des millièmes du multiplicateur, pour avoir un produit exprimé en centièmes.

Ce multiplicateur partiel 0,005 étant d'un rang inférieur aux centièmes, ou 10 fois plus petit que les unités que l'on se propose d'obtenir, il est évident que l'autre facteur doit avoir pour plus basses unités, des unités 10 fois plus grandes que celles (unités simples) qui combinées par voie de multiplication avec des centièmes, donnent des centièmes (**54**).

D'où je conclus que ce chiffre des millièmes du multiplicateur, ne doit commencer ses fonctions de facteur, qu'à partir des dixaines du multiplicande : je néglige donc sur la droite de ce dernier facteur toutes les unités inférieures aux dixaines ; et j'ai 0,15 pour premier produit partiel.

Avançant de droite à gauche, dans le multiplicateur, on a à multiplier par 0,02, unités dix fois plus grandes que les précédentes. Or, afin d'avoir toujours un produit exprimé en centièmes, je cherche un multiplicande qui ait pour plus basses unités des unités dix fois plus petites que les plus basses du précédent multiplicande (54). Donc le chiffre des centièmes du multiplicateur doit commencer ses multiplications partielles, par les unités simples du multiplicande ; ce qui donne 0,68 pour second produit partiel, que l'on écrira au-dessous du premier, de manière à ce que les premiers chiffres de droite de ceux-ci soient dans une même colonne verticale, ainsi que celui de chacun des autres produits partiels à obtenir, comme exprimant tous les mêmes plus basses unités.

Continuant d'avancer vers la gauche du multiplicateur, on a à multiplier par 0,7, facteur encore 10 fois plus grand que le précédent ; et qui, par conséquent, doit avoir pour correspondant dans le multiplicande, un chiffre exprimant des unités dix fois plus petites que celles adoptées pour le dernier multiplicateur. Donc, les dixièmes du multiplicateur proposé doivent commencer par les dixièmes du multiplicande : ce troisième produit partiel sera donc 23,94.

Par un raisonnement semblable, on voit que le chiffre des unités simples, ainsi que celui des dixaines du multiplicateur, doivent commencer leurs multiplications, respectivement par celui des centièmes et des millièmes du multiplicande.

D'où il suit qu'une fois que l'on a assigné dans le multiplicande, un chiffre correspondant au premier de droite du multiplicateur, celui pour chacun des autres chiffres de ce dernier facteur est aussi déterminé ; car *il se trouve à pareil rang de droite de celui-là, que le sont chacun de ceux-ci à gauche de leurs premiers de droite.*

Faisant la somme de tous ces produits partiels, et détachant, par une virgule, sur la droite du total, autant de chiffres décimaux qu'il en faut pour lui faire exprimer ses plus basses unités, on aura 435,80.

214. *Scolie.* Si l'on fait attention que tous les produits partiels de nombres simples qui ont été négligés, étant réunis, pourraient bien donner une et même plusieurs unités centièmes, on s'apercevra que le produit 435,80 n'est pas celui des deux nombres proposés, à moins d'un centième près.

Pour prévenir cette erreur, on calculera à l'unité décimale près de deux rangs inférieurs à celle que l'on voudra obtenir; et l'on supprimera les deux dernières décimales du produit total, en se conformant, toutefois, à ce qui a été dit n° **201**.

Dans cette hypothèse, les produits partiels négligés, quelque grands qu'ils soient en leur ordre, ne pourront donner une unité de l'ordre demandé; car il faudrait qu'ils fussent assez considérables pour que leur somme donnât une centaine de leurs plus hautes unités.

Ainsi, pour en revenir à notre exemple, on calculera, pour plus d'exactitude, le produit des deux facteurs 34,253297, et 12,725, à moins *d'un dix-millième* près; puis on annulera les deux dernières décimales du produit total.

Par là, la question n'est point changée, si ce n'est qu'au lieu de calculer chaque produit partiel à une centième près, il faudra le déterminer à un dix-millième près; et ce, suivant les mêmes lois de multiplication que celles indiquées plus haut, observant de supprimer sur la droite du produit total, les deux chiffres inférieurs aux centièmes, que l'on veut conserver, s'ils n'excèdent pas 50. Dans le cas contraire, on augmentera

$$
\begin{array}{r}
34,253297 \\
12,725 \\
\hline
0,1710 \\
0,6850 \\
23,9771 \\
68,5064 \\
342,5329 \\
\hline
435,8724
\end{array}
$$

d'une unité leur chiffre immédiatement supérieur (**201**), qui est le premier de ceux conservés; car ces chiffres supprimés étant plus grands que 0,0050, ils expriment une quantité supérieure à la moitié d'un centième ; et alors, l'erreur en moins excéderait celle en plus. On aura donc ici 435,87 pour le produit demandé.

215. Il résulte de ce qui précède, que, pour obtenir le produit de deux nombres décimaux avec une approximation donnée, il *faut écrire les deux facteurs comme à l'ordinaire ; puis commencer par assigner au premier chiffre à droite du multiplicateur, une figure du multiplicande qui soit telle qu'étant combinée avec celui-là, elle donne pour plus basses unités du résultat, des unités de deux rangs inférieurs à celles demandées. Cela étant fait, à fur et à mesure que l'on avancera d'un rang vers la gauche du premier chiffre du multiplicateur, on avancera d'un rang vers la droite du chiffre du multiplicande assigné à ce premier chiffre à droite du multiplicateur ; et l'on aura soin de placer dans une même colonne verticale, le premier chiffre de chacun de ces produits partiels ; enfin, on supprimera les deux premiers chiffres décimaux à la droite de leur somme totale, en observant de compter pour une unité de plus le dernier des chiffres conservés, si les deux supprimés sont au-dessus de 50.*

216. *Scolie.* Si l'on place chaque chiffre du multiplicateur sous celui du multiplicande par lequel il a commencé à multiplier ce dernier facteur, on remarquera : 1° que l'ordre des chiffres du multiplicateur est renversé ; 2° que les unités simples de ce facteur se trouvent placées sous la décimale de deux rangs inférieurs à celles que l'on veut obtenir au produit.

De là, on déduit cette seconde règle générale, pour trouver le produit de deux nombres décimaux, à moins d'une unité décimale donnée ; elle consiste : *à écrire le multiplicande tel qu'il est ; à renverser l'ordre des chiffres du multiplicateur ; et à placer ce facteur ainsi renversé au-dessous du multiplicande, ayant soin de mettre ses unités simples sous la décimale du multiplicande de deux rangs inférieurs à celle que l'on demande au produit.*

Cela étant fait, on observera, dans le cours de la multiplication, les trois règles suivantes :

1°. *De commencer chaque multiplication partielle, par le chiffre du multiplicande correspondant à chaque multiplicateur partiel ;*

2°. *D'écrire le premier chiffre de chaque produit partiel, dans une même colonne verticale ;*

3°. *Enfin, de supprimer les deux derniers chiffres décimaux du produit total, en augmentant d'une unité le dernier de ceux conservés, si les deux caractères supprimés sont au-dessus de 5o.*

217. *Scolie.* Il est à remarquer, au sujet de cette règle, que, dans le multiplicateur renversé, les dixaines, les centaines, etc., sont à la droite des unités simples ; et que par conséquent elles se trouvent placées sous la troisième, la quatrième, etc., décimale inférieure à celle que l'on a en vue. *Or, s'il n'y avait pas assez de chiffres sur la droite du multiplicande, pour faire correspondre ceux du multiplicateur exprimant ces unités, dixaines, centaines, etc., on y suppléerait par des zéros ; et si ce multiplicande en avait sur sa droite qui n'eussent pas de correspondant dans le multiplicateur, on les omettrait ;* car ce serait une preuve que les unités exprimées par ces chiffres seraient trop petites pour que leur produit, par les plus hautes du multiplicateur, exprimât les unités demandées.

De même, *si ce dernier facteur avait sur sa gauche des chiffres qui n'eussent pas de correspondant dans le multiplicande, on les supprimerait pareillement,* car ils exprimeraient des unités trop inférieures pour produire, en les multipliant par les plus hautes du multiplicande, les unités demandées.

218. Comme nous avons considéré deux espèces de fractions, il arrivera d'avoir à effectuer les opérations élémentaires sur des systèmes de nombres accompagnés tant de l'une que de l'autre de ces espèces de quantités moindres que l'unité. Il convient donc d'en donner ici les règles.

Des opérations sur les entiers, accompagnés tant de fractions ordinaires que de décimales.

219. Les règles du calcul des fractions ordinaires et des nombres entiers qui en sont accompagnés, n'étant pas les mêmes que celles qui ont été données pour opérer immédiatement sur les fractions ordinaires et sur les nombres décimaux, il est évident que la composition et la décomposition, par voie de telle ou telle opération, des entiers joints tant à des fractions ordinaires qu'à des fractions décimales, devront être ramenées aux unes ou aux autres des règles fournies sur les calculs de ces sortes de nombres.

Pour cela, *il suffira de convertir chaque fraction ordinaire en décimales, pour les réunir aux entiers dont elle est accompagnée ; puis opérer, comme il est dit n° **204**, ou d'ajouter à la partie entière, placée sur la gauche de la virgule, la fraction ordinaire équivalente à la partie décimale placée sur la droite de la virgule, et opérer ensuite comme il est dit n°s **140** et suivants.*

Voici un exemple sur chacune des quatre premières opérations élémentaires sur un système de nombres entiers accompagnés tant de fractions ordinaires que de décimales. Nous considérerons les nombres $6\frac{3}{4}$ et 8,35.

Calculs en fractions ordinaires.

$$1°. \quad \left(6+\frac{3}{4}\right)+8,35=\left(6+\frac{3}{4}\right)+\left(8+\frac{35}{100}\right)=6+8$$

$$+\left(\frac{3}{4}+\frac{35}{100}\right)=6+8+\left(\frac{300}{400}+\frac{140}{400}\right)=14$$

$$+\frac{440}{400}=15+\frac{40}{400}=15+\frac{1}{10}\ (n°\ \textbf{141})=15,1.$$

$2^{\circ}.\quad \left(8+\dfrac{140}{400}\right)-\left(6+\dfrac{300}{400}\right),\ \text{ou}\ \left(8+\dfrac{14}{40}\right)-\left(6+\dfrac{30}{40}\right)$

$=(8-6)+\left(\dfrac{14}{40}-\dfrac{30}{40}\right)=1+\dfrac{24}{40}=1+\dfrac{3}{5}\ (n^{\circ}\,142)$

$=1,6.$

$3^{\circ}.\quad \left(6\,\dfrac{3}{4}\right)\times\left(8\,\dfrac{35}{100}\right)=\left(6\,\dfrac{3}{4}\right)\times\left(8\,\dfrac{7}{20}\right)=\left(\dfrac{3}{4}\times\dfrac{7}{20}\right)$

$+\left(6\times\dfrac{7}{20}\right)+\left(\dfrac{3}{4}\times 8\right)+(6\times 8)=56+\dfrac{9}{80}$

$(n^{\text{os}}\,143\ \text{et}\ 144).$

$4^{\circ}.\quad \left(8\,\dfrac{7}{20}\right):\left(6\,\dfrac{3}{4}\right)=\dfrac{167}{20}:\dfrac{27}{4}=\dfrac{167}{20}\times\dfrac{4}{27}$

$=\dfrac{167\times 4}{20\times 27}=\dfrac{668}{540}=1,2370370\ldots\ldots\text{etc.},$

$(n^{\circ}\,147).$

Calculs en décimales.

$1^{\circ}.\quad \left(6+\dfrac{3}{4}\right)+8,35=6,75+8,35=\dfrac{675+835}{100}$

$=\dfrac{1510}{100}=15,10\ (n^{\circ}\,206).$

$2^{\circ}.\quad 8,35-6,75=\dfrac{835-675}{100}=\dfrac{16\emptyset}{10\emptyset}\ \text{ou}\ \dfrac{16}{10}\ (n^{\circ}\,104)$

$=1,6\ (n^{\circ}\,206).$

$3^{\circ}.\quad 8,35\times 6,75=\dfrac{835\times 675}{100\times 100}=\dfrac{563625}{10000}=56,3625$

$(n^{\circ}\,208).$

$4^{\circ}.\quad 8,35:6,75=835:675\ \text{ou}\ \dfrac{835}{675}=1,2370370,\ \text{etc.}$

$(n^{\circ}\,209).$

220. *Scolie.* De ce qu'une expression décimale quelconque est toujours transformable exactement en fraction ordinaire, et qu'il n'en est pas de même de la réciproque, nous conclurons qu'il sera parfois, sinon plus simple, du moins plus convenable, sous le rapport des erreurs que l'on pourrait commettre, de s'en tenir aux premiers des calculs précédents ; mais si la fraction ordinaire peut être transformée exactement en décimales, il conviendra de les ramener à ceux de ces dernières, comme étant toujours plus faciles et par conséquent plus prompts.

Au surplus, je reviendrai sur ces opérations immédiatement après l'extraction des racines, à l'effet de faire connaître les diverses applications des six opérations élémentaires sur toutes les espèces de nombres.

221. Conformément à ce qui a été dit n° **91**, je vais exposer le moyen de prouver la multiplication et la division d'après les propriétés de divisibilité du nombre 9.

Cette nouvelle manière de vérifier la troisième et la quatrième des opérations élémentaires ne présentera rien d'étrange ici, vu qu'elle se trouve à la portée de nos connaissances acquises, actuellement que nous savons que la division d'un nombre entier par un semblable nombre peut conduire à un reste ; et que, de plus, les symptômes ou conditions de divisibilité par 9, sur lesquels repose cette opération, sont assez simples pour être démontrés sans le secours de la théorie de la divisibilité des nombres, que je ne donnerai qu'à la fin de ce Traité.

Conditions de divisibilité d'un nombre par 9.

222. *Porisme. Tout nombre exprimé par un seul chiffre significatif, suivi ou non de zéros, sera divisible par 9, avec un reste égal au chiffre significatif qui est le nombre proposé, ou le caractère placé à la tête du nombre en question.*

En effet, 1 divisé par 9, donne 0 pour quotient en nombre entier, avec un reste 1. 10, qui est décuple de 1, donnera un reste 10 fois plus grand ou égal à 10 ; mais 10 contient 9 une fois, avec un reste 1.

Les nombres 100, 1000, etc., qui sont décuples de 10, étant divisés par 9, donneront encore le même reste 1.

Ceux 2, 20, 200, 2000, etc., qui sont respectivement doubles des précédents, donneront un reste double, ou égal à 2.

Leurs triples 3, 30, 300, 3000, etc., fourniront un reste triple, ou égal à 3, etc. Donc, etc.

Cela posé, tout nombre quelconque, tel que 6381, pouvant toujours être décomposé en ses unités simples, en ses dixaines, centaines, etc., on a pour celui-ci $6000 + 300 + 80 + 1$.

Divisant séparément par 9 chacune de ses parties, on obtiendra les restes partiels 6, 3, 8 et 1. Or, il est évident que si la somme de ces restes est un multiple de 9, le nombre proposé sera lui-même divisible par 9 ; c'est-à-dire que le reste zéro, de la division de ce nombre par 9, sera le même que celui que l'on obtiendra en divisant par le même nombre 9 la somme de tous les chiffres significatifs de ce nombre donné.

Ainsi, le reste de $6381 : 9 = (6 + 3 + 8 + 1) : 9 = 18 : 9 = 0$. Donc, etc.

Le nombre 6381 est un multiple de 9.

D'après cela, il sera facile de s'assurer si un nombre est multiple de 9, car, dans ce cas, *la somme de tous ses chiffres significatifs sera elle-même un multiple de ce nombre ; et, dans le cas contraire, le reste de la division de ce nombre proposé, par 9, s'obtiendra toujours en divisant par 9 la somme de tous ces chiffres significatifs ; et ce, en en supprimant le plus grand multiple de 9 qu'elle pourra renfermer, ou, plus simplement, en en retranchant toutes les parties égales à 9, au fur et à mesure qu'on les obtiendra en composant cette somme.*

225. *Scolie.* Il n'est pas difficile de voir que ces propriétés appartiennent aussi au nombre 3, car 9 est un multiple de ce dernier nombre. Donc, *tout multiple de 9 est divisible par 3*.

La réciproque est visiblement fausse : un multiple de 3 n'est pas toujours divisible par 9 ; les nombres 6, 12, 15, qui sont divisibles par 3, ne sont point des multiples de 9.

Preuve par 9 de la multiplication et de la division.

224. *Corollaire.* Il suit de ce qui précède que, si l'un des facteurs et même tous les deux sont multiples de 9, le produit sera lui-même un multiple de ce nombre.

En effet, dans le premier cas, si l'on divise ce facteur par 9, il sera réduit à zéro : ce dernier étant multiplié par l'autre facteur, ne pourra donner un produit autre que zéro ; car 0×4, par exemple, est une expression qui ne signifie pas autre chose, sinon que zéro doit être répété 4 fois. Donc la division du produit par 9, qui s'est opérée en même temps que celle du facteur (54), a dû s'effectuer exactement. Cette vérité se rattache d'ailleurs au principe énoncé n° **155**.

Dans le second cas, où les deux facteurs sont multiples de 9, à bien plus forte raison le produit sera-t-il lui-même un multiple de ce nombre.

D'après cela, on pourra toujours s'assurer de l'exactitude d'un produit, dont l'un au moins de ses facteurs sera multiple de 9.

Il faudra faire la somme des chiffres significatifs du produit, puis retrancher de cette somme tous les 9 ; et, si le produit est exact, on aura zéro pour résultat.

225. Dans le cas où les facteurs ne seraient pas des multiples de 9, on ne parviendra pas moins à s'assurer de l'exactitude de leur produit, d'après les mêmes procédés, car si l'on fait attention à la formation du produit d'un couple de facteurs non multiples de 9, on remarquera que le multiplicande, étant multiplié par la partie du multiplicateur qui est un multiple de 9, donne un produit multiple de ce même nombre 9 ; et que ce multiplicande, étant ensuite multiplié par le reste du multiplicateur, donne encore un produit composé d'un multiple de 9, et en outre du produit du reste du multiplicande par celui du multiplicateur. En sorte que le produit total de tels ou tels facteurs *sera toujours composé d'un multiple de 9, et en outre du produit du reste du multiplicande par le reste du multiplicateur.*

D'où il résulte que, si l'on cherche les restes que donneraient les divisions par 9 du multiplicande et du multiplicateur; et qu'ensuite on divisa le produit de ces deux restes, par le même nombre 9, on obtiendra un reste qui devra être égal à celui fourni par la division du produit total par 9. Dans le cas contraire, le produit serait irrégulier.

226. De là, concluons généralement que, *pour vérifier un produit par les propriétés de divisibilité du nombre 9, il faut ajouter tous les chiffres du multiplicande, et de la somme en ôter le plus grand multiple de 9 qu'elle pourra contenir; s'il y a un reste on l'écrira à part. Faire la même chose sur les chiffres du multiplicateur; puis multiplier le premier de ces restes par le second, et ôter encore du produit tous les 9. Ce dernier reste placé à part, devra égaler celui qu'on obtiendra en ôtant pareillement tous les 9 de la somme de tous les chiffres du produit total.*

Exemple. Vérifier le produit 4542100 qui résulte de la multiplication de 3428 par 1325.

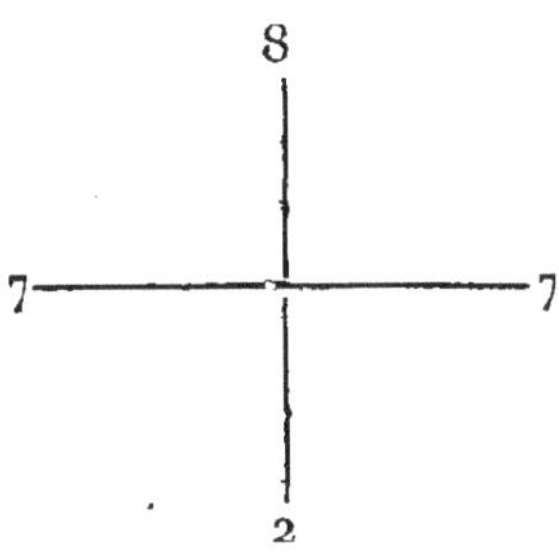

J'ajoute tous les chiffres du multiplicande, et j'ai......

$3+4+2+8=17$. De cette somme ôtant tous les 4, il reste 8 que j'écris au-dessus de la barre verticale.

D'un autre côté, la somme de tous les chiffres du multiplicateur est 11, de laquelle ôtant 9, il reste 2 que j'écris à l'autre extrémité de la même ligne verticale.

Cela étant fait, je multiplie ces deux restes 8 et 2 l'un par l'autre, et du produit 16 j'ôte encore tous les 9 ; puis je place le reste 7 à l'une des extrémités du trait horizontal. Actuellement ôtant tous les 9 de la somme des chiffres du produit donné 4542100, je dois avoir 7 de reste.

227. Quant à la division, puisque le dividende est la somme du produit du diviseur par le quotient, et du reste de l'opération, il s'ensuit évidemment que *le reste qui provient de la division du dividende par* 9, *doit être égal au reste que donne la division du produit des restes du diviseur et du quotient, par le même nombre* 9, *plus à celui du reste de la division principale, par le même nombre* 9.

Origine de la cinquième opération élémentaire ou de la formation des puissances.

228. Nous avons vu n° **48** que la multiplication tirait son origine du cas de l'addition où les nombres à ajouter sont égaux entre eux ; de même les puissances tirent la leur de ces deux cas de la multiplication : *où le multiplicateur est l'unité, et celui où les deux facteurs sont égaux.*

Ainsi on entendra par *puissance le résultat d'un nombre multiplié par l'unité, ou par lui-même une certaine quantité de fois.*

La première puissance de 4 est donc 4×1, ou ce nombre lui-même.

La seconde puissance de ce nombre 4 est 4×4 ou 16 ; sa troisième puissance est $4 \times 4 \times 4$ ou 64 ; comme $4 \times 4 \times 4 \times 4$ en est la quatrième, etc.

D'où il résulte que le degré de la puissance d'un nombre

est marqué par la quantité de fois que ce nombre est facteur.

Ainsi $7 \times 7 \times 7 \times 7 \times 7$ exprime la cinquième puissance de 7 : elle s'indique $(7)^5$; c'est-à-dire que l'on met entre parenthèses le nombre que l'on veut élever à une puissance quelconque, en écrivant au-dessus de la parenthèse de droite, le nombre qui marque le degré de la puissance.

La seconde et la troisième puissance d'un nombre ont reçu respectivement les noms de *carré* et de *cube*.

Le développement que nous allons fournir sur la formation de chacune des puissances d'un nombre, nous fera connaître la raison pour laquelle les deux puissances qui suivent la première ont reçu ces noms particuliers.

De la seconde puissance d'un nombre ou du carré numérique et de sa formation.

229. La seconde puissance d'un nombre a reçu le nom de *carré* parce que c'est de ce nom qu'est qualifiée la figure géométrique ci-dessous, dont les quatre côtés sont égaux, et dont *l'aire* ou la *surface*, ou si l'on veut la *superficie*, qui porte encore le même nom de carré, s'obtient en multipliant le côté par lui-même.

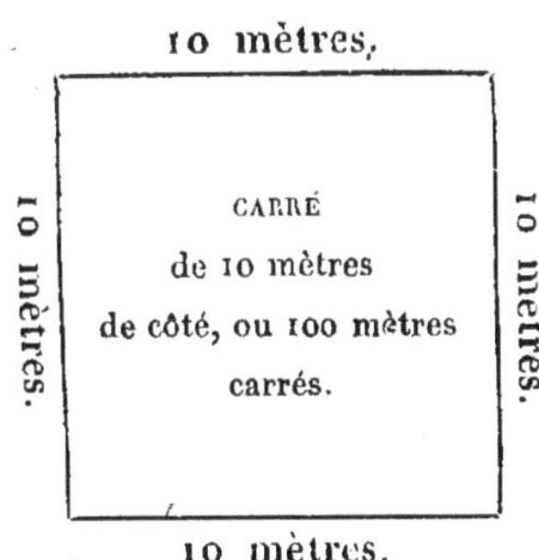

Nous pouvons donc définir ainsi le *carré numérique* : C'est *un nombre qui se compose d'un nombre donné de la même manière que ce dernier se compose lui-même de l'unité,* ou plus simplement, *c'est le produit de deux facteurs égaux.*

Donc le nombre que l'on carre est à la fois multiplicande et multiplicateur, ou, en d'autres termes, *deux fois facteur.*

230. De ce qui précède il résulte que, *pour carrer un nombre, il n'y a autre chose à faire qu'à multiplier ce nombre par lui-même.*

Exemple. $(32)^2 = 32 \times 32 = 1024.$

231. Bien que le moyen de carrer un nombre soit aussi simple qu'on vient de le voir, il convient cependant, afin de pouvoir revenir du carré à la racine, de mettre à découvert toutes les parties qui entrent dans le carré d'un nombre composé de plus d'un chiffre, ou d'un nombre composé d'unités et de dixaines; comme il convient également de faire connaître, dans le même but, à partir de quel chiffre du carré total, chacune de ces parties commence à compter; et de quelle manière chacune d'elles s'obtient.

A cet effet, nous décomposerons le produit $32 \times 32 = (32)^2$, ou le carré de 32, nombre qui égale $30 + 2$ ou 3 dixaines plus 2 unités.

Or, 32 étant multiplié par lui-même, donne :

1°. 2×2 *carré des unités* 4

2°. 3×2 ou 30×2 *produit des dixaines par les unités* 60

3°. 2×3 ou 2×30 *encore produit des dixaines par les unités* (59) 60

4°. Enfin 3×3 ou 30×30 *carré des dixaines* 900

Donc $(32)^2 = \overline{1024}$

On voit que ce carré est composé *de celui des unités, plus de deux fois le produit des dixaines par les unités, et en outre du carré des dixaines.*

La loi que nous venons de suivre pour la formation de ce carré étant celle de la multiplication, il s'ensuit qu'elle n'est pas plus particulière au carré de 32 qu'à celui de tout autre nombre composé de plus d'un chiffre.

Il sera donc vrai de dire : *que le carré de tout nombre composé de dixaines et d'unités, renferme :* 1° *le carré des unités ;* 2° *le double produit des dixaines par les unités ;* 3° *enfin, le carré des dixaines.*

Il est à remarquer que la seconde de ces parties peut, selon ce qui a été dit n° 59, s'énoncer, au besoin, des trois manières suivantes :

1°. *Double produit des unités par les dixaines ;* 2° *double des dixaines par les unités ;* 3° *double des unités par les dixaines.*

Ainsi, pour carrer un nombre, on pourra se dispenser de l'écrire au-dessous de lui-même pour effectuer la multiplication ; *il suffira de l'écrire une seule fois et de chercher séparément les trois parties ci-dessus désignées, ayant soin de faire exprimer à chacune d'elles les plus basses unités convenables, sachant que des dixaines, multipliées par des unités, donnent des dixaines,* etc. (62).

C'est de cette manière que l'on trouve que le carré de 1111 est 1234321.

$$
\begin{array}{lll}
1°. & (1)^2 & 1 \\
2°. \ 2 \text{ fois } 111 \times 1 & & 2220 \\
3°. & (111)^2 & 1232100 \\
\hline
& (1111)^2 = & 1234321
\end{array}
$$

252. *Scolie.* De ce que la seconde de ces parties s'obtient *en mettant un zéro sur la droite du double des chiffres exprimant les dixaines, multipliés par celui exprimant les unités,* et que la troisième se forme *en mettant deux zéros sur la droite du carré des chiffres des dixaines,* il est facile d'en conclure que le carré des unités ne fait point partie du double produit des dixaines par les unités ; de même, cette dernière

partie n'entre point dans le carré des dixaines, c'est-à-dire que le carré des unités n'entre dans la formation du carré total qu'à partir du premier chiffre à droite ; et que le double produit des dixaines par les unités n'y entre qu'à partir du second, tandis que le carré des dixaines y entre à partir du troisième.

233. D'après ce que nous venons d'observer sur la formation du carré, on peut encore dire : *que le carré d'un nombre quelconque renferme :* 1° *le carré du premier chiffre à droite ;* 2° *le double produit du premier par le second ;* 3° *le carré du second ;* 4° *le double produit des deux premiers par le troisième ;* 5° *le carré de ce dernier ;* 6° *le double produit des trois premiers par le quatrième ;* 7° *le carré de celui-ci ; ainsi de suite.*

En effet, qu'il soit question de carrer le nombre 432, on a 432×432.

Si l'on décompose le produit 432×432 en chacun des produits partiels qui doivent le former, on aura : 1° en commençant par le premier chiffre de droite, 2×2 *carré du premier chiffre à droite ;* 2° 3×2 *produit du second par le premier ;* 3° passant au second chiffre, on a 2×3 *encore produit du second par le premier* (**59**) ; 4° 3×3 *carré du second ;* 5° en multipliant le troisième successivement par chacun des deux premiers, on a $(4 \times 2) + (4 \times 3) = (4 \times 2) + (4 \times 30) = 4 \times (30 + 2) = 4 \times 32$ *produit du troisième par les deux premiers ;* 6° en passant au troisième chiffre, on a $(2 \times 4) + (3 \times 4)$ ou $(2 \times 4) + (30 \times 4) = (2 + 30) \times 4$ ou $(30 + 2) \times 4 = 32 \times 4$, *encore produit du troisième par les deux premiers* (**59**) ; 7° enfin, 4×4, *carré du troisième.*

Réunissant séparément tous les produits homogènes, on trouve tous ceux précédemment énoncés. Donc, etc.

Du carré des fractions ordinaires.

234. De la manière dont on multiplie une fraction par une fraction (**122**), on conclut que, *pour carrer une fraction, il faut carrer séparer son numérateur et son dénominateur.*

Exemple. $\left(\dfrac{3}{4}\right)^2 = \dfrac{3}{4} \times \dfrac{3}{4} = \dfrac{3 \times 3}{4 \times 4} = \dfrac{(3)^2}{(4)^2} = \dfrac{9}{16}.$

Donc, etc.

De la troisième puissance d'un nombre, ou du cube numérique et de sa formation.

235. Nous avons vu, n° **229**, la raison pour laquelle la seconde puissance d'un nombre avait reçu le nom de carré; de même, la troisième puissance de ce nombre a été nommée *cube,* parce que ses trois facteurs égaux représentent les trois dimensions égales d'un corps que l'on appelle *cube* en *géométrie,* et dont la solidité, qui s'obtient en faisant le produit des trois dimensions égales, porte le même nom.

D'après cela, nous pouvons définir ainsi le *cube numérique : c'est un nombre qui se compose du carré d'un autre nombre, de la même manière que ce carré s'est lui-même composé de cet autre nombre.* (Voir la définition du carré numérique n° **229**), ou, en d'autres termes, *c'est le produit de trois facteurs égaux.*

236. Il suit de là que pour cuber un nombre *il faut le multiplier deux fois par lui-même ;* ce qui revient à *multiplier le carré du nombre proposé par ce nombre même.*

Exemple. Élever 32 au cube, on a $(32)^3 = 32 \times 32 \times 32 = (32 \times 32) \times 32 = (32)^2 \times 32 = 32768.$

237. Afin de mettre à découvert les différentes parties qui entrent dans la formation du cube d'un nombre composé d'unités et de dixaines, il suffit de rappeler que le cube d'un nombre provient de son carré multiplié par ce nombre même, pour en conclure qu'à cet effet il faut décomposer le produit $(32)^2 \times 32.$

Or, pour opérer cette décomposition, je ferai observer que chacune des trois parties qui entrent dans le carré de 32 (n° **230**), sera multipliée successivement par les dixaines et par les unités du même nombre 32.

Multipliant d'abord chacune de ces trois parties par les dixaines, on aura 1° le carré des dixaines, dans lequel ces unités sont deux fois facteur, multiplié par les dixaines, donnera par conséquent un résultat dans lequel les dixaines seront trois fois facteur ou *le cube des dixaines;*

2°. Le double produit des dixaines par les unités, dans lequel les dixaines sont une fois facteur, étant multiplié par les dixaines, donnera un résultat où les dixaines seront deux fois facteur : ce résultat sera donc exprimé par *deux fois le carré des dixaines multiplié par les unités ;*

3°. La troisième partie, carré des unités, étant multipliée par les dixaines, donnera *une fois le carré des unités par les dixaines.*

Chacune de ces mêmes parties, contenues dans le carré de 32, étant ensuite multipliée par les unités, donneront :

1°. Le carré des dixaines multiplié par les unités, ou *une fois le carré des dixaines par les unités ;*

2°. Multipliant, par les unités, le double produit des dixaines par les unités, dans lequel les unités sont déjà une fois facteur, on aura *deux fois le carré des unités par les dixaines ;*

3°. Enfin, en multipliant, par les unités, le carré des unités, on aura un résultat dans lequel les unités se trouveront trois fois facteur : il exprimera donc *le cube des unités.*

Ces produits partiels ainsi obtenus, si l'on s'arrête à leur similitude, on voit que le second de la première série et le premier de la seconde, donnent *trois fois le carré des dixaines par les unités ;* le troisième de la première série et le deuxième de la seconde donnent *trois fois le carré des unités par les dixaines.*

En sorte, qu'au fond, ces six produits se réduisent à quatre réellement distincts, qui sont :

1°. *Le cube des dixaines ;*

2°. *Le triple carré des dixaines par les unités ;*

3°. *Trois fois le carré des unités par les dixaines ;*

4°. *Enfin, le cube des unités.*

Cela posé, on peut se dispenser de multiplier deux fois par lui-même le nombre à cuber ; il suffira de chercher séparément chacune des quatre parties ci-dessus énoncées. C'est ce que nous allons faire dans l'exemple suivant :

Cuber le nombre 264, on a

$$
\begin{aligned}
(260)^3 &= \dots\dots\dots\dots 17576000 \\
3 \text{ fois } (260)^2 \times 4 &= \dots\dots\dots\dots 811200 \\
3 \text{ fois } (4)^2 \times 260 &= \dots\dots\dots\dots 12480 \\
(4)^3 &= \dots\dots\dots\dots 64 \\
\hline
(264)^3 &= \dots\dots\dots\dots 18399744
\end{aligned}
$$

Solution. Les dixaines du nombre proposé étant au nombre de 26, elles valent 260 unités, dont le cube est... $260 \times 260 \times 260 = 26 \times 26 \times 26 \times 1000 = 17576000$ (n° 63) ; ce qui fait voir que des dixaines élevées au cube donnent des mille.

Le carré des dixaines étant 260×260, ou $26 \times 26 \times 100 = 67600$ (63), son triple 202800, multiplié par les unités, est 811200.

Le triple carré des unités est 48 ; son produit, par les dixaines, est donc 48×260, ou $48 \times 26 \times 10 = 12480$.

Enfin, le cube des unités est $4 \times 4 \times 4 = 64$.

Donc le cube demandé est exprimé par la somme 18399744 résultant de tous les produits partiels ci-dessus.

258. *Scolie.* Au moyen de l'exemple précédent, on remarque facilement que la première partie s'obtiendra toujours *en mettant trois zéros sur la droite du cube des chiffres exprimant les dixaines ; la seconde, en plaçant deux zéros sur la droite du produit résultant du triple carré des chiffres des dixaines par celui des unités ; la troisième, en ajoutant un seul zéro sur la droite du produit du triple carré du chiffre des unités multiplié par ceux des dixaines.* Quant à la quatrième de ces parties on la formera en cubant le chiffre des unités.

D'où il suit que le cube des dixaines entre dans la formation du cube total à partir du quatrième chiffre de droite; tandis que le triple carré des dixaines par les unités, le triple carré des unités par les dixaines et le cube des unités, n'y entre respectivement qu'à partir des troisième, second et premier chiffres aussi de droite.

Donc, le triple carré des dixaines par les unités, ne fait point partie du cube des dixaines, comme le triple carré des unités par les dixaines, ne fait pas partie du résultat qui le précède, dans l'ordre dont ils ont été obtenus plus haut, de même que le cube des unités n'entre pour rien dans sa partie précédente.

239. De ce qui a été dit n° **233**, on peut conclure aussi que le cube d'un nombre quelconque se forme : 1° *du cube du premier chiffre à droite ; 2° du triple carré du premier par le second ; 3° du triple carré du second par le premier ; 4° du cube du second ; 5° du triple carré des deux premiers par le troisième ; 6° du triple carré du troisième par les deux premiers ; 7°. du cube du troisième, ainsi de suite.*

Du cube des fractions ordinaires.

240. Le troisième cas de la multiplication des fractions (**122**), nous fait voir que, pour cuber une fraction, *il faut cuber séparément son numérateur et son dénominateur.*

$$Exemple. \left(\frac{3}{4}\right)^3 = \frac{3}{4} \times \frac{3}{4} \times \frac{3}{4} = \frac{3.3.3}{4.4.4} = \frac{(3)^3}{(4)^3} = \frac{27}{64}.$$

De la quatrième puissance d'un nombre.

241. De ce que la quatrième puissance d'une quantité s'obtient en la multipliant trois fois par elle-même (**228**), il s'ensuit que cette puissance *se compose d'autant de fois le cube de cette quantité proposée, que celle-ci se compose elle-même de l'unité.*

Ainsi, pour élever un nombre à sa quatrième puissance, on multipliera le cube de ce nombre, par le nombre lui-même.

Donc, si l'on veut mettre à découvert toutes les parties qui entrent dans la quatrième puissance d'un nombre, il faut multiplier successivement chacune de celles qui composent le cube de ce nombre, d'abord par les unités, puis par les dixaines de ce même nombre; et l'on trouvera que cette puissance se forme : 1° *de la quatrième puissance des dixaines;* 2° *de quatre fois le cube des dixaines par les unités;* 3° *de quatre fois le cube des unités par les dixaines ; 4° de six fois le carré des dixaines par le carré des unités ; 5° enfin, de la quatrième puissance des unités.*

242. On voit par là que la multiplicité des parties composant chacune des différentes puissances d'un nombre, est en raison directe du degré de la puissance ; d'un autre côté on juge facilement, malgré cette analogie qu'on remarque entre elles, de la difficulté qu'il y a à les obtenir selon les lois ordinaires de la multiplication effectuée immédiatement sur les nombres; c'est pourquoi nous nous en tiendrons ici à la formation du carré et du cube d'un nombre. Quant aux puissances supérieures, dont la quantité est illimitée, il faut avoir recours à une formule générale, semblable à celle du binome, en algèbre, qui contient implicitement toutes les parties qui entrent dans une puissance quelconque d'une grandeur indéterminée ; mais décomposée en deux parties telles qu'on peut les considérer : comme représentant les unités et les dixaines d'une grandeur numérique.

Des puissances supérieures des fractions ordinaires.

243. D'après ce qui a été déjà dit concernant les deux premières puissances d'un fraction, il est aisé d'en conclure que, quelle que soit celle à laquelle doit être élevée une fraction, *il faut élever séparément à cette puissance son numérateur et son dénominateur.*

Cette proposition rentre donc dans le cas des nombres entiers.

$$Exemple.\ \left(\frac{3}{4}\right)^4 = \frac{3}{4} \times \frac{3}{1} \times \frac{3}{4} \times \frac{3}{4} = \frac{3.3.3.3}{4.4.4.4} = \frac{(3)^4}{(4)^4} = \frac{7^1}{256}.$$

Origine de la sixième opération élémentaire, ou de l'extraction des racines.

244. Après avoir formé la première, la deuxième, la troisième; ou la première, le carré, le cube, la quatrième, etc., puissance d'un nombre, on a dû se proposer le problème inverse, qui consiste : *à trouver ce nombre quelconque, connaissant sa puissance dont le degré est déterminé.*

Cette racine prend le nom ou de *racine première*, ou de *racine carrée*, ou de *racine cubique*, ou de *racine quatrième*, etc., suivant qu'il est question ou de première puissance, ou de carré, ou de cube, ou de quatrième, etc., puissance.

Nous allons analyser successivement l'extraction de chacune de ces racines.

Extraction des racines du premier degré.

245. Il a été dit, n° **228**, que la première puissance d'un nombre était le résultat de ce nombre multiplié par l'unité, ou ce nombre lui-même. Donc, ce cas de l'extraction des racines rentre dans la solution de ce problème.

Trouver une quantité qui multipliant un nombre donné, produise ce même nombre proposé?

Exemple. Déterminer la racine première de 5, ou le nombre qui, multipliant 5, donne 5?

Or, le multiplicateur d'un multiplicande qui égale le produit, ne peut être autre que l'unité (**125**); donc *la racine première d'une quantité quelconque sera toujours l'unité.*

Extraction de la racine carrée.

246. La formation du carré étant, comme toutes les autres puissances, un cas de la multiplication, il est clair que l'extraction de sa racine sera elle-même un cas de la division : car elle a pour but, *connaissant un carré, de trouver le nombre qui l'a produit,* ou plus généralement, *de chercher un nombre qui multiplié par lui-même, produise un nombre donné.*

Avant d'entreprendre l'analyse de cette opération, il convient de démontrer la proposition suivante :

247. *Porisme.* Tout carré composé de un et même de deux chiffres, ne peut donner qu'un seul chiffre à sa racine ; comme tout carré composé de trois et même de quatre chiffres, n'en peut donner que deux à sa racine, ni plus ni moins, ainsi de suite.

En effet, 1° 10 qui est la plus petite racine composée de deux chiffres, a pour carré 100 qui est un nombre exprimé par trois chiffres. Donc une racine d'un chiffre ne pourra produire qu'un carré composé au plus de deux chiffres. Donc, etc.

2°. La plus petite racine de trois chiffres est 100, dont le carré, qui est 10000, en contient 5. Donc une semblable racine ne pourra provenir que d'un carré composé de cinq ou de six chiffres. Donc enfin le carré de trois ou de quatre chiffres, aura une racine de deux chiffres au plus.

On démontrerait de la même manière qu'un carré contenant cinq et même six chiffres, ne peut en donner que trois à sa racine, etc. Donc, etc.

248. Les carrés dont nous venons de parler composent les différents cas de l'extraction des racines du second degré ; c'est-à-dire que le rang de chacun des cas de cette opération, est marqué par le nombre des chiffres qui doivent composer la racine demandée.

1er *cas.* Soient à extraire les racines carrées de nombres

composés de un et de deux chiffres, telles que celles des carrés 4 et 64.

Le tableau ci-dessous offrira toujours la solution de ce
premier cas ; car il comprend tous les carrés composés de un
et de deux chiffres, avec leurs racines en nombres simples :

$$\textit{Racines.} \quad 1, \; 2, \; 3, \quad 4, \quad 5, \quad 6, \quad 7, \; 8, \quad 9.$$
$$\textit{Carrés.} \quad 1, \; 4, \; 9, \quad 16, \; 25, \; 36, \; 49, \; 64, \; 81.$$

Ainsi, les racines 2 et 8 satisfont à la question.

249. *Scolie.* On remarque, par le tableau ci-dessus, que
parmi les nombres depuis 1 jusqu'à 81, on n'en compte que 9
qui aient des racines exactes en nombres entiers. Les autres
qui sont interceptés par ceux-ci, ont donc des racines comprises entre deux consécutives du tableau, ainsi elles ne peuvent qu'être fractionnaires, vu que celles interceptant ne diffèrent entre elles que de l'unité.

Plus tard nous reviendrons sur ces derniers carrés qu'on
nomme *incommensurables* ou *irrationels*, parce que, n'ayant
pas de racines en nombres entiers, il sera prouvé qu'il ne peuvent pareillement en avoir d'exactes en nombres fractionnaires,
et que ces racines ne s'obtiendront par conséquent que d'une
manière approchée.

Pour le moment, nous nous bornerons simplement à les déterminer à moins d'une unité près, en prenant celle du plus
grand des neuf carrés, composant le tableau, qui pourra être
contenue dans le carré proposé.

Exemple. Les racines des carrés 6 et 56, à moins d'une
unité près, sont respectivement celles des nombres 4 et 49 :
elles sont donc 2 et 7.

250. 2e *cas.* Soit à extraire la racine d'un carré composé de
trois ou quatre chiffres : telle que celle de 1024, ou trouver le
nombre qui, multiplié par lui-même, donne 1024.

Solution. Le carré proposé se composant de   1024 | 32
plus de deux chiffres, sa racine se composera elle-   124
même d'unités et de dixaines. Donc, le carré   4
proposé renferme les trois parties énoncées n° **231**.   o

Partant, pour déterminer d'abord les plus
hautes unités de la racine, on se rappellera ce qui a été dit
n° **232**, que le carré des dixaines, qui se forme en mettant deux
zéros sur la droite de celui des chiffres qui les expriment,
n'entre dans l'addition des trois parties composant le carré
total, qu'à partir du rang des centaines. Donc les deux premiers chiffres à droite du carré proposé, ne font point partie
du carré des dixaines ; c'est pourquoi je les en détache par un
point : et j'ai 10 pour le carré des dixaines, et en outre
les centaines produites par les deux autres parties du carré
total. Or, si l'on cherche le plus grand des neuf carrés, de
un et de deux chiffres, composant le tableau ci-devant, contenu dans 10, qui est 9, sa racine 3 exprimera les dixaines de
celle cherchée.

Retranchant donc $(3)^2$ ou 9, de 10, le reste 1 sera la retenue
faite sur le double produit des dixaines par les unités et le carré
de ces dernières : en sorte que, le restant 124 du carré proposé
est la somme de ces deux dernières parties.

Comme le double produit des dixaines par les unités se
forme en ajoutant un zéro sur la droite du produit résultant
du double du chiffre des dixaines par celui des unités (**232**),
il en résulte que cette partie n'entre dans la somme des trois
énoncées précédemment (**231**), qu'à partir du rang des dixaines
(**232**). Donc le dernier chiffre à droite de la somme 124, qui
exprime des unités, ne fait point partie du produit du double
des dixaines par les unités, c'est pourquoi il en est séparé par
un point ; et il reste 12 pour ce produit, et la retenue faite sur
le carré des unités. De manière que, pour obtenir les unités
de la racine, on a ce problème à résoudre : un produit 12
est donné, avec l'un de ses facteurs 6, double des dixaines déjà
obtenues, découvrir l'autre facteur? ce qui se fera par la
simple division de 12 par 6. Le quotient 2 exprimera les unités

cherchées ; c'est pourquoi on l'écrira à la droite des dixaines de la racine ; puis l'on retranchera 2×6 de 12, et à côté du reste zéro, on abaissera le chiffre des unités du carré total, qui avait été détaché comme exprimant le carré des unités de la racine : et l'on aura 4, nombre qui ne renferme plus que 2×2, où le carré des unités de la racine. Le reste zéro que l'on obtient, en retranchant du nombre 4, ce dernier produit 2×2, fait conclure que la racine carrée de 1024, où que le nombre, qui, multiplié par lui-même, donne 1024 est 32.

3e *cas.* Celui où le carré proposé renferme cinq ou six chiffres : tel que, par exemple, 289444.

Bien que, dans cette hypothèse, la racine cherchée ait plus de deux chiffres, elle peut toujours être considérée comme étant composée de dixaines et d'unités ; car les unités supérieures aux dixaines, sont multiples de ces dernières. Donc le carré proposé est composé des trois parties énoncées dans le n° **231**; mais comme la plus grande de ces parties y est entrée à partir du rang des centaines, il s'ensuit que les deux premiers chiffres, qui expriment respectivement les unités et les dixaines du carré proposé, ne font point partie du carré des dixaines ; c'est pourquoi on les en sépare par un point.

$$
\begin{array}{ll|l}
28.94\ 44 & & 538 \\
\cline{3-3}
3\ \ 94 & & 10 \\
\cline{3-3}
\ \ \ \ 94 & & 106 \\
\ \ 85.44 & & \\
\ \ \ \ 64 & & \\
\ \ \ \ \ 0 & &
\end{array}
$$

En sorte que la partie 2894, du carré proposé, exprime le carré des dixaines de la racine, et en outre la retenue faite sur les deux autres parties composant le carré total. Ainsi, pour obtenir les dixaines de la racine, il suffit d'extraire celle du plus grand carré contenu dans 2894 ; mais comme ce carré est composé de quatre chiffres, on en conclut que sa racine, qui elle-même exprime les dixaines de celle cherchée, renferme deux chiffres. Si, donc, l'on considère cette racine en dixaines comme étant composée d'un nombre simple de dixaines et d'unités, on sera conduit à extraire la racine carrée de 2894 selon le procédé du second cas ; et l'on trouvera 53 pour cette racine, avec un reste 85 qui exprime la retenue indiquée plus haut. Abaissant à côté de ce reste 85, les deux premiers chiffres détachés, on a 8544 pour la somme du double produit des dixaines par les unités, et le carré de ces dernières; mais, comme la première de ces deux parties a dû y entrer à partir des dixaines (**252**), le chiffre des unités de cette somme en sera détaché; ce qui donnera 854 pour le double des dixaines, multiplié par les unités et, en outre, pour la retenue faite sur le carré des unités. Ainsi, en divisant 854 par 106 double des dixaines de la racine, on aura 8 pour ses unités, et un reste 6 qui doit exprimer la retenue faite sur le carré des unités; c'est pourquoi on joindra à ce reste le chiffre des unités du carré total, qui avait été distrait de la précédente somme, comme exprimant le premier chiffre à droite du carré des unités; ce qui donnera 64 pour cette dernière partie.. Retranchant alors de ce dernier nombre, le carré des 8 unités de la racine, on aura zéro pour reste. Ce dernier reste étant nul, on en conclut que la racine du carré proposé est 538.

4ᵉ *cas*. Soit à extraire la racine carrée de 2137212g.

D'après ce qui a été dit n° **247**, on voit que la racine demandée est composée de quatre chiffres, dont les trois premiers de gauche en exprimeront les dixaines et le quatrième les unités. Détachant les deux premiers chiffres de droite du carré proposé, comme exprimant respectivement le premier chiffre de droite du carré des unités et du double produit des dixaines par les unités, on aura 213721 pour le carré des dixaines, et en outre la retenue faite sur les deux autres parties. Si, donc, on cherche, selon le procédé du troisième cas, le plus grand

```
21.3 7.2 1.2 9 │ 4623
  5 3.7        │ ─────
               │ 8
  5 7          │ 92
  3 6          │ ────
 ─────         │ 924
 2 1 2.1
   2 8 1
       4
 ───────
 2 7 7 2.9
   0 0 0 9
         9
         ─
         0
```

carré contenu dans cette partie 213721, la racine 462 exprimera les dixaines de celle cherchée. Abaissant la tranche 29 à côté de la retenue 277 qui était comprise dans le carré des dixaines de la racine totale, on aura 27729 pour la somme des deux autres parties composant le carré proposé. Ce dernier résultat 27729, séparé de son premier chiffre de droite, et ensuite divisé par 924, double des dixaines de la racine, donne un quotient 3 qui exprime les unités de la racine cherchée. Le produit 924×3 étant retranché de 2772 conduit à un reste zéro, à côté duquel abaissant le 9 détaché de la précédente somme, il vient enfin à retrancher $(3)^2$ de 9. Ce dernier reste étant nul, on en conclut que la racine du carré proposé est exactement 4623.

251. *Scolie.* On remarque facilement que si, à la suite de chaque division, on place le quotient à la droite de son diviseur, et qu'en-suite on multiplie le résultat par ce même quotient, on aura un produit qui contiendra le carré du dernier chiffre mis à la racine, qui est tou-jours considéré lui-même comme ex-primant des unités simples; plus, le double produit des dixaines par ce même chiffre. De sorte qu'en retranchant ce produit du nom-bre qui exprime la somme de ces deux parties; laquelle somme est toujours le dividende réuni au chiffre détaché sur sa droite, après avoir abaissé une tranche binaire, il s'en-suivra que ces deux parties se trouveront soustraites par cette seule opération, comme on le voit par le type ci-dessus.

```
21.3 7.2 1.2 9 | 4623
  5 3.7         | 86
    2.1 2.1     |  6
      2 7 7 2.9 | 922
        0 0 0 0 |   2
                | 9243
                |    3
```

252. On remarquera en outre que chacune des tranches en lesquelles le carré proposé se décompose au moyen des rai-sonnements précédents, fournit un chiffre à la racine, d'où l'on conclut que 1° la racine carrée de tout nombre *renfer-mera toujours moitié de la quantité des chiffres de ce nombre, en en augmentant même la quantité mentalement de 1, lors-qu'elle se trouvera impaire;*

1°. *Chacune des tranches binaires du carré donne par con-séquent un chiffre à la racine.*

C'est pourquoi on portera un zéro à cette racine toutes les fois qu'après avoir abaissé une tranche à côté du reste et en avoir séparé le premier chiffre, le restant à gauche ne contiendra pas le double de la racine déjà obtenue.

253. Les raisonnements précédents sur l'extraction de la racine carrée, s'appliquant à tous les autres cas de cette opération, on en conclut que, pour extraire la racine carrée d'un nombre quelconque, *il faut d'abord partager le carré proposé en tranches par ordre binaire, en commençant par la droite ; ce qui fera que la dernière tranche de gauche ne sera composée que d'un seul chiffre toutes les fois que le nombre de ceux composant le carré proposé sera impair ; puis on opérera sur chacune de ces tranches comme on vient de le faire, en observant que chacune d'elles doit donner un chiffre à la racine. On portera donc zéro à cette racine toutes les fois qu'ayant abaissé une tranche et détaché le premier chiffre à droite du résultat, le reste ne contiendra pas le double de la racine déjà obtenue,* etc.

254. *Porisme.* Bien que l'on soit toujours à même de reconnaître, en faisant les soustractions, lorsque le dernier chiffre mis à la racine est trop fort, car alors toutes les parties ne peuvent se retrancher ; il n'en est pas moins vrai que ce n'est qu'au moyen de grands tâtonnements que l'on parvient à s'assurer que ce chiffre est ou n'est pas trop faible. Mais afin de lever toute difficulté sur ce point, nous allons soumettre à une formule générale la différence qui existe entre les carrés de deux racines différant entre elles de l'unité.

Soient pour exemple les racines 5 et 6, dont les carrés sont 25 et 36 ; mais $36 = 25 + (5 \times 2) + 1$. Donc *le carré de la plus grande contient celui de la plus petite, plus deux fois la plus petite racine, plus l'unité.*

Pour rendre évidente et générale cette proposition ainsi formulée, nous représenterons la plus petite de ces racines par a ; la plus grande sera alors $a + 1$.

Cette dernière, qui est composée de deux symboles, peut

être considérée comme représentant un nombre exprimé par deux chiffres.

Partant, le carré de la racine $a+1$ qui s'indique ainsi $(a+1)^2$ sera donc égal à $(a+1) \times (a+1)$.

Or, le produit $(a+1) \times (a+1)$ contiendra évidemment chacune des parties a et 1 du multiplicande, prise autant de fois que l'indique chacune des mêmes parties a et 1 de ce facteur. Donc les quatre produits partiels qui résulteront de la multiplication de cette quantité composée des deux parties a et 1, par elle-même, seront $(1 \times 1) + (a \times 1) + (1 \times a) + (a \times a)$.

Effectuant, il vient $1 + a + a + (a)^2$, ou, en prenant ces produits partiels dans un ordre opposé $(a)^2 + a + a + 1 = (a)^2 + 2a + 1$, c'est-à-dire le carré des dixaines, plus deux fois les dixaines par les unités, et plus encore le carré des unités (231), attendu que le chiffre des unités est 1, et que n° 125. Donc, etc.

Quant au carré de la plus petite de ces deux racines proposées, il est $a \times a = (a)^2$: il est donc surpassé par celui de la plus grande de $[(a)^2 + 2a + 1] - (a)^2 = 2a + 1$, ou de deux fois la plus petite racine, plus 1. Donc, etc.

Cela étant, il sera facile de s'assurer si le dernier chiffre mis à la racine est trop faible de une ou de deux, et même d'un plus grand nombre d'unités; car, *dans le cas où ce chiffre serait trop faible d'une unité, la racine déjà obtenue sera la plus petite; et celle-ci augmentée de cette unité deviendra la plus grande; et, par conséquent, le reste de l'opération sera plus grand, ou tout au moins égal au double de la racine déjà obtenue, plus à l'unité.*

D'où il suit que, après avoir obtenu chaque chiffre de la racine, puis retranché son carré ainsi que le double de celle précédemment obtenue multipliée par ce même chiffre, comme il est dit, n° 251, on s'assurera, s'il est trop faible, d'abord d'une unité, *en vérifiant si le reste obtenu contient encore deux fois la totalité de la racine obtenue, plus l'unité. Dans cette hypothèse, on augmentera d'une unité le dernier chiffre de la racine, puis on procédera à la recherche de nouveau reste, en retranchant du premier la somme des deux parties qui ont servi à la vérification de ce chiffre.*

On jugera ensuite à la vue du nouveau reste s'il contient encore le double de la dernière racine, augmenté lui-même de 1 ; auquel cas, il faudrait encore ajouter l'unité à la racine ; ainsi de suite, jusqu'à ce que l'on obtienne un reste duquel on ne puisse plus retrancher l'unité ajoutée au double de la racine déjà obtenue.

255. Nous avons vu, n° 182, que le cas de la division où l'on obtient un reste donnait naissance à un quotient décimal, ou que ce quotient n'était pas assignable en nombre entier, et que même assez souvent il se trouvait périodique (195 et 196).

Lorsqu'il s'agit de l'extraction des racines carrées, ce cas où l'on obtient un reste est beaucoup plus fréquent et exige une attention toute particulière ; car, outre qu'il donne une racine qui n'est pas assignable en nombre entier, il la fournit encore non assignable en nombre fractionnaire.

En effet, si l'on demandait le nombre qui, multiplié par lui-même, donne 7, on verrait que ce nombre tombe entre 2 et 3, ou qu'il est 2 avec un reste. Ce reste 3 étant divisé par le double de la racine déjà obtenue, donne $\frac{3}{4}$. En sorte que le nombre demandé semble, d'après la règle prescrite pour l'extraction de la racine carrée, être $2 + \frac{3}{4}$. Or, si la racine carrée de 7 pouvait être $2 + \frac{3}{4}$ ou $\frac{11}{4}$, il en résulterait que le carré de $\frac{11}{4}$, qui est $\frac{121}{16}$ (234) devrait égaler 7 ; c'est-à-dire que le numérateur 121 devait être un multiple de 16, ou être égal à 16×7 ; ce qui est évidemment faux, puisque $\frac{121}{16}$ est une fraction irréductible, en ce que sa racine $\frac{11}{4}$ est elle-même irréductible (155). Donc $\left(\dfrac{11}{4}\right)^2 > 7$, ce qui fait voir que $\sqrt{7}$ au lieu de tomber entre 2 et 3, tombe entre deux nombres plus rapprochés, qui sont 2 et $2\,\dfrac{3}{4}$. Donc $\dfrac{11}{4}$ approche plus de $\sqrt{7}$ que 3 ou $\dfrac{12}{4}$.

256. On pourrait actuellement se proposer d'approcher de $\sqrt{7}$ à moins de $\dfrac{1}{5}$ près; c'est-à-dire que dans ce cas-ci l'on chercherait deux fractions $\dfrac{13}{5}$ et $\dfrac{14}{5}$, qui eussent 5 pour dénominateur, est 1 de différence entre leurs numérateurs, et dont leurs carrés interceptassent 7.

Pour ne pas être embarrassé sur la manière d'obtenir ces dernières fractions, il me suffit de faire observer que la première $\dfrac{13}{5}$ s'obtiendra en donnant au reste 3, pour dénominateur, le nombre 5, et il vient alors pour première racine interceptant $2 + \dfrac{3}{5} = \dfrac{13}{5}$; mais, comme cette racine doit s'obtenir à moins d'un cinquième près, il faut nécessairement que l'autre des racines interceptant ne diffère de la première que de $\dfrac{1}{5}$: elle sera donc $\dfrac{14}{5}$. Partant, $\sqrt{7}$ ne pouvant, dans cette hypothèse, être $\dfrac{14}{5}$, ne peut être non plus $\dfrac{13}{5}$; car, dans le cas contraire, il faudrait que le carré de la fraction irréductible $\dfrac{13}{5}$, qui est $\dfrac{169}{25}$, égalât 7 : ce qui ne peut avoir lieu, puisque $\dfrac{169}{25}$ est multiple de la fraction irréductible $\dfrac{13}{5}$ (155). Je veux dire par là que si le numérateur 13 de la racine $\dfrac{13}{5}$ n'est pas un multiple de son dénominateur 5, le multiple de 13, qui est 13 × 13 ou 169, ne peut être non plus divisible par 5 ni par 25, ou tout autre multiple de 5. Donc, 169, divisé par 25, ne pourra donner un quotient exact égal à 7. Donc, etc.

On ferait le même raisonnement si l'on voulait obtenir cette racine carrée à moins de $\frac{1}{6}$, de $\frac{1}{7}$, etc., près ; et l'on en concluait que cette racine n'existe pas d'une manière exacte, malgré que l'on soit bien persuadé qu'il existe un nombre qui, multiplié par lui-même, donne 7.

257. On conclura en outre, des raisonnements précédents, que l'on peut toujours obtenir ces racines avec un degré d'approximation donné : ce qui constitue la matière du numéro suivant.

Mais, auparavant, disons que ces sortes de racines se nomment *incommensurables* ou *irrationnelles,* parce que l'on appelle *commensurables* ou *rationnels* les nombres qui ont une mesure commune avec l'unité ; tel que $\frac{3}{4}$, quantité dans laquelle le $\frac{1}{4}$ de l'unité est contenu trois fois et quatre fois dans l'unité même, tandis que la racine carrée de 2, qui n'est assignable ni en nombre entier, ni en nombre fractionnaire, est incommensurable ; de même que celle de tout nombre entier ou fractionnaire qui n'est pas le carré exact d'un entier ou d'une fraction quelconque. Ainsi, on rencontrera très peu de nombres, parmi ceux composant leur suite naturelle et indéfinie, qui soient des carrés exacts ; car la table du n° 248 nous fait voir que parmi les nombres depuis 1 jusqu'à 100, il n'y a que dix carrés ayant des racines rationnelles, et qu'il faut aller jusqu'à 10000 pour en compter 100, etc.

Extraction des racines carrées incommensurables.

258 S'il est vrai qu'un nombre n'est pas toujours un carré exact, il est vrai aussi que l'on pourra toujours approcher de sa

véritable racine d'aussi près que l'on voudra, soit en décimales, soit en fractions ordinaires. En s'arrêtant d'abord au premier de ces moyens d'approximation, nous y appliquerons le raisonnement du n° 182, concernant les quotients décimaux, avec cette différence, qu'au lieu de mettre un, deux, trois, etc., zéros sur la droite du nombre proposé, pour obtenir des dixièmes, des centièmes, des millièmes, etc., *il en faudra mettre deux, quatre, six, etc., sur la droite du carré proposé, pour obtenir des dixièmes, des centièmes, des millièmes, etc.* ; c'est-à-dire qu'*il faudra mettre sur la droite de ce carré proposé un nombre de zéros double de celui des chiffres décimaux que l'on voudra obtenir à la racine.*

Ceci est fondé sur ce que le produit (carré) doit renfermer autant de chiffres décimaux que ces deux facteurs (racines) (n°s **207**, **229**, et dernier alinéa).

Ce qui fait voir que des racines exprimées en 10èmes, en 100èmes, etc., ont respectivement pour carré des centièmes, des dix-millièmes, etc., carrés des dénominateurs 10, 100, etc., de ces mêmes racines.

D'où l'on conclut que pour extraire la racine carrée d'un nombre par approximation, *il faut multiplier ce nombre par le carré du dénominateur de la fraction qui exprime le degré de l'approximation à apporter à la racine ; puis, dans cette hypothèse, affecter la racine carrée du résultat d'un dénominateur égal à celui de la même fraction donnée pour approximation.*

Exemple. Qu'il soit question d'extraire la racine carrée de 21 à moins d'un dixième près.

Je multiplie 21 par le carré du dénominateur 10, et j'ai à extraire la racine carrée de 2100, selon ce qui a été dit précédemment ; ce qui me donne $\frac{45}{10}$ ou 4,5 pour la racine carrée de 21, à moins de $\frac{1}{10}$ près.

Si l'on avait demandé cette racine à moins de $\frac{1}{100}$ près, on eût multiplié le carré proposé par 10000, carré du dénominateur 100; et la racine eût été $\frac{458}{100} = 4,58$.

On pourrait trouver d'abord la racine en nombre entier, de la même manière que cela se pratique à l'égard des quotients décimaux, et ensuite convertir les restes successivement en dixièmes, en centièmes, etc., en mettant deux zéros sur la droite de chacun d'eux ; puis continuer l'application de la règle du n° 253, comme on le fait après avoir abaissé une tranche du carré proposé.

259. Si l'on demandait la racine carrée de 7 à moins de toute autre unité près, par exemple, à moins de $\frac{1}{5}$ près, on multiplierait pareillement le carré proposé par 25, carré du dénominateur 5 de la fraction donnée pour l'approximation de la racine ; et il viendrait alors à extraire la racine carrée de 175 de $\frac{1}{25}$ ou de $\frac{175}{25}$, que l'on trouverait être $\frac{13}{5}$ ou $2 + \frac{3}{5}$.

L'extraction de la racine carrée des fractions ordinaires nous rendra cette solution plus sensible, bien que l'on comprenne déjà que la racine de 175, qui est 13, doit être aussi, dans cette hypothèse, exprimée en cinquièmes, ou divisée par le dénominateur 5 de la fraction donnée pour l'approximation de la racine.

260. Le lecteur pourra s'exercer sur les deux problèmes suivants:

1°. *Chercher, à moins d'un centième près, le côté d'un verger carré, dont la surface est de 1542 mètres ?* Il trouvera $36^m,9$.

2°. *Déterminer le côté d'une chambre carrée de 18 mètres, avec une approximation moindre que* $\frac{1}{7}$ *?* Il obtiendra $\frac{29^m}{7}$, ou $4^m,19$.

Au sujet de la solution de ces deux questions, il convient

peut-être, pour faciliter l'intelligence de celui qui est étranger aux premiers principes de géométrie, de donner ici quelques détails sur la manière d'obtenir la surface d'un espace renfermé par quatre lignes droites ; tel que celle du quadrilatère, nommé carré, parce que ses quatre côtés sont égaux, ainsi que ses quatre angles. C'est en géométrie qu'on définit cette figure avec plus de précision. Revenons au moyen d'en obtenir la surface.

A cet effet, nous ferons observer que si le côté de cette surface en question est de 5 mètres, et que l'on divise chacun d'eux en cinq parties égales ; et qu'ensuite on mène des droites de chacune des divisions de l'un des côtés verticaux et horizontaux à sa division opposée, ce carré se trouvera par là divisé en 5 fois 5 ou 25 autres carrés chacun d'un mètre de côté.

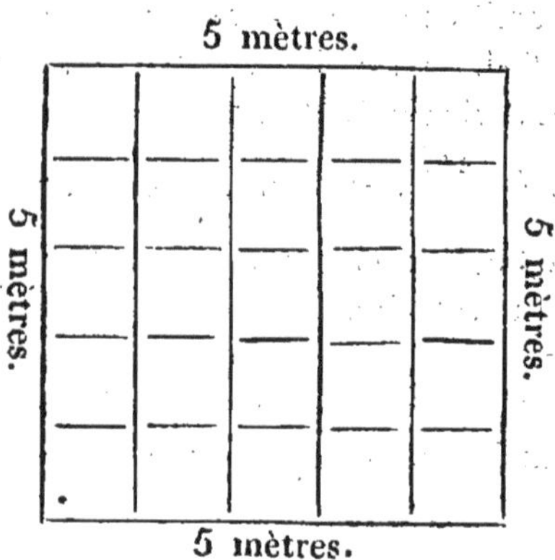

Ceci fait voir clairement que la surface d'un carré s'obtient en multipliant le côté par lui-même.

Cela posé, 1° la surface du verger en question, qui est 1542 mètres, est donc le produit du côté du verger multiplié par lui-même. Ce côté, à moins d'un centième près, s'obtiendra donc en extrayant la racine carrée de 1542×10000 ou de 15420000 : on trouvera $\dfrac{3926}{100} = 39,26$.

2°. Le côté de la chambre à moins de $\frac{1}{7}$ près, s'obtiendra donc, par les mêmes raisons, en extrayant la racine carrée de $8 \times (7)^2$, ou de 882. Le résultat 29 étant divisé par le dénominateur 7, donnera $\frac{29^m}{7}$ pour le côté de la chambre en question, qui, converti en mètres et parties décimales de cette unité, donne $29 : 7 = 4^m,19$ (**182**).

Extraction de la racine carrée des nombres décimaux.

261. Ces sortes d'extractions se déduisent de ce qui précède, *il suffit de faire compter les chiffres décimaux contenus dans le carré proposé, parmi le nombre de ceux qu'il doit renfermer, par rapport à ceux de sa racine; puis extraire cette racine comme si le carré proposé était un nombre entier, ayant soin de placer la virgule décimale sur la droite du chiffre des unités de la racine.*

Exemple. Extraire la racine carrée de 34,5 à moins de $\frac{1}{100}$ près.

La racine demandée devant renfermer deux chiffres décimaux, son carré doit en contenir 4. Ainsi, on extraira la racine carrée de 34,5000, considéré comme un nombre entier : on trouvera 5,87 pour cette racine à moins de $\frac{1}{100}$ près.

Extraction de la racine carrée des fractions ordinaires.

262. De la manière dont on obtient le carré d'une fraction (**234**), on en conclut que *sa racine carrée s'obtient en extrayant séparément celle du numérateur et celle du dénominateur.*

Ainsi, $\sqrt{\dfrac{9}{16}} = \dfrac{\sqrt{9}}{\sqrt{16}} = \dfrac{3}{4}.$

263. Il en est des fractions comme des nombres entiers :

toutes ne sont pas commensurables avec leurs racines (257); ce qui a lieu quand le numérateur, ou le dénominateur, ou, enfin, quand l'un et l'autre de ces termes ne sont pas des carrés parfaits.

Dans les deux premiers cas, *on extraira par approximation la racine du terme qui n'est point rationnel;*

Quant au troisième cas, *on évitera la double approximation en rendant l'un des termes de la fraction un carré parfait, en s'attachant de préférence au dénominateur,* parce qu'il marque le nombre de parties contenues dans l'unité.

On parviendra donc à rendre ce dénominateur un carré exact, *en multipliant les deux termes de la fraction par son dénominateur; ce qui ramènera cette fraction au premier cas;* puis on extraira par approximation la racine carrée du numérateur.

Comme le troisième cas, ainsi que le second qui est celui où le dénominateur est irrationnel, n'en font qu'un seul, nous donnerons un exemple de chacun des deux cas auxquels se réduit l'extraction par approximation de la racine carrée des fractions ordinaires.

$$1^{er}\ cas.\quad \sqrt{\frac{21}{49}} = \frac{\sqrt{21}}{\sqrt{49}} = \frac{4,582}{7}.$$

$$2^{e}.\ cas.\quad \sqrt{\frac{4}{5}} = \sqrt{\frac{4.5}{5.5}} = \frac{\sqrt{4\times5}}{\sqrt{5\times5}} = \frac{\sqrt{20}}{\sqrt{5.5}} = \frac{4,47}{5}.$$

264. Ces racines étant exprimées par deux espèces de fractions, on évitera cette double expression fractionnaire en convertissant chacune de ces racines en une seule expression qui sera décimale; et ce, en *divisant le numérateur de chacune par son dénominateur, selon ce qui a été n° 182, et l'on bornera le quotient à la même décimale du numérateur.*

On a donc respectivement pour celles dont il s'agit o,654 et o,89.

265. Si, au lieu de décimales, on voulait employer les fractions ordinaires, *il faudrait pareillement multiplier la frac-*

tion proposée par le carré du dénominateur de celle qui marque le degré de l'approximation.

Exemple. Extraire la racine carrée de $\frac{3}{7}$ à moins de $\frac{1}{15}$ près.

En multipliant la fraction proposée par 225, carré du dénominateur 15, on aura à extraire la racine de $\frac{675}{7}$ de $\frac{1}{225}$,

ou du $\frac{1}{225} \times \frac{675}{7} = \frac{675}{1575}$. Donc, $\sqrt{\dfrac{675}{1575}} = \sqrt{\dfrac{675 \times 1575}{(1575)^2}}$

$= \dfrac{\sqrt{1063125}}{\sqrt{(1575)^2}} = \dfrac{\sqrt{1063125}}{1575} = \dfrac{1031}{1575}$ pour la racine demandée.

266. On pourrait donc dans ces sortes d'extractions simplifier les calculs, en se procurant, pour racine très approchée, une fraction dont le dénominateur n'excédât pas celui de la fraction donnée pour l'approximation, et ce, en convertissant la fraction proposée en une autre, dont le dénominateur fût le carré du nombre qui marque la dénomination du degré de l'approximation.

Avec un peu d'attention, on voit que l'on y parviendra *en divisant les deux termes de cette fraction proposée par son dénominateur; et en traitant la fraction obtenue par cette opération, comme dans l'exemple précédent.*

Exemple. Soit encore la question ci-dessus. On aura, en divisant par 7 les deux termes de $\frac{675}{7}$ de $\frac{1}{225}$, $\frac{96}{1}$ de $\frac{1}{225}$

ou $\frac{96}{225}$, dont la racine tombe entre $\frac{9}{15}$ et $\frac{10}{15}$; mais plus près de la seconde de ces deux fractions que de la première, parce que 96 approche plus du carré de 10 que de celui de 9. Il en approche d'autant plus encore, que ce numérateur 96 est trop faible de la fraction qui a été négligée dans le quotient de

675 par 7. On aura donc $\frac{10}{15}$ ou $\frac{2}{3}$ pour $\sqrt{\dfrac{3}{7}}$ à moins de $\frac{1}{15}$ près.

Cette dernière racine excède de $\frac{19}{1575}$ celle obtenue par le premier procédé.

Extraction de la racine cubique.

267. L'extraction de la racine cubique est, comme celle des autres puissances, un cas de la division (**244**). *Elle a pour but de trouver un nombre qui, multiplié deux fois par lui-même, ou pris trois fois comme facteur, produise un nombre donné appelé cube.*

268. Avant de développer les divers cas qui se présentent sur cette opération, nous ferons observer, 1° *qu'un cube composé de un, de deux et même de trois chiffres, ne peut fournir qu'une racine composée d'un chiffre ;*

2°. *Qu'un cube exprimé par quatre, cinq et même par six chiffres, ne peut fournir que deux caractères à sa racine, ni plus, ni moins : ainsi de suite.*

En effet, supposons, pour le premier cas, la plus petite racine cubique composée de deux chiffres, qui est 10; cette racine, élevée au cube, donne le nombre 1000, qui est composé de quatre chiffres. Supposons actuellement, pour le second cas, le plus petit nombre possible exprimé par trois chiffres, c'est 100. Son cube sera 1000000, qui est un nombre contenant sept chiffres. Donc, etc.

Il est d'ailleurs facile de démontrer cette proposition d'une manière générale : il suffit de se convaincre que la plus petite racine cubique possible composée de deux chiffres qui est 10, donne un cube composé de quatre figures, pour en conclure que ses multiples décimaux, qui sont précisément les plus petites racines cubiques représentées par trois, par quatre, etc., chiffres, donneront des cubes qui seront continuellement de

mille en mille fois plus grands, et qui, par conséquent,
seront exprimés par des nombres composés de sept, de dix, etc.,
chiffres. Donc, etc.

269. Cela posé, passons au premier cas de l'extraction de la
racine cubique.

Exemple. Soient à extraire les racines des cubes 8, 64 et 125.

La solution de ce premier cas se trouvera toujours dans le
tableau ci-dessous, qui comprend les cubes de toutes les racines
en nombres simples ; et par lequel on voit que celles 2, 4 et 5
satisfont à la question.

Racines. 1, 2, 3, 4, 5, 6, 7, 8, 9 .
Cubes. 1, 8, 27, 64, 125, 216, 343, 512, 729.

270. Il en est des nombres considérés comme cubes, de
même que de ceux considérés comme carrés. Tous ne sont pas
des cubes parfaits ; car, depuis 1 jusqu'à 1000, on ne compte
que dix cubes rationnels, par rapport à leurs racines, tandis
que l'on ne va que jusqu'à 100 pour compter un pareil nombre de carrés ayant une mesure commune avec leurs racines.

Nous traiterons ci-après ces cubes, comme nous l'avons
fait des carrés dont les racines sont incommensurables ; pour le
moment il nous suffit de faire observer au lecteur que,
quand le cube proposé tombera entre deux consécutifs de
ceux du tableau ci-dessus, il prendra la racine du plus petit
de ces deux cubes interceptant.

271. 2ᵉ *cas.* Qu'il s'agit d'extraire la racine cubique de 79507.

Solution. Le cube proposé étant composé
de plus de trois chiffres, on en conclut que
sa racine est exprimée en dixaines et en unités.
Donc ce cube a été formé des quatre parties
qui constituent le cube de tout nombre de
plus d'un chiffre (**237**). Mais, la première de
ces quatre parties : *cube des dixaines,* que
l'on obtient en ajoutant trois zéros sur la

$$
\begin{array}{rr|l}
79.5\ 0\ 7 & & 43 \\
64 & & \overline{48} \\ \hline
\overline{15}\ 5.0\ 7 & & \\
1\ 1\ 0.7 & & \\
1\ 0\ 8 & & \\ \hline
2\ 7 & & \\
0 & &
\end{array}
$$

droite du cube du chiffre qui exprime ces dixaines, y est
entrée à partir du quatrième chiffre de droite (**258**); c'est
pourquoi les trois premiers en sont détachés, et le surplus,
ou 79, exprimera le cube des dixaines et la retenue faite sur
les trois autres parties. En sorte que, pour obtenir le chiffre
des dixaines de la racine, il faudra extraire la racine cubique
de 79, d'après le procédé du premier cas, lequel consiste : à
chercher, dans le tableau, le plus grand de ses 9 cubes contenu
dans 79, on trouvera que c'est 64, dont la racine est 4, que
j'écris à la droite du cube proposé, comme on le voit
d'autre part.

. Retranchant donc 64 de 79, il restera 15 pour la retenue
faite sur les trois autres parties contenues dans le cube donné ;
c'est pour cette raison que j'abaisse à côté de ce reste les trois
chiffres détachés comme exprimant respectivement chacune de
ces mêmes trois parties, ce qui me donne 15507 pour leur
somme. Mais la première, *triple carré des dixaines par les
unités*, qui se forme en ajoutant deux zéros sur la droite du
résultat provenant du triple carré du chiffre des dixaines,
multiplié par les unités, est entré dans cette somme à partir du
troisième chiffre (**258**). On en détachera donc les deux premiers de droite, et l'on aura 155 pour le produit du triple
carré des dixaines par les unités, et, en outre, la retenue faite
sur les deux autres parties. Ainsi, divisant 155 par le triple
carré du chiffre 4, des dixaines de la racine, qui est 48 : le
quotient 3 sera l'autre facteur exprimant les unités de la
racine (**72**).

Retranchant le produit 48×3 de 155, le reste 11 sera la retenue énoncée plus haut. Or, abaissant à côté de cette dernière
retenue, les chiffres 0 et 7, qui exprimaient respectivement les
deux parties qui l'ont fourni, on aura 1107 pour la somme
de ces deux mêmes parties. Comme la première de celles-ci :
triple carré des unités par les dixaines, se forme en ajoutant
un zéro sur la droite du résultat provenant du triple carré du
chiffre des unités, multiplié par celui exprimant les dixaines,
il en résulte que le premier de droite de cette dernière somme

1107 doit être détaché ; ce qui donne 110 pour le triple carré des unités par les dixaines, et la retenue faite sur le cube des unités. Retranchant donc de 110 le triple carré des trois unités par les dixaines, qui est 108, il restera 2 pour la retenue faite sur le cube des unités. On abaissera donc à côté de cette retenue le dernier chiffre détaché, et l'on aura 27 pour le *cube des unités*. Or, ôtant de 27 le cube des 3 unités, le reste zéro fera conclure que le nombre qui, multiplié deux fois par lui-même, donne 79507, est 43.

3e *cas*. On a fait une terrasse de forme cubique qui contient 14886936 pieds cubes ; on demande quelles sont les dimensions de cette terrasse.

Solution. La solidité de cette terrasse s'étant obtenue, comme nous le verrons en stéréométrie, en multipliant le côté deux fois par lui-même, il est clair qu'il faut extraire la racine troisième de 14886936. Or, ce cube proposé étant composé de plus de trois chiffres, on en conclut que sa racine est exprimée par plus d'un chiffre. Donc le cube proposé renferme les quatre parties énoncées dans le n° **237** ; mais comme nous l'avons déjà dit, dans le cas précédent, la première de ces parties y étant entrée à partir du quatrième chiffre de droite, on en détachera les trois premiers, comme étant étrangers à cette première partie, et l'on aura 14886 pour le cube des dixaines de la racine, et en outre la retenue faite sur les trois autres parties.

$$
\begin{array}{l|l}
14.886.936 & 246 \\
\hline
8 & 12 \\
\hline
\overline{6}\,8.8\,6 & 1728 \\
2\,0\,8.6 & \\
9\,6 & \\
\hline
1\,1\,2.6 & \\
6\,4 & \\
\hline
1.0\,6\,2\,9.3\,6 & \\
2\,6\,1\,3.6 & \\
2\,5\,9\,2 & \\
\hline
2\,1\,6 & \\
0\,0 &
\end{array}
$$

Ainsi, la racine du plus grand cube contenu dans 14886 exprimera les dixaines de celle cherchée. Mais 14886 étant composé de cinq chiffres, sa racine est exprimée par deux chiffres (**238**). Si donc on considère le premier chiffre de ces dixaines comme exprimant des unités simples, on obtiendra la racine du plus grand cube contenu dans 14886, d'après le procédé du deuxième cas, et l'on trouvera 24 pour les dixaines de la racine principale, avec un reste 1062 qui exprime la retenue faite sur les trois autres parties; c'est pourquoi on abaissera à côté de ce reste les chiffres 9, 3 et 6 qui avaient été détachés, comme exprimant respectivement chacune de ces parties; ce qui donnera 1062936 pour leur somme. Mais la première de ces mêmes parties: triple carré des dixaines par les unités, y étant entrée à partir du troisième chiffre (258), les deux premiers de droite n'en font point partie. En sorte que le produit du triple carré des dixaines par les unités, et la retenue faite sur les deux autres parties, sont exprimés par 10629. Ainsi, les unités de la racine cherchée seront donc représentées par la solution de ce problème : un produit 10629 est donné avec l'un de ses facteurs 1728 triple carré des deux chiffres 2 et 4, ou de 24, des dixaines de la racine; découvrir l'autre facteur? Or, le quotient de 10629 par 1728 est 6, avec un reste 261. Ce reste étant la retenue faite sur les deux autres parties, on abaissera à côté les deux chiffres 3 et 6 qui en avaient été détachés comme les exprimant respectivement; ce qui donnera 26136 pour la somme de ces mêmes parties. Le premier chiffre de droite de cette somme en sera distrait comme ne faisant point partie du triple carré des unités par les dixaines (258); ce qui donnera 2613 pour la somme de cette dernière partie et la retenue faite sur le cube des unités. Retranchant donc de 2613 le produit résultant du triple carré des 6 unités par 24, le reste 21 sera la retenue produite par le cube des unités; c'est la cause pour laquelle on abaissera, à côté de cette retenue, le chiffre 6 précédemment détaché comme exprimant les unités simples du cube de celles de la racine; ce qui donnera 216 pour la dernière des parties composant le cube proposé. Or, le reste zéro que l'on obtient en retranchant $(6)^3$ de cette dernière partie 216, fait dire, que la racine demandée est 246.

272. Ce raisonnement étant le même pour tous les cas de

l'extraction de la racine cubique, nous allons, d'après ce qui précède, déduire une règle générale pour effectuer cette opération ; elle consiste : *à partager le cube proposé en tranches par ordre ternaire, en commençant par la droite ; à prendre la racine du plus grand des neuf cubes composant le tableau du premier cas, contenu dans la première tranche de gauche, qui pourra n'être composée que de deux et même que d'un seul chiffre ; à abaisser à côté du reste le premier chiffre à gauche de la tranche suivante et diviser le résultat par le triple carré de la racine déjà obtenu ; à abaisser ensuite à côté du second reste le second chiffre de la même tranche, et retrancher du résultat le produit du triple carré du dernier chiffre mis à la racine, par ceux précédemment obtenus à cette racine ; enfin, à abaisser à côté de ce nouveau reste le dernier chiffre de la même tranche, et du résultat retrancher le cube du dernier chiffre mis à la racine : ainsi de suite, pour chacune des autres tranches, jusqu'à l'entier épuisement de toutes celles composant le cube proposé : observant de placer un zéro à la racine toutes les fois qu'ayant abaissé le premier chiffre de gauche d'une tranche, le résultat ne contiendra pas le triple carré de la racine déjà obtenue ; puis dans cette même hypothèse, on abaissera les deux autres chiffres de cette même tranche, à côté de ce dernier résultat, on descendra le premier chiffre de gauche de la tranche suivante, etc.*

On fera bien de mettre en pratique cette règle générale sur les deux exemples, dont les types suivent :

$$
\begin{array}{ll}
\begin{array}{l}
6\,4.9\,6\,4.8\,o\,8.o\,o\,o \\
\underline{6\,4} \\
\quad o\,9\,6\,4\,8 \\
\qquad o\,o\,4\,8\,o \\
\qquad\quad \underline{4\,8\,o} \\
\qquad\qquad o\,8 \\
\qquad\qquad \underline{8} \\
\qquad\qquad\quad o\,o\,o\,o
\end{array}
&
\begin{array}{l}
4\,o\,2\,o \\
\underline{4\,8} \\
\underline{4\,8\,o\,o} \\
16160400
\end{array}
\end{array}
$$

```
1.3 6 7.6 3 1 | 1 1 1
  o 3          | ─────
    3          | 3
  ─────        | ─────
    o 6        | 3 6 3
      3
    ─────
      3 7
        1
      ─────
      3 6 6
      3 6 3
      ─────
          3 3
          3 3
          ─────
          o o 1
              1
            ─────
              o
```

275. La difficulté qui a été levée, n° 254, à l'égard du chiffre mis à la racine carrée, se rencontre aussi dans l'extraction des racines cubiques ; mais, afin de la prévenir, nous allons considérer de nouveau deux racines 5 et 6, qui diffèrent entre elles de l'unité.

Ces deux racines étant élevées séparément au cube, on remarque que celui de la plus petite est surpassé par celui de la plus grande *de trois fois son carré, plus de trois fois elle-même, et en outre de l'unité.*

En effet, $(6)^3$ ou $216 = (5)^3 + (5)^2 \times 3 + (5 \times 3) + 1 = 125 + 75 + 15 + 1$.

Mais, cette expression n'étant qu'une formule particulière aux deux racines 5 et 6, nous la généraliserons en représentant, comme dans le n° 254 précité, la plus petite de ces racines par a, la plus grande sera alors $a + 1$.

Si donc, on peut considérer cette dernière comme représentant un nombre composé d'unités et de dixaines, son cube renfermera, par conséquent, les quatre parties énoncées dans le n° 257 ; car ce cube est $(a + 1)^3 = (a + 1)^2 \times (a + 1)$.

Partant, ce produit $(a + 1)^2 \times (a + 1)$ se composera évidemment de chacune des trois parties (n°ˢ 251 et 254) contenues dans son multiplicande $(a+1)^2$ ou $(a+1)\times(a+1)$, prises autant de fois qu'il y aura d'unités dans chacune des parties a et 1 du multiplicateur. Donc, les produits partiels qui doivent résulter de la multiplication de $(a+1)^2$ par $(a+1)$ sont absolument les mêmes que ceux énoncés dans le n° 257 ; c'est-à-dire que les dixaines étant représentées par a et les unités par 1, on a, pour le cube de la plus grande racine, $(a)^3 + [(a)^2 \times 3] \times 1 + [(1)^2 \times 3] \times a + (1)^3$, ou, plus simplement, à cause du facteur 1 (n° 125), $a^3 + a^2 \times 3 + 3 \times a + 1$, ou encore $a^3 + 3a^2 + 3a + 1$.

Ce cube de la plus grande racine diffère donc de celui a^3, de la plus petite, de $3a^2 + 3a + 1$.

Cette dernière expression est parfaitement identique à la traduction en toutes lettres, que nous avons donnée plus haut, des trois parties composant la différence entre les cubes de deux racines différant entre elles de l'unité. Donc, etc.

274. D'où il suit que si l'on suppose le dernier chiffre mis à la racine trop faible d'une unité, la racine déjà obtenue sera donc la plus petite. Or, son cube, qui a été retranché par l'opération, a dû fournir un reste contenant encore *le triple carré de la plus petite racine déjà obtenue, plus trois fois cette plus petite racine, et en outre l'unité.*

Ainsi, toutes les fois que le reste de l'opération excédera la somme de ces trois parties, le dernier chiffre mis à la racine sera trop faible au moins de l'unité ; car si ce reste égalait la somme de ces trois parties, le dernier chiffre serait trop faible d'une unité. Donc, dans l'hypothèse où ce chiffre de la racine se trouverait trop faible de cette quantité, le nouveau reste s'obtiendra sans avoir besoin de recommencer l'opération : *il suffira de retrancher du reste obtenu, la somme des trois parties qui auront servi à la vérification du dernier chiffre mis à la racine. On refera la même chose si ce dernier chiffre est encore trop faible d'une unité.*

Extraction des racines cubiques incommensurables.

275. Les raisonnements du n° **269**, à l'égard des racines car-rées incommensurables, s'appliquent à l'extraction des racines cubiques irrationnelles ; c'est-à-dire que malgré que l'on ne puisse obtenir celles-ci d'une manière exacte, on peut, comme dans l'extraction des premières, en approcher à moins d'une unité décimale quelconque près ; et ce, en faisant en sorte que le cube proposé renferme trois fois autant de chiffres décimaux que sa racine devra en contenir : ce qui est fondé sur la loi de la multiplication des nombres décimaux.

On voit par là que, pour extraire par approximation la racine d'un cube, *il faut multiplier ce dernier par celui du dénominateur de la fraction qui exprime le degré de l'approximation de la racine.*

Si, par exemple, on demandait la racine cubique de 327 à moins de $\frac{1}{100}$ près, on multiplierait 327 par 1000000, cube du dénominateur de la fraction $\frac{1}{100}$, et l'on aurait à extraire la racine troisième de 327000000 d'après la règle prescrite n° **272** : ce qui donnerait 6,88 pour cette racine.

Extraction de la racine cubique des nombres décimaux.

276. Ces sortes d'extractions se déduisent naturellement de ce qui vient d'être dit touchant l'extraction des racines cubi-ques incommensurables : *il suffit de faire compter les chiffres décimaux contenus dans le cube proposé parmi le nombre de ceux qu'il doit renfermer à l'égard de la quantité de ceux que l'on veut obtenir à sa racine.*

Exemple. Soit à extraire la racine cubique de 6,24 à moins de $\frac{1}{100}$ près.

La racine demandée devant renfermer deux chiffres déci-maux, le cube proposé doit en contenir 6. Donc il vient à extraire la racine cubique de 6,240000 : on trouvera 1,84.

Extraction de la racine cubique des fractions ordinaires.

277. Le n° **240** nous fait voir que pour revenir du cube d'une fraction ordinaire à sa racine, *il faut extraire séparé-ment celle du numérateur et celle du dénominateur.*

$$\text{Exemple.}\quad \sqrt[3]{\frac{27}{64}} = \frac{\sqrt[3]{27}}{\sqrt[3]{64}} = \frac{3}{4}.$$

278. Il en est des fractions considérées comme exprimant des cubes, de même que de celles envisagées comme carrées : les racines des premières seront donc, comme celles des secondes, incommensurables lorsque le numérateur, ou le dénominateur, et, à plus forte raison, lorsque les deux termes de la fraction seront des cubes n'ayant pas de racines rationnelles.

Dans les deux premiers cas, *on extraira par approximation la racine cubique du terme qui n'est point un cube exact.*

Quant au troisième cas, on évitera la double approximation, *en rendant le dénominateur un cube parfait, en multipliant les deux termes de la fraction proposée, par le carré de son dénominateur.*

Voici un exemple pour chacun de ces cas :

$$1^{er}\ cas.\quad \sqrt[3]{\frac{5}{27}} = \frac{\sqrt[3]{5}}{\sqrt[3]{27}} = \frac{1,7}{3},\ \text{à moins de } \frac{1}{10}\ \text{près.}$$

$$2^e\ cas.\quad \sqrt[3]{\frac{27}{32}} = \frac{\sqrt[3]{27}}{\sqrt[3]{32}} = \frac{3}{3,1},\ \text{à moins de } \frac{1}{10}\ \text{près.}$$

$$3^e\ cas.\quad \sqrt[3]{\frac{5}{32}} = \frac{\sqrt[3]{5 \times (32)^2}}{\sqrt[3]{32 \times (32)^2}} = \frac{\sqrt[3]{5120}}{\sqrt[3]{(32)^3}} = \frac{\sqrt[3]{5120}}{32}$$

$$= \frac{17,3}{32}\ \text{à moins de } \frac{1}{10}\ \text{près.}$$

Ces racines étant exprimées par deux espèces de nombres, on évitera cette double expression fractionnaire en les convertissant chacune en une seule qui soit décimale, comme on l'a vu dans le n° **262** à l'égard des racines carrées des fractions incommensurables : on trouvera respectivement pour celles ci-dessus $0,5$; $0,9$ et $0,5$ à moins de $\frac{1}{10}$ près, approximation apportée dans l'extraction de la racine du terme de chaque cas qui n'était point commensurable avec sa racine.

279. Si l'on voulait obtenir la racine cubique d'un nombre entier ou rompu, à moins de telle ou telle unité près, par exemple, celle de la fraction $\frac{3}{4}$ à moins d'un cinquième près, *on multiplierait la fraction proposée par le cube du dénominateur 5 de la fraction donnée pour l'approximation de la racine demandée.*

Dans ce cas, on simplifiera les calculs et l'on obtiendra, pour racine très approchée, une fraction dont le dénominateur n'excédera pas celui de celle donnée pour approximation, si l'on convertit la fraction proposée en une autre dont le dénominateur soit le cube exact de celui de la fraction exprimant l'approximation de la racine cherchée ; et ce, *en divisant les deux termes de cette fraction donnée par son dénominateur, comme il a été fait n°* **266**, où il s'agissait de la racine carrée d'une fraction.

On aura donc à extraire la racine troisième de $\frac{93}{1}$ de $\frac{1}{225}$, ce qui donnera $\frac{4}{5}$ pour la racine demandée à moins de $\frac{1}{5}$ près.

De l'application des six opérations élémentaires.

280. Les connaissances du calculateur ne se bornent point à savoir ajouter, soustraire, multiplier, diviser, etc., il faut qu'il sache encore quand il doit ajouter, soustraire, multiplier, diviser, etc.; c'est-à-dire que la plus grande familiarité que l'on puisse avoir avec les six opérations élémentaires, ne suffirait pas pour obtenir la solution d'un problème si l'on n'était en outre à même de déterminer quelles sont celles de ces six opérations élémentaires auxquelles se rattache la détermination de l'inconnue de l'énoncé; car toute question quelconque, qui donne lieu à la recherche d'une quantité, renferme toujours deux parties : l'une consiste à découvrir l'opération qu'il faut effectuer pour obtenir la solution de la question, et l'autre a pour but l'application de la règle.

A l'égard de cette dernière partie, tout ce qui précède tend à son application.

Il n'en est pas de même de la première, qui, par la raison qu'elle est indépendante de tout système de numération, semble ne pouvoir être soumise à aucune règle générale, et, par conséquent, ne dépendre uniquement que de la sagacité du calculateur.

281. Malgré ce qui vient d'être dit sur la première des deux parties renfermées dans tout énoncé quelconque, nous ajouterons aux principaux usages et à la définition de chacune des opérations élémentaires qui a été présentée sous un point de vue qui ne laisse échapper aucun cas sur toutes les espèces de nombres, un principe sûr et général pour parvenir à la connaissance de l'opération à effectuer pour arriver à la détermination de l'inconnue de tout énoncé. Ce principe consiste :

A supposer l'inconnue toute trouvée, et à chercher à la vérifier : les moyens de vérification se trouveront toujours renfermés implicitement dans l'énoncé même de la question, et l'on en conclura que les opérations inverses à celles-ci seront celles à l'aide desquelles on parviendra à déterminer l'inconnue de l'énoncé ; car une opération ne se vérifie que par son opération inverse.

Les exemples suivants feront comprendre ce principe énoncé :

1°. *Trouver un nombre qui, ajouté à 54,25, donne 345,35 ?*

Solution. Si l'on suppose le nombre demandé tout trouvé, on voit que pour le vérifier il faut l'augmenter de 54,25, et obtenir 345,35 pour résultat de cette addition. Donc, 345,35 doit être envisagé comme une somme, dont 54,25 est l'une de ses deux parties. Quant à l'autre partie, elle est exprimée par le nombre demandé qui sera donc égal à 345,35—54,25. Or (**32,37** et **205**).

2°. *24 mètres de drap ont coûté 480 francs, on demande le prix du mètre de ce drap ?*

Solution. Il est évident que le prix du mètre, quel qu'il soit, multiplié par 24, donnera, dans cette hypothèse, 480 fr. Donc, 480 est un produit et 24 l'un de ses facteurs, l'autre facteur exprime le prix du mètre. Donc (**79**).

3°. *Quel est le nombre qui est à $\frac{3}{7}$, ce que 1 est à 3 ?*

Solution. L'unité étant le $\frac{1}{3}$ de 3, le nombre demandé sera donc le $\frac{1}{3}$ de $\frac{3}{7}$. Ainsi (**126**).

'On pourrait dire encore que cette question se réduit à trouver la fraction trois fois plus petite que celle $\frac{3}{7}$; ce qui se ferait en multipliant son dénominateur 7 par 3, ou en divisant $\frac{3}{7}$ par 3. Donc (**130**, 1er *cas*).

4°. *Quelle est la quantité de laquelle la fraction $\frac{5}{6}$ s'est formée, de la même manière que 8 s'est lui-même formé de 1 ?*

Solution. Cette question est la même que la précédente; car le nombre 8 étant huit fois plus grand que 1, la fraction $\frac{5}{6}$ est aussi huit fois plus grande que le nombre demandé. Donc il faut prendre le $\frac{1}{8}$ de $\frac{5}{6}$ (**126**), ou diviser $\frac{5}{6}$ par 8 (**130**, 1er *cas*);

car $\frac{5}{6}$ est un produit et 8 l'un de ses facteurs. Quant à l'autre facteur, c'est le nombre inconnu, puisque étant répété huit fois, il doit donner $\frac{5}{6}$. Donc, etc.

5°. *Quel est le nombre dont les $\frac{19}{20}$ égalent $\frac{1}{20}$?*

Solution. On voit, par l'énoncé même, que, si ce nombre était connue, on le vérifierait en en prenant les $\frac{19}{20}$ qui, dans cette hypothèse, égaleraient $\frac{1}{20}$. La question se change donc en celle-ci : un produit $\frac{1}{20}$ avec l'un de ses facteurs $\frac{19}{20}$ sont donnés, découvrir l'autre facteur. Donc (132).

6°. *Quel est le nombre qui doit multiplier les $\frac{3}{4}$ de la fraction $\frac{5}{7}$ pour avoir 4?*

Solution. On comprend que 4 est ici le produit résultant de la multiplication des $\frac{3}{4}$ de $\frac{5}{7}$, par le nombre demandé. Donc il faut d'abord prendre les $\frac{3}{4}$ de $\frac{5}{7}$ (122 et 126) pour diviseur de 4 (131); le quotient satisfera à l'énoncé.

7°. *Quel est le nombre qui indique la quantité de fois que la fraction $\frac{2}{7}$ est contenue dans 6?*

Solution. Le nombre inconnu a donc la propriété d'indiquer combien de fois la fraction $\frac{2}{7}$ doit être contenue dans 6. Ce même nombre est donc l'un des facteurs du produit 6, l'autre facteur étant $\frac{2}{7}$. Ainsi (131).

On ne se convaincrait pas moins que, dans cette hypothèse,

il faut diviser le nombre 6, ou toute autre quantité équivalente en laquelle 6 peut se transformer, par la fraction $\frac{2}{7}$; si donc on convertit 6 en 7èmes, la question se réduira à trouver combien de fois $\frac{2}{7}$ sont contenus dans $\frac{42}{7}$; ce qui donnera $\frac{42}{7} : \frac{2}{7} = \frac{42}{2}$ (87), ou $42 : 2 = 21$; car n° 95; ou encore $\frac{42}{7} : \frac{2}{7} = \frac{42}{7} \times \frac{7}{2} = \frac{42}{2} = 21$ (127). Donc, etc.

Exposé de la méthode que nous avons suivie et que nous continuerons de suivre dans la rédaction de cette ouvrage.

282. C'est une chose bien comprise et une vérité bien sentie que celle de se pénétrer d'abord de la méthode que l'on veut adopter pour un genre quelconque d'étude.

Il est donc évident que si l'on n'a pas une parfaite connaissance de la marche que l'on se propose de suivre, chaque pas sera mal assuré : car on ne pourra aller que par tâtonnements, comme un marin qui parcourrait les mers, sans boussole, par un temps couvert.

Aussi ai-je senti toute l'importance qu'il y avait à faire comprendre parfaitement ma méthode en en différant l'exposé jusqu'à ce que l'on ait compris mes développements sur les opérations élémentaires, afin que cette méthode soit alors saisie sans difficulté : elle est aussi simple qu'elle est avantageuse.

On doit déjà en avoir une idée assez juste d'après ce qui précède : elle s'y trouve au grand jour ; car on a vu, dès le principe, qu'il suffisait de savoir former les nombres par l'addition successive de l'unité, pour connaître entièrement l'addition, dont le but est le même, en ce qu'au lieu de former des nombres en n'ajoutant qu'une seule unité à la fois, on ajoute en même temps toutes celles contenues dans d'autres nombres tout formés; comme on peut prononcer un mot composé de plusieurs syllabes, lorsque l'on sait prononcer chaque syllabe séparément.

Actuellement, si l'on décompose un mot en ses différentes lettres, et ensuite en ses syllabes, on défera ce mot dans des ordres inverses à ceux employés à sa composition d'abord par lettres, puis par syllabes.

C'est ainsi qu'en décomposant un nombre en ses différentes unités, ou en ses parties de plusieurs unités qui l'auront composé, on arrive à la soustraction.

Nous avons vu, en outre, que quand on sait l'addition et la soustraction, on sait toutes les opérations à l'aide desquelles on parvient tant à la composition qu'à la décomposition des grandeurs ; attendu que la multiplication et la formation des puissances tirent leur origine de l'addition, comme la division et l'extraction des racines tirent la leur de la soustraction.

Il est donc vrai de dire que ces six opérations, qui sont les seules qu'on puisse effectuer sur les quantités, se réduisent, à proprement parler, à l'addition et à la soustraction, dont la première seule peut être considérée comme opération fondamentale, parce que c'est elle seule qui apprend à former les nombres ; et que la seconde qui les décompose s'ensuit naturellement ; car lorsque l'on sait faire, on sait défaire.

C'est à la méthode que nous suivons qu'il faut attribuer l'avantage de pouvoir ainsi nous rendre compte de tout ce que nous avons fait.

Pour exposer et démontrer les propositions composant toutes les parties des mathématiques, nous continuerons donc à faire pour défaire, ainsi qu'à défaire pour refaire : ce sera là tout l'artifice que nous emploierons dans nos démonstrations qui ne seront par conséquent que des analyses.

Cette méthode étant bien comprise, nous savons déjà, en quelque sorte, ce que nous n'avons pas appris encore, tant sont grands les avantages que nous nous promettons de retirer de l'analyse, eu égard à ceux que nous avons déjà retirés : il ne sera donc pas difficile de s'instruire ; il suffira de se rendre compte de la voie qui aura conduit du connu à l'inconnu; ainsi que de la manière dont l'analogie nous aura donné une première expression, puis une seconde, ensuite une troisième : ainsi de suite ; de considérer en outre comment cette analogie nous a conduits, par une suite de propositions identiques, au moyen de simplifier chaque opération, après l'avoir définie d'une manière tout-à-fait générale. Alors on comprendra aisément que les progrès, dans l'étude des sciences exactes, seront très rapides : il semble même dès ce moment les apercevoir en perspective à côté de ceux que nous ferons faire à ces sciences.

C'est donc de l'analogie que nous devons tout attendre : il faut la comprendre, ce qui n'est pas très difficile, car l'habitude de se rendre compte de ce qu'on a fait, s'acquiert assez promptement, en ce que c'est le résultat de la réflexion.

Cette analogie une fois saisie, ce que l'on apprendra d'elle en me lisant, il faudra le rapprendre d'elle sans me lire, en substituant un exemple à chacun de ceux que je donne dans le cours de mes raisonnements.

Si je ne fournis qu'un exemple pour chaque cas d'une opération, c'est que seul il suffit pour donner la raison de l'opération, de quelque espèce qu'elle soit.

Si l'on a besoin de plusieurs exemples, ce n'est pas pour apprendre à opérer; mais bien pour s'exercer à le faire avec plus de facilité et d'habitude; car avec quelque lenteur que l'on procède à une opération, on la sait faire, si l'on sait ce que l'on fait.

Ce sera donc au lecteur à se donner des exemples soit en se proposant des questions, soit en cherchant dans ce qu'il sait ce qu'il ne connaît pas encore; par exemple il apprendra bien la division dans la formation d'un produit : tel est le plus grand des avantages de l'analyse : elle nous dispense de tout maître autre que la nature et l'analogie.

Donc si j'ai eu, dans mes premières pages, quelques avantages sur mes lecteurs, c'est que je n'ai pour maître que cette nature et cette analogie : apprenons promptement à savoir nous passer des autres, si nous voulons acquérir des connaissances solides.

Du système et de la nomenclature des anciennes mesures.

283. L'unité principale de *longueur* de l'ancienne nomenclature était la *toise* : elle se divisait en 6 *pieds*; le pied en 12 *pouces*; chaque pouce en 12 *lignes*; la ligne en 12 *points*.

L'unité principale de *poids* était la *livre* : elle se divisait en 16 *onces*; l'once en 8 *gros*; le gros en 3 *scrupules* ou *deniers*; le denier en 24 *grains*.

On divisait aussi la livre poids en 2 *marcs*, dont chacun était par conséquent composé de 8 onces, etc.

L'unité principale de *valeur* était la *livre tournois* : elle se divisait en 20 *sous* de 12 *deniers* chacun.

L'unité principale de *durée* était, comme elle est encore, le *jour* : elle se divise en 24 *heures*; l'heure en 60 *minutes*; la minute en 60 *secondes* : ainsi de suite.

284. Comme chacune des unités ci-dessus et leurs sous-divisions changeaient d'un pays à l'autre, nous nous bornerons seulement à rassembler ici ces sous-divisions de la manière suivante; ce qui nous mettra à même de récapituler toutes celles possibles de chacune des autres unités principales, et que nous ferons connaître en faisant voir la nouvelle nomenclature des poids et mesures :

Unités de longueur.

Toise.	Pieds.	Pouces.	Lignes.	Points.
1 =	6 =	72 =	864 =	10368
	1 =	12 =	144 =	1728
		1 =	12 =	144
			1 =	12

Unités de valeur.

Livre.	Sous.	Deniers.
1 =	20 =	240
	1 =	12

Unités de poids ou de gravité.

Livre.	Marcs.	Onces.	Gros.	Deniers.	Grains.
1 =	2 =	16 =	128 =	384 =	9216
	1 =	8 =	64 =	192 =	4608
		1 =	8 =	24 =	572
			1 =	3 =	72
				1 =	24

Unités temporaires ou de durée.

Jour.	Heures.	Minutes.	Secondes.
1 =	24 =	1440 =	86400
	1 =	60 =	3600
		1 =	60

Des nombres complexes et concrets.

285. On entend par nombres *complexes* ceux qui désignent des unités de différentes valeurs ; tels sont les nombres concrets suivants : 4 *livres* 7 *sous* 6 *deniers* ; 5 *toises* 5 *pieds* 2 *pouces* 5 *lignes* ; 2 *livres* 2 *onces* 7 *gros* ou *drachmes* 2 *deniers* ou *scrupules* 6 *grains*, etc.

Ces nombres, comme ceux qui ont précédé, sont assujétis aux règles élémentaires de la composition et de la décomposition des quantités. Ces opérations suivent :

Calculs des nombres complexes.

286. Porisme. *Dans l'addition comme dans la soustraction, les parties concrètes de chaque espèce composant chacun des nombres complexes proposés, doivent être respectivement de même nature.*

Ce qui est évident : il serait absurde d'ajouter ou de soustraire les nombres 6 livres et 4 toises.

287. *Dans la multiplication, le multiplicateur est essentiellement abstrait; et les unités du produit sont de même espèce que celles du multiplicande* (55).

En effet, si le multiplicateur pouvait être concret, il en résulterait que le produit de 3 livres par 2 livres, qui est 6 livres, devrait être égal à celui des facteurs équivalents 60 sous et 40 sous; ce qui est évidemment faux, car ce dernier est 2400 sous ou 120 livres.

Disons donc, que le multiplicateur du premier cas n'a d'autre propriété que celle d'indiquer le nombre de fois que le multiplicande 3 livres est entré dans le produit 6 livres; et que celui du second cas, indique pareillement la quantité de fois que le multiplicande 60 sous est entré dans le produit 2400 sous. Donc, etc.

Il suit de là que le multiplicande seul peut être concret et par conséquent converti en unités inférieures. Donc

$$3^{lt} \times 2 = 60^{s} \times 2 = 720^{d} \times 2 = 1440^{d} = 6^{lt}.$$

288. *Dans la division, lorsque le dividende et le diviseur sont composés d'unités concrètes de même espèce, le quotient est un nombre abstrait qui marque combien de fois le dividende contient le diviseur.*

Ou plus généralement, *c'est le nombre qui multipliant le diviseur, reproduit le dividende avec l'espèce de ses unités.*

289. *Lorsque le diviseur seul est abstrait, le quotient est* *alors de la nature du dividende :* il n'indique plus combien de fois le diviseur est entré dans le dividende ; mais qu'étant multiplié lui-même par ce diviseur, il doit reproduire le dividende en nombre et en espèce d'unités.

290. *Le quotient d'un nombre concret, par un autre nombre concret de différente nature n'existe pas.*

En effet, si l'on se proposait de diviser 10 livres par 5 toises, on ne pourrait trouver aucun nombre qui, multiplié par 5 toises ou multipliant 5 toises, donnât le dividende 10 livres.

Par la même raison, *il serait absurde de diviser un nombre abstrait par un nombre concret.*

291. *Scolie.* Chaque partie concrète d'un nombre complexe, n'est autre chose qu'une fraction ordinaire de telle ou telle dénomination de l'unité principale de ce nombre ; en sorte que tout nombre complexe peut toujours être transformé en une fraction ordinaire de son unité principale.

Ainsi, la question qui se présente d'abord, avant d'effectuer les opérations élémentaires sur les nombres complexes, c'est de les transformer en fractions ordinaires et irréductibles de leur unité principale ; ce qui simplifiera leurs calculs.

Transformation d'un nombre complexe en fraction ordinaire de son unité principale, et réciproquement.

292. Cette transformation n'est pas difficile, *il suffit d'a- jouter à la partie entière exprimant les unités principales, les fractions ordinaires, de cette unité principale, équivalentes à chacune des autres parties concrètes du nombre complexe proposé.*

Exemple. Convertir en fraction ordinaire de la livre, le nombre 3 livres 5 sous 6 deniers $\frac{3^{d}}{11}$.

A cet effet, j'ajouterai donc au nombre entier trois livres, les fractions ordinaires de la livre respectivement équivalentes aux parties 5 sous, 6 deniers et $\dfrac{3^{\mathrm{a}}}{11}$.

Pour obtenir ces dernières, je raisonne ainsi : 1° la livre valant 20 sous, le sou n'est que la vingtième partie de la livre, ou $\dfrac{1^{tt}}{20}$; les 5 sous valent par conséquent, 5 fois $\dfrac{1^{tt}}{20}$, ou $\dfrac{5^{tt}}{20}$;

2°. La livre valant 240 deniers, le denier n'est que $\dfrac{1^{tt}}{240}$. Les 6 deniers égalent donc 6 fois $\dfrac{1^{tt}}{240}$, ou $\dfrac{6^{tt}}{240}$;

3°. Enfin, quant aux $\dfrac{3^{\mathrm{a}}}{11}$, il est évident qu'ils ne valent que les $\dfrac{3}{11}$ de ce que vaut 1 denier en livres ; c'est-à-dire qu'ils peuvent être représentés par $\dfrac{1^{tt}}{240} \times \dfrac{3}{11} = \dfrac{3^{tt}}{240\times 11}$.

Le nombre complexe proposé égale donc

$$3^{tt} + \frac{5^{tt}}{20} + \frac{6^{tt}}{240} + \frac{3^{tt}}{240\times 11},$$

ou, en réduisant la première de ces fractions en deux cent quarantièmes,

$$3^{tt} + \frac{60^{tt}}{240} + \frac{6^{tt}}{240} + \frac{3^{tt}}{240\times 11}.$$

Réduisant ces dernières au même dénominateur, on a :

$$3^{tt} + \frac{660^{tt}}{240\times 11} + \frac{66^{tt}}{240\times 11} + \frac{3^{tt}}{240\times 11} = 3^{tt} + \frac{729^{tt}}{240\times 11}.$$

Mettant les 3 unités livres sous la forme fractionnaire de la même dénomination $240 \times 11^{\text{ièmes}}$ de la livre, il vient

$$\frac{(3^{tt} \times 240 \times 11) + 729^{tt}}{240 \times 11} = \frac{8649^{tt}}{2640}$$

pour la fraction ordinaire de la livre équivalente au nombre complexe proposé.

293. En examinant avec un peu d'attention ce qui précède, on remarquera que la transformation d'un nombre complexe en fraction ordinaire de son unité principale, s'effectuera *en rapportant toutes ses parties concrètes à la plus petite unité contenue dans ce nombre, la somme de toutes ces parties sera le numérateur de la fraction demandée. Quant au dénominateur, il sera toujours le nombre exprimant combien de fois la plus petite unité du nombre donné est contenue dans l'unité principale. Cela étant, on réduira la fraction à sa plus simple expression, en divisant ses deux termes par leur plus grand diviseur commun.*

Exemple. S'il s'agit du même nombre $3^{\text{\it lt}}\ 5^{\it s}\ 6^{\it d}\ \dfrac{3^{\it d}}{11}$ on dira :
1 livre valant $20^{\it s}$, les $3^{\text{\it lt}}$ en valent 60 ; $3^{\text{\it lt}}\ 5^{\it s}$ égalent donc 65 sous. 1 sou qui vaut 12 deniers, fait que les 65 sous valent $12^{\it d} \times 65 = 780^{\it d}$. Or, les $3^{\text{\it lt}}\ 5^{\it s}\ 6^{\it d}\ \dfrac{3^{\it d}}{11}$ valent $786^{\it d} + \dfrac{3^{\it d}}{11}$,

ou $\dfrac{8649^{\it d}}{11}$ (98).

Mais 1 livre vaut 240 deniers, 1 denier vaut donc $\dfrac{1^{\text{\it lt}}}{240}$.
Ainsi les $\dfrac{8649^{\it d}}{11}$ valent les $\dfrac{8649}{11}$ de $\dfrac{1^{\text{\it lt}}}{240}$, ou $\dfrac{1^{\text{\it lt}}}{240} \times \dfrac{8649}{11}$

$= \dfrac{8649^{\text{\it lt}}}{240 \times 11} = \dfrac{8649^{\text{\it lt}}}{2640}$.

Divisant par 3 le haut et le bas de cette dernière fraction de la livre, on a $\dfrac{2883^{\text{\it lt}}}{880}$ pour la fraction ordinaire et irréductible de la livre tournois, équivalente au nombre complexe proposé. Donc, etc.

Soit encore à convertir en fraction ordinaire et irréductible de la toise, le nombre 2 toises 3 pieds 2 pouces 9 lignes $\dfrac{3^{\text{\it L}}}{13}$.

Solution. La toise valant 6 pieds, les deux toises en valent 12 ; les 2^{T} 3 pieds égalent par conséquent 15 pieds. Le pied valant 12 pouces, les 15 pieds valent donc 15 fois 12^P, ou 180 pouces. Ce dernier nombre de pouces, augmenté des deux contenus dans le nombre proposé, donne 182 pouces. Mais 1 pouce vaut 12 lignes, 182 pouces valent donc 182 fois 12^L, ou 2184 lignes.

Réunissant à ce nombre les 9 lignes et les $\frac{3^L}{13}$ du nombre donné, on a $2193^L + \frac{3^L}{13}$, ou $\frac{28512^L}{13}$ pour l'équivalent de $2^T\ 3^P\ 2^P\ 9^L\ \frac{3^L}{13}$.

Cela posé, une toise valant 864 lignes, une ligne vaut donc $\frac{1^T}{864}$. Or, les $\frac{28512^L}{13}$ valent les $\frac{28512}{13}$ de $\frac{1^T}{864}$, ou $\frac{1^T}{864} \times \frac{28512}{13}$ $= \frac{28512^T}{864 \times 13} = \frac{33^T}{13}$ pour la fraction de la toise demandée.

294. Réciproquement ; *pour transformer une fraction ordinaire concrète en nombre complexe, il suffit d'effectuer la division du numérateur par le dénominateur, en convertissant chaque reste en unités immédiatement inférieures.*

Exemple. Trouver le nombre complexe équivalent à $\frac{26^\#}{11}$.

$$
\begin{array}{ll}
26^\# & \Big|\ \overline{\quad 11 \quad} \\
4^\# & \quad 2^\#\ 7^s\ 3^d\ \dfrac{3^d}{11^d} \\
20^s \times 4 = 80^s & \\
\quad\quad\quad\ 3^s & \\
3^s \times 12 = 36^d & \\
\quad\quad\quad\ 3^d & \\
\end{array}
$$

Solution. Le quotient de $26^\#$ par 11 est $2^\#$, avec un reste $4^\#$. Ce reste converti en sous, en donne 80. Le quotient partiel de 80^s par 11 est 7^s, avec un reste 3^s. Ce dernier reste étant converti en deniers, donne 36^d, dont le quotient par 11 est 3^d, avec un reste $3^{\text{å}}$, qui, affecté d'un dénominateur égal au diviseur, donne $\dfrac{3^{\text{å}}}{11}$

Le quotient total est donc $2^{\#}\ 7^{s}\ 3^{\text{å}}\ \dfrac{3^{\text{å}}}{11}$.

On trouvera de cette manière que $\dfrac{24^{\text{T}}}{17} = 1^{\text{T}}\ 2^{\text{P}}\ 5^{\text{P}}\ 8^{\text{L}}\ \dfrac{6^{\text{L}}}{17}$.

195. *Scolie.* A l'égard de cette réciprocité, on remarque aisément qu'après que l'on a eu obtenu les unités principales du quotient, on aurait pu convertir les restes successifs en décimales (**182**), ce qui aurait donné au quotient $2^{\#}, 3636\dots$ etc. La fraction décimale $0^{\#}, 3636\dots$ etc. de la livre est donc équivalente aux parties concrètes $7^{s}\ 3^{\text{å}}\ \dfrac{3^{\text{å}}}{11}$ du précédent quotient.

D'où il suit que pour convertir en décimales des parties concrètes de l'unité principale ; *il faut d'abord les convertir en fraction ordinaire de cette unité principale (**295**) ; puis effectuer la division du numérateur de la fraction obtenue par son dénominateur, selon ce qui a été dit n° **182**.*

296. *Réciproquement.* Convertir des parties décimales de l'unité principale, en parties concrètes de cette même unité principale.

Cette réciprocité n'est pas difficile à déduire de ce qui précède : il suffit de remarquer que, puisqu'une livre vaut 20 sous, la partie décimale $0^{\#}, 3636\dots$ etc., vaut les $0,3636\dots$ etc., de 20 sous, ou $20^{s} \times 0,3636\dots$ etc., $= 0,3636\dots$ etc., $\times$ 20 (**59**); et l'on en conclura que, pour convertir en nombre complexe une fraction décimale concrète, *il faut multiplier cette fraction décimale successivement par le nombre des unités de chaque espèce, composant l'unité immédiatement supérieure à celle que l'on veut obtenir par chaque multiplication : le nombre placé sur la gauche de la virgule décimale, de chacun de ces produits successifs, exprimera les unités cherchées.*

297. Il résulte du n° 295 que le calcul des nombres complexes peut être ramené à celui des fractions ordinaires.

Exemple. S'il s'agit d'opérer sur les nombres complexes suivants :

$2^{\#}\ 7^{s}\ 3^{a}\ \dfrac{3^{a}}{11}$ et $3^{\#}\ 5^{s}\ 5^{a}\ \dfrac{5^{a}}{11}$, on substituera à ces nombres les fractions ordinaires et irréductibles $\dfrac{26^{\#}}{11}$ et $\dfrac{36^{\#}}{11}$ qui les expriment respectivement, et il viendra à opérer sur $\dfrac{26^{\#}}{11}$ et $\dfrac{36^{\#}}{11}$.

Leur somme $\dfrac{62^{\#}}{11}$, convertie en nombre complexe, donnera $5^{\#}\ 12^{s}\ 8^{a}\ \dfrac{8^{a}}{11}$; et leur différence sera

$$\frac{36^{\#}}{11} - \frac{26^{\#}}{11} = \frac{10^{\#}}{11} = 0^{\#},\ 18^{s}\ 2^{a}\ \frac{2^{a}}{11}.$$

Leur produit, en rendant abstrait le multiplicateur $\dfrac{26^{\#}}{11}$, sera

$\dfrac{36^{\#}}{11} \times \dfrac{26}{11} = \dfrac{936^{\#}}{121} = 7^{\#}\ 14^{s}\ 8^{a}\ \dfrac{64^{a}}{121}$. Enfin, on aura

$\dfrac{36^{\#}}{11} : \dfrac{26}{11} = \dfrac{36^{\#}}{11} \times \dfrac{11}{26} = \dfrac{36^{\#}}{26} = \dfrac{18^{\#}}{13} = 1^{\#}\ 7^{s}\ 8^{a}\ \dfrac{4^{a}}{13}$ pour le quotient du plus grand de ces nombres proposés par le plus petit.

298. Pour faire voir comment on peut être conduit au calcul précédent, nous nous proposerons cette question : Trouver l'intérêt de $5^{\#}\ 12^{s}\ 8^{a}\ \dfrac{8^{a}}{11}$, à raison de $0^{\#}\ 18^{s}\ 2^{a}\ \dfrac{2^{a}}{11}$ pour une livre.

Si l'on remplace ces nombres complexes par les fractions irréductibles $\dfrac{62^{\#}}{11}$ et $\dfrac{10^{\#}}{11}$ qui leur sont respectivement équivalentes, il ne s'agira plus que de trouver l'intérêt de $\dfrac{62^{tt}}{11}$ à raison de $\dfrac{10^{tt}}{11}$ pour une livre.

Cela n'offre aucune difficulté, puisque l'intérêt d'une livre est $\dfrac{10^{tt}}{11}$, celui de $\dfrac{62^{tt}}{11}$ sera évidemment les $\dfrac{62}{11}$ de $\dfrac{10^{tt}}{11}$, ou

$$\frac{10^{tt}}{11} \times \frac{62}{11} = \frac{620^{tt}}{121} = 5^{tt}\, 2^{s}\, 5^{\text{d}}\, \frac{91^{\text{d}}}{121}.$$

299. Bien que la méthode précédente soit la plus simple en théorie, elle conduit cependant assez fréquemment à des calculs compliqués ; c'est pourquoi il est souvent plus expédif d'opérer immédiatement sur les nombres complexes : le lecteur en trouvera les moyens dans les chapitres suivants.

De l'addition et de la soustraction effectuées immédiatement sur les nombres complexes.

300. *Pour additionner les nombres complexes, on écrit les unités de même nature les unes sous les autres ; puis on ajoute successivement entre elles, celles qui composent chaque colonne, en commençant par les plus petites. Même observation à l'égard de la soustraction.*

Exemple pour l'addition. Trouver la somme des nombres $5^{T}\, 4^{P}\, 8^{o}\, \dfrac{2^{o}}{3}$ et $7^{T}\, 3^{P}\, 9^{o}\, \dfrac{3^{o}}{4}$.

$$5^{T}\, 4^{P}\, 8^{o}\, \frac{2^{o}}{3} = \frac{8^{o}}{12}$$

$$7^{T}\, 3^{P}\, 9^{o}\, \frac{3^{o}}{4} = \frac{9^{o}}{12}$$

$$13^{T}\, 2^{P}\, 6^{o} \qquad \frac{5^{o}}{12}.$$

Solution. En réduisant les deux fractions $\frac{2^o}{3}$ et $\frac{3^o}{4}$ au même dénominateur, on a $\frac{8^o}{12}$ et $\frac{9^o}{12}$, dont la somme est $\frac{17^o}{12}$, ou 1^P et $\frac{5^o}{12}$. J'écris donc les $\frac{5^o}{12}$, et je retiens l'unité pouce pour la joindre aux autres unités de cette espèce, et j'ai $1^o+8^o+9^o=18^o$, ou 1^P 6°. J'écris les 6° et retiens l'unité pied pour l'ajouter avec les autres pieds : ce qui me donne $1^P+4^P+3^P=8^P$, ou 1^T 2^P, j'écris les 2^P au-dessous de la colonne de cet ordre d'unités, et je retiens l'unité toise pour la réunir aux autres toises; ce qui me donne $1^T+5^T+7^T=13^T$, que j'écris au-dessous de la colonne des toises; et j'ai pour la somme demandée 13^T 2^P 6° $\frac{5^o}{12}$.

301. *Quant à l'exemple pour la soustraction,* nous considérerons le problème inverse, qui consiste à trouver l'une des parties de la somme 13^T 2^P 6° $\frac{5^o}{12}$ connaissant l'autre de ses parties, qui est 7^T 3^P 9° $\frac{9^o}{12}$.

$$13^T\ 2^P\ 6^o\ \frac{5^o}{12}$$
$$7^T\ 3^P\ 9^o\ \frac{9^o}{12}$$
$$\overline{5^T\ 4^P\ 8^o\ \frac{8^o}{12}.}$$

Commençant toujours par les plus petites unités, on dira : $\frac{9^o}{12}$ ôtés des $\frac{5^o}{12}$, ne peut, j'augmente donc cette dernière fraction du pouce, de son unité principale ou de $\frac{12^o}{12}$, et j'ai $\frac{17^o}{12}$, desquels ôtant les $\frac{9^o}{12}$ du nombre inférieur, il reste $\frac{8^o}{12}$, que l'on écrit au-dessous de ces fractions. Comme le nombre supérieur a été augmenté d'un pouce, j'augmente le nombre inférieur de la même quantité, et j'ai 10 pouces à ôter de 6 pouces. Pour rendre cette dernière soustraction possible, je compte la partie supérieure 6 pouces pour 12 pouces ou 1 pied de plus; et j'ai 10 pouces à ôter de 18 pouces; j'écris le reste 8 pouces au-dessous de la colonne des pouces. Comptant la quantité de pieds du nombre inférieur pour une unité de plus, on a 4 pieds à ôter de 2 pieds ou, en comptant ce dernier nombre pour une unité de toise de plus, 4 pieds à ôter de 8 pieds; j'écris le reste 4 pieds au-dessous de la colonne des pieds. Puisque le nombre supérieur vient d'être augmenté d'une unité toise, je compte une toise de plus dans le nombre inférieur, ou une de moins dans le supérieur, et j'ai huit toises à ôter de 13 toises, ou 7 toises à retrancher de 12 toises; ce qui me donne un reste 5 toises; de manière que j'ai $5^T\ 4^P\ 8^o\ \dfrac{8^o}{12}$. pour la partie demandée de la somme donnée.

502. A ce qui vient d'être dit sur l'addition et la soustraction effectuées immédiatement sur les nombres complexes, nous ajouterons un exemple sur chacune de ces opérations :

1°. On a fait faire d'une part un fossé de $6^T\ 3^P\ 4^o\ 6^L$; d'un autre côté, on en a creusé un de $2^T\ 7^P\ 11^o$; et l'on se propose d'en établir un troisième qui aura $7^T\ 5^P\ 11^o\ 7^L$, on demande combien l'on devra payer de toises courantes de cet ouvrage, lorsque le troisième fossé sera fait.

$$
\begin{array}{l}
6^T\ 3^P\ \ 4^o\ 6^L \\
2^T\ 7^P\ 11^o \\
7^T\ 5^P\ 11^o\ 7^L \\
\hline
17^T\ 5^P\ \ 3^o\ 1^L.
\end{array}
$$

Il est facile de conclure qu'il ne s'agit ici que de déterminer la somme des longueurs des trois fossés en question : on trouvera pour cette somme $17^T\ 5^P\ 3^o\ 1^L$.

2°. On a payé le montant de $4^{\text{T}}\ 3^{\text{P}}\ 3^{\text{o}}\ 4^{\text{L}}\ \dfrac{2^{\text{L}}}{3}$ à compte de $17^{\text{T}}\ 2^{\text{P}}\ 1^{\text{o}}\ 5^{\text{L}}\ \dfrac{4^{\text{L}}}{5}$ d'ouvrage, à raison de tant la toise, on demande la quantité de toises qu'il reste à payer.

$$
\begin{array}{l}
17^{\text{T}}\ 2^{\text{P}}\ \ 1^{\text{o}}\ 5^{\text{L}}\ \dfrac{4^{\text{L}}}{5} = \dfrac{12^{\text{L}}}{15} \\[2mm]
\ 4^{\text{T}}\ 3^{\text{P}}\ \ 3^{\text{o}}\ 4^{\text{L}}\ \dfrac{2^{\text{L}}}{3} = \dfrac{10^{\text{L}}}{15} \\[1mm]
\hline
12^{\text{T}}\ 4^{\text{P}}\ 10^{\text{o}}\ 1^{\text{L}} \qquad\quad \dfrac{2^{\text{L}}}{15}.
\end{array}
$$

Il est clair qu'il reste à payer une quantité de toises égale à la différence qui existe entre le nombre de celles que l'on devait payer, et celui de celles qui ont été acquittées. Donc il faut effectuer la soustraction ci-dessus.

De la multiplication effectuée immédiatement sur les nombres complexes.

305. 1er *cas.* Multiplier un nombre complexe par un nombre incomplexe : tel que $12^{\sharp}\ 2^{\text{J}}\ 3^{\text{à}}\ \dfrac{2^{\text{à}}}{11}$ par 12.

Ce cas n'offre aucune difficulté, il suffit de multiplier successivement chaque partie du multiplicande par le multiplicateur.

En effet, multiplier $12^{\sharp}\ 2^{\text{J}}\ 3^{\text{à}}\ \dfrac{2^{\text{à}}}{11}$ par 12, c'est ajouter le multiplicande 11 fois à lui-même ; ce qui revient à ajouter séparément chacune de ces parties 11 fois à elle-même, ou à la multiplier par 12. Donc, etc.

Commençant par les plus hautes unités du multiplicande, on dira : 12 fois $12^{\sharp} = 144^{\sharp}$; 12 fois $2^{\text{J}} = 24^{\text{J}}$, ou $1^{\sharp}\ 4^{\text{J}}$; 12 fois $3^{\text{à}} = 36^{\text{à}}$ ou 3^{J} ; et, enfin, 12 fois $\dfrac{2^{\text{à}}}{11} = \dfrac{24^{\text{à}}}{11}$ ou $2^{\text{à}}\ \dfrac{2^{\text{à}}}{11}$.

Le produit total est donc $145^{\sharp}\ 7^{\text{J}}\ 2^{\text{à}}\ \dfrac{2^{\text{à}}}{11}$.

$$12^{\text{tt}} \quad 2^{\text{s}} \quad 3^{\text{d}} \quad \frac{2^{\text{d}}}{11}.$$

$$12$$

$$\overline{\rule{3cm}{0.4pt}}$$

$$144^{\text{tt}}$$
$$1^{\text{tt}} \quad 4^{\text{s}}$$
$$0^{\text{tt}} \quad 3^{\text{s}}$$
$$0^{\text{tt}} \quad 0^{\text{s}} \quad 2^{\text{d}} \quad \frac{2^{\text{d}}}{11}$$

$$\overline{\rule{3cm}{0.4pt}}$$

$$145^{\text{tt}} \quad 7^{\text{s}} \quad 2^{\text{d}} \quad \frac{2^{\text{d}}}{11}.$$

504. On peut parvenir au même résultat en décomposant chaque partie du multiplicande, de manière à ce que le produit partiel qui doit en résulter se déduise facilement de ceux qui l'ont précédé.

A cet effet, on dispose le calcul de la manière suivante :

Multiplicande.	$12^{\text{tt}} \quad 2^{\text{s}} \quad 3^{\text{d}} \quad \frac{2^{\text{d}}}{11}$
Multiplicateur.	12
Pour 12^{tt}.....	144^{tt}
Pour 2^{s}......	$1^{\text{tt}} \quad 4^{\text{s}}$
Pour 3^{d}......	$0^{\text{tt}} \quad 3^{\text{s}}$
Pour $\frac{2^{\text{d}}}{11}$.....	$0^{\text{tt}} \quad 0^{\text{s}} \quad 2^{\text{d}} \quad \frac{2^{\text{d}}}{11}$
Produit total..	$145^{\text{tt}} \quad 7^{\text{s}} \quad 2^{\text{d}} \quad \frac{2^{\text{d}}}{11}.$

Commençant, comme précédemment, par les plus hautes unités du multiplicande, on dira : 12 fois 12^{tt} font 144^{tt} ; 12 fois $1^{\text{tt}} = 12^{\text{tt}}$; mais 2^{s} ne sont que le dixième d'une livre. Ainsi, 12 fois 2^{s} ne donneront que le $\frac{1}{10}$ de 12^{tt} ou $1^{\text{tt}} \ 4^{\text{s}}$; 3^{d} sont le huitième de 2^{s}. Donc, 12 fois 3^{d} ne donneront que le $\frac{1}{8}$ de 1^{lt} 4^{s} ou 3^{s} ; enfin, le produit de $\frac{2^{d}}{11}$ par 12, égale évidemment le 11e de celui de 2^{d} par 12. Or, 12 fois 2^{s} ayant donné 1^{lt} 4^{s}, 2^{d} qui sont le 12e de 2^{s}, ne donneront que le $\frac{1}{12}$ de 1^{lt} 4^{s}, ou 2^{s}. Ainsi le onzième de 2^{s}, qui est 2^{d} $\frac{2^{d}}{11}$ exprime le produit de $\frac{2^{d}}{11}$ par 12.

Faisant la somme de tous ces produits partiels, on a encore 145^{lt} 7^{s} 2^{d} $\frac{2^{d}}{11}$ pour le produit total.

305. *Scolie.* On voit que l'on a obtenu chaque produit partiel en décomposant le multiplicande respectif, de manière à ce qu'il soit contenu un nombre exact de fois dans l'un ou dans l'autre des multiplicandes partiels qui l'ont précédé. Telle est *la méthode des parties aliquotes.* On entendra donc par parties aliquotes *une quantité d'unités concrètes contenue un nombre entier de fois dans un autre.* Ainsi, 3^{d} sont une partie aliquote du sou ou de 12 deniers, etc.

Une quantité d'unités concrètes qui n'est point contenue un nombre exact de fois dans une autre, en est dite une *partie aliquante.* Ainsi, 5 pieds sont une partie aliquante de la toise qui vaut 6 pieds; de même que 7 sous le sont à l'égard de la livre qui vaut 20 sous, etc.

306. 2e *cas.* C'est celui où l'on a à multiplier un nombre entier par un nombre complexe : il rentre donc dans le premier cas (59).

307. 3e *cas.* Lorsque le multiplicande et le multiplicateur seront complexes, on se conduira comme dans l'exemple suivant :

La toise de maçonnerie coûte 12^{lt} 2^{s} 3^{d} $\frac{2^{d}}{11}$; combien coûteront 12^{T} 5^{P} 8° ?

Solution. Je commence d'abord par calculer le prix de 12^T à raison de $12^{\#}\ 2^{\int}\ 3^{\lambda}\ \dfrac{2^{\lambda}}{11}$ la toise, et ce d'après le procédé du premier cas; et j'ai : 1° à raison de $12^{\#}$, $144^{\#}$; 2° à raison de $2^{\int}$, $1^{\#}\ 4^{\int}$; 3° à raison de 3^{λ}, on a $3^{\int}$; 4° enfin, à raison de $\dfrac{2^{\lambda}}{11}$, on obtient $2^{\lambda}\ \dfrac{2^{\lambda}}{11}$.

Je cherche ensuite le prix de 5^P, toujours à raison de $12^{\#}\ 2^{\int}\ 3^{\lambda}\ \dfrac{2^{\lambda}}{11}$ la toise. Pour cela, je décompose 5 pieds en parties aliquotes de la toise, ce qui me donne, d'une part, 3^P qui sont la moitié de la toise, et de l'autre part 2^P qui sont le tiers d'une toise. En sorte que j'ai à prendre : 1° la moitié de $12^{\#}\ 2^{\int}\ 3^{\lambda}\ \dfrac{2^{\lambda}}{11}$, qui est $6^{\#}\ 1^{\int}\ 1^{\lambda}\ \dfrac{13^{\lambda}}{22}$; 2° le tiers du même nombre $12^{\#}\ 2^{\int}\ 3^{\lambda}\ \dfrac{2^{\lambda}}{11}$, qui est $4^{\#}\ 0^{\int}\ 9^{\lambda}\ \dfrac{2^{\lambda}}{33}$.

Dispositif de l'opération.

		Multiplicande...	$12^{\#}$	$2^{\int}$	3^{λ}
		Multiplicateur..	12^T	5^P	$8^°$
Prix de $12^T\ 5^P\ 8^°$	prix de 12^T...... à raison de $12^{\#}$.	$144^{\#}$			
	à raison de $2^{\int}$.	$1^{\#}$	$4^{\int}$		
	à raison de 3^{λ}.	$0^{\#}$	$3^{\int}$		
	à raison de $\dfrac{2^{\lambda}}{11}$.	$0^{\#}$	$0^{\int}$	2^{λ}	
	prix de 5^P pour 3° ou une $\dfrac{1}{2}$ toise..	$6^{\#}$	$1^{\int}$	1^{λ}	
	pour 2° ou $\dfrac{1}{3}$ toise.....	$4^{\#}$	$0^{\int}$	9^{λ}	
	prix de 8°, ou $\dfrac{1}{3}$ de 24 pouces.	$1^{\#}$	$6^{\int}$	11^{λ}	
	TOTAL...	$156^{\#}$	$15^{\int}$	11^{λ}	

Enfin, j'ai à trouver le prix de 8°, qui sont le tiers de 24° ou 2^P. Il s'obtiendra donc en prenant le tiers de $4^{\#}\ 0^{s}\ 9^{d}\ \frac{2^{d}}{33}$, que l'on trouvera être $1^{\#}\ 6^{s}\ 11^{d}\ \frac{2^{d}}{99}$.

Avant d'ajouter les produits partiels, on réduira les quatre fractions au même dénominateur, en multipliant d'abord les deux termes de la première et de la seconde par 9, et ceux de la troisième par 3 ; ce qui donnera $\frac{18^{d}}{99}$, $\frac{117^{d}}{198}$, $\frac{6^{d}}{99}$ et $\frac{2^{d}}{99}$.

Multipliant ensuite les deux termes de la première, de la troisième et de la quatrième par 2, on aura $\frac{36^{d}}{198}$, $\frac{117^{d}}{198}$, $\frac{12^{d}}{198}$ et $\frac{4^{d}}{198}$ dont la somme est $\frac{169^{d}}{198}$. Cela étant, on fera la somme de tous les produits partiels, et l'on aura $156^{\#}\ 15^{s}\ 11^{d}\ \frac{169^{d}}{198}$ pour le prix de $12^{T}\ 5^{P}\ 8^o$ à raison de $12^{\#}\ 2^{s}\ 3^{d}\ \frac{2^{d}}{11}$ la toise.

De la division effectuée immédiatement sur les nombres complexes.

308. 1er *cas. Lorsqu'il s'agit de trouver un nombre qui, multiplié par un nombre entier, donne un nombre complexe ; et que, 1°, par hypothèse, le dividende et le diviseur sont d'espèce différente, on rend le diviseur abstrait, et le quotient est alors de la nature du dividende* (290) ; *puis on réduit chaque reste donné par la division, en unités de l'ordre immédiatement inférieur, ayant soin d'ajouter à celles-ci celles du dividende qui leur sont homogènes, etc.*

Exemple. On a donné $4783^{\#}\ 3^{s}\ 9^{d}$ pour paiement de 87^{T} d'ouvrage, on demande le prix de la toise ?

$$4783^{\text{tt}}\ 3^{\text{s}}\ 9^{\text{d}}\ \Big|\ \dfrac{87}{54^{\text{tt}}\ 19^{\text{s}}\ 7^{\text{d}}}$$

$$
\begin{array}{r}
433^{\text{tt}} \\
85^{\text{tt}} \\
\\
3^{\text{s}} \\
85^{\text{tt}} = \underline{1700^{\text{s}}} \\
1703^{\text{s}} \\
833^{\text{s}} \\
50^{\text{s}} \\
\\
9^{\text{d}} \\
50^{\text{s}} = \quad 600^{\text{d}} \\
\overline{609^{\text{d}}} \\
000
\end{array}
$$

Solution. En ne considérant d'abord que les 4783^{tt} du dividende, on obtient 54^{tt} pour quotient, avec un reste 85^{tt}. Convertissant ce reste en sous, on trouve 1700 sous, auxquels joignant ceux du dividende proposé, on a 1703^{s}, qui, divisés par 87, donnent un quotient 19^{s}, avec un reste 50^{s}. Ce dernier reste, converti en deniers, et augmenté des neuf deniers du dividende total, donne pour nouveau dividende 609^{d} dont le quotient exact par 87 est 7^{d}.

Ainsi le quotient total $54^{\text{tt}}\ 19^{\text{s}}\ 7^{\text{d}}$ exprime le prix de la toise de l'ouvrage en question.

2°. *Si le dividende et le diviseur sont de même espèce, il faut examiner quelle doit être la nature des unités du quotient ; si le quotient est de même espèce qu'eux, la division s'opérera comme précédemment.*

Exemple. 1243^{tt} ont produit un bénéfice de 7254^{tt} ; quel est celui d'une livre ?

Solution. On divisera donc 7254^{tt} par le nombre abstrait 1243 ; en réduisant chaque reste, comme dans le précédent exemple, en sous et deniers, le quotient sera $5^{\text{tt}}\ 16^{\text{s}}\ 8^{\text{d}}$

$$\dfrac{760^{\text{d}}}{1243}$$

3°. Mais lorsque le dividende et le diviseur sont toujours de même espèce, et le quotient de nature différente, il faut se conduire ainsi qu'il suit : *On réduit le dividende et le diviseur chacun à la plus petite espèce qui soit contenue dans le dividende ; puis on effectue la division comme précédemment, en traitant les unités du dividende comme si elles étaient de même espèce que celles que l'on doit avoir au quotient.*

Exemple. Combien, pour 7954^{tt} 11^{s} 7^{d}, fera-t-on faire d'ouvrage à raison de 75^{tt} la toise?

Solution. Il est évident que, dans cette hypothèse, le quotient exprimera des toises et des parties de cette unité.

On réduira donc 7954^{tt} 11^{s} 7^{d} tout en deniers, ce qui donnera 1909099 deniers; on convertira pareillement le diviseur 75^{tt} en deniers. En sorte que l'on divisera 1909099, considéré comme des toises, par le nombre abstrait 18000 : le quotient sera 106^{T} 0^{P} 4° $\frac{7128^{o}}{18000}$.

309. 2e *cas.* C'est celui où l'on a à diviser un nombre complexe par un semblable nombre.

Dans cette hypothèse, *on réduit le diviseur à la plus petite espèce* (**292**), *et l'on multiplie le dividende par le dénominateur du diviseur, c'est-à-dire par le nombre qui exprime combien il faut d'unités de la plus petite espèce du diviseur pour former l'unité principale.*

Par là, le dividende et le diviseur seront rendus le même nombre de fois plus grand ; ce qui n'altérera point le quotient (**54, 87**).

C'est ainsi que cette opération se ramène au cas où l'on a à diviser un nombre complexe par un nombre incomplexe.

Exemple. 57^{T} 5^{P} 5° d'ouvrage ont été payées 854^{tt} 17^{s} 11^{d}, on demande à combien cela revient la toise?

Solution. Il est clair qu'il faut diviser 854^{tt} 17^{s} 11^{d} par 57^{T} 5^{P} 5°.

A cet effet, je réduis $57^T 5^P 5^o$ tout en pouces, ce qui me donne 4169 pouces.

La toise valant 72 pouces, j'ai donc $\dfrac{4169^T}{72}$ pour nouveau diviseur. En faisant disparaître le dénominateur de ce diviseur, je le multiplie par 72 (95). Donc (54) il faut multiplier le dividende $854^{tt} 17^f 11^{\lambda}$ par 72 (303), et l'on aura à diviser $61552^{tt} 10^f$ par 4169^T rendu abstrait : le quotient sera $14^{tt} 15^f 3^{\lambda} \dfrac{1713^{\lambda}}{4169}$.

310. 3ᵉ *cas*. Si l'on avait à diviser un nombre entier par un nombre complexe, *on se conduirait comme dans le cas précédent, et l'opération se ramènerait à diviser un nombre entier par un autre nombre entier, conformément à ce qui a été dit dans le premier cas.*

Exemple. $10^T 2^P 3^o$ d'ouvrage ont coûté 145^{tt}; à combien revient la toise de cet ouvrage ?

Solution. On comprend qu'il faut diviser 145^{tt} par $10^T 2^P 3^o$ (88, 2°). Or, si l'on convertit ce diviseur en pouces, il viendra à diviser 145^{tt} par $\dfrac{1^T}{72}$ pris 747 fois, ou 145^{tt} à diviser par $\dfrac{747^T}{72}$.

Éliminant le dénominateur du diviseur, on a

$$(145^{tt} \times 72) : 747^T = 10440^{tt} : 747^T.$$

Mais comme le dividende et le diviseur sont de nature différente, il faut rendre ce dernier abstrait; puis convertir en nombre complexe l'expression $\dfrac{10440^{tt}}{747}$: on trouvera........ $13^{tt} 19^f 6^{\lambda} \dfrac{18^{\lambda}}{83}$ pour le prix auquel revient la toise de l'ouvrage en question.

Introduction au nouveau système des poids et mesures.

311. La complication des calculs sur les nombres complexes, les entraves dans les opérations commerciales, occasionées par le peu d'uniformité qui régnait parmi les unités choisies pour termes de comparaison par les auteurs de l'ancienne nomenclature, la grande diversité qui existait dans les sous-divisions de chacune de ces unités, ainsi que les changements qu'elles subissaient d'un village à un autre, et une infinité d'autres raisons non moins fondées que les précédentes, ont conduit à la nécessité d'adopter une unité principale qui puisse se vérifier dans tous les temps et dans tous les pays où elle sera mise en usage ; et de laquelle on fera naître toutes les autres unités d'un nouveau système de mesures, qui, par là, renfermera toute la perfection possible.

A cet effet, l'Assemblée constituante résolut, par décret du 26 mars 1791, d'après l'avis de l'Académie de France, de déduire la grandeur de cette unité principale des dimensions de notre globe. En conséquence, cette Académie chargea ensuite MM. Delambre et Méchain, de ce travail important.

Ces deux géomètres s'acquittèrent de leur mission en mesurant l'arc du méridien de Paris qui passe de Dunkerque à Montjouy près de Barcelone, avec un degré d'exactitude dont on n'avait pas eu d'idée jusque alors (*).

Du système et de la nomenclature des nouvelles mesures.

312. On compte huit espèces de mesures bien distinctes, savoir :

1°. *Les mesures linéaires ou de longueur ;*

2°. *Les mesures agraires ou de superficie ;*

(*) Au sujet de ce beau travail, *voyez* le mémoire que le savant Delambre publia en l'an VII.

3°. *Les mesures de capacité ou les liquides et les grains ;*

4°. *Les mesures de solidité ou les volumes ;*

5°. *Les mesures de pesanteur ou les poids ;*

6°. *Les mesures de valeur ou les monnaies ;*

7°. *Les mesures circulaires ou les degrés ;*

8°. *Les mesures temporaires ou de durée.*

L'unité de longueur est le *mètre ;* l'unité de superficie se nomme *are ;* l'unité de capacité est le *litre ;* celle de volume est le *stère ;* l'unité de poids est le *gramme ;* l'unité monétaire est le *franc ;* l'unité circulaire est le *quadrant ;* l'unité de temps est *l'heure.*

313. Le mètre étant la base de toutes les autres unités du nouveau système, nous commencerons, à l'égard de la définition de chacune de ces unités, par celle des mesures linéaires : on sait déjà qu'elle a été déduite de la distance du pôle à l'équateur, mesuré sur la méridienne de Paris.

Pour déduire le mètre du quart de la méridienne en question, qui s'est trouvé être de 5130740 toises, il convenait de prendre une partie sous-décuple de 5130740 toises, qui fût telle qu'on eût un quotient décimal exact ; et qui se rapprochât le plus possible, soit du pied, soit de la toise, unités linéaires de l'ancienne nomenclature : le diviseur 10000000 est celui qui a atteint le mieux ce but. Disons donc que le mètre est la dix-millionnième partie de l'arc égal au quart de la méridienne de Paris : cette unité est donc exprimée par

$$\frac{5130740^{\text{T}}}{10000000} = 0^{\text{T}},5130740.$$

Si l'on convertit cette fraction décimale de la toise en pieds, pouces, lignes, etc., selon ce qui a été dit n° **296**, on trouvera $3^{\text{P}}\,0^{\circ}\,11^{\text{L}}\,\frac{296^{\text{L}}}{1000}$ pour la valeur du mètre en pieds à moins de 0,001 près.

Cela posé, nous dirons que, 1° le *carré* de 10 mètres de côté forme *l'are ;* il équivaut, comme nous le verrons bientôt à *cent mètres carrés ;*

2°. Un *cube* qui aurait un mètre de côté, forme le *stère :* il équivaut à *mille décimètres cubes :* c'est ce que nous ferons comprendre plus bas ;

3°. Le *litre* est un vase de forme *cubique,* dont le côté pris dans l'intérieur du vase, équivaut à la dixième partie du mètre ;

4°. Le poids d'*un centième cube de mètre* d'eau distillée, a donné l'unité *gramme :* l'eau pure a été prise à une température et à une pression atmosphérique déterminées. Voir la physique d'Haüy, et les moyens employés par Lefèvre-Gineau, pour déterminer l'unité poids ;

5°. Une pièce composée de neuf dixièmes d'argent et d'un dixième de cuivre, pesant cinq grammes, forme l'unité *franc ;*

6°. L'unité *circulaire* ou le *quadrant,* est le quart de la circonférence, ou la mesure de l'angle droit, nous l'expliquerons en géométrie ;

7°. La nouvelle *heure* devrait être la dixième partie du jour naturel ; mais l'usage a fait conserver l'ancienne heure qui en est la vingt-quatrième partie.

314. Lorsque les quantités à comparer seront plus ou moins considérables, on diminuera ou l'on augmentera les résultats en unités, suivant que l'on prendra pour terme de comparaison les multiples ou les sous-multiples décimaux de chaque unité principale.

Ils sont, pour chacune d'elles, exprimés par les mots :

Déca, hecto, kilo, myria, etc., pour les multiples.

Les sous-multiples se désignent par ceux :

Déci, centi, milli, dix-mill, etc.

Ainsi, 1° le *décamètre* vaut dix mètres, un *hectolitre* égale cent litres, le *kilostère* se compose de mille stères, le *myria-are* est autant que dix mille ares ;

2°. Un *décimètre* vaut une dixième de mètre, le *centilitre* vaut un centième de litre, le *millistère* égale un millième de stère, etc.

318. À l'égard des mesures de superficie et de solidité, nous ferons observer qu'elles exigent une attention particulière; car 1° si l'on divise chacun des côtés de l'are en ses dix parties égales, et que l'on tire des traits horizontaux et verticaux de chacune des divisions verticales et horizontales, à sa correspondante opposée, comme on le voit ci-dessous, on subdivisera ainsi un carré de dix mètres de côté, en cent autres carrés d'un mètre, et dont chacun ne sera que la centième partie de l'unité are.

Are ou carré de 10 mètres de côté.

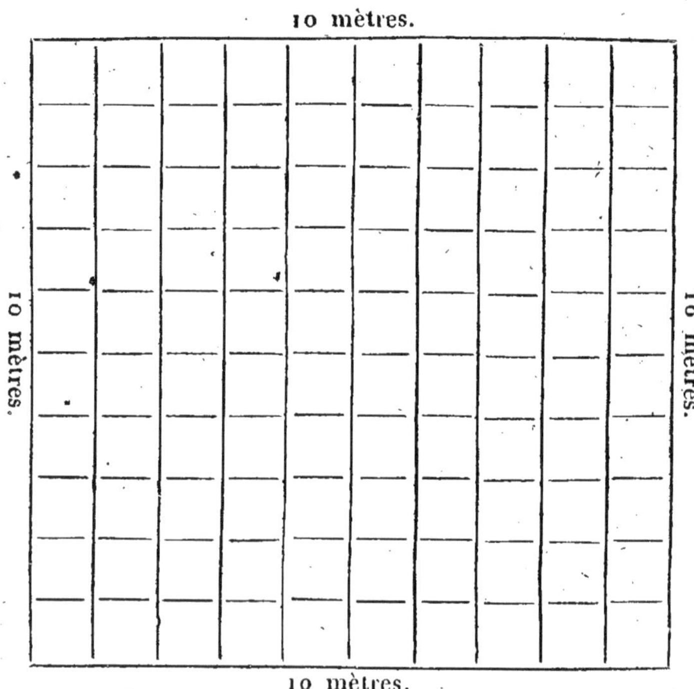

Il ne faudra donc pas confondre *dix mètres de carré* avec leur dixième partie qui est *dix mètres carrés;* attendu que la différence entre ces deux grandeurs est que, par la première, on entend un carré de dix mètres de côté, ou cent autres carrés chacun d'un mètre; et par la seconde, on entend le dixième, ou dix des cent carrés chacun d'un mètre de côté composant la première. Donc, si l'are vaut dix mètres de carré ou cent mètres carrés, le déciare égale *dix mètres carrés*. En sorte que 20, 30... et 90 mètres carrés, représentent respectivement 2, 3... et 9 déciares.

De même 25 mètres carrés égalent 2 déciares et demi, comme aussi 95 de ces carrés valent 9 déciares et demi.

D'où il suit que, *dans toute quantité décimale concrète exprimant des ares, les deux premiers chiffres décimaux représentent des mètres carrés.*

Donc, 3245 mètres carrés valent 32 ares 45 centiares, ou 32 ares 4 déciares et demi.

316. Réciproquement; *dans tout nombre exprimant des mètres carrés, tous les chiffres placés à la gauche des deux premiers de droite représentent des ares, et ceux-ci des mètres carrés, ou des centiares.*

Exemple. 125 mètres carrés égalent 1 are plus 25 mètres carrés, ou 1^{are},25. De même, 14255 mètres carrés égalent 142 ares 55 mètres carrés, ou 142^{ares},55, ou encore 1$^{hecta.}$, 42^{ares}, 55$^{centia.}$.

317. *Scolie.* Si l'on divise le côté du mètre carré, qui est la dixième partie de celui de l'are, en ses dix décimètres de carrés; et que, comme précédemment, on tire des lignes horizontales et verticales de chacune des divisions verticales et horizontales, à sa correspondante opposée, on subdivisera de nouveau l'are en 100 fois 100 ou 10000 carrés chacun d'un décimètre de côté; et l'on comptera 100 fois cette dix-millième partie de l'are, ou ce dix-milliare, dans un mètre de carré ou 100 décimètres carrés. Donc, il ne faudra pas non plus confondre le décimètre de carré avec le dixième du mètre carré : car on voit qu'un dixième de mètre carré vaut 10 des cent décimètres

carrés qui composent le mètre de carré ou la centième partie
de l'are ; tandis que le décimètre de carré est un carré de un
décimètre de côté : ainsi 20, 3o... et 9o décimètres carrés
représentent respectivement 2, 3... et 9 dixièmes de mètre
carré ; comme 25 décimètres carrés valent 2 dixièmes et demi
de mètre carré. Donc, *si les deux premières décimales de l'u-
nité are expriment des mètres carrés, les deux suivantes représentent des décimètres carrés ; de même que la cinquième et
la sixième indiquent des centimètres carrés :* ainsi de suite.

518. Réciproquement ; *dans tout nombre exprimant des décimètres carrés, tous les chiffres placés à la gauche des deux
premiers de droite représentent des mètres carrés, et ceux-ci
des décimètres carrés ou des dix-milliares.*

518 *bis.* D'où il suit que pour convertir un nombre de décimètres carrés en ares, mètres carrés et décimètres carrés, il
faut former, sur la droite de ce nombre, deux tranches binaires qui exprimeront respectivement les décimètres et les
mètres carrés ; le surplus des chiffres à gauche exprimera un
nombre d'ares dont les hectares qui pourront y être contenus, compteront à partir du troisième chiffre de gauche de
cette même partie restante.

En général, un nombre décimal concret de telle ou telle
unité carrée du mètre, se transformera en hectares, ares,
mètres carrés ou centiares, décimètres carrés ou dix-milliares, etc., *en le divisant en tranches binaires, en commençant
par sa droite, jusqu'à ce que l'on ait obtenu la tranche des
unités ares. Le surplus des chiffres qui pourront se trouver à la
gauche de cette dernière tranche, exprimera des hectares.*

Exemple. Convertir en hectares, ares, etc., le nombre
1422530213555 millimètres carrés.

Les deux premiers chiffres de droite exprimant des millimètres carrés, les deux suivants expriment 35 centimètres
carrés ; la tranche 21, les décimètres carrés ; celle 3o les mètres carrés ou centiares ; 25 les unités principales de super-

ficie ; et enfin, la partie 142, restant à gauche, exprime les hectares que renferme le nombre donné. De manière que ce nombre proposé s'énoncera : *142 hectares 25 ares 30 centiares ou mètres carrés 21 milliares 35 dix-milliares et 55 centi-milliares.*

Si l'on veut s'en tenir aux mètres carrés ; c'est-à-dire aux centiares, comme on le fait ordinairement pour les mesures agraires, on supprimera les tranches qui suivent celle-ci, en observant toutefois, à l'égard de la première de celles supprimées, ce qui a été dit n° **201**, et l'on aura, pour le nombre en question, 142$^{\text{becta.}}$ 25^{ares} 30$^{\text{centia.}}$.

519. *Scolie.* Il suit de ce qui précède que, *dans un nombre décimal exprimant des mètres carrés, les deux premières décimales, sur la droite de la virgule, expriment des décimètres carrés ; les deux suivantes des centimètres carrés :* ainsi de suite.

Donc 3$^{\text{m.c.}}$,456 = 3$^{\text{m.c.}}$,45$^{\text{dm.c}}$ + 60$^{\text{cm.c.}}$.

520. *Corollaire.* De ce qui vient d'être dit concernant les surfaces, on conclut qu'*un carré quelconque peut être envisagé comme étant composé de cent autres carrés ayant chacun pour côté la dixième partie de celui dont il s'agit.*

Ainsi, *Tout carré peut à l'infini se subdiviser successivement, en 100 autres carrés, chacun de la dixième partie du côté de celui auquel ils appartiennent respectivement, et dont 10 d'entre eux exprimeront toujours la dixième partie de ce dernier, qui aura lui-même pour centième partie l'un de ces 100 carrés.*

Donc, on ne pourra confondre le décimètre carré avec le dixième du mètre carré ; pas plus que le centimètre carré avec le centième du mètre carré ; de même, le millimètre carré ne pourra être pris pour le millième du mètre carré : car, 1° *le dixième du mètre carré vaut dix décimètres carrés ; et l'un de ces derniers n'est que la centième partie du mètre carré ;*

2°. *Le centième du mètre carré, qui égale un décimètre carré, vaut donc les* 100 *centimètres carrés composant ce dernier. Le centimètre carré est, par conséquent, la centième partie du centième d'un mètre carré : il faut donc 100 fois 100, ou 10000 centimètres carrés, pour égaler un mètre carré, etc.*

521. 2°. Quant aux mesures de solidité, nous remarquerons qu'un *mètre cube* ou un cube de dix décimètres de côté, équivaut à 1000 *décimètres cubes*.

Pour s'en convaincre, il suffit de se représenter un mètre cube, ou un corps dont la longueur, la hauteur et la largeur sont chacune de un mètre ou dix décimètres.

Or, si l'on divise chacune de ces dimensions égales en leurs dix décimètres ; et que d'un autre côté, on partage ce corps dans toutes sa longueur et sa largeur, par chacune des divisions à ses correspondantes de la hauteur, on aura dix planches de un mètre de long, sur un décimètre d'épaisseur et un mètre de largeur.

Divisant ensuite chacune de ces planches dans toute sa longueur, par chacune de ses dix divisions à sa correspondante de sa largeur, on obtiendra 10 fois 10 ou 100 morceaux, ou *prismes*, chacun d'un mètre de long, sur un décimètre d'épaisseur et autant de largeur.

Enfin, si l'on partage chacun de ces 100 prismes en 10 parties égales sur sa longueur, on aura 10 fois 100, ou 1000 cubes chacun d'un décimètre de côté. Donc, etc.

Voyez, en outre, la formation du cube numérique n° **255**.

On voit par là, qu'un dixième de mètre cube, vaut 100 décimètres cubes ; qu'un centième de mètre cube, égale 10 décimètres cubes ; et qu'un millième de mètre cube, est représenté par un décimètre cube ; c'est-à-dire que, *dans une fraction décimale du mètre cube, les trois premiers chiffres décimaux expriment des décimètres cubes ; que les trois suivants représentent des centimètres cubes :* ainsi de suite.

Donc $3^{m \cdot cu}, 4567 = 3^{m \cdot cu} + 456^{dem \cdot cu} + 700^{cm \cdot cu}$.

522 *Scolie.* En général, les nombres décimaux concrets exprimant des unités du nouveau système de mesure, *s'écrivent, d'après les règles qui ont été prescrites relativement aux* *nombres décimaux abstraits, en faisant abstraction de l'espèce d'unité concrète ; puis on placera au-dessus du chiffre des unités simples du nombre, la lettre initiale du nom de l'unité concrète.*

Exemple. Écrire le nombre douze litres cinquante-quatre centilitres.

On écrira donc ce nombre comme s'il s'agissait de celui abstrait $12^{\text{unités}}$,54 centièmes, ou 1254 centièmes, ce qui donne 12,54. Mettant ensuite la lettre (l) initiale du mot litre, au-dessus du chiffre des unités simples, on a 12^{l},54, nombre équivalent à 1 *décalitre* 2 *litres* 5 *décilitres* 4 *centilitres.*

323. *Réciproquement ;* pour traduire dans le discours un nombre décimal concret, *il suffit d'énoncer séparément les nombres d'unités décuples et sous-décuples concrètes, en faisant abstraction de part et d'autre de la nature des unités ; puis remplacer dans cet énoncé l'unité abstraite par celle concrète en question.*

Exemple. Le nombre abstrait 12,54, a pour énoncé *douze unités cinquante-quatre centièmes.*

Si l'on veut y substituer l'unité concrète gramme, on aura 12 *grammes* 54 *centigrammes* ou 1 *décagramme* 2 *grammes* 5 *décigrammes* 4 *centigrammes.*

324. *Scolie.* Le moyen de rapporter une nouvelle mesure exprimée par un nombre décimal, à l'une quelconque des unités concrètes multiples ou sous-multiples de son espèce, se déduit des propriétés des nombres décimaux énoncées nᵒˢ **175** et **176** : *il faudra transporter la virgule décimale sur la droite du chiffre placé au rang des unités demandées.*

Exemple. Convertir $2543^{\text{gram.}}$,54, en hectogrammes; c'est-à-dire en centaines de grammes.

On transportera donc la virgule décimale sur la droite du chiffre 5, qui exprime les centaines de grammes ; ce qui reviendra à rendre ce nombre de grammes proposé, cent fois plus petit (**176**); et l'on aura $25^{\text{hectog.}}$,4354.

En effet, l'hectogramme étant 100 fois plus grand que le gramme, il est évident que ce nombre de grammes doit exprimer cent fois moins d'hectogrammes qu'il exprime de grammes (176).

Si l'on voulait convertir 25^{hectog.},4354 en myriagrammes, il faudrait porter la virgule décimale sur la droite du zéro qui marquerait l'absence des dixaines de mille du nombre proposé, et il viendrait 0^{myriag.},0254354.

Ce qui est évident : car ce nombre proposé doit exprimer 100 fois moins de myriagrammes qu'il exprime lui-même d'hectogrammes (176). Donc, etc.

Pareillement, si l'on voulait convertir le nombre 45^l,628, en centilitres, il faudrait transporter la virgule décimale sur la droite du chiffre 2 qui exprime les centièmes de litre, et il viendrait 4562^{centil.},8 décicentilitres.

En effet, le litre valant cent centilitres, il est évident que le nombre de litres proposé doit exprimer cent fois plus de centilitres, qu'il n'exprime de litres (175).

Soit encore à convertir en centiares le nombre 23^{ares},5.

On placera la virgule décimale sur la droite des centièmes, qui seront représentés par le caractère zéro ; et l'on aura 2350 centiares.

En effet, 2350 centiares, ou mètres carrés, valent 23^{ares},50 (316), ou 23^{ares},5 (318). Donc, etc.

Nous ajouterons donc à la règle générale précédente ce qui suit.

Si le nombre proposé ne contient pas la quantité de chiffres nécessaires au déplacement de la virgule, on y suppléera par des zéros mis, soit sur sa droite, soit sur sa gauche, suivant qu'il faudra le rendre plus grand ou plus petit (175 et 176).

Ainsi le nombre 4^m,35, vaut en myriamètres 0^{myriam.},000435 ; comme il vaut 43500 dix-millimètres.

325. *Corollaire.* Nous avons vu (314) que les multiples et les sous-multiples des nouvelles mesures sont décimaux.

Donc le nouveau système de mesures, tout en diminuant

les noms de la nomenclature, la simplifie; et nous offre en même temps l'avantage de ramener toutes les opérations de l'Arithmétique au calcul décimal ; ce qui détruit entièrement celui des nombres complexes, ainsi que celui des fractions ordinaires.

526. Il est inutile d'exposer ici les opérations élémentaires sur les quantités décimales exprimant des unités concrètes du nouveau système de mesures, attendu que ce sont celles qui ont été données sur les nombres décimaux abstraits. Or, pour chacune de ces premières opérations élémentaires, voyez respectivement les n°⁵ 204 et 207.

527. Malgré que les mesures anciennes soient définitivement remplacées par celles de la nouvelle nomenclature, l'occasion de convertir les premières en celles-ci, se présente assez fréquemment, en raison des rapports de mesures, et autres, consignés dans les actes antérieurs à l'établissement du nouveau système de mesures, et de quelques autres motifs semblables; et principalement dans le but de connaître les rapports qui existent entre les unités de l'un des systèmes à celles de l'autre.

Comparaison des mesures nouvelles aux anciennes, et réciproquement.

528. La multiplicité des anciennes unités de mesures fait que nous ne nous occuperons que de celles qui étaient les plus usitées; mais la marche que nous suivrons pour la conversion de celles-ci sera générale, et pourra servir à évaluer, en unités nouvelles, des unités particulières à un pays.

Cette comparaison des nouvelles mesures aux anciennes donne lieu aux trois problèmes suivants :

1°. *Réduire chaque unité nouvelle en ancienne, et réciproquement ;*

2°. *Convertir un nombre quelconque d'unités nouvelles en anciennes et réciproquement ;*

3°. *Connaissant le prix d'une mesure ancienne, trouver celui de la nouvelle, et réciproquement.*

PREMIER PROBLÈME.

Rapports du mètre à la toise, au pied, au pouce et à la ligne.

329. 1°. On a vu n° **313** que, pour déduire le mètre de la distance du pôle à l'équateur, on a divisé cette distance 5130740 toises par 10000000. Donc

$$1^m = \frac{5130740^T}{10000000} = 0^T,5130740;$$

2°. Pour obtenir le rapport du mètre au pied, il faut remarquer que la toise vaut 6 pieds; et que, par conséquent, un nombre de pieds équivalent à un nombre de toises, est sextuple de ce dernier.

Ainsi, la valeur du mètre en pieds est six fois sa valeur en toises, donc un mètre converti en pieds vaut

$$0^T,5130740 \times 6 = 3^P,078444;$$

3°. La valeur du mètre en pouces est donc 12 fois sa valeur en pieds, ou $3^P,078444 \times 12 = 36^P,941328$ (n° **208**);

4°. Enfin, c'est de cette manière que l'on trouve qu'un mètre vaut $443^L,296936$, ou $3^P0°11^L \frac{296^L}{1000}$ (n° **296**), à moins d'un millième près.

RÉCIPROQUEMENT.

Rapports de la toise, du pied, du pouce et de la ligne au mètre.

330. 1°. Pour évaluer la toise en mètres, il ne faut pas perdre de vue qu'ayant divisé la distance du pôle à l'équateur par 10000000, pour avoir le mètre, on a égalé 5130740^T à

10000000 de mètres; car le quotient $0^T,5130740$, exprimant le mètre, multiplié par le diviseur 10000000, donne le dividende 5130740, qui doit être de la nature du multiplicande (55). Donc, etc.

Cela posé, la toise est donc la 5130740ième partie de.. 10000000 de mètres. Ainsi $1^T = \dfrac{10000000^m}{5130740} = 1^m,949036$.

2°. Le pied étant la sixième partie de la toise, il vaut en mètres le $\dfrac{1}{6}$ de ce que vaut une toise en mètres. Donc,

$$1^P = \frac{1^m,949036}{6} = 0^m,324839;$$

3°. Le pouce étant le $\dfrac{1}{12}$ du pied, il vaut donc en mètres le $\dfrac{1}{12}$ de $0^m,324839$, ou $\dfrac{0^m,324839}{12} = 0^m,027069;$

4°. La ligne, qui est le $\dfrac{1}{12}$ du pouce, vaut donc en mètres le $\dfrac{1}{12}$ de la valeur du pouce en mètres. Ainsi, $1^l = \dfrac{0^m,027069}{12} = 0^m,002255.$

Rapports de l'aune au mètre, et du mètre à l'aune.

331. Pour calculer les rapports de l'aune au mètre, et du mètre à l'aune, on dira : 1° si, par exemple, l'aune vaut $3^P\ 7^o\ 11^l\dfrac{5^l}{6}$ ou $\dfrac{3161^l}{6}$; la ligne égalant $0^m,002255$, l'aune vaudra, dans cette hypothèse, les $\dfrac{3161}{6}$ de $0^m,002255$, ou $1^m,188446;$

2°. *Réciproquement*; l'aune étant de $1^m,188446$, le mètre égalera donc l'aune divisée par $1^m,188446$, ou $\dfrac{1^{aune}}{1^m,188446} = 1^a,841434$ **(209 et 508).**

Rapports de la lieue terrestre au kilomètre, et réciproquement.

332. Les rapports de la lieue terrestre au kilomètre, et du kilomètre à la lieue terrestre, se déduisent de la valeur du pied en mètre.

En effet, la lieu terrestre de 25 au degré est de 13682 pieds ; mais un pied vaut $0^m,324839$; la lieue terrestre vaut donc 13682 fois $0^m,324839$, ou $4444^m,45 = 4^{\text{kilom}}.,44445$ (**324**).

333. *Réciproquement ;* le kilomètre vaut, par conséquent, une lieue terrestre, divisée par $4^{\text{kilom}}.,44445$, ou $\dfrac{\text{1 lieue terr.}}{4^{\text{kilom}}.,44445}$ $= 0^{\text{li.terr.}},225$ (**209 et 308**).

C'est de cette manière que l'on trouve que la lieue marine, qui est de $17102^P,46$, vaut $5^{\text{kilom}}.,55555$; et que 1 kilom. vaut $0^{\text{li.mar.}},18$.

Rapports du kilogramme à la livre poids, et réciproquement.

334. Les rapports du kilogramme à la livre poids, et de cette dernière unité à la première, se déduisent du rapport du kilogramme au grain. On a trouvé que le kilogramme vaut $18827^{\text{grains}},15$; mais un grain vaut $\dfrac{1\,\text{℔}}{9216}$; un kilogramme égale donc $18827,15$ fois $\dfrac{1\,\text{℔}}{9216}$, ou $2\text{℔},042876$. Convertissant la partie décimale de la livre $0\text{℔},042876$ en gros, grains, etc. (**296**), on a $2\text{℔}.5^{\text{gros}}\,35^{\text{grains}}\,\dfrac{15^{\text{grains}}}{100}$ pour la valeur du kilogramme.

Si l'on veut exprimer la valeur du kilogramme ou en onces, ou en gros, ou en grains, on multipliera $2\text{℔},042876$, ou par 16, ou par 128, ou par 9216 (**58**), parce que $1\text{℔} = 16^{\text{onces}}$

$= 128^{\text{gros}} = 9216^{\text{grains}}$ (**296**) : on trouvera que . . . .

$1^{\text{kilog.}} = 32^{\text{onces}},686024 = 261^{\text{gros}},488194 = 18827^{\text{grains}},14999.$

335. *Corollaire.* Le gramme étant la millième partie du kilogramme, il est évident que si l'on voulait obtenir sa valeur ou en livres, ou en onces, ou en gros, ou en grains, il faudrait prendre la millième partie de la valeur du kilogramme en ces différentes unités. Ainsi, $1^{\text{gram.}} = 0^{\text{kilog.}},00204287 6$ $= 0^{\text{onces}},032686024 = 0^{\text{gros}},261488194 = 18^{\text{grains}},827149999.$

336. *Réciproquement.* 1°. Le kilogramme valant $2\text{lb},042876$, la livre vaut, par conséquent, $\dfrac{1^{\text{kilog.}}}{2\text{lb}.,042876} = 0^{\text{kilog.}},489505$;

2°. L'once étant la seizième partie de la livre, elle vaut en kilogramme le seizième de la valeur d'une livre en kilogramme, ou $\dfrac{0^{\text{kilog.}},489505}{16} = 0^{\text{kilog.}},030594$;

3°. Le gros qui est la huitième partie de l'once, vaut donc le $\dfrac{1}{8}$ de $0^{\text{kilog.}},030594$, ou $\dfrac{0^{\text{kilog.}},030594}{8} = 0^{\text{kilog.}},003824$;

4°. Le grain étant la soixante-douzième partie du gros, il vaut $\dfrac{0^{\text{kilog.}},003824}{72} = 0^{\text{kilog.}},000053.$

C'est de cette manière que l'on trouve qu'une livre vaut en grammes $\dfrac{1^{\text{gram.}}}{0\text{lb},002042876} = 489^{\text{grains}},505.$ De même l'once vaudra en grammes $\dfrac{1^{\text{gram.}}}{0^{\text{onc.}},032686024}$, etc.

Rapports du franc à la livre tournois, et réciproquement.

337. Les valeurs intrinsèques de la pièce de cinq francs et de l'écu de six livres tournois ont fait connaître que le franc vaut $1^{\text{tt}} 0^{s} 3^{\text{d}}$, ou $1^{\text{tt}} \dfrac{3^{\text{tt}}}{240} = 1^{\text{tt}} + \dfrac{1^{\text{tt}}}{80} = \dfrac{81^{\text{tt}}}{80}$. Donc la livre tournois est les $\dfrac{80}{81}$ du franc. Ainsi, pour convertir 243^{tt} en francs, il faut multiplier $\dfrac{80^f}{81}$ par 243, ce qui donnera $\dfrac{80^f}{81} \times 243$

$$= \frac{80 \times 243}{81} = \frac{19440^f}{81} = 240^f.$$

Ce qui est évident, puisqu'une livre égale $\dfrac{80^f}{81}$, les 243 va-

lent 243 fois $\dfrac{80^f}{81}$. Donc, etc.

338. *Réciproquement;* pour convertir 240 francs en livres

tournois, on dira : puisque 1 fr. vaut $\dfrac{81^{\#}}{80}$, les 240 francs va-

lent donc 240 fois $\dfrac{81^{\#}}{80}$, ou $243^{\#}$.

339. D'où il suit que pour convertir des francs en livres, et des livres en francs, *il faut multiplier le rapport de la livre au franc par le nombre de francs à convertir en livres; et le rapport du franc à la livre par le nombre de livres à transformer en francs.*

Rapports des mesures de capacité.

340. Comme il existait dans l'ancien système une infinit éde mesures différentes pour les grains et les liquides, nous ne donnerons aucun rapport sur les mesures de capacité; nous indiquerons seulement le moyen de les obtenir.

A cet effet, *on remplira d'eau pure, ou de graines de même espèce, les mesures dont on cherche le rapport, suivant que ces mesures auront pour objet les liquides ou les grains; et après avoir fait la tare, c'est-à-dire après avoir retranché le poids de chaque vase de la somme totale de chaque pesée respective, on divisera l'un par l'autre le poids des substances contenues dans ces vases : le quotient indiquera le rapport entre la mesure dividende et la mesure diviseur.*

C'est par ce procédé que l'on trouve que la pinte de Comté

(Doubs) est les $\dfrac{9}{7}$ du litre, et le litre les $\dfrac{7}{9}$ de la pinte.

DEUXIÈME PROBLÈME.

341. Quant au second problème, il n'offre aucune difficulté : le passage d'un système à l'autre s'effectue par le déplacement de la virgule ; quelques multiplications et des additions très simples, comme on va le voir par les exemples suivants :

Conversion d'un nombre d'unités quelconques anciennes en nouvelles, et réciproquement.

342. 1°. Soit à déterminer le nombre de mètres équivalent à 5 toises.

A cet effet, il suffit de rappeler la valeur de la toise au mètre, qui est $1^m,949036$, et de multiplier cette valeur par 5, ce qui donne $9^m,745180$.

Il en sera de même pour convertir $205^T,45$ en mètres ; on multipliera la valeur de la toise en mètres par $205^T,45$ rendu abstrait, et l'on aura $400^m,419446$.

343. *Réciproquement ;* convertir 9 mètres en toises.

Pour cela, il faut multiplier la valeur du mètre en toises, qui est $0^T,513074\emptyset$, par 9 : le produit $4^T,617666$ satisfera à la question.

C'est ainsi que le produit

$$0^T,513074 \times 9,45 = 4^T,8485494,$$

répond à cet autre énoncé : que valent en toises $9^m,45$?

Ainsi de même pour toutes les autres unités, c'est-à-dire qu'*on multipliera toujours le rapport de l'unité ancienne à la nouvelle, ou celui de cette dernière à la première, par le nombre donné d'unités anciennes, ou nouvelles, et le produit sera le rapport cherché.*

Conversion d'un nombre complexe quelconque d'unités anciennes, en nombre décimal d'unités nouvelles, et réciproquement.

344. 2°. La conversion en mètres du nombre complexe $205^T\,3^P\,5^o\,6^L\,\dfrac{5^L}{6}$, va nous fournir le moyen de rapporter en mesures nouvelles un nombre quelconque d'unités concrètes de chaque espèce de mesure ancienne.

$$
\begin{aligned}
205^T &= 399^m,552380,\\
3^P &= 0^m,974517,\\
5^o &= 0^m,135345,\\
6^L &= 0^m,013530,\\
\frac{5^L}{6} &= 0^m,001879,\\
\hline
&\ 400^m,677651.
\end{aligned}
$$

Solution. Je cherche d'abord la valeur en mètres des 205^T, que je trouve être $399^m,55238¢$. Pour obtenir la valeur en mètres des 3 pieds, je rappelle la valeur du pied en mètres, qui est $0^m,324839$, et la multiplie par 3; ce qui me donne $0^m,974517$. Pour avoir la valeur des 5 pouces, je multiplie par 5 la valeur du pouce en mètres; et j'ai $0^m,135345$. Pour évaluer les 6 lignes en mètres, je prends 6 fois la valeur de la ligne en mètres; et j'ai $0^m,013530$. Enfin, pour les $\dfrac{5^L}{6}$, je prends les $\dfrac{5}{6}$ de $0^m,002255$; et j'ai $0^m,001879$.

Récapitulant ces différents résultats, comme on le voit d'autre part, on trouve $400^m,677651$ pour la valeur en mètres du nombre complexe proposé.

345. *Réciproquement;* il est évident que, pour convertir $534^m,453$, en toises, il faut multiplier la valeur du mètre à la toise, qui est $0^T,513074$, par $534^m,453$ rendu abstrait le produit

$274^T,2139$, à moins de $\dfrac{1}{10000}$, sera le nombre de toises équivalent à celui des mètres proposés.

On parviendrait encore à ce résultat, en décomposant ce nombre de mètres donné en ses unités de différents ordres : $5^{\text{hect.}}$, $3^{\text{décam.}}$, 4^{m}, $4^{\text{décim.}}$, $5^{\text{cent.}}$ et $3^{\text{millim.}}$; puis en cherchant ensuite le rapport à la toise de chacun de ces nombres d'unités, ainsi qu'il suit :

$$
\begin{array}{llll}
1^{o}. & 5^{\text{hect.}} & = & 256^T,537, \\
2^{o}. & 3^{\text{décam.}} & = & 15 \ ,39222, \\
3^{o}. & 4^{m} & = & 2 \ ,052296, \\
4^{o}. & 4^{\text{décim.}} & = & 0 \ ,2072296, \\
5^{o}. & 5^{\text{cent.}} & = & 0 \ ,0256537, \\
6^{o}. & 3^{\text{millim.}} & = & 0 \ ,0015392, \\
& 534^{m},453 & = & 274 \ ,2139385.
\end{array}
$$

1°. Pour obtenir la valeur en toises des $5^{\text{hect.}}$, je rappelle celle du mètre à la toise, qui est $0^T,513074$, laquelle valeur étant multipliée par 5, donne $2^T,56537$; mais l'hectomètre vaut 100 mètres, les 5 hectomètres valent donc 100 fois le nombre $2^T,56537$, ou $256^T,537$.

2°. Pour avoir la valeur des 3 décamètres en toises, on fera comme ci-dessus : on multipliera la valeur du mètre en toises par 3, et le produit $1^T,539222$, rendu dix fois plus grand, donnera $15^T,39222$ pour ce dernier rapport.

3°. Multipliant la valeur du mètre en toises par 4, le produit $2^T,052296$ exprimera la valeur en toises des 4^{m}.

4°. Quant à la valeur des 4 décimètres, elle s'obtiendra en rendant celle des 4 mètres dix fois plus petite ; ce qui donnera $0^T,2052296$.

5°. La valeur en toises des 5 centimètres est donc égale au quintuple de celle du mètre, divisée par 100 ; ou à $0^T,0256537$.

6°. Enfin, pour déterminer la valeur des 3 millimètres, on divisera par 1000 le triple du rapport du mètre à la toise ; ce qui donnera $0^T,0015392$.

La somme $274^{\mathrm{T}},2139$, de ces différents résultats, exprimera la valeur en toises du nombre $534^{\mathrm{m}},453$, à moins de $\dfrac{1}{1000}$ de toise près.

On suivra le même procédé pour convertir en unités anciennes un nombre d'unités concrètes de toute autre espèce du nouveau système de mesure.

TROISIÈME PROBLÈME.

Trouver le prix de la nouvelle mesure, connaissant celui de l'ancienne, et réciproquement.

346. Pour obtenir la solution du troisième problème, *il faut multiplier le prix de l'ancienne mesure par le nombre qui exprime combien il faut de ces mesures pour composer la nouvelle dont on cherche le prix, et réciproquement ; multiplier le prix de la nouvelle mesure par la quantité de ces mesures composant l'ancienne dont on cherche le prix. Le produit, de l'un et de l'autre cas, sera le prix respectif demandé.*

Exemple. Pour le premier cas, *trouver le prix du mètre, la toise coûtant 6 livres.*

Solution. On cherche combien il faut de toises pour composer le mètre : multipliant donc le prix 6^{tt} par le nombre abstrait $0,513074$, le produit $3^{\text{tt}},078444$, ou $3^{\text{tt}}\ 1^{\text{s}}\ 6^{\text{d}}\ \dfrac{8^{\text{d}}}{10} = \dfrac{2^{\text{d}}}{5}$ (**296**), sera le prix du mètre.

Ce qui est évident : le nombre de mètres étant converti en toises, au lieu de chercher le prix d'un mètre, connaissant celui de la toise, on a à déterminer le prix d'un nombre d'unités toises, équivalent à ce nombre de mètres, connaissant le prix de la toise (**56**). Donc, etc.

Le prix du mètre étant, dans cette hypothèse, exprimé en livres, sous et deniers, on pourra le convertir en francs, selon ce qui a été dit n° **337**, après l'avoir réduit en fraction ordinaire de la livre (**292**).

Exemple. Pour le second cas, *quel est le prix de 5 toises, lorsque le mètre vaut* 8^f,25 ?

Je convertis d'abord les 5 toises en mètres (**541**), et j'ai 9^m,74518; puis je multiplie le prix du mètre, qui est 8^f,25, par le nombre abstrait 9,74518 : le produit 60^f,907, à moins d'un millième près, exprime le prix des 5 toises, le mètre valant 8^f,25.

En effet, ayant converti le nombre de toises en mètres, au lieu de chercher le prix d'un nombre de toises, connaissant celui du mètre, on a à déterminer le prix d'une quantité de mètres, connaissant le prix de cette unité (**56**). Donc, etc.

Nota. Lorsque le prix donné est en livres, sous et deniers, on simplifie les calculs en convertissant les sous et les deniers en décimales de la livre (**291**).

Théorie des rapports et des proportions.

347. Si nous avons comparé entre elles les quantités homogènes sous leurs divers points de vue (**1**), pour en déduire autant de rapports différents, et que nous ayons ensuite comparé chacun de ceux-ci à leur unité similaire (**2**), pour en obtenir les nombres devant les exprimer; nous comparerons ici ces derniers entre eux sous les deux points de vue suivants, qui sont les seuls sous lesquels on puisse les mettre en rapport :

1°. *Ou pour savoir de combien l'un surpasse l'autre ou en est surpassé;*

2°. *Ou combien l'un contient l'autre ou est contenu en lui.*

Le résultat qui s'obtient, dans le premier cas, par une soustraction, se nomme *raison* ou *rapport par différence;* et celui qui, dans le second cas, s'obtient par une division, s'appelle *raison* ou *rapport par quotient.*

348. Pour marquer que l'on compare deux nombres par

différence, on les sépare par un point qui veut dire *est à*. Ainsi, 12.3 s'énonce 12 *est à* 3 ; et le résultat de cette comparaison, ou le rapport par différence de ces deux nombres, est $12 - 3 = 9$.

349. On indique que l'on compare deux nombres par quotient, en les séparant par deux points qui ont la même signification que le point employé dans le rapport par différence. Ainsi, 12 : 3 s'énonce 12 *est à* 3 ; et le rapport par quotient est $\frac{12}{3} = 4$.

On pourrait dire aussi que le rapport par quotient des nombres 12 et 3 est $\frac{3}{12}$ ou $\frac{1}{4}$; car il est indifférent de dire que le premier est quadruple du second, ou celui-ci le quart ou la quatrième partie du premier.

Cependant nous conviendrons de prendre, à l'avenir, pour dividende celui qui sera écrit le premier.

Celui de ces nombres qu'on écrit ou qu'on énonce le premier, dans l'un comme dans l'autre de ces rapports par différence et par quotient, s'appelle *antécédent,* et le second se nomme *conséquent.*

350. *Corollaire.* 1°. L'antécédent d'un rapport par différence pourra être envisagé comme étant une somme si son conséquent lui est inférieur. Dans le cas contraire, il deviendra lui-même partie d'une somme représentée par son conséquent.

2°. Il n'en sera pas de même de l'antécédent d'un rapport par quotient, il sera toujours un dividende, ou un produit dont le conséquent et la raison en seront les facteurs.

351. *Scolie.* Il est facile de remarquer, d'après le corollaire précédent, que les deux termes d'un rapport, soit par différence, soit par quotient, peuvent être assujétis à des changements qui n'altèreront pas la différence des premiers, ni le quotient des seconds.

Changements que l'on peut faire subir aux deux termes d'un rapport par différence.

352. Puisque le rapport par différence de deux nombres donnés est l'excès du plus grand sur le plus petit, ou la différence en moins de ce dernier sur le premier, il est clair que, si l'on voulait rendre les deux termes de ce rapport égaux entre eux, on y parviendrait infailliblement *en ajoutant la raison au plus petit terme* (45), *ou en la retranchant du plus grand.*

Cela posé, on sait que la différence entre deux nombres ne change pas, lors même que l'on ajoute ou que l'on retranche de chacun d'eux la même quantité (37). Donc, *on n'altérera pas le rapport par différence lorsqu'on augmentera ou que l'on diminuera son antécédent et son conséquent de la même quantité.*

Changements que l'on peut faire subir aux deux termes d'un rapport par quotient.

353. Il est à observer que nous prendrons toujours, comme il a déjà été dit plus haut, le dividende pour l'antécédent d'un rapport par quotient; alors ce rapport pourra se mettre sous la forme de fraction, en prenant l'antécédent pour le numérateur, et le conséquent pour le dénominateur de cette fraction. Donc 12 : 3 est la même chose que $\frac{12}{3}$.

Malgré que l'expression $\frac{12}{3}$, ou 12 divisé par 3, soit la même que celle 12 : 3, elle conserve cependant la dénomination de cette dernière.

Donc, *on peut, sans altérer le rapport par quotient, diviser ou multiplier ses deux termes par un même nombre* (104).

354. *Scolie.* Si l'on voulait rendre égaux entre eux les deux

termes d'un rapport par quotient, on y parviendrait évidemment des deux manières suivantes :

1°. *Ou en multipliant le conséquent par la raison;* car le diviseur multiplié par le quotient, reproduit le dividende.

2°. *Ou en divisant l'antécédent par la raison;* attendu qu'un produit divisé par l'un de ses facteurs, conduit toujours à l'autre facteur.

Comparaison des rapports.

355. Après avoir terminé nos comparaisons par celles des nombres sous les deux points de vue précédents, il nous reste encore à comparer entre eux les résultats ou les expressions de chacune de ces dernières comparaisons, et ce, sous un seul point de vue qui est celui de leur égalité ; ce qui nous conduira à des égalités de différences et de quotients, que nous appellerons respectivement *équi-différence* et *équi-quotient.*

Autrefois, et encore aujourd'hui, certains calculateurs les nomment *proportion arithmétique* et *proportion géométrique,* malgré qu'elles ne soient pas plus arithmétique ou géométrique l'une que l'autre.

De l'équi-différence.

356. Lorsque l'on compare deux rapports par différence égaux entre eux, on a une *équi-différence.*

Exemple. Soient les deux rapports 7.5 et 10.8.

Ces deux rapports écrits de suite, constituent cette équi-différence : 7.5 comme 10.8. Le mot intermédiaire *comme* se remplace par les deux points (:), et l'on a 7.5 : 10.8.

357. Les deux termes extrêmes de toute équi-différence sont exprimés, savoir : le premier, par l'antécédent du premier rapport, et le deuxième, par le conséquent, du second rapport.

Quant aux deux termes moyens, ils sont donc exprimés

par chacun des autres termes des deux mêmes rapports; c'est-
à-dire par le premier conséquent et le deuxième antécédent de
l'équidifférence.

D'où il suit que, si l'on ajoute séparément les deux extrêmes et les deux moyens, on aura deux sommes formées
chacune d'un des antécédents et d'un des conséquents. Or, si
l'on rend égaux entre eux les deux termes de chaque rapport
de cette équi-différence (352), l'égalité de ces deux sommes
énoncées sera alors évidente; car, de cette manière, l'équi-
différence ci-dessus devient 7.7 : 10.10, de laquelle on tire
évidemment $7 + 10 = 7 + 10$.

Mais cette dernière équi-différence s'est obtenue en ajoutant la raison à chacun de ses conséquents qui font partie,
l'un de la somme des extrêmes, et l'autre de celle des moyens.
Donc, chacune de ces sommes a été, de cette façon, augmentée de la même quantité; et comme il en résulte égalité
entre elles, on en conclut qu'elles étaient déjà égales auparavant; car il n'y a que des sommes égales qui, augmentées
chacune de la même grandeur, peuvent rester égales entre
elles. Donc, la propriété caractéristique de toute équi-différence peut s'énoncer ainsi : *La somme de ses extrêmes est
égale à celle de ses deux termes moyens.*

358. *Réciproquement;* si quatre quantités, prises au hasard,
sont telles que la somme de deux d'entre elles égale la
somme des deux autres, on peut avec ces quatre quantités
former une équi-différence, *en prenant pour les extrêmes ou
pour les moyens, les deux parties composant l'une ou l'autre
de ces sommes.*

Exemple. Soient les quatre nombres 7, 8, 10 et 5.
Par la raison que $7 + 8 = 10 + 5$, on forme avec les parties
de ces deux sommes égales l'équi-différence 7.10 : 5.8, ou
10.7 : 8.5, ou etc.

359. D'où il résulte que l'on peut faire dans une équi-
différence tous les changements qui n'altèreront pas l'égalité
entre la somme des extrêmes et celle des moyens; ils sont au

nombre de huit; pour les obtenir, il faut 1°. faire passer tour à tour chaque terme au premier rang, ce qui revient à mettre les conséquents à la place des antécédents; à changer ensuite les moyens et les extrémes de place respectivement entre eux; et enfin à mettre de nouveau les conséquents de ce dernier arrangement à la place des antécédents : ce qui se désigne par le mot *alternando.*

2°. *Changer entre eux de place les moyens de chacun des quatre précédents arrangements :* ce qui se désigne par le mot *invertendo.*

Alternando.	*Invertendo.*
7 . 5 : 10 . 8,	7 . 10 : 5 . 8,
5 . 7 : 8 . 10,	5 . 8 : 7 . 10,
10 . 8 : 7 . 5,	10 . 7 : 8 . 5,
8 . 10 : 5 . 7.	8 . 5 : 10 . 7.

Ces changements peuvent servir à démontrer que l'on peut augmenter ou diminuer, de la même quantité, les deux antécédents ou les deux conséquents de toute équi-différence, sans altérer l'égalité de la somme des extrêmes à celle des moyens; et par conséquent sans troubler l'équi-différence.

En effet, si l'on change de place les moyens de l'équi-différence 8.5 : 10.7, les deux antécédents deviennent les deux termes du premier rapport. Donc, etc.

Il en est de même des deux conséquents qui sont devenus les deux termes du second rapport. Donc, etc.

Ces changements fournissent aussi le moyen de placer au quatrième rang l'un quelconque des termes d'une équi-différence.

560. La propriété caractéristique de l'équi-différence sert à trouver l'un ou l'autre de ses termes quand les trois autres sont connus.

Exemple. Soit l'équi-différence 7.5 : 10 .x.

Puisque $5 + 10$ ou $15 = 7 + x$, il s'ensuit $x = 15 - 7$ ou 8.

Soit encore 7.5 : x.8, on a, par la même raison que ci-dessus, $x = 15 - 5 = 10$.

D'où l'on voit que, pour obtenir l'un des extrèmes ou l'un des moyens de toute équi-différence, *il suffit de retrancher de la somme des moyens ou de celle des extrémes, l'extréme ou le moyen connu : le reste exprimera le terme inconnu de l'équi-différence.* Ce terme inconnu sera toujours représenté par la lettre x.

361. Lorsque les deux termes moyens sont égaux, l'équi-différence est dite *continue*. Ainsi 5.6 : 6.7 est une *équi-différence continue;* elle s'écrit ainsi : : 5.6.7, et s'énonce : *comme 5 est à 6 est à 7.* Le second terme se nomme *moyen équi-différent.*

Donc, *dans l'équi-différence continue, la somme des extrémes est double du terme moyen.*

D'où il suit que si, dans une équi-différence continue, le terme moyen était en x, on déterminerait sa valeur *en prenant la moitié de la somme des extrémes.*

Exemple. : 5.x.7, on a $x = \dfrac{5 + 7}{2} = 6$. Parce que $x + x$, ou $2x = 5 + 7$, ou 12. Donc, etc.

En général, pour trouver un moyen équi-différent entre deux nombres, *il faut prendre la moitié de la somme de ceux-ci.*

362. *Scolie.* On remarque par ce qui précède sur l'équi-différence, qu'elle n'a lieu qu'autant que les deux rapports égaux qui la constituent sont écrits dans un ordre direct; c'est-à-dire qu'autant que l'on suppose que les deux antécédents sont ou les deux plus grands ou les deux plus petits termes de la suite. Même observation à l'égard des conséquents.

En d'autres termes, dans toute suite de quatre nombres, dont la somme des deux extrèmes, égale celle des deux moyens, si l'un des antécédents surpasse son conséquent, il faut que l'autre antécédent surpasse aussi son conséquent de la même quantité, ou réciproquement.

Cela posé, il est clair que, dans la suite $8.5 : 10.x$, l'excès de 10 sur x est le même que celui de 8 sur 5. Mais l'excès de 8 sur 5 est 3; celui de 10 sur x sera aussi 3. Ainsi 10 surpasse x de 3. Donc $10 - 3$ ou $7 = x$.

Dans cette autre suite $5.8 : 7.x$, il est encore évident que 7 est surpassé par x de la même quantité que 5 l'est par 8; et que conséquemment si $5 + 3 = 8$, il faut aussi que $7 + 3 = x$.

363. *Corollaire.* Il résulte de là que l'on pourra, sans le secours de la propriété caractéristique de l'équi-différence, déterminer le terme en x de celle-ci, *en retranchant la raison du premier rapport de l'antécédent du second, ou en la lui ajoutant, suivant que ce terme en x sera le plus petit ou le plus grand terme du second rapport; c'est-à-dire suivant que la différence du premier antécédent sur son conséquent sera en plus ou en moins.*

Nous supposons qu'on mettra toujours le terme en x au dernier rang de la suite, au moyen des changements du n° **358**.

Cette dernière règle, pour obtenir le quatrième terme d'une équi-différence, quand les trois autres sont connus, est en outre fondée sur ce qui a été dit n° **352**, pour rendre égaux les deux termes d'un rapport par différence.

364. Dans l'équi-différence continue, il arrive toujours de deux choses l'une, ou le terme moyen surpasse son précédent de la même quantité qu'il est surpassé par son suivant, ou le premier terme excède le moyen de la même quantité que ce dernier excède lui-même l'autre extrême.

Exemple. $5.6 : 6.7$, ou $\div 5.6.7$ et $8.5 : 5.2$, ou $\div 8.5.2$.
Dans le premier comme dans le second cas, la différence des extrêmes se répartit également entre les deux termes moyens, soit en plus, soit en moins.

Chacun de ces termes moyens se forme donc du plus petit terme de la suite, augmentée de la moitié de la différence des extrêmes, ou du plus grand de ceux-ci diminué de la moitié de leur différence.

Donc en général, le moyen équi-différent de toute équi-différence continue, ascendante ou descendante, s'obtiendra aussi *ou en ajoutant au plus petit, ou en soustrayant du plus grand des extrémes, la moitié de leur différence.*

Exemple. Le terme moyen de la suite $\div 5.x.7$ est égal ou

à $5 + \dfrac{7-5}{2} = 6$, ou à $7 - \dfrac{7-5}{2} = 6$.

De même, celui de la suite $\div 8.x.2$ égale $8 - \dfrac{8-2}{2} = 5$,

ou $2 + \dfrac{8+2}{2} = 5$.

De l'équi-quotient ou de la proportion.

365. Deux rapports par quotients égaux, et écrits de suite, constituent la *proportion* ou l'*équi-quotient.*

Exemple. Les deux rapports $12:6$ et $8:4$, forment la proportion $12:6$ comme $8:4$. Substituant au mot intermédiaire *comme* les quatre points $(::)$, on a $12:6::8:4$.

366. D'après la formation de l'équi-quotient, on voit qu'il en est de la proportion comme de l'équi-différence : l'antécédent du premier rapport et le conséquent du second, forment les extrêmes de la proportion ; et les deux termes moyens sont exprimés par le conséquent du premier rapport et l'antécédent du second.

367. La proportion est *continue* lorsque les deux moyens sont égaux.

Exemple. $8:12::12:18$. Cette *proportion continue* s'écrit $\div 8:12:18$, et se traduit : comme 8 est à 12 est à 18. Le second terme de cette dernière se nomme *moyen proportionnel.*

568. La propriété caractéristique de toute proportion s'énonce ainsi : *le produit des deux termes extrêmes, est égal à celui des deux termes moyens.*

En effet, toute proportion étant formée de deux rapports par quotients égaux entre eux, il est clair qu'elle est composée de deux fractions égales. Or, celle du n° **565** est formée des deux expressions $\frac{12}{6}$ et $\frac{8}{4}$ (**555**), qui, réduites au même dénominateur, auront pour numérateurs respectifs les deux produits 12×4 et 8×6, qui, dans l'hypothèse, sont égaux (**115**).

Mais le premier de ces deux produits exprime précisément celui des extrêmes, puisqu'il résulte de la multiplication de l'antécédent du premier rapport par le conséquent du second (**566**). Quant au second de ces deux produits égaux, il exprime celui des moyens ; car il résulte du conséquent du premier rapport par l'antécédent du second (**566**). Donc, etc.

569. Cette propriété de la proportion se démontre encore de la manière suivante :

Si l'on avait une proportion dont les deux termes de chaque rapport fussent égaux entre eux : telle que $12:12::8:8$, ou $6:6::4:4$, les produits des extrêmes et des moyens seraient évidemment égaux entre eux. Mais toute proportion peut être ramenée à cet état, ou en divisant les deux antécédents, ou en multipliant les conséquents de chacun de ses deux rapports par la raison (**554**).

Si donc on ramène à cet état la proportion donnée, d'après le premier ou le second de ces deux procédés, on ne fera autre chose que diviser ou multiplier le produit des extrêmes et celui des moyens, chacun par le même nombre ; car le premier des antécédents et le second des conséquents, de cette proportion, sont les deux facteurs de l'un de ces produits en question, comme le second de ses antécédents et le premier de ses conséquents sont les facteurs de l'autre (**566**). Donc, etc.

570. *Réciproquement ;* deux produits égaux dont les facteurs sont connus, donnent naissance à une proportion, ou *si quatre quantités, prises au hasard, sont telles que le produit de deux d'entre elles, égale celui des deux autres, on pourra avec ces quatre quantités constituer un équi-quotient.*

En effet, si l'on forme deux fractions en prenant pour leurs numérateurs, soit les plus grands, soit les plus petits facteurs de chaque couple; et pour dénominateur de chacune, le second facteur de l'autre couple; et que l'on réduise ensuite au même dénominateur ces fractions obtenues, il est évident que l'on aura deux fractions égales, et par conséquent deux rapports égaux. Donc, etc.

Ce qui fait voir que, pour établir une proportion avec ces quatre quantités, il faut prendre pour les extrêmes, ou pour les moyens, les deux facteurs de l'un ou de l'autre de ces deux produits.

Exemple. Soient les quatre quantités 10, 5, 8 et 4, qui jouissent de la propriété ci-dessus énoncée, car $10\times4=5\times8$.

On formera donc avec ces deux produits égaux, les deux fractions égales $\dfrac{5}{10}$ et $\dfrac{4}{8}$, qui constituent la proportion.....

$5 : 10 :: 4 : 8$, ou $\dfrac{5}{10} = \dfrac{4}{8}$.

On aurait pu, avec ces mêmes produits égaux, former deux autres fractions égales $\dfrac{10}{5}$ et $\dfrac{8}{4}$; et par conséquent établir cette nouvelle proportion $\dfrac{10}{5} = \dfrac{8}{4}$, ou $10 : 5 :: 8 : 4$.

571. *Corollaire.* Il suit de là, que l'on peut faire subir aux termes de l'équi-quotient tous les changements qui ne troubleront pas l'égalité du produit des extrêmes à celui des moyens. Ces combinaisons sont, comme dans l'équi-différence, au nombre de huit, et s'obtiennent de la même manière.

<table>
<tr><td align="center">Alternando.</td><td align="center">Invertendo.</td></tr>
</table>

$$14 \quad 7 :: \quad 4 : 2,$$
$$7 : 14 :: 2 : 4,$$
$$4 : 2 :: 14 : 7,$$
$$2 : 4 :: 7 : 14.$$

$$14 : 4 :: 7 : 2,$$
$$7 : 2 :: 14 : 4,$$
$$4 : 14 :: 2 : 7,$$
$$2 : 7 :: 4 : 14.$$

372. Ces changements peuvent servir à **deux** usages principaux :

1°. *A faire en sorte que l'un quelconque des termes de la proportion soit le dernier de la suite ;*

2°. *A faire voir que l'on peut multiplier ou diviser les deux antécédents ou les deux conséquents, chacun par un même nombre, sans troubler la proportion.*

En effet, si l'on change de place les moyens, les deux antécédents deviennent les deux termes du premier rapport, et les deux conséquents forment le second rapport. Cela étant, on sait que l'on peut toujours diviser ou multiplier, par un même nombre, les deux termes d'un rapport par quotient (**353**). Donc, etc.

Exemple. Si l'on divise par 3 les deux antécédents de la proportion $3 : 7 :: 15 : 35$, ou les deux numérateurs des fractions $\dfrac{3}{7}$ et $\dfrac{15}{35}$, on aura $1 : 7 :: 5 : 35$, ou $\dfrac{1}{7} = \dfrac{5}{35}$.

Divisant, en outre, par 7 les deux conséquents de cette dernière, on obtient $1 : 1 :: 5 : 5$, ou ce qui est la même chose, $\dfrac{1}{1} = \dfrac{5}{5}$, ou $1 \times 5 = 1 \times 5$. Donc, etc.

De même si l'on avait la proportion $\dfrac{2}{3} : 12 :: \dfrac{1}{2} : 9$ on pourrait, afin d'avoir des rapports entre des nombres entiers, réduire les deux antécédents fractionnaires au même dénominateur ; puis les multiplier par ce dénominateur commun, en l'éliminant de part et d'autre (**95**), il viendrait alors $4 : 12 :: 3 : 9$.

On pourrait encore éliminer les dénominateurs des antécédents de cette proportion, en multipliant chacun des conséquents par le dénominateur de son antécédent respectif; car on peut multiplier le dividende et le diviseur par un même nombre, sans troubler le rapport (**87**, 1°).

On aura donc pour celle-ci 2 : 36 :: 1 : 18. On simplifiera ensuite cette proportion en divisant les deux conséquents par 18, et il viendra 2 : 2 :: 1 : 1.

373. *Corollaire.* Il résulte encore de la propriété caractéristique de la proportion, que *l'on peut trouver l'un quelconque de ses termes quand on connaît les trois autres.*

Exemple. Soit 10 : 5 :: 8 : x. Le produit 5×8 égalant celui $x \times 10$, il en résulte que pour obtenir le facteur x du second produit, on a ce problème à résoudre : un produit 5×8 où 40 et l'un de ses facteurs 10 sont donnés, découvrir l'autre facteur de ce même produit? on a $\dfrac{40}{10} = \dfrac{4}{1} = 4$.

Pour obtenir ce quatrième terme, on pourrait raisonner ainsi : Le produit $x \times 10$ devant être égal à celui 5×8, nous considérerons $x \times 10 = 40$; mais $10 \times x$ n'est autre chose que la quantité x prise ou répétée 10 fois; ainsi, $x \times 10 = 10x$. Donc, $10x = 40$.

Puisque 10 fois la valeur de x égale 40, une seule fois x ne peut valoir que le 10ᵉ de 40 ; c'est-à-dire que l'on obtient encore $x = \dfrac{40}{10} = 4$. Donc, etc.

Conséquemment si l'on avait à déterminer le terme en x de cette autre proportion 10 : 5 :: x : 4, on aurait encore le même problème à résoudre : un produit 10×4, et l'un de ses facteurs 5 étant donnés, découvrir l'autre facteur?

D'où l'on voit que, *pour déterminer l'un des extrémes ou l'un des moyens d'une proportion, il faut faire le produit des moyens ou celui des extrémes, et le diviser par l'extréme ou par le moyen connu : le quotient exprimera le terme inconnu de la proportion.*

574. Ainsi, dans la proportion continue, le produit des moyens devient un carré qui est exprimé par le produit des extrèmes. Donc le *moyen proportionnel entre deux nombres est la racine carrée du produit de ceux-ci.*

Or, le moyen proportionnel de l'équi - quotient continu $\div 8 : x : 18$ est exprimé par le résultat de $\sqrt{8\times18} = \sqrt{144}$; il est donc 12.

Réciproquement; si l'on a $(12)^2 = 18\times8$, on constituera la proportion continue $\div 8 : \sqrt{(12)^2} : 18$, ou $\div 8 : 12 : 18$.

575. *Scolie.* L'antécédent d'un rapport par quotient étant toujours un dividende (**555**), dont le conséquent est le diviseur ou l'un des facteurs de ce produit, il est clair que le quotient ou l'expression du rapport, mis sous la forme fraction-naire (**555**), représente l'autre facteur de cet antécédent. Donc, la raison de deux nombres comparés par quotient, multipliée par le conséquent, égale l'antécédent (**554**).

D'où il suit évidemment que, dans une proportion, si l'un des conséquents était en x, on l'obtiendrait en divisant son antécédent par la raison de l'autre rapport de la pro-portion.

Il en serait de même si c'était un antécédent qui se trouvât en x; on l'obtiendrait, d'après ce qui vient d'être dit, en mul-tipliant son conséquent par la raison de l'autre rapport.

On voit par là que l'on peut encore, sans le secours de la propriété caractéristique de l'équi-quotient, trouver le qua-trième terme d'une proportion quand les trois autres sont connus. Pour y parvenir, d'après cette nouvelle propriété caractéristique de deux rapports par quotient égaux entre eux, il faut envisager deux cas :

1°. *Si c'est un des antécédents, il sera égal au produit de son conséquent multiplié par l'autre fraction de la proportion;*

2°. *Un conséquent en x égalera son antécédent, divisé par l'autre quotient de la proportion.*

576. *Scolie.* Si l'on réduit au même dénominateur les deux fractions égales $\frac{4}{2}$ et $\frac{6}{3}$ composant la proportion $4 : 2 :: 6 : 3$, il en résultera, d'une part, égalité entre les antécédents (115), et de l'autre, encore égalité entre les conséquents; c'est-à-dire que l'on obtiendra la proportion $12 : 6 :: 12 : 6$, dans laquelle les rapports sont les mêmes que ceux de la précédente (355).

D'où il résulte que la somme des antécédents, comparativement à un seul d'entre eux, contient le double de fois l'un des conséquents; car chacun de ceux-ci est contenu le même même nombre de fois dans chacune des parties égales (antécédents) composant cette somme. Si donc on divise la somme des antécédents par celle des conséquents, le quotient ou le rapport de ces sommes sera rappelé à sa valeur primitive ; c'est-à-dire que ce quotient sera le même que celui résultant de l'une des deux parties égales (antécédents) de la première somme, par l'une des deux parties aussi égales (conséquents) de la seconde somme.

On formera donc avec la somme des antécédents et celle des conséquents d'une proportion, un rapport égal à chacun de ceux composant cet équi-quotient.

On démontrerait de même que cette propriété aurait encore lieu si la suite se composait de trois, de quatre, etc., rapports égaux ; car, en ramenant ces rapports au même état que ceux ci-dessus, en multipliant les deux termes de chacun par le produit résultant des conséquents de tous les autres (107 et 108), on verrait que le quotient de la somme des antécédents par l'un des conséquents, serait alors triple, quadruple, etc., de celui de l'un des antécédents par son conséquent, et que ce quotient reviendrait l'égal de celui-ci, en prenant pour diviseur la somme des conséquents. Donc, etc.

Or, une suite de quotients égaux, ramenés à cet état, nous offrant toujours cette propriété : *que la somme des antécédents est à celle des conséquents, comme un antécédent est à son conséquent*, il est facile d'en conclure que cette propriété existe dans la série des rapports proposés; car ceux-ci n'ont point été altérés par l'opération indiquée ci-dessus. Donc, etc.

La même propriété a donc aussi lieu sur la différence des antécédents et des conséquents ; c'est-à-dire que *la différence de deux des antécédents quelconques est à la différence de leurs conséquents, comme l'un quelconque des antécédents est à son conséquent.*

Cette belle propriété des rapports égaux a été démontrée par M. *Francœur,* dans sa Théorie des fractions, de la manière suivante :

577. « Soient deux fractions quelconques $\frac{7}{11}$ et $\frac{35}{55}$. Après
» la réduction au même dénominateur, on jugera quelles sont
» égales ou inégales, suivant que les produits en croix 7×55
» et 35×11 seront égaux ou inégaux (**113**). Si donc on a
» deux produits égaux 35×11 et 7×55, on pourra en
» composer deux fractions égales $\frac{35}{55}$ et $\frac{7}{11}$.

» D'après cela, prenons deux fractions égales, telles que
» $\frac{7}{11}$ et $\frac{35}{55}$ d'où $35 \times 11 = 7 \times 55$; retranchant de part et
» d'autre 7×11, nous aurons $(35 - 7) \times 11 = (55 - 11) \times 7$.
» Donc, $\frac{35 - 7}{55 - 11} = \frac{28}{44} = \frac{7}{11}$.

» Ainsi, lorsque deux fractions sont égales, celles que l'on
» forme avec la différence ou la somme de leurs numérateurs
» et de leurs dénominateurs leur est encore égale ».

578. Alors, si l'on avait $\frac{30}{6} = \frac{15}{3}$, ou $30 : 6 :: 15 : 3$, on obtiendrait :

$$1^{\circ}.\ \frac{30 + 15}{6 + 3} = \frac{45}{9} = \frac{15}{3} ;\quad 2^{\circ}\ \frac{30 - 15}{6 - 3} = \frac{15}{3} : \text{ce qui s'ex-}$$

prime par la seule formule $\frac{30 \pm 15}{6 \pm 3} = \frac{15}{3}$.

Donc, 1° *la somme des antécédents est à celle de leurs conséquents, comme un antécédent est à son conséquent, et invertendo.*

En effet, si l'on considère la proportion $30 : 6 :: 15 : 3$,

on aura $\dfrac{30 \pm 15}{6 \pm 3}$. Développant, on a 1° $\dfrac{30 + 15}{6 + 3} = \dfrac{45}{9} = \dfrac{15}{3}$;

2° $\dfrac{30 - 15}{6 - 3} = \dfrac{15}{3}$. Donc $\dfrac{30 + 15}{6 + 3} = \dfrac{30 - 15}{6 - 3}$, ou

$$30 + 15 : 6 + 3 :: 30 - 15 : 6 - 3.$$

changeant de place les moyens, on obtient

$$30 + 15 : 30 - 15 :: 6 + 3 : 6 - 3.$$

Donc, etc.

379. *Scolie.* Il en est d'un rapport comme d'un nombre : il est premier ou multiple, suivant qu'il n'a été formé d'aucun autre rapport, ou qu'il est le produit de deux ou d'une plus grande quantité de rapports. Ce sont les premiers que l'on nomme *rapports simples,* et les seconds on les appelle *rapports composés.* Donc pour qu'une fraction exprime un rapport premier, il faut que ses deux termes soient premiers entre eux.

Des rapports simples et composés.

380. Les fractions ordinaires se multipliant entre elles, en faisant séparément le produit de leurs numérateurs et de leurs dénominateurs, il en résulte que, pour multiplier les rapports entre eux, *il faut faire séparément le produit des antécédents et celui des conséquents* (355).

On a donné les noms de *rapports doubles, triples,* etc., à ceux formés par la multiplication de deux, de trois, etc., rapports égaux; et généralement celui de *rapports multiples* ou *composés.*

381. *Scolie.* L'expression $12 : 4$ étant égale à 3, il est évident que si l'on multipliait cette fraction $\dfrac{12}{4}$ un certain nombre de fois par elle-même, ce qui reviendrait, ou à la carrer, ou à la cuber, etc. (**234** et **240**), il suffirait de carrer ou de cuber, etc., son résultat 3.

Donc, *les rapports qui existent entre les carrés, ou les cubes, etc., de deux nombres, sont les mêmes que le carré, le cube, etc., du rapport qui existe entre ces mêmes nombres, que l'on doit alors considérer comme des racines.*

D'où il suit qu'*un rapport double, triple, etc., n'est autre chose que le carré, le cube, etc., du rapport simple.*

382. *Autre remarque.* Puisque des fractions égales, multipliées par des fractions égales, donnent des produits égaux ; que les fractions expriment les rapports entre leurs termes (**353**) ; et qu'enfin la multiplication des rapports entre eux s'effectue en multipliant ces mêmes rapports terme à terme (**380**) ; il s'ensuit évidemment que *deux ou un plus grand nombre de proportions multipliées terme à terme, donnent des rapports composés égaux entre eux.*

Partant, si les premiers rapports de ces proportions étaient exprimés par un même antécédent et un même conséquent ; de même, si les seconds rapports de ces proportions étaient aussi exprimés par un même antécédent et un même conséquent, il en résulterait que chacun des rapports composés de la proportion obtenue, serait exprimé par les carrés, ou les cubes, etc., des termes exprimant les rapports composants, suivant qu'il y aurait deux, trois, etc., proportions de multipliées entre elles (**381**).

Or, pouvant toujours ramener les rapports de ces proportions à cet état, lorsque ces mêmes équi-quotients sont égaux entre eux, nous disons donc, *que l'on peut élever à une même puissance chacun des quatre termes d'une proportion, sans troubler l'égalité des rapports ;* et réciproquement.

Exemple. Soit la proportion 4 : 2 :: 6 : 3.

Élevant au carré chacun de ses termes, on a 16 : 4 :: 36 : 9 ; et en l'élevant au cube, il vient 64 : 8 :: 216 : 27.

Les opérations inverses sur l'une et sur l'autre de ces deux proportions obtenues, nous ramènent à celles proposées.

Exemple :

$$1^{\circ}.\ \sqrt{16} : \sqrt{4} :: \sqrt{36} : \sqrt{9} = 4 : 2 :: 6 : 3;$$

$$2^{\circ}.\ \sqrt[3]{64} : \sqrt[3]{8} :: \sqrt[3]{216} : \sqrt[3]{27} = 4 : 2 :: 6 : 3.$$

383. Remarquons, en outre, que, 1° *lorsque deux proportions ont un rapport commun, les deux autres rapports peuvent s'écrire en proportion.*

Exemple. Soient les proportions $4 : 5 :: 12 : 15$ et $4 : 5 :: 8 : 10$, dans lesquels on voit que $\dfrac{4}{5} = \dfrac{12}{15} = \dfrac{8}{10}$.

Donc $\dfrac{12}{15} = \dfrac{8}{10}$. Donc, etc.

2°. *Lorsque deux proportions ont les mêmes premiers et les mêmes seconds antécédents, telles que* $4 : 12 :: 5 : 15$ *et* $4 : 8 :: 5 : 10$, *on peut former une proportion avec leurs conséquents.*

En effet, si l'on change de place les moyens dans l'une comme dans l'autre de ces proportions, on aura celles $4 : 5 :: 12 : 15$ et $4 : 5 :: 8 : 10$, desquelles on conclut $\dfrac{12}{15} = \dfrac{8}{10}$; c'est-à-dire que l'on retombe dans le cas précédent.

3°. *Si deux proportions avaient les mêmes premiers et les mêmes seconds conséquents, on formerait une proportion avec leurs antécédents, de la même manière que l'on en a formé une avec les conséquents des deux proportions qui avaient les mêmes antécédents.*

Exemple. Soient les proportions $12 : 4 :: 15 : 5$ et $8 : 4 :: 10 : 5$, on a $12 : 15 :: 4 : 5$ et $8 : 10 :: 4 : 5$.
Donc $\dfrac{12}{15} = \dfrac{4}{5} = \dfrac{8}{10}$, ou $12 : 15 :: 8 : 10$. Donc, etc.

Théorie des rapports directs et inverses.

384. Afin de se mettre à même de distinguer les rapports inverses des rapports directs, il suffit de remarquer que 1° pour qu'une proportion subsiste, il faut que les deux antécédents soient à la fois les deux plus grands ou les deux plus petits termes, comparativement à leurs conséquents respectifs. Même remarque par rapport aux deux conséquents.

2°. Toute question qui donne lieu à une proportion, renferme dans son énoncé des quantités de deux espèces; savoir : deux de la même espèce entre elles, et qui sont toutes deux connues; et deux autres qui sont aussi de la même espèce entre elles, mais dont l'une est inconnue.

Malgré que les quantités de la première espèce soient hétérogènes à celles de la seconde, chacune de celles-ci est relative à l'une des premières.

Ainsi toute question qui donne naissance à une proportion, offre toujours cette observation :

Le plus grand terme de la première espèce, est au plus petit terme de la même espèce; comme le plus grand terme de la seconde espèce, est au plus petit terme de cette espèce, ou invertendo :

Le plus petit terme de la première espèce, est au plus grand terme de la même espèce ; comme le plus petit terme de la seconde espèce, est au plus grand terme de cette espèce.

385. *Corollaire.* Il résulte des conditions qu'exige tout énoncé qui donne lieu à une proportion, que deux rapports seront dans un ordre direct quand les deux termes du premier se trouveront entre eux, comme les deux termes du second.

Exemple. 8 : 4 :: 10 : 5, sont des rapports écrits dans un ordre direct, parce que le premier antécédent contient son conséquent; comme le second antécédent contient aussi son conséquent.

Deux rapports seront alors dans un ordre inverse, lorsque les deux termes de l'un ne seront pas entre eux, comme les deux termes de l'autre : tels sont les rapports $8 : 4$ et $5 : 10$; car le premier antécédent contient son conséquent, tandis que c'est le conséquent du second qui contient son antécédent. Mais comme ces deux quotients seraient égaux si l'on renversait l'ordre des deux termes de l'un de ces rapports, il s'ensuit que pour qu'il y ait proportion, on doit faire cette inversion dans le second de ces rapports, si on laisse subsister les deux termes du premier dans leur ordre, et écrire la proportion $8 : 4 :: 10 : 5$. De là, la distinction des *proportions directes* des *proportions inverses*.

386. *Porisme. Deux fractions qui ont le même numérateur sont en raison inverse de leurs dénominateurs.*

Afin de rendre la démonstration de cette proposition plus sensible, nous considérerons d'abord deux fractions qui auront l'unité pour numérateur : telles que $\frac{1}{3}$ et $\frac{1}{4}$.

Comparant la première de ces fractions à la seconde, on aura le rapport $\frac{1}{3} : \frac{1}{4}$, dans lequel on remarque que c'est l'antécédent qui est le plus grand terme, puisqu'il a le plus petit dénominateur.

Cela posé, si l'on réduit ces deux fractions au même dénominateur, afin de supprimer ces derniers, et d'avoir un rapport équivalent et exprimé par des nombres entiers, il viendra :

$$\frac{1 \times 4}{3 \times 4} : \frac{1 \times 3}{4 \times 3} = \frac{4}{3.4} : \frac{3}{4.3} = 4 : 3;$$

c'est-à-dire que l'on obtient pour les termes, en nombres entiers de ce rapport, les deux dénominateurs écrits dans un ordre inverse.

Ceci devient encore évident, par cela même que, dans l'hypothèse où les deux fractions ont le même numérateur, celle qui a le plus petit dénominateur est la plus grande; et que si l'on prend celle-ci pour premier antécédent de la proportion que l'on se propose d'établir, avec leur rapports et celui de leurs dénominateurs, il faudra alors prendre pour l'antécédent du second rapport, le plus grand dénominateur (384); c'est-à-dire celui de la plus petite qui est le conséquent du premier rapport. Il y aura donc inversion dans les dénominateurs des fractions proposées pour en former le second rapport. En sorte que l'on peut avec les deux fractions données et leurs dénominateurs, former la proportion $\frac{1}{3} : \frac{1}{4} :: 4 : 3$,

ou $\frac{1}{4} : \frac{1}{3} :: 3 : 4$. Donc, etc.

387. Si les deux fractions proposées avaient pour numérateur un nombre autre que l'unité, la même propriété aurait encore lieu ; ce dont on peut se convaincre par le raisonnement suivant :

Soient les deux fractions $\frac{2}{3}$ et $\frac{2}{4}$ qui ont le même numérateur.

Si l'on compare la plus grande à la plus petite, on aura $\frac{2}{3} : \frac{2}{4}$. Supprimant ensuite leurs dénominateurs, après les avoir réduites à la même unité fractionnaire de mesure, il vient 8:6, rapport dont le premier terme est composé du produit du numérateur de l'antécédent du rapport proposé, par le dénominateur du conséquent de ce même rapport ; et le second terme 6, est formé du produit du numérateur du conséquent de ce rapport proposé, par le dénominateur de l'antécédent de ce même rapport donné. D'où l'on voit que les deux termes de ce second rapport ont un facteur commun, qui est le numérateur des fractions proposées. Si donc on divise l'un et l'autre de ces termes par ce numérateur, on aura évidemment un rapport dont le premier terme sera le dénominateur du conséquent du rapport primitif, et le second terme sera le dénominateur de l'antécédent du même rapport donné : on aura donc $4 : 3 :: \frac{2}{3} : \frac{2}{4}$. Donc, etc.

588. *Autre proposition. Deux fractions qui ont le même dénominateur sont entre elles en raison directe de leurs numérateurs.*

Exemple. Soient les deux fractions $\frac{3}{6}$ et $\frac{5}{6}$.

Si l'on compare la première de ces deux fractions à la seconde, et que l'on supprime les dénominateurs égaux, il est évident que les numérateurs resteront comparés dans le même ordre; et l'on aura $\frac{3}{6} : \frac{5}{6} = 3 : 5$, et, par conséquent, la proportion $\frac{3}{6} : \frac{5}{6} :: 3 : 5$. Donc, etc.

Enfin, si deux quantités sont entre elles comme $3 : 5$, le rapport direct sera $\frac{3}{5}$; et le rapport inverse sera comme $5 : 3$, ou $\frac{5}{3}$.

589. Cette théorie des rapports directs et inverses est une des plus importantes de toutes celles composant le cours d'arithmétique.

La distinction des proportions directes, des proportions inverses, a été, de tout temps, l'écueil du calculateur; mais au moyen de la théorie que je viens de donner, il est de toute impossibilité de tomber dans cette erreur, que l'on ne prévient que par des tâtonnements, au moyen des théories qui ont été données jusqu'à ce jour. C'est encore un de ces avantages que m'a offerts l'analyse.

Donc, je ne puis trop recommander à mes lecteurs de se pénétrer de plus en plus de la méthode que je suis dans la rédaction de cet ouvrage. Plus j'avancerai, plus on sera à même de reconnaître la supériorité de la voie du connu à l'inconnu, sur toutes ces méthodes que l'on suit habituellement pour exposer et démontrer les vérités mathématiques, et qui sont aussi embarrassantes que contraires aux progrès des commençants.

Pour reprendre le cours de nos développements, nous allons appliquer les principes de la théorie des équi-quotients aux différents problèmes qui donnent lieu aux règles dépendantes des rapports égaux ou des proportions.

De la règle de trois simple.

590. C'est ainsi que l'on nomme la proportion, dont l'énoncé qui lui donne lieu ne renferme que quatre quantités, dont trois d'entre elles seulement sont connues.

Exemple. 66 hectogrammes d'une certaine marchandise ont coûté 235 francs; combien coûteront 87 hectogrammes de la même marchandise?

Avant de passer à la solution de ce problème, nous ferons observer que l'*énoncé d'une règle de trois simple renferme toujours deux conditions, dont chacune se nomme* période.

Ainsi, dans le problème dont il s'agit, 66 hectogrammes et leur prix respectif 235 francs, sont là les quantités composant la première période; et 87 hectogrammes et leur prix respectif, représenté par la lettre x, forment la seconde période. En sorte que chacune de ces périodes *se compose directement de l'une des quantités de la première espèce avec sa quantité relative de la seconde espèce.*

Cela posé, on concevra facilement que les nombres d'hectogrammes des deux périodes *sont dans un même rapport que leurs prix respectifs.* Or, la proportion qui doit satisfaire à la question sera formée des deux rapports 66 hectog. : 87 hectog., et 235 fr. : x fr.

On voit que ces rapports se sont obtenus *en comparant chaque quantité de la première période à sa quantité homogène de la seconde.*

Actuellement, pour écrire ces deux rapports de suite, il faut s'assurer s'ils sont établis dans un ordre direct. Pour cela, je remarque que x fr., quantité relative à 87 hectogr., doit être plus grande que son antécédent 235 fr. relatif à 66 hectogr. ; car plus le nombre d'hectogrammes est grand, plus son prix respectif doit être considérable; il faut donc que l'autre conséquent 87 hectogr., soit aussi plus grand que son antécédent 66 hectogr. (384). Cela étant, on aura la proportion 66 hectogr. : 87 hectogr. :: 235 fr. : x fr.

Si l'on divise les deux termes du premier rapport par 3, cette proportion deviendra 22 : 29 :: 235 : x; de laquelle on tire $x = \dfrac{235 \times 29}{22} = 309^{\text{f}}\text{,}77$ (373), ou $x = 235^{\text{f.}} : \dfrac{22}{29}$

$= 235^{\text{f.}} \times \dfrac{29}{22} = 309^{\text{f}}\text{,}77$, à moins d'un centième près (375).

Autre exemple. 7 hommes ont fait un ouvrage quelconque en 4 jours de travail ; en combien de jours 12 hommes feront-ils le même ouvrage?

Comparant, comme dans l'exemple précédent, chacune des quantités de la première période à son homogène de la seconde, on a les deux rapports suivants : $7^{\text{h}} : 12^{\text{h}}$ et $4^{\text{j}} : x^{\text{j}}$, qui sont en raison inverse; car x^{j}, quantité relative à 12 hommes, doit être plus petite que son antécédent 4 jours qui est relatif à 7 hommes, parce que plus il y a d'ouvriers, moins il faut de jours pour confectionner l'ouvrage en question. On renversera donc l'ordre des termes du premier rapport, afin de conserver le terme x au dernier rang de la proportion ; ce qui donnera $12 : 7 :: 4 : x$.

Divisant chacun des antécédents par 4, on obtient $3 : 7 :: 1 : x$, de laquelle on tire $x = \dfrac{7 \times 1}{3} = \dfrac{7}{3} = 2^{\text{j}}\,\dfrac{1}{3}$ (375),   ou

$x = 1 : \dfrac{3}{7} = 1 \times \dfrac{7}{3} = \dfrac{7}{3} = 2^{\text{j}}\,\dfrac{1}{3}$ (375).

391. Les solutions des deux énoncés précédents suffisent pour mettre à même de résoudre toutes les questions qui

donnent lieu à des règles de trois simples : ce sont des raisou-nements généraux qui conviennent à toutes.

Ne pouvant être trop exercé sur les proportions, nous pensons qu'il est convenable de donner ici plusieurs problèmes sur les règles de trois.

1er *problème*. Une force représentée par 3 met en mouvement un corps dont la gravité ou le poids est représentée par 24 ; quel est le nombre représentant la force qu'il faudrait pour mouvoir, avec la même vitesse, un corps dont la gravité serait représentée par 8 ?

Solution. Les quantités homogènes de l'une et de l'autre période de l'énoncé, étant comparées dans l'ordre naturel de cet énoncé, constituent la proportion directe $24 : 8 :: 3 : x$, de laquelle on tire $x = \dfrac{24}{24} = 1$, ou $\dfrac{3}{3} = 1$, en divisant l'antécédent 3, par la raison 3 du premier rapport, comme il est dit n° 375.

2e *problème*. Un corps grave de 8 est poussé à une certaine distance par une force exprimée par 1 ; quelle force faudrait-il pour chasser ce corps à la même distance si sa gravité était 24, et quel serait en outre le rapport des deux forces ?

Solution. La proportion directe $8 : 24 :: 1 : x$ nous donne 3 pour la force qu'il faudrait dans la seconde hypothèse.

Actuellement on aura le rapport de la plus petite force à la plus grande, en substituant à la place de x, dans le rapport $1 : x$, sa valeur 3 ; ce qui donnera $1 : 3 = \dfrac{1}{3}$, rapport qui était déjà exprimé par son équivalent $8 : 24$, ou $\dfrac{8}{24} = \dfrac{1}{3}$.

Réciproquement, le rapport $3 : 1$, ou $\dfrac{3}{1} = 3$ sera celui de la force supérieure à celle inférieure.

3e *problème*. Il y a des vivres dans une place forte pour nourrir 422 hommes pendant une année ou 365 jours ; on demande pour combien de jours il y aurait de vivres si l'on augmentait la garnison jusqu'à 1024 hommes ?

Solution. Chaque quantité de la première période, comparée à son homogène de la seconde, donne la proportion inverse $422^h : 1024^h :: 365^j : x^j$; car le conséquent x^j relatif aux 1024^h, sera d'autànt plus petit que 365^j, que le conséquent 1024^h est plus grand par rapport à son antécédent 422^h ; attendu que plus la garnison est considérable, moins elle mettra de jours à consommer ses vivres. Il font donc intervertir l'ordre des termes du premier rapport, et écrire $1024 : 422 :: 365 : x$.

De cette dernière on tire $x = 150^j \dfrac{430^j}{1024}$ (**573** et **575**).

4ᵉ problème. Il a fallu 8 hommes pour faire un certain ouvrage en trois-quarts d'heure ; combien faudra-t-il d'hommes pour faire le même ouvrage en deux-tiers d'heure ?

Solution. Les quantités homogènes de l'une et de l'autre périodes étant écrites de suite, d'après l'ordre qu'elles ont dans l'énoncé, constituent la proportion inverse $8 : x :: \dfrac{3}{4} : \dfrac{2}{3}$; car il est évident que la quantité représentée par x doit être plus grande que son antécédent 8, attendu que le nombre d'ouvriers de la deuxième période doit augmenter proportionnellement au diminutif de leur temps respectif sur celui relatif aux ouvriers de la première période. Ainsi, pour que le conséquent du second rapport soit aussi plus grand que son antécédent, il faut intervertir l'ordre des termes de ce second rapport, et écrire $8 : x :: \dfrac{2}{3} : \dfrac{3}{4}$, ou $\dfrac{2}{3} : \dfrac{3}{4} :: 8 : x$.

Éliminant les dénominateurs, on a $8 : 9 :: 8 : x$; d'où l'on tire $x = \dfrac{9 \times 8}{8} = 9$, ou (**575**) $8 : \dfrac{8}{9} = 8 \times \dfrac{9}{8} = 9$, ce qui est évident. Les deux antécédents étant les mêmes, il faut que les conséquents soient égaux entre eux, autrement les deux fractions égales, constituant la proportion, étant réduites au même numérateur, auraient des dénominateurs inégaux ; ce qui ne peut avoir lieu. Donc, toutes les fois que les deux antécédents ou les deux conséquents d'une proportion seront respectivement égaux entre eux, on en conclura la valeur du terme en x : *si c'est un des conséquents, il égalera l'autre ; comme il égalera l'antécédent connu s'il représente l'autre dividende.*

5ᵉ problème. 7 régiments d'infanterie ont consommé en 35 jours leur magasin de vivres ; en combien de jours 5 régiments, composés en particulier du même nombre d'hommes que chacun des premiers, l'eussent-ils consommé ou en consommeraient-ils un pareil ?

Solution. Prenant, suivant l'ordre de l'énoncé, chaque quantité de la première période pour la comparer à celle homogène de la seconde, on formera cette proportion inverse $7 : 5 :: 35 : x.$

Intervertissant les termes du premier rapport, on a . . . . $5 : 7 :: 35 : x.$ Cette dernière proportion, qui se réduit à $1 : 5 :: 7 : x$, en divisant ses deux antécédents par 5, donne $x = 35^j$; car

$$\frac{5 \times 7}{1} = 35;$$ comme aussi 7 divisé par $\frac{1}{5}$ donne $7 \times \frac{5}{1}$

$$= \frac{35}{1},$$ ou 35 (375). Donc, etc.

6ᵉ problème. Une garnison n'a plus que pour 20 jours de vivres, si l'on continue de donner la même ration ; mais comme elle doit encore tenir 30 jours la place, on demande à quoi doit être réduite la portion de chaque soldat ?

Solution. Malgré que cet énoncé ne renferme que trois termes compris l'inconnue, il n'en est pas moins soluble : le quatrième terme, qui est la ration que l'on donnait jusqu'à ce jour, peut être représentée par un nombre quelconque. Si donc on représente par 1 la ration donnée jusqu'à ce moment, on aura la règle inverse $20 : 30 :: 1 : x$; car plus la garnison devra tenir de jours, moins la ration sera considérable ; x re latif à 3o jours sera donc plus petite que son antécédent 1, qui est relatif à 20 jours. Il faut par conséquent que l'autre conséquent soit aussi plus petit que son antécédent. On a donc.

$30 : 20 :: 1 : x$, ou $3 : 2 :: 1 : x$; d'où l'on tire $x = \dfrac{2}{3}$. Donc

la ration ne sera plus que les $\dfrac{2}{3}$ de ce qu'elle était.

7e *problème.* Le bassin d'une fontaine a trois ouvertures : par la première, toute l'eau dont le bassin est rempli s'écoule en 3 heures; par la seconde, le bassin se vide en 5 heures, et par la troisième, il est mis à sec en 7 heures; on veut savoir en combien de temps s'écoulerait toute l'eau contenue dans ce bassin, si les trois orifices étaient ouverts à la fois?

Solution. En supposant qu'il faille une heure aux trois ouvertures coulant ensemble pour rendre toute cette eau, il est évident que la première ouverture ne rendrait que le $\dfrac{1}{3}$ de la quantité d'eau en question pendant le même temps, puisqu'il lui faudrait 3 heures pour la répandre à elle seule. La seconde ouverture, à laquelle il faudrait 5 heures pour rendre toute l'eau contenue dans le bassin, en rendra donc le $\dfrac{1}{5}$ pendant une heure; quant à la troisième il est clair, d'après ce qui vient d'être dit, qu'elle n'en rendrait que le $\dfrac{1}{7}$ pendant le même temps. Ainsi la quantité d'eau qui s'écoulerait pendant une heure par les trois orifices, serait donc $\dfrac{1}{3} + \dfrac{1}{5} + \dfrac{1}{7}$, ou les $\dfrac{71}{105}$ du volume d'eau contenu dans le bassin.

La question se réduit donc à déterminer le nombre d'heures qu'il faudrait pour que la totalité ou les $\dfrac{105}{105}$ de cette eau s'écoulassent, sachant que pendant une heure il s'en écoule les $\dfrac{71}{105}$; ce qui constitue la règle directe suivante : $\dfrac{71}{105} : \dfrac{105}{105} :: 1 : x$, de laquelle on tire

$$x = 1^{\text{h}} + \frac{34^{\text{h}}}{7^{\text{j}}} \quad (373 \text{ et } 375).$$

De la règle de trois composée.

392. La règle de trois composée est celle qui renferme plus de trois termes connus : on l'appelle règle de trois parce qu'on la ramène toujours à trois termes simples , d'après ce qui suit :

Exemple. 12 hommes ont fait 154 mètres d'ouvrage en 15 jours; combien 15 hommes en feront-ils en 18 jours?

Solution. Il est facile de remarquer que les x^{m} dépendent ici non-seulement du nombre d'hommes , mais encore du nombre de jours que ceux-ci doivent employer au travail; de même que les 154^{m} ont dépendu des 12 hommes et de leurs 15 jours de travail. Donc les quantités x^{m} et 154^{m}, sont proportionnelles aux deux troupes d'ouvriers et aux nombres de jours que celles-ci emploient respectivement au travail. Ainsi la proportion directe $12^{\text{h}} : 15^{\text{h}} :: 154^{\text{m}} : x^{\text{m}}$ détermine la valeur de x par rapport aux deux nombres d'ouvriers. Si de cette proportion on conclut $x = a^{\text{m}}$, on dira : a étant le nombre de mètres proportionnel aux nombres d'hommes employés au travail de part et d'autre; que vaudra a^{m} par rapport aux temps respectifs qu'ils emploient au travail ; ce qui constituera cette seconde règle de trois directe $15^{\text{j}} : 18^{\text{j}} :: a^{\text{m}} : y^{\text{m}}$, dans laquelle y représente le nombre de mètres d'ouvrage que fera la seconde troupe d'ouvriers proportionnellement à son nombre et à celui des jours qu'ils passeront au travail. Donc le nombre de mètres cherché dépend des deux règles de trois directes et simples $12^{\text{h}} : 15^{\text{h}} :: 154^{\text{m}} : x^{\text{m}}$ et $15^{\text{j}} : 18^{\text{j}} :: a^{\text{m}} : y^{\text{m}}$; c'est-à-dire que ce nombre de mètres inconnu se conclura de la proportion que l'on composera avec ces dernières. Or, on compose une proportion avec deux équi-quotients, en multipliant ceux-ci terme à terme (382). On aura donc

$$12 : 15 :: 154 : x$$
$$15 : 18 :: a : y.$$

Lesquelles multipliées entre elles terme à terme donnent

$$\left(\frac{12}{15}\times\frac{15}{18}\right)=(154:x)\times(a:y) \text{ ou } \left(\frac{12}{15}\times\frac{15}{18}\right)$$
$$=\left(\frac{154}{x}\times\frac{a}{y}\right).$$

Mais on remarque que x ou a est facteur dans les antécédents et dans les conséquents des seconds rapports composants. Divisant donc par x l'antécédent et le conséquent du second rapport composé, on aura pour celui-ci $154^{\mathrm{m}} : y^{\mathrm{m}}$; et pour proportion composée $\left(\frac{12}{15}\times\frac{15}{18}\right)=154:x.$

Donc le rapport $154^{\mathrm{m}} : x^{\mathrm{m}}$, *résultant du terme en x auquel est comparé le terme 154 qui lui est similaire*, est évidemment le même que celui qui sera composé des deux rapports $12^{\mathrm{h}} : 15^{\mathrm{h}}$ et $15^{\mathrm{j}} : 18^{\mathrm{j}}$.

Il est d'autant plus évident que le rapport $\dfrac{12}{15}\times\dfrac{15}{18}$ ou $12\times15 : 15\times18$ égale celui $154^{\mathrm{m}} : x^{\mathrm{m}}$, que les 12^{h} de la première période, pendant leurs 15 jours de travail, n'ont fait ni plus, ni moins de mètres d'ouvrage, qu'un seul ouvrier pendant 12 fois 15 jours; de même que les 15 hommes de la seconde période, pendant les 18 jours qu'ils doivent travailler, ne feront ni plus, ni moins de mètres d'ouvrage qu'un seul d'entre eux pendant 15 fois 18 jours. Donc, etc.

Mais avant d'obtenir ce premier rapport de la proportion composée, il convient d'assigner la place de chacun des termes de ses rapports composants; il faut donc écrire ces rapports dans leur ordre direct ou inverse, suivant qu'ils seront directs ou inverses; car c'est de l'un comme de l'autre de ces rapports que dépend la valeur de x; et que d'un autre côté, cette inconnue, dans l'hypothèse, est, comparativement à son antécédent 154^m, d'autant plus grande que les conséquents de ces rapports composants, qui lui sont relatifs, sont eux-mêmes plus grands que leurs antécédents respectifs; comme le terme 154^m est, par rapport aux x^m, d'autant plus petit, ou plus grand, que les antécédents de ces mêmes rapports sont plus petits ou plus grands, relativement à leurs conséquents respectifs.

Donc, le rapport $154^m : x^m$ est un rapport directement composé de ceux $12 : 15$ et $15 : 18$ (384). Ainsi, pour parvenir à assigner la place de chacun des termes de ces rapports composants, il suffit de comparer ces derniers un à un à celui $154^m : x^m$; et l'on verra que les deux règles de trois simples $12^h : 15^h :: 154^m : x^m$ et $15^j : 18^j :: 154^m : x^m$, qui doivent fournir l'équi-quotient composé, sont directs.

La première de ces proportions, comme nous l'avons déjà dit, détermine la valeur de x relativement au nombre d'hommes qui est relatif à cette inconnue, et la seconde donne la valeur de cette même inconnue proportionnellement au nombre de jours que ces mêmes ouvriers doivent travailler.

Les deux proportions s'indiquent ainsi qu'il suit :

$$\left.\begin{array}{l} 12 \ : \ 15 \\ 15 \ : \ 18 \end{array}\right\} :: \ 154 \ : \ x.$$

On voit par-là qu'il suffit d'écrire une seule fois le dernier rapport *qui sera toujours exprimé par le terme en x auquel on aura comparé son terme homogène.*

Partant, pour obtenir avec les deux rapports $12 : 15$ et $15 : 18$, le premier de la proportion composée, il suffit, d'après ce qui a été dit n° 579, de multiplier les antécédents entre eux, et les conséquents aussi entre eux.

On pourra donc supprimer les facteurs communs à l'un et à l'autre de ces produits (385); ce qui simplifiera l'opération.

Ainsi, 15 étant commun aux antécédents et aux conséquents, il se biffera, et l'on aura le rapport $12 : 18$.

Les deux termes de ce dernier étant divisés chacun par 6,

donnent 2 : 3 pour le premier rapport de la proportion composée qui est donc 2 : 3 :: 154 : x. Divisant en outre les deux antécédents par 2, on a 1 : 3 :: 77 : x, de laquelle on tire $x = 231^m$ (373 et 375).

393. Les raisonnements qui ont conduit à la solution de l'exemple que j'ai donné sur les règles de trois composées, ne sont pas plus particuliers à cet exemple qu'à tout autre; car dans toutes les règles de trois composées, la valeur de l'inconnue est toujours, comme dans le problème résolu, dépendante de plusieurs conditions, c'est-à-dire d'un certain nombre de rapports donnés; c'est pourquoi nous pouvons déduire de la solution précédente, une règle générale pour ramener une proportion composée à une règle de trois simple. Cette règle générale consiste :

1°. *A chercher dans l'énoncé de la question le terme de même espèce que l'inconnue, afin de former avec ceux-ci le dernier rapport de la proportion, ayant soin de prendre cette inconnue pour le conséquent;*

2°. *A comparer chaque terme de la première période, à son terme homogène de la seconde, si le terme inconnu fait partie de cette dernière; dans le cas contraire, on comparera chacun des termes de celle-ci, à son homogène de la première période; ce qui donnera les rapports composants;*

3°. *A comparer ensuite chacun de ceux-ci au dernier rapport, formé de l'inconnue et de son terme similaire, observant d'écrire ces rapports les uns au-dessous des autres dans un ordre direct ou inverse, selon qu'à chaque comparaison on verra qu'il sont directs ou inverses;*

4°. *A faire toutes les réductions possibles;*

5°. *A multiplier les quantités restantes et irréductibles les unes par les autres, chacune de leur côté; c'est-à-dire entre eux tous les antécédents qui resteront, et, de l'autre part, tous les conséquents.*

Par-là, la règle de trois composée sera ramenée à une simple proportion.

594. Nous appliquerons cette règle générale aux problèmes suivants :

1er *problème.* 12 mètres de drap large de $\frac{3^m}{4}$ ont coûté 420 francs ; on demande combien coûteraient 15 mètres de drap de la même qualité, mais larges de $\frac{2^m}{3}$?

Solution. Le terme de même espèce que l'inconnue étant 420^f, on aura pour le second rapport de la proportion $420^f : x^f$.

Comparant chaque terme de la première période, à son terme homogène de la seconde, on obtient les deux rapports composants $12^m : 15^m$ et $\frac{3^m}{4} : \frac{2^m}{3}$, qui, comparés un à un au dernier rapport, constituent cette règle de trois composée :

$$\left.\begin{array}{ccc} 12^m & : & 15^m \\ \dfrac{3^m}{4} & : & \dfrac{2^m}{3} \end{array}\right\} \; :: \; 420^f : x^f.$$

Sachant que les conséquents des rapports composants sont relatifs à x, il sera facile de reconnaître si chacune de ces proportions composantes est directe ou inverse.

Dans la première $12^m : 15^m :: 420^f : x^f$, on voit que plus il y a de mètres de drap, plus la quantité représentée par x doit être grande ; et en même temps on voit que l'autre conséquent est aussi plus grand que son antécédent. Donc cette première proportion est directe.

Quant à la seconde $\frac{3^m}{4} : \frac{2^m}{3} :: 420^f : x^f$, il est facile de re-marquer que moins le drap est large, moins son prix x^f doit être grand ; il faut donc que l'autre conséquent $\frac{2}{3}$ soit plus petit que son antécédent $\frac{3}{4}$; ce qui a lieu. Donc cette dernière proportion est encore directe. Or, ces proportions étant directes, on les laissera dans l'état où elles sont ; et l'on fera les simplifications suivantes.

Supprimant les dénominateurs des deux termes du second rapport composant, il vient 9 : 8. Les deux termes 9 et 15, de l'une et de l'autre colonne, antécédents et conséquents, étant divisés par 3, deviennent 3 et 5 ; enfin, les deux termes 12 et 8 étant divisés par 4, se changent en ceux 3 et 2.

Actuellement, multipliant les restes entre eux, comme il a été dit, on a la proportion 9 : 10 :: 420 : x.

Si l'on divise les deux antécédents de cette dernière par 3, on aura 3 : 10 :: 140 : x, de laquelle on tire $x = 488^{f},89$ à moins d'un centième près.

2ᵉ *problème.* Si 20 pionniers enlèvent en 15 jours 45 mètres cubes de terre ; combien 25 de ces ouvriers en 40 jours enlèveront-ils de mètres cubes de cette terre, en supposant que, 1° les premiers ouvriers travaillent 8 heures par jour, et les seconds 10 heures ; 2° que la force des premiers ouvriers est à celle des seconds, comme 6 : 7 ; 3° enfin, que la dureté du premier terrain est à celle des seconds, comme 9 : 11.

Solution. A l'avenir, pour plus de commodité, lorsqu'il s'agira d'un énoncé contenant beaucoup de termes, on réunira ceux de chaque période de la manière suivante :

1ʳᵉ *période.*	20 ouvr.	15 jours.	45 mèt. cub.	8ʰ.	6 force	9 dureté.
2ᵉ *période.*	25	40	x	10	7	11

Le conséquent x du second rapport de la proportion composée appartenant à la seconde période, tous les termes de celle-ci seront les conséquents des rapports composants.

Chacun de ces derniers étant, comme précédemment, comparé au dernier rapport 45ᵐᵉᵗ·ᶜᵘᵇ· : xᵐᵉᵗ·ᶜᵘᵇ·, forment cette règle de trois composée :

$$\left.\begin{array}{rcl} 20^{\text{ouvr.}} & : & 25^{\text{onvr.}} \\ 15^{\text{j}} & : & 40^{\text{j}} \\ 8^{\text{h}} & : & 10^{\text{h}} \\ 6^{\text{force}} & : & 7^{\text{force}} \\ 9^{\text{dur.}} & : & 11^{\text{dur.}} \end{array}\right\} :: 45^{\text{mèt. cub.}} : x^{\text{mèt. cub.}}$$

Afin de reconnaître celles des proportions qui sont inverses, il n'y a qu'à comparer le conséquent de chaque rapport composant à son antécédent respectif, en se conformant au principe du n° **384**.

A cet effet, on dira : 1° plus il y a d'ouvriers, plus il s'enlèvera de mètres cubes de terre. Donc cette première proportion est directe ; 2° plus les ouvriers emploient de jours au travail, plus ils enlèveront de mètres cubes de terre : celle-ci est encore directe.

En suivant le même raisonnement à l'égard de la troisième proportion, on verra qu'elle est aussi directe.

Quant à la quatrième, on dira : plus les ouvriers sont forts, plus ils doivent enlever de mètres cubes de terre ; ce qui fait voir que celle-ci est encore écrite dans un ordre direct.

Relativement à la cinquième de ces proportions, on voit que plus le terrain est dur, moins les ouvriers peuvent enlever de mètres cubes de terre. Cette dernière proportion est donc inverse, puisque le premier conséquent 11 est plus grand que son antécédent 9, tandis que le second conséquent x est plus petit que son antécédent 45. On intervertira donc l'ordre des termes du premier rapport de cette dernière proportion composante. On pourrait à la vérité intervertir l'ordre des termes du second rapport, et arriver encore par-là à une proportion directe, mais en raison inverse des autres rapports composants qui sont écrits dans un ordre direct avec ce dernier rapport de la proportion composée ; ce qui fait voir *qu'il faudra toujours intervertir les termes du premier rapport, de chaque proportion composante, toutes les fois qu'il se trouvera inverse.*

On formera donc le nouveau tableau ci-dessous en écrivant

toutes les proportions dans un ordre direct ; et dans lequel on pourra se dispenser de faire connaître l'unité de chacune des quantités composant les proportions.

$$\left.\begin{array}{r} 20 : 25 \\ 15 : 40 \\ 8 : 10 \\ 6 : 7 \\ 11 : 9 \end{array}\right\} :: 45 : x.$$

Avant d'effectuer les multiplications, on fera les simplifications suivantes : Les deux termes 20 et 40 (antécédent et conséquent) étant divisés par 10, deviennent 2 et 4. Divisant les deux antécédents 15 et 45 chacun par 15, on obtiendra pour ceux-ci, respectivement, 1 et 3. Les deux termes 8 et 10 étant divisés par 2, se changent en ceux 4 et 5 ; le terme 4 étant commun aux deux produits, antécédent et conséquent, je le supprime de part et d'autre. Enfin, divisant par 3 les deux termes 6 et 9, ils se changent en ceux 2 et 3.

Multipliant entre eux, d'une part, les restes 2, 11 et 2, et, de l'autre, ceux 25, 7, 3 et 5, on a les deux produits 44 et 2625, qui, écrits de suite, donnent le rapport composé 44 : 2625. Celui-ci étant comparé au dernier rapport, donne la proportion 44 : 2625 :: 3 : x, de laquelle on tire

$$x = 178^{\text{mèt. cub.}} + \frac{43^{\text{mèt. cub.}}}{44}.$$

3ᵉ *problème.* Il a fallu 30 rouleaux de papier de 36ᵐ,75 de longueur, sur 1ᵐ,75 de largeur, pour tapisser deux appartements composés chacun de quatre pièces ; on demande combien il faudra de rouleaux de 24ᵐ,5 de longueur, sur 1ᵐ,5 de largeur pour tapisser un seul appartement de 6 pièces ?

On suppose en outre que les longueurs des premiers appartements sont à celles des seconds, comme $\frac{2}{3} : \frac{3}{4}$; que les largeurs des premiers sont à celles des seconds, comme $\frac{3}{5} : \frac{5}{7}$, et enfin que les hauteurs sont entre elles, comme $\frac{3}{8} : \frac{2}{3}$.

Solution. En commençant par rassembler les quantités de même espèce dans une même colonne verticale, on a :

Première période.

$$30^{\text{roul.}}, \quad 36^{\text{m}},75^{\text{long.}}, \quad 1^{\text{m}},75^{\text{larg.}}, \quad 2^{\text{appt.}}, \quad 4^{\text{pièces}}, \quad \frac{2^{\text{long.}}}{3}, \quad \frac{3^{\text{larg.}}}{5}, \quad \frac{3^{\text{haut.}}}{8}.$$

Deuxième période.

$$x^{\text{roul.}}, \quad 24^{\text{m}},5^{\text{long.}}, \quad 1^{\text{m}}, 5^{\text{larg.}}, \quad 1^{\text{appt.}}, \quad 6^{\text{pièces}}, \quad \frac{3^{\text{long.}}}{4}, \quad \frac{5^{\text{larg.}}}{7}, \quad \frac{2^{\text{haut.}}}{3}.$$

Avec ces quantités, on forme cette proportion composée :

$$
\left.
\begin{aligned}
36^{\text{m}},75 &: 24^{\text{m}},5 \\
1^{\text{m}},75 &: 1^{\text{m}},5 \\
2 &: 1 \\
4 &: 6 \\
\frac{2}{3} &: \frac{3}{4} \\
\frac{3}{5} &: \frac{5}{7} \\
\frac{3}{8} &: \frac{2}{3}
\end{aligned}
\right\} :: 30^{\text{rouleaux}} : x^{\text{rouleaux}}.
$$

Supprimant la virgule dans les nombres décimaux, en faisant en sorte que les deux termes de chaque rapport renferment la même quantité de chiffres décimaux, afin qu'ils soient multipliés chacun par l'unité suivie du même nombre de zéros ; puis réduisant les termes fractionnaires au même dénominateur, on a cette autre proportion :

$$
\left.
\begin{aligned}
3675 &: 2450 \\
175 &: 150 \\
2 &: 1 \\
4 &: 6 \\
8 &: 9 \\
21 &: 25 \\
9 &: 16
\end{aligned}
\right\} :: 30 : x.
$$

Parmi ces proportions composantes, on remarque que les deux premières seulement sont inverses; car moins les rouleaux sont longs et larges, plus il faut de papier.

Ayant interverti les premiers rapports de celles-ci, je simplifierai en supprimant d'abord le 9, commun à la première et à la deuxième colonne. De plus, je remarque 2 et 8 dans la première colonne, dont le produit est 16; et j'aperçois en même temps 16 dans la deuxième colonne; je biffe donc de part et d'autre ces facteurs.

Les termes 3675 et 2450 sont divisibles par 25; effectuant, j'ai 147 et 98. Ces derniers termes étant encore divisés par 49, deviennent 2 et 3. De même les termes 150 et 175 sont divisibles par 25, et donnent 6 : 7. Le terme 6 se trouve dans la première et dans la deuxième colonne; je le fais disparaître de part et d'autre. J'ai 21 dans la première colonne, et 3 fois 7, ou 3 et 7 dans la seconde, je les supprime des deux côtés.

Pour simplifier davantage, j'efface le 2 de la première colonne, et je prends la moitié du second antécédent 30, de manière qu'il ne me reste plus que ces quatre quantités 4 : 25 :: 15 : x.

De cette dernière proportion, qui est réduite à son plus haut degré de simplification, on conclut $x = 93^{\text{roul.}} + \dfrac{3^{\text{rouleaux}}}{4}$.

4ᵉ problème. 60 ouvriers, en 12 jours, travaillant 10 heures par jour, ont creusé 5 fossés de 60 mètres de longueur, sur 12 mètres de largeur et 7 de profondeur.

D'un autre côté, 50 ouvriers, en 24 jours, travaillant 8 heures par jour, ont creusé 3 fossés de 70 mètres de longueur, sur 16 de largeur et 6 de profondeur.

On suppose de plus que la dureté du premier terrain est à celle du second, comme 4 : 5; et l'on demande quelle était, dans toutes ces hypothèses, le rapport des forces des deux troupes d'ouvriers?

Solution. Représentant la force des premiers ouvriers par 1 et celle des seconds par x, on aura 1 : x, pour le rapport

des forces des deux sections d'ouvriers ; et la proportion composée sera :

$$
\left.
\begin{array}{rcl}
60^{\text{ouvr.}} &:& 50^{\text{ouvr.}} \\
12^{\text{j}} &:& 24^{\text{j}} \\
10^{\text{h}} &:& 8^{\text{h}} \\
5^{\text{fossés}} &:& 3^{\text{fossés}} \\
60^{\text{long.}} &:& 70^{\text{long.}} \\
12^{\text{larg.}} &:& 16^{\text{larg.}} \\
7^{\text{prof.}} &:& 6^{\text{prof.}} \\
4^{\text{dureté}} &:& 5^{\text{dureté}}
\end{array}
\right\} :: 1 : x.
$$

Dans cette proportion, on remarque, 1° que moins les ouvriers de la deuxième période sont nombreux, plus ils doivent être forts ; 2° que plus ils travaillent de jours, moins il
leur faut de force ; 3° que moins ils travaillent d'heures par
jour, plus leur force doit être considérable ; 4° que moins ils
ont de fossés à creuser, moins ils ont besoin de force ; 5° que
plus les fossés sont longs, plus ils leur faut de force ; 6° que
plus les fossés sont larges, plus il faut de force aux ouvriers ;
7° que moins ces fossés sont profonds, moins ils leur faut de
force ; enfin, que plus le terrain est dur, plus ils doivent avoir
de force.

C'est par ces raisonnements que l'on reconnaîtra que la
première, la deuxième et la troisième de ces proportions composantes sont inverses.

On intervertira donc les deux termes de chacun des trois
premiers rapports composants ; puis on fera les simplifications
que l'on voit ci-dessous indiquées, et qu'il sera facile de comprendre ; ce qui donnera la proportion $4 : 3 :: 1 : x$, de
laquelle on tire $x = \dfrac{3}{4}$.

$$4 \, . \,
\left.
\begin{array}{r c l}
80 & : & 60 \\
24 & : & 12 \\
8 & : & 102 \\
8 & : & 3 \\
60 & : & 70 \\
12 & : & 162 \\
7 & : & 6 \\
4 & : & 8
\end{array}
\right\}
\; :: \; 1 \; : \; x.$$

Donc, le rapport demandé est comme $1 : \dfrac{3}{4}$, ou $4 : 3$, en multipliant ses deux termes par 4.

Par ce rapport de force, on voit que les seconds ouvriers n'avaient que les $\dfrac{3}{4}$ de la force des premiers.

5e Problème. Dans une bibliothèque on emploie deux sections d'écrivains à copier des manuscrits : les uns, plus âgés, ne travaillent que le jour, et écrivent en ronde ; les autres travaillant la nuit, et écrivent en coulée.

Cela posé, les premiers, au nombre de 24, ont transcrit en 90 jours, et travaillant 8 heures par jour, 8 exemplaires d'un ouvrage en 6 volumes *in-4°*, contenant, l'un portant l'autre, 480 pages, chaque page 64 lignes, chaque ligne 56 lettres.

On demande en combien de nuits la deuxième section, composée de 30 copistes qui travaillent 6 heures par nuit, transcrira 9 exemplaires en 4 volumes *in-folio*, contenant, l'un portant l'autre, 800 pages, chaque page 84 lignes, chaque lignes 80 lettres.

On suppose à présent que la vitesse des premiers copistes est à celle des seconds, comme $4 : 5$; que la difficulté de travailler le jour est à celle de travailler la nuit, comme $5 : 6$; que celle d'écrire la ronde est à celle d'écrire la coulée, comme $6 : 5$; enfin, que la difficulté de lire le premier ouvrage est à celle de lire le second, comme $8 : 7$.

Solution. Commençant par rassembler sur une même ligne horizontale toutes les quantités de chaque période, de manière à ce que celles de même espèce se correspondent, on aura :

Première période.

$24^{\text{cop.}}$, 90^{jours}, 8^{h}, $8^{\text{ex.}}$, $6^{\text{vol.}}$, $480^{\text{pag.}}$, $64^{\text{lig.}}$, $56^{\text{let.}}$, $4^{\text{v.}}$, $5^{\text{d.}}$, $6^{\text{d.}}$, $8^{\text{d.}}$.

Deuxième période.

$30^{\text{cop.}}$, x^{nuits}, 6^{h}, $9^{\text{ex.}}$, $4^{\text{vol.}}$, $800^{\text{pag.}}$, $84^{\text{lig.}}$, $80^{\text{lec.}}$, $5^{\text{v.}}$, $6^{\text{d.}}$, $5^{\text{d.}}$, $7^{\text{d.}}$.

Avec ces quantités on constitue la proportion composée ci-dessous.

Les deux premières, ainsi que la huitième de ces proportions composantes, sont inverses ; car, 1° plus il y a de copistes, moins x est grande ; 2° moins ils travaillent d'heures par jour, plus le nombre x de nuits sera grand ; 3° enfin, plus la vitesse des seconds copistes est considérable, moins ils emploient de jours au travail.

$$
\begin{aligned}
24 &: 30 \\
8 &: 6 \\
8 &: 9 \\
6 &: 4 \\
480 &: 800 \\
64 &: 84 \\
56 &: 80 \\
4 &: 5 \\
5 &: 6 \\
6 &: 5 \\
8 &: 7
\end{aligned}
\Bigg\} :: 90 : x.
$$

On intervertira donc l'ordre des termes des deux premier et du huitième rapport composants ; puis on effectuera simplifications qui sont en grand nombre : car, d'après celles que j'ai faites, j'obtiens $2 : 7 :: 45 : x$, de laquelle on conclut $x = 157$ nuits $\frac{1}{2}$.

Si j'ai donné plusieurs exemples sur les règles de trois simples et composées, c'est en raison de leur grande utilité dans les calculs ordinaires, comme on va en juger par les différentes applications que nous allons en faire.

Des différentes règles dépendantes des proportions.

595. Les intérêts, les escomptes, les changes, la répartition d'un bénéfice ou d'une perte entre plusieurs associés, la supposition d'un nombre fictif pour obtenir le véritable, le prix moyen de l'unité d'un alliage de choses, etc., etc., sont autant de résultats qui ne s'obtiennent que par le secours des proportions : c'est de quoi nous allons nous convaincre en nous occupant successivement de chacune de ces règles.

De l'intérêt.

596. On appelle *intérêt le profit que le créancier tire du prêt de son argent :* il varie suivant les conditions entre le prêteur et l'emprunteur.

L'intérêt se stipule de deux manières : ou en indiquant celui que porte la somme de 100 fr., ce que l'on désigne par les mots *quatre, cinq, etc., pour cent*, et que l'on écrit 4, 5, 6, etc., p. %; ou en fixant la somme que doit rapporter un franc d'intérêt : le denier 16, par exemple, signifie que 16 francs en remportent 1 d'intérêt, etc. Le denier 20, équivaut, par conséquent, à 5 p. %.

En effet, si 20 francs en rapportent 1, le capital 100 francs, qui contient 5 fois 20 francs, rapportera bien 5 fois 1 franc, ou 5 francs.

La synonymie qui existe entre ces deux manières de stipuler l'intérêt est encore démontrée par cette proportion : si 20 fr. rapportent 1 fr., que rapporteront 100 francs ?

On trouve 5 francs.

De même, le denier 25, équivaut au 4 p. °/₀; car 25 est contenu 4 fois dans 100.

L'intérêt est simple lorsqu'il se tire uniformément du capital primitif, sans pouvoir jamais devenir capital, ni produire aucun intérêt; il est composé lorsque étant échu et non payé, il se joint au capital et produit lui-même intérêt.

Nous ne nous occuperons, pour le moment, que de l'intérêt simple; quant à l'intérêt composé, nous le stipulerons immédiatement après les progressions.

Les calculs concernant les intérêts donnent lieu, soit à des règles de trois simples, soit à des règles de trois composées, suivant que cet intérêt dépend de une ou de plusieurs conditions.

Il ne faudra donc pas confondre les règles d'intérêt composées avec les intérêts composés : on doit entendre par les premières, *des calculs subordonnés à plusieurs rapports par quotient;* et comprendre, sous la dénomination d'intérêt composé, *le bénéfice d'un capital qui, étant échu, augmente d'autant ce capital :* ainsi de suite.

De la règle d'intérêt simple.

597. La règle d'intérêt peut être elle-même simple ou composée, suivant que l'intérêt dépend d'une ou de plusieurs conditions : elle a précisément pour but *de déterminer la somme due pour de l'argent prêté sous quelques-unes des conditions ci-dessus.*

Exemple. Un négociant a prêté 680 fr., à raison de 5 p. °/₀ par an, on demande à combien doit se monter au bout d'une année l'intérêt de son capital.

Solution. Ce problème est le même que le suivant : si 100 fr. rapportent 5 fr. au bout d'un an, que rapporteront 680 fr. pendant le même temps? C'est-à-dire que les *taux* ou les intérêts connu et cherché sont dans un même rapport que leurs capitaux respectifs.

Ce qui est évident, autant de fois le capital 100 fr., dont le taux est donné, sera contenu dans le capital dont on cherche l'intérêt, autant de fois le taux 5 fr. sera contenu dans l'intérêt cherché.

Ainsi, comparant entre elles ces quantités de même espèce, on a les deux rapports égaux 100 : 680 et 5 : x, qui, à cause de leur égalité, constituent la proportion 100:680::5:x qui est directe, et de laquelle on tire $x = 34$ fr. Donc le négociant touchera 680^f + 34^f, ou 714 fr. au bout de l'année.

Autre exemple. Quel est l'intérêt de 1000 fr. pendant un mois, à raison de $\frac{1^f}{4}$ p. %, par mois, ou si 100 fr. rapportent $\frac{1^f}{4}$ pendant un mois, que rapporteront 1000 fr. au bout du même temps?

Ce problème constitue la règle de trois directe......
100 : 1000 :: $\frac{1}{4}$: x, ou 1 : 10 :: $\frac{1}{4}$: x, de laquelle on conclut $x = 2^f,5$.

Ces deux exemples suffisent pour faire voir comment on doit résoudre toutes les questions semblables : *il suffit, sans avoir besoin d'établir la règle de trois, de multiplier le capital dont on cherche l'intérêt, par le taux donné, et de diviser le produit par le capital respectif au taux donné.*

De la règle d'intérêt composée.

598. Cette règle est composée parce que, pour obtenir le montant de l'intérêt cherché, il faut avoir égard non—seulement à la valeur du capital, mais encore au temps pour lequel on veut le déterminer.

Exemple. 1560 francs ont été placés à intérêts au 6 p. %, par an, ou 365 jours, combien rapporteront-ils au bout de 3 mois et 9 jours, ou 99 jours?

Ici l'intérêt cherché dépend du capital 1560 fr., et du temps 99 jours. Or, la proportion 100^f : 1560^f :: 6 : x donne la valeur de l'intérêt relativement au capital ; et cette autre $365^j : 99^j :: 6 : x$ détermine le montant de cet intérêt proportionnellement au nombre de jours pour lesquels on doit le stipuler. Donc, cet intérêt s'obtiendra par la proportion composée (392).

$$\left.\begin{array}{l}10\emptyset : 156\emptyset \\ 365 : \quad 99\end{array}\right\} :: 6 : x.$$

Dans cette proportion composée, on remarque, 1° que plus le capital est grand, plus l'intérêt cherché est considérable ; 2° que plus le temps est court, moins l'intérêt est fort. Donc les proportions composantes sont directes.

Multipliant entre eux les rapports composants, on a $3650 : 15444 :: 6 : x$; d'où $x = 25^f,39$.

Autre exemple. Un négociant a fourni, pour le compte d'un autre, une somme de 1400 francs pour 65 jours, à raison de $4\frac{1}{2}$ p. % l'an ; on demande combien ce dernier doit rembourser au premier ?

Solution. Au sujet de cet énoncé, il me suffit de faire observer que le taux cherché dépend toujours ici du capital et du temps pendant lequel il a été entre les mains de l'emprunteur, pour en conclure que la proportion $100 : 1400 :: 4\frac{1}{2} : x$ donne la valeur de x proportionnellement aux capitaux ; de même que celle $365^j : 65^j :: 4\frac{1}{2} : x$ détermine cette valeur de x dans le rapport des temps respectifs aux capitaux. Donc, la proportion composée suivante satisfait à la question proposée :

$$\left.\begin{array}{l}100 : 1400 \\ 365 : \quad 65\end{array}\right\} \begin{array}{l}\frac{9}{2} \\ :: 4\frac{1}{2} : x.\end{array}$$

On simplifiera cette proportion en divisant d'abord par 100 les deux termes du premier rapport composant, qui deviendra alors $1 : 14$; puis par 5 ceux du second, et l'on aura pour celui-ci $73 : 13$.

Supprimant ensuite le dénominateur de l'antécédent du second rapport de la proportion composée, ayant soin de diviser en même temps par 2 le conséquent 14. Par là on n'altérera point la proportion ; car l'un des facteurs du produit des moyens aura été rendu autant de fois plus petit, que son autre facteur aura été rendu de fois plus grand. Ce qui fait voir que *l'on peut multiplier l'un des conséquents ou l'un des antécédents, pourvu que l'on divise en même temps, par le même nombre, l'antécédent ou le conséquent de l'autre rapport.*

Notre proportion composée est donc ramenée à l'équi-quotient $\dfrac{73}{13 \times 7} = \dfrac{9}{x}$ ou à la proportion $73 : 91 :: 9 : x$. Donc $x = 11^f,22$ à moins de $0,01$ près.

Le débiteur remboursera donc $1411^f,22$.

599. Il faut remarquer qu'en général *les règles d'intérêt composées se résolvent comme les règles de trois composées : les termes du second rapport de la proportion composée sont toujours les intérêts connu et cherché ; et les deux termes du premier rapport de la même proportion forment un rapport directement composé des produits des capitaux par les temps respectivement relatifs à ces intérêts connu et cherché.*

Nous allons appliquer cette règle générale à l'exemple suivant. Quel est l'intérêt de 11000 francs à $\frac{1}{4}^f$ p. $^o/_o$ par mois, durant 8 mois ?

On a donc $100^f \times 1 : 11000^f \times 8 :: \frac{1}{4}^f : x^f$, ou $100 : 88000 :: \frac{1}{4} : x$.

En divisant les deux termes du premier rapport par 100, on a $1 : 880 :: \frac{1}{4} : x$. On supprimera ensuite le dénominateur de l'antécédent $\frac{1}{4}$ de l'une des deux manières suivantes ;

ou en multipliant par 4 l'autre antécédent 1, ce qui donnerait 4 : 880 :: 1 : x, ou en divisant le conséquent 880 par 4, comme plus haut, et l'on aura 1 : 220 :: 1 : x. Donc, $x = 220$.

Nota. Dans ces sortes d'opérations, il faudra toujours ramener les temps respectifs à la même unité temporaire, en comptant les mois pour 30 jours.

Des escomptes.

400. L'*escompte* est la remise que fait le créancier, ou la perte à laquelle il se soumet en faveur du débiteur lorsqu'il veut être payé avant l'échéance ; ou encore *c'est la réduction que subit la valeur d'un effet lorsque l'on en fournit le montant avant le temps qui y est indiqué.*

Or, escompter, c'est déduire d'une somme prêtée les intérêts qui y sont confondus ; ce qui fait que cette opération peut, comme celle des intérêts, donner lieu à des règles de trois simples et composées, qui prennent respectivement les noms de *règles d'escompte simples* et de *règles d'escomptes composées.*

De la règle d'escompte simple.

401. Cette règle est simple lorsque l'escompte ne dépend que du capital.

Exemple. Un homme, qui a tiré une lettre-de-change de 2500 francs sur un banquier, payable dans un an, a besoin d'argent ; le prix lui en est escompté sur-le-champ, en s'offrant à déduire l'intérêt, à raison de 6 p. % par an, combien le banquier doit-il payer ?

Solution. Comme le banquier doit retenir l'intérêt du capital au 6 p. %, il s'ensuit que pour 100 fr. il ne doit payer que 94 fr. On peut donc dire : si pour un capital de 100 fr. on ne doit payer que 94 fr., combien devra-t-on payer pour un capital de 2500 fr. ?

On peut donc établir cette proportion directe :

$$100 : 2500 :: 94 : x.$$

On voit par-là que le banquier doit prélever 150 francs, qui sont précisément l'intérêt de 2500 francs pour un an, le taux étant au 6 p. %.

Cette manière d'opérer s'appelle prendre *l'intérêt* ou *l'escompte en dehors*. Ce n'est pas la manière la plus juste de prendre l'escompte, quoiqu'elle soit la plus usitée ; car, dans ce cas-ci, on voit que les banquiers, en retenant l'escompte du montant du billet, prennent l'intérêt et du capital et des intérêts qui s'y trouvent confondus.

402. Si au contraire on ne retient que l'intérêt de la somme que l'on paie effectivement, l'opération s'appelle prendre *l'escompte en dedans*.

Exemple. A quoi se réduiront actuellement 2500 francs payables dans un an, l'intérêt est au 6 p. % ?

Raisonnant de cette manière : si 106 fr. payables dans un an, se réduisent à 100 francs payables actuellement, à quoi se réduiront 2500 francs ?

On aura la proportion $106 : 2500 :: 100 : x$, de laquelle on conclut $x = 2358^f,49$.

Le banquier paiera donc $2358^f,49$, et il retiendra par conséquent $141^f,51$.

Cette dernière quantité doit être l'intérêt de $2358^f,49$ pendant un an, à 6 p. %.

En effet, si l'on cherche cet intérêt, on aura $100 : 2358^f,49 :: 6 : x$, d'où $x = 141^f,509$. Ce dernier nombre, joint à $2358^f,49$, donne bien 2500 fr. Cette dernière manière de calculer l'intérêt ou l'escompte est donc la plus juste, puisqu'elle s'accorde avec la théorie des règles d'intérêt.

D'après cela, on voit qu'il ne suffit pas de convenir du taux de l'escompte, il faut encore spécifier de quelle manière on le calculera.

Des règles d'escompte composées

403. Les règles d'escompte composées sont celles dans lesquelles l'intérêt que l'on a droit de retenir sur la somme que l'on avance, dépend, comme dans les règles d'intérêt composées, non-seulement du montant des capitaux, mais encore du temps pour lequel on en fait l'avance.

Exemple. Un propriétaire place chez un banquier une certaine somme pour laquelle, y compris les intérêts à $4\frac{1}{2}$ p. %. par an, il doit au bout de l'année toucher $1755^f,6$; mais, 4 mois après, ayant besoin d'argent, il va prier le banquier de le payer, en s'offrant de lui escompter *en dedans* l'intérêt pour les 8 mois restants; quelle somme le banquier doit-il payer?

Solution. Pour résoudre ce problème, on raisonnera ainsi :

$104^f\frac{1}{2}$ renferment le capital 100 fr. et les intérêts $4^f\frac{1}{2}$, de même que $1755^f,6$ renferment le capital et les intérêts inconnus.

Donc, le 4e terme de la proportion $104^f\frac{1}{2} : 1755^f,6 :: 4^f\frac{1}{2} : x$, exprimera les intérêts d'un an. Pour trouver ceux de 8 mois, il reste à établir cette autre proportion :

$$12^{mois} : 8^{mois} :: 4\frac{1}{2} : x.$$

L'intérêt cherché dépend donc de cette proportion composée.

Les termes fractionnaires étant mis sous la forme de fraction de leur espèce respective; et leurs dénominateurs supprimés, on obtient cette autre proportion :

$$\left.\begin{array}{c} 104\frac{1}{2} : 1755,6 \\ 12 \quad : \quad 8 \end{array}\right\} :: 4\frac{1}{2} : x.$$

Simplifiant et multipliant de part et d'autre les restes entre eux, on a $209 : 1170,4 :: 9 : x$, proportion qui donne $50^f,4$ pour l'escompte que le banquier doit prélever sur la somme de $1755^f,6$. Le banquier ne paiera par conséquent que $1705^f,2$

$$\left.\begin{array}{c} 209 : 1755,6 \\ 12 : \quad 8 \end{array}\right\} :: 9 : x$$

Autre exemple. Que valent actuellement 10000 fr. payables dans 7 mois, l'intérêt est à $\frac{1^f}{4}$ p. % par mois, et l'escompte est *en dehors.*

Escompter en dehors, c'est comme nous l'avons déjà dit, retenir l'intérêt de la somme entière. Il faut donc prélever l'intérêt de 10000 fr. aux conditions ci-dessus ; ce qui se fera par le procédé de l'exemple précédent, avec cette différence, qu'au lieu de stipuler l'intérêt en dedans, comme dans l'exemple du nº 401, on le calculera conformément à ce qui a été dit nº 402, et l'on aura :

$$100 : 10000 \left\{ \begin{array}{l} \\ \\ \end{array} \right. :: \frac{1}{4} : x.$$
$$1 : 7$$

De cette proportion composée, on tire $x = 175$ fr., qui sont effectivement l'intérêt de 10000 fr. pendant 7 mois, à $\frac{1^f}{4}$ p. % par mois.

On voit par ce qui précède que l'*escompte composé, en dedans comme en dehors, rentre dans les règles d'intérêt composées.*

Des règles conjointes ou de change.

404. On appelle *règle conjointe* celle par laquelle on détermine les rapports et les valeurs qu'ont entre eux les poids et les mesures de différents pays.

Cette opération, connue sous le nom d'*arbitrage,* est souvent usitée dans les *changes :* elle peut être simple ou composée, selon que l'inconnue de l'énoncé dépend de un ou de plusieurs rapports donnés.

Voici ces règles qui sont d'un grand secours pour le change des monnaies.

De la règle conjointe simple.

405. 1ᵉʳ *exemple.* La *livre d'Italie* qui, au pair, égale les $\frac{21}{25}$ du franc, vaut, au change de ce jour, valeur courante,

$0,97\frac{1}{2}$ ou $0,975$ de fr. ; que valent en fr. 824 livres d'Italie ?

On dira : si une livre vaut $0,975$ de fr., combien 824 livres vaudront-elles de francs ; c'est-à-dire que l'on aura la proportion $1:0,975::824:x$, qui donne $x=803^f,40$ pour la somme que l'on devra payer au banquier, qui sera chargé de compter en Italie les 824 livres de ce pays.

2e *exemple.* 50 livres de *Paris* valent 51 liv. de *Hambourg*, 25 de celles-ci en valent 24 de *Francfort;* on demande le rapport de la livre de *Paris* à celle de *Francfort?*

Solution. Puisque 50 livres de *Paris* valent 51 livres de *Hambourg,* on a pour le rapport de la livre de *Paris* à celle de *Hambourg* $50:51$. D'où l'on conclut que la livre de *Paris* est les $\dfrac{50}{51}$ de celle de *Hambourg.*

Le rapport de la livre de *Francfort* à celle de *Hambourg* est donc comme $24:25$; ce qui fait voir que la livre de *Francfort* n'est que les $\dfrac{24}{25}$ de celle de *Hambourg.*

Cela posé, le rapport de la livre de *Paris* à celle de *Francfort* est donc comme $\dfrac{50}{51}:\dfrac{24}{25}$.

Faisant disparaître les dénominateurs, on a $50\times25:24\times51$, ou $1250:1224$ pour le rapport demandé, qui se réduit à $625:612=\dfrac{625}{612}$.

De la règle conjointe composée.

406. 1er *exemple.* Pour 1 fr. on a en *Angleterre* $9\frac{1}{2}$ *deniers sterling,* valeur dans un an ou 365 jours, combien, pour 420 fr., aura-t-on de *deniers sterling,* valeur en 70 jours.

Solution. Il est clair que la quantité de *deniers sterling* équivalente à 420 francs, qui sont ici dans le rapport de $9\frac{1}{2}$

deniers sterling pour 1 franc, dépend en outre du nombre de jours que l'on compte jusqu'à l'échéance. Donc, le rapport 420 francs : x *deniers sterling* est composé des rapports $1^f : 9\frac{1}{2}$ *deniers sterling* et $365^j : 70^j$.

On a donc la proportion composée, de laquelle on conclut $x = 765^f,20$.

$$\left.\begin{array}{c} 1 \ : \ 9\frac{1}{2} \\[1mm] 365 \ : \ 70 \end{array}\right\} \ :: \ 420 \ : \ x.$$

2e *exemple.* Pour 3 francs de *France*, on a en *Angleterre* $31\frac{1}{2}$ *deniers sterling* ; la *livre sterling* ou 240 *deniers sterling* valent en *Hollande* 405 *deniers de gros* ; 50 *deniers de gros* rapportent en *Espagne* 189 *maravédis* ; on demande combien on aura de *maravédis* pour 1800 francs.

Solution. On remarque facilement, par l'enchaînement des rapports qui existent entre les quantités données, que celui des 1800 francs aux x maravédis est directement composé de ces mêmes rapports qui subsistent entre les quantités homogènes de l'énoncé. Donc ces sortes de questions se résolvent encore par les règles de trois composées. Ainsi, en comparant entre elles les quantités de même espèce, on a

$$\left.\begin{array}{c} 3 \ : \ 31\frac{1}{2} \\[1mm] 240 \ : \ 405 \\[1mm] 50 \ : \ 189 \end{array}\right\} \ :: \ 1800 \ : \ x.$$

Les simplifications faites, on obtient la proportion.... $8 : 107163 :: 9 : x$, de laquelle il résulte $x = 120558\frac{3}{8}$ *maravédis* pour les 1800 *francs*.

De la règle de société.

407. La règle de société est ainsi nommée parce qu'*elle sert à partager entre plusieurs associés le bénéfice ou la perte* *résultant de leur société. Ce bénéfice ou cette perte doit être réparti entre les associés proportionnellement à la mise de chacun d'eux.*

Pour s'en convaincre, il suffit de faire observer que le gain ou la perte de chacun des associés doit être contenu dans le gain ou la perte totale, autant de fois que la mise particulière est contenue dans la somme totale des mises; car celui qui aurait fourni, par exemple, la moitié ou le tiers des fonds de la société, devrait avoir la moitié ou le tiers du gain total; comme aussi il supporterait la moitié ou le tiers de la perte totale.

Or, chacune des mises particulières, de même que le gain ou la perte, étant exprimés par des nombres, il en résulte que la *règle de société a pour but de partager un nombre proposé en parties qui soient entre elles comme des nombres donnés.*

Exemple. Qu'il s'agisse de partager 120 en trois parties qui soient entre elles comme les nombres 4, 3 et 2.

On pourrait se dispenser de faire observer ici que le nombre 120 représente le gain ou la perte résultant d'une société; et que les nombres 4, 3 et 2 représentent les mises particulières des associés.

Partant, si l'on compare successivement le premier des nombres donnés à chacun des deux autres, on aura les deux rapports $4:3$ et $4:2$, dont le premier égale celui que l'on formerait en comparant la première partie du nombre à partager, à la seconde; et le second de ces rapports égale celui que l'on obtiendrait en comparant cette même première partie du nombre à partager 120, à la troisième partie de ce même nombre. De ce raisonnement, on conclut les proportions

$$\left. \begin{array}{l} 4:3 :: \text{la } 1^{re} : \text{la } 2^{me} \\ 4:2 :: \text{la } 1^{re} : \text{la } 3^{me} \end{array} \right\} \text{ ou invertendo } \left\{ \begin{array}{l} 4 : \text{la } 1^{re} :: 3 : \text{la } 2^{me}. \\ 4 : \text{la } 1^{re} :: 2 : \text{la } 3^{me}. \end{array} \right.$$

Ces deux dernières proportions ayant un même premier rapport, on en conclut que les rapports qui les composent sont égaux entre eux (383).

On peut donc avec ces deux proportions former cette suite de rapports égaux : 4 : la 1re :: 3 : la 2me :: 2 : la 3me.

Or, on a vu n° **376**, que la somme des antécédents est à la somme des conséquents, comme l'un quelconque des antécédents est à son conséquent. On peut donc dire ici que la somme 9, des trois parties proportionnelles données, est à celle des trois parties que l'on cherche et qui est, dans cette hypothèse, représentée par 120, comme l'une quelconque de ces trois parties proportionnelles données est à la partie de 120 qui lui correspond.

L'opération se réduit donc *à faire autant de règles de trois qu'il y a de mises*.

Chacune de ces règles de trois *aura pour antécédents la mise totale et l'une des mises particulières ; et pour conséquents le gain total et le gain particulier correspondant à la mise particulière comprise dans la proportion.*

Ainsi, dans la question ci-dessus, on a à résoudre les trois règles de trois suivantes :

$$9 : 120 :: 4 : x = 53,33$$
$$9 : 120 :: 3 : y = 40,00$$
$$9 : 120 :: 2 : z = 26,66$$
$$\overline{ 119,99}$$

Réunissant les valeurs des trois inconnues, on obtient 119,99, somme qui égale bien, à moins d'un centième près, le nombre proposé. Donc, etc.

408. L'exemple précédent suffit pour nous faire voir jusqu'à quel point va la simplicité des règles de société ; mais il convient de se les rendre familières en raison de leur grande utilité dans le commerce ; c'est pourquoi je terminerai le développement de cette règle par l'exemple suivant :

Trois associés, dont le premier a fait un fonds de 400 francs, le second une mise de 750 francs, et dont le troisième a fourni 600 francs, ont gagné 980 francs ; on demande le gain relatif à chaque mise ?

Ce problème revient à partager le nombre 980 en trois parties qui soient entre elles, comme les nombres 400, 750 et 600, ou comme ceux 8, 15 et 12, après les avoir divisés chacun par 50.

En ajoutant les trois mises 8, 15 et 12, afin d'en former le premier antécédent des proportions auxquelles donne lieu l'énoncé, on a pour celles-ci :

$$35 : 980 :: 8 : x = 224,$$
$$35 : 980 :: 15 : y = 420,$$
$$\text{et} \quad 35 : 980 :: 12 : z = 336.$$

Ces trois valeurs 224, 420 et 336 prises ensemble égalent bien le nombre à partager 980.

De la règle de société composée.

409. La règle de société est composée lorsque l'énoncé qui lui donne lieu renferme, outre les mises, des conditions telles que celles relatives aux temps pendant lesquels les mises sont restées dans la caisse sociale.

Exemple. Deux personnes s'étant associées : la première a fourni 700 francs qui sont restés 2 mois dans la société, la deuxième de ces personnes a fait un fond de 400 francs qui est resté 1 mois et 15 jours dans la société ; on demande ce que chaque associé doit prélever sur le bénéfice qui se monte à 500 francs.

Solution. Il est clair que dans ce cas-ci, le gain particulier doit dépendre non-seulement de la mise particulière, mais encore du temps pendant lequel cette mise a fait partie des fonds de la société ; c'est-à-dire que, 1° plus la mise particulière est grande, plus le gain qui lui est relatif est grand ; 2° plus le temps pendant lequel cette mise a fait partie des fonds de la société est grand, plus encore ce gain particulier est considérable. Si donc, après avoir converti chaque temps à l'unité temporaire de même espèce, on multiplie chaque mise par son temps respectif, on augmentera les mises proportionnellement à leurs temps respectifs ; et alors l'opération sera ramenée à une règle de société simple. Ainsi pour l'exemple en question, on a

$$(700 \times 60) + (400 \times 45) : 500 :: 700 \times 60 : x,$$
$$(700 \times 60) + (400 \times 45) : 500 :: 400 \times 45 : y.$$

Effectuant les opérations indiquées, il vient à résoudre les deux proportions suivantes :

$$\left. \begin{array}{l} 6\emptyset\emptyset\emptyset : 50\emptyset :: 42\emptyset\emptyset\emptyset : x = 350^f \\ 6\emptyset\emptyset\emptyset : 50\emptyset :: 18\emptyset\emptyset\emptyset : y = 150^f \end{array} \right\} 500^f.$$

Donc, en général, pour ramener une règle de société composée, à cette opération simple, *il faut multiplier chaque mise par le temps qu'elle a fait partie des fonds de la société, observant de réduire les temps respectifs à chaque mise, à la même unité temporaire, etc.*

410. Voici un exemple qui, sans différer du précédent, se trouve un peu plus compliqué : on le rencontrera très souvent dans les calculs ordinaires.

Trois personnes se sont associées pour un an ou 12 mois : la première de ces personnes a fait un fonds de 6000 francs ; mais 6 mois après, ayant eu besoin d'argent, elle a retiré 2000 francs qu'elle a gardés 2 mois, au bout duquel temps elle a rapporté 1000 francs ; le second associé a fourni 4000 francs, et 4 mois après il a encore versé 500 francs ; enfin, le troisième associé a mis 7000 francs. On demande ce que chacun des associés doit prélever sur le gain, qui se monte à 3600 francs ?

En examinant attentivement cet énoncé, on voit :

1°. Que la mise du premier associé se compose :

    1°. *De* 6000^f *pendant* 6 *mois* ;
    2°. *De* 4000^f *pendant* 2 *mois* ;
    3°. *De* 5000^f *pendant* 4 *mois* ;

2°. Que celle du second associé se forme :

1°. *De* 4000^f *pendant* 4 *mois ;*

2°. *De* 4500^f *pendant* 8 *mois ;*

3°. Enfin, celle du troisième associé est de :

7000^f *pendant* 12 *mois.*

Actuellement, multipliant chacune des mises partielles composant chacune de celles particulières, par son temps respectif; et ajoutant de part et d'autre les produits partiels, on aura respectivement pour chacune des mises particulières 64000, 52000 et 84000.

La question est donc ramenée à partager le gain 3600 francs en trois parties qui soient entre elles comme les nombres 64000, 52000 et 84000 (**407**).

Divisant par 1000 chacun de ces nombres, on a les trois proportions :

$$200 : 3600 :: 64 : x,$$
$$200 : 3600 :: 52 : y,$$
$$200 : 3600 :: 84 : z.$$

Si l'on divise par 100 les deux termes du premier rapport de chacune de ces proportions, il vient à résoudre les trois suivantes :

$$\left. \begin{aligned} 2 : 36 :: 64 : x &= 1152^f \\ 2 : 36 :: 52 : y &= 936^f \\ 2 : 36 :: 84 : z &= 1512^f \end{aligned} \right\} \ 3600^f.$$

La première personne prélèvera donc 1152 francs, la seconde 936 francs, et la troisième retirera 1512 francs.

411. Le cas suivant pourrait présenter quelques difficultés, si l'on n'en donnait un exemple, le voici :

Partager un nombre quelconque en parties qui soient entre elles dans des rapports donnés.

Solution. Soit le nombre 650 à partager en trois parties, dont la première soit à la deuxième, comme 5 : 4; la deuxième à la troisième, comme 7 : 3.

Si l'on réduit les rapports donnés au même antécédent, en

appliquant à leurs premiers termes les raisonnements du n° **107** concernant la réduction des fractions au même dénominateur, on aura à partager le nombre 650 en trois parties dont la première soit à la seconde, comme 35 : 28, et dont la deuxième soit à la troisième :: 35 : 15.

Mais comme les conséquents de ces nouveaux rapports ont un antécédent commun, il en résulte que la question proposée revient à partager le nombre 650 en trois parties qui soient entre elles comme les nombres 85, 28 et 15 (407).

On voit par-là que ces sortes de questions, où il s'agit de partager un nombre en parties qui soient entre elles dans des rapports donnés, retombent dans celles où il est question de partager ce nombre en des parties qui soient entre elles, comme des nombres donnés : pour cela *il suffit de réduire les rapports donnés au même antécédent.*

De la règle de fausse position.

412. Cette règle est ainsi qualifiée parce que l'on met en avant un nombre hypothétique, pour obtenir, par son moyen, le véritable nombre.

Il ne faut pas perdre de vue que le nombre que l'on suppose doit avoir les mêmes propriétés que celles que l'on fait connaître dans le nombre inconnu.

Exemple. Trouver le nombre dont les $\frac{3}{7}$ égalent $\frac{1}{7}$?

Solution. En supposant le nombre 7, on dira : si les $\frac{3}{7}$ de 7 sont exprimés par 3, ceux du nombre cherché le sont par $\frac{1}{7}$.

Cela posé, il est bien évident que les $\frac{3}{7}$ du nombre 7 sont à 7, ce que les $\frac{3}{7}$ du nombre demandé sont eux-mêmes à ce nombre inconnu : car l'une quelconque des parties d'un nombre, est à ce tout, ce que la même partie d'un autre nombre est à ce nombre même. On a donc les deux rapports égaux $3 : 7$ et $\frac{1}{7} : x$, qui écrits de suite, constituent la proportion $3 : 7 :: \frac{1}{7} : x$.

Changeant les moyens de place, on a $3 : \frac{1}{7} :: 7 : x$.

Cette dernière proportion fait voir que *la partie du nombre fictif est à la même partie du véritable nombre, comme ce nombre fictif est à ce véritable nombre représenté ici par* x, et qui, dans cette hypothèse, est $\left(\frac{1}{7} \times 7\right) : 3 = \frac{1}{3}$. Donc $\frac{1}{3} \times \frac{3}{7} = \frac{1}{7}$.

Autre exemple. Quel est le nombre dont la moitié et les $\frac{2}{3}$ font 14?

Solution. Supposons le nombre 6, duquel on peut prendre exactement la moitié, qui est 3, et les deux tiers, qui sont 4.

Ces deux parties 3 et 4 étant réunies, donnent 7; de même que les deux parties respectivement homogènes, du nombre inconnu donnent 14.

Cela posé, si l'une des parties d'un nombre est à celui-ci, ce que la même partie d'une autre quantité est à cette dernière, il est clair que, dans cet exemple, la somme 7 des parties du nombre faux est à la somme 14 de celles du véritable nombre, comme le nombre supposé 6 est au véritable nombre x. On a donc la proportion $7 : 14 :: 6 : x$, de laquelle on tire $x = \dfrac{14 \times 6}{7} = 12$ pour le nombre demandé.

413. On pourrait procéder à la recherche de l'inconnue de la question précédente, en déterminant séparément chacune des parties du nombre inconnu ainsi qu'il suit :

1°. 3, moitié du nombre hypothétique, est à ce nombre 6, comme *a*, moitié du nombre cherché, est à cette même quantité représentée par x.

2°. 4, deux tiers du nombre fictif, est à cette même grandeur supposée être 6, comme b, deux tiers de x, est à ce
nombre x ; on a donc ce système de proportions :

$$3 : 6 :: a : x,$$
$$4 : 6 :: b : x.$$

Si l'on change les moyens de place dans l'un comme dans
l'autre de ces équi-quotients, on obtient les deux suivants :

$$3 : a :: 6 : x,$$
$$4 : b :: 6 : x.$$

Ces deux dernières règles de trois ayant un rapport commun, on en conclut que les deux autres sont égaux (385).

Écrivant ces derniers en proportions, on a $3 : a :: 4 : b$,
de laquelle proportion on tire $3 + 4 : a + b :: 3 : a$ et
$3 + 4 : a + b :: 4 : b$ (376).

Mais comme $a + b = 14$, on a, en représentant les parties
inconnues a et b du nombre cherché, respectivement par x
et y, $7 : 14 :: 3 : x$ et $7 : 14 :: 4 : y$.

Les moyens étant changés de place, de part et d'autre, il
vient $7 : 3 :: 14 : x$ et $7 : 4 :: 14 : y$.

D'où il suit que la somme 7, des parties 3 et 4 du nombre
hypothétique 6, est à l'une ou à l'autre de ces parties, comme
la somme 14 des parties du véritable nombre, est à sa partie
qui correspond à celle du premier rapport ; c'est-à-dire que
l'on obtiendra les deux parties inconnues de 14, en résolvant
les deux proportions :

$$\left. \begin{array}{l} 7 : 3 :: 14 : x \\ 7 : 4 :: 14 : y \end{array} \right\} \text{ ou invertendo } \left. \begin{array}{l} 7 : 14 :: 3 : x = 6 \\ 7 : 14 :: 4 : y = 8 \end{array} \right\} = 14.$$

Par ces deux dernières proportions, on voit que le rapport
de la première somme à la seconde est le même que celui
qu'on obtient en comparant l'une quelconque des parties du
nombre fictif, à sa partie correspondante du nombre inconnu.

414. *Scolie.* Dans l'un comme dans l'autre de ces systèmes de proportions, on remarque que la valeur de x doit exprimer la moitié du nombre cherché; et que celle de y en exprime les deux tiers. Donc la valeur de l'une quelconque de ces inconnues de x, par exemple, suffit pour obtenir le véritable nombre, qui, dans l'hypothèse, est 6×2, ou $8 + \frac{8}{2}$, ou $\frac{8}{2} \times 3 = 12$.

415. La règle ci-dessus deviendra plus évidente encore, si l'on remarque que les deux parties du nombre inconnu qui doivent former le nombre 14, sont entre elles comme les nombres 3 et 4; car la question se ramènera à partager le nombre 14 en deux parties qui soient entre elles, comme les deux nombres 3 et 4 (**407**), ce qui donnera lieu aux deux proportions du n° **414**.

416. Les énoncés suivants nous familiariseront avec ces sortes de règles.

1er *problème.* Partager 840 entre trois personnes de manière que la seconde ait les $\frac{2}{3}$ de la part de la première; et que la troisième ait les $\frac{4}{7}$ des parts des deux autres.

Solution. Je commence par chercher un nombre duquel je puisse prendre commodément les $\frac{2}{3}$ et les $\frac{4}{7}$. Le moyen sûr d'obtenir ce nombre, c'est de faire le produit des dénominateurs des fractions données. Dans ce cas-ci je suppose donc 7×3 ou 21 pour la part de la première personne, de laquelle je tire 14 pour celle de la seconde. Et de la somme de ces deux premières parts je déduis 20 pour celle de la troisième personne.

Or, les véritables parties du nombre proposé sont entre elles comme celles que l'on vient d'obtenir. La question se change donc en celles-ci : partager le nombre 840 en trois parties qui soient entre elles comme les nombres 21, 14 et 20 (407) ; ce qui donnera lieu aux trois proportions suivantes :

$$
\left.
\begin{array}{l}
55 : 840 :: 21 : x = 320\ \dfrac{8}{11} \\[2mm]
55 : 840 :: 14 : y = 213\ \dfrac{9}{11} \\[2mm]
55 : 840 :: 20 : z = 305\ \dfrac{5}{11}
\end{array}
\right\} = 840.
$$

2e problème. L'oncle promet à sa nièce enceinte, si elle accouche d'un garçon, le tiers d'une somme de 21000 francs, tandis que l'enfant aura les $\frac{2}{3}$; et si elle met au monde une fille, elle aura les $\frac{2}{3}$ de la somme en question, tandis que la fille n'aura que le $\frac{1}{3}$.

Il arrive un cas imprévu par l'acte : c'est que la mère met au monde un garçon et une fille.

On demande ce que la mère et chacun de ses enfans doivent avoir de la somme 21000 francs qui leur est abandonnée par l'oncle, pourvu que ses intentions énoncées soient observées.

Solution. Il est facile de remarquer, d'après l'énoncé de la question, que l'intention du parent est que le garçon ait le double de la mère, et celle-ci le double de la fille.

Si donc on suppose 1 pour la fille, la mère doit avoir 2 et le fils 4.

Ainsi, il s'agit de partager 21000 francs en trois parties qui soient entre elles comme les nombres 1, 2 et 4, ce qui donne :

$$
\begin{array}{l}
7 : 21000 :: 1 : x \\
7 : 21000 :: 2 : y \\
 : 21000 :: 4 : z
\end{array}
$$

Si l'on divise par 7 les deux termes du premier rapport de chacune de ces proportions, il viendra à résoudre les trois suivantes :

$$1 : 3000 :: 1 : x = \frac{3000 \times 1}{1} = 3000 \text{ fr.}$$

$$1 : 3000 :: 2 : y = \frac{3000 \times 2}{1} = 6000 \text{ fr.}$$

$$1 : 3000 :: 4 : z = \frac{3000 \times 4}{1} = 12000 \text{ fr.}$$

$$\left. \right\} = 21000 \text{ fr.}$$

De la règle d'alliage.

417. On nomme ainsi cette règle, parce que le nombre et le prix de plusieurs choses alliées étant données, elle fait connaître le prix de l'unité du mélange.

Exemple. Un marchand de vins a mélangé 64 bouteilles de vin à $0^f,35$ l'une, 60 bouteilles à $0^f,50$, 80 bouteilles à $0^f,65$, et 144 bouteilles à $0^f,75$; on demande à combien revient la bouteille du mélange.

Solution. Il est clair que 64 bouteilles à $0^f,35$ valent $0^f,35 \times 64 = 22^f,40$; que 60 bouteilles à $0^f,50$ valent 30 fr. ; que 80 bouteilles à $0^f,65$ valent 52 fr., et que les 144 bouteilles à $0^f,75$ se montent à 108 fr.

Cela posé, ajoutant d'une part les quatre nombres de bouteilles, et de l'autre les quatre prix respectifs, on trouvera 384 bouteilles de vin qui reviennent à $212^f,40$.

Partant, pour trouver le prix de la bouteille de ce mélange il suffit de trouver le quatrième terme de cette proportion : si 348 bouteilles coûtent $212^f,40$, que coûtera une seule bouteille, ou $348^b : 1^b :: 212^f,40 : x^{fr}$.

De cette règle directe on obtient $x = 0^f,61$. Le 2° du n° **88** dispense d'établir cette proportion.

Cet exemple seul suffit pour faire remarquer généralement que, pour résoudre ces sortes de règles, *il faut trouver sépa-*

rément le prix de chaque espèce de choses qui entrent dans le mélange ; ce qui se fera en multipliant le nombre d'unités de chaque espèce de choses par le prix respectif. Cela étant fait, on ajoutera d'un côté tous ces prix, et de l'autre tous les nombres de choses ; puis on divisera la première somme par la seconde : le quotient sera le prix de l'unité du mélange.

418. On se sert encore de la règle d'alliage pour prendre un milieu entre divers résultats donnés par l'expérience ou l'observation.

Exemple. Je suppose que l'on ait mesuré la distance de deux points assez éloignés, et qu'à cause de l'incertitude on ait répété cette opération plusieurs fois de suite : que deux fois on ait trouvé $2785^m,54$, et qu'à trois autres mesurages on ait eu $2784^m,25$, et que par un sixième mesurage on ait enfin obtenu $2783^m,75$.

$$
\begin{aligned}
2785^m&,54\\
2785\ &,54\\
2784\ &,25\\
2784\ &,25\\
2784\ &,25\\
\underline{2783\ }&\underline{,75}\\
16707^m&,58
\end{aligned}
$$

Ces divers résultats n'étant pas les mêmes, il est probable qu'il y a erreur dans chacun d'eux. Or, si l'on avait obtenu à chaque fois la véritable mesure, la somme faite des six résultats serait égale à six fois cette mesure (**51**) ; la même chose arriverait encore si quelques-uns des résultats péchaient par défaut et les autres par excès, de manière qu'il y eût compensation, c'est-à-dire que l'on connaîtrait encore la vraie longueur en divisant la somme des résultats par leur nombre ; car, par cette opération, les erreurs dans un sens détruiraient en partie les erreurs en sens contraire, et l'excédant se trouverait réparti entre chacun des résultats, et d'autant plus diminué que le nombre des mesurages serait plus grand.

Arith. Boil.   22

Ainsi, divisant par 6 la somme des résultats ci-dessus, on a $2784^m,596$ pour la véritable distance des deux points en question.

Des progressions.

419. On entend par *progression* une suite de nombres allant toujours en augmentant ou en diminuant de la même quantité. Mais, comme cette suite de nombres peut aller en augmentant par voie d'addition ou de multiplication, de même qu'elle peut aller en diminuant par voie de soustraction ou de division, il en résulte que l'on doit distinguer deux sortes de progressions ; savoir : les unes, *progressions par différence,* et les autres, *progressions par quotient.*

De la progression par différence.

420. *La progression par différence est donc une suite de termes dont chacun surpasse celui qui le précède, ou en est surpassé de la même quantité ;* ce qui fait qu'elle peut être ascendante ou descendante. Telles sont les deux suites de nombres 1, 4, 7, 10, 13, etc., et 22, 19, 16, 13, 10, etc.

Pour marquer que ces nombres sont en progressions par différence, on les fait précéder de deux points séparés par un trait horizontal (÷), et l'on place un point entre chaque terme, comme dans l'équi-différence continue. En sorte qu'on a pour les deux suites ci-dessus ÷ 1.4.7.10.13. etc. et ÷ 22.19.16.13. 10.7. etc.

Ces progressions s'énoncent ainsi : *Comme* 1 *est à* 4, *comme* 4 *est à* 7, *comme* 7 *est à* 10 : *ainsi de suite,* ou plus simplement, *comme* 1 *est à* 4, *est à* 7, *est à* 10, *est à,* etc.

Ce dont chaque terme surpasse son précédent ou en est surpassé, est appelé *raison.*

421. *Scolie.* Trois des termes consécutifs de la progression par différence, constituent l'équi-différence continue. Donc le second des trois termes consécutifs, pris où l'on voudra dans

la suite, est moitié de la somme de ses deux termes interceptants.

422. *Autre remarque.* Il est facile de voir, d'après la nature
de la progression par différence, que, connaissant le premier
terme et la raison de la progression, on peut obtenir les termes
suivants, en ajoutant successivement la raison au terme précédent, si la progression est ascendante; dans le cas où elle
serait descendante, on retrancherait la raison du terme précédent. Donc le second terme de toute progression par différence
ascendante est formé du premier, plus de la raison; le troisième est formé du second, plus de la raison, c'est-à-dire du
premier, plus de deux fois la raison; le quatrième terme est
composé du troisième, plus de la raison, ou du premier, plus
de trois fois la raison : ainsi de suite.

En général, *un terme quelconque d'une telle progression est
égal au premier terme, plus à autant de fois la raison qu'il y a
de termes avant lui.*

Si la progression est descendante, *le terme sera égal au
premier, diminué d'autant de fois la raison qu'il y aura de
termes avant lui.*

423. Ce principe va servir à résoudre les deux problèmes
suivants :

1°. *Trouver un terme quelconque de la progression par
différence, sans calculer les termes intermédiaires ;*

2°. *Insérer entre deux nombres donnés, et aussi près l'un de
l'autre qu'on puisse l'imaginer, autant de moyens équi-différents que l'on voudra, soit en suite ascendante, soit en suite
descendante.*

Solution du premier problème.

424. Trouver le 100ᵉ terme de la progression ÷ 4.9.14.etc.

Solution. Ce 100ᵉ terme étant précédé de 99 autres, se forme
donc du 1ᵉʳ, plus de 99 fois la raison 5 : il est donc égal à
$4 + (5 \times 99)$ ou à 499.

22.

Le 10e de cette autre suite : 494.489. etc. , est égal à 494 — (5 × 9) = 449.

Solution du second problème.

425. Pour insérer entre deux nombres donnés autant de moyens équi-différents qu'on voudra, *il faut retrancher le plus petit de ces deux nombres donnés du plus grand, et diviser le reste par le nombre des moyens à insérer, augmenté lui-même de l'unité. Le quotient sera la raison de la progression ascendante ou descendante.*

En effet, le plus grand des deux nombres donnés, qui est le dernier terme de la progression ascendante, est formé du premier terme, c'est-à-dire du plus petit de ces nombres donnés, plus d'autant de fois la raison qu'il y a de termes avant lui. Donc, si du plus grand on ôte le plus petit, le reste sera la raison répétée autant de fois qu'il y a de termes moyens, plus le premier terme. Donc, etc.

Nous appliquerons cette règle à l'exemple suivant :

Insérer 8 moyens équi-différents entre 4 et 11, dans un ordre ascendant ?

Solution. Avec ces deux nombres donnés et les 8 moyens qu'ils doivent intercepter, on formera donc une progression par différence composée de 10 termes, dont 11, le plus grand des nombres donnés, sera le dernier terme, et, par conséquent, précédé de 9 autres. Or, ce dernier terme étant composé du premier terme 4, plus de 9 fois la raison, il s'ensuit que, si l'on retranche le premier terme du dernier, le reste 7, exprimera 9 fois la raison. Ce reste 7 étant rendu 9 fois moindre, devient $\frac{7}{9}$ pour la raison de la progression. Ainsi, ajoutant cette raison au premier terme, on a $4\frac{7}{9}$ pour le deuxième; puis ajoutant à ce dernier une seconde fois la raison, on aura le troisième terme de la progression. Continuant d'ajouter ainsi la raison au dernier terme obtenu, on aura cette suite

$$\div 4 . 4\frac{7}{9} . 5\frac{5}{9} . 6\frac{3}{9} . 7\frac{1}{9} . 7\frac{8}{9} . 8\frac{6}{9} . 9\frac{4}{9} . 10\frac{2}{9} . 11.$$

Dans l'ordre descendant on aurait cette autre suite :

$$\div 11 . 10\frac{2}{9} . 9\frac{4}{9} . 8\frac{6}{9} . 7\frac{8}{9} . 7\frac{1}{9} . 6\frac{3}{9} . 5\frac{5}{9} . 4\frac{7}{9} . 4.$$

426. De la manière dont nous venons d'insérer les 9 moyens équi-différents entre 4 et 11, on en déduit celle d'en insérer autant qu'on voudra entre 0 et 1 : car, le premier terme étant zéro, la raison qui régnerait alors dans la progression serait exprimée par une fraction dont le numérateur égalerait 1, et le dénominateur exprimé par le nombre des moyens à insérer, augmenté de l'unité.

Ainsi, les 9 moyens équi-différents que l'on peut insérer entre 0 et 1 donnent, avec ceux-ci, la suite

$$\div 0 . \frac{1}{10} . \frac{2}{10} . \frac{3}{10} . \frac{4}{10} . \frac{5}{10} . \frac{6}{10} . \frac{7}{10} . \frac{8}{10} . \frac{9}{10} . 1,$$

ou : $0,0 , 1.0 , 2.0 , 3.0 , 4.0 , 5.0 , 6.0 , 7.0 , 8.0 , 9.1.$

427. *Scolie.* Si entre 0 et 1, ou entre tous autres nombres différant entre eux de l'unité, on insérait ou 99, ou 999, ou, etc., moyens équi-différents, la raison, au lieu d'être un dixième, serait respectivement $\frac{1}{100}$, $\frac{1}{1000}$, etc., ou $0,01$; $0,001$, etc.

428. Corollaire. *Toute fraction ordinaire, proprement dite, c'est-à-dire moindre que 1, ayant pour dénominateur l'unité suivie de zéro, pourra toujours être considérée comme étant un terme, du rang indiqué par son numérateur augmenté de l'unité, d'une progression par différence, qui, en commençant par zéro, finit par l'unité ; et dont la raison est l'unité de la dénomination de la fraction.*

Or, toute fraction ordinaire d'une dénomination décuple de 1, étant toujours transformable exactement en décimales (188), il s'ensuit qu'*une fraction décimale proprement dite, ayant un dernier chiffre décimal, pourra être envisagée comme l'un des moyens équi-différents insérés en nombre égal à sa dénomination diminuée de 1, entre 0 et 1;* et son rang de terme dans cette suite, *sera exprimé par la quantité d'unités décimales augmentée de 1.* Quant à son rang, comme moyen équi-différent, *il sera indiqué par la quantité même d'unités décimales.*

Exemple. 0,58 sera donc le 59e terme d'une progression par différence qui, en commençant par zéro, va en croissant de 0,01 jusqu'à l'unité; donc encore 0,58 est le 58e des 99 moyens équi-différents entre 0 et 1.

De même 0,058 est le 58e moyen équi-différent entre 0 et 1, leur nombre étant 1000 — 1, ou 999. Ce même nombre décimal est en outre le 59e terme de cette même suite, dont la raison est 0,001.

C'est de cette manière que l'on s'assure que 0,0058 est également le 58e des 9999 moyens équi-différents entre 0 et 1; comme il est le 59e terme de la suite dont la raison est, par conséquent : 0,0001 : ainsi de suite.

429. Il suit de ce qui précède, que, si l'on insère 999999 moyens équi-différents entre 0 et 1, on aura cette suite : ÷ 0,000001.0,000002.0,000003.0,000004....0,999999.1.

Insérant de nouveau, entre 1 et 2, un pareil nombre de moyens équi-différents, on aura cette seconde suite : ÷1.1,000001.1,000002.1,000003.1,000004....1,999999.2.

De même, si l'on insérait entre 2 et 3, la même quantité de moyens équi-différents, on aurait cette troisième suite : ÷2.2,000001.2,000002.2,000003.2,000004....2,999999.3.

On pourrait, de la même manière, insérer un semblable nombre de moyens équi-différents entre 3 et 4, entre 4 et 5 : ainsi de suite, entre chacun des nombres et son suivant de la suite naturelle et indéfinie de ceux-ci.

430. *Scolie.* On voit par là que 1° chacun des moyens équi-différents entre 0 et 1, quel qu'en soit d'ailleurs le nombre, *aura toujours 0 pour partie entière;* 2° chacun de ceux de la seconde série, qui est celle qui, partant de 1, est terminée par 2, *aura toujours l'unité sur la gauche de sa virgule décimale;* 3° chacun de ceux appartenant à la troisième série, comprise entre 2 et 3, *aura toujours 2 pour partie entière;* comme ceux de la quatrième série *auront 3 pour partie entière:* ainsi de suite.

Cette partie entière, placée sur la gauche de la virgule décimale, de chaque terme de l'une comme de l'autre de ces suites, peut être considérée comme la *caractéristique* de ce terme, parce que, effectivement, elle fait connaître, à elle seule, celle des séries ci-dessus à laquelle ce moyen équi-différent appartient.

431. *Corollaire.* Il suit de ce qui précède, que toute quantité décimale, plus grande ou plus petite que l'unité, ayant un dernier chiffre décimal, *pourra toujours être envisagée comme étant un terme du rang marqué par le nombre de ses unités sous-décuples, augmenté de 1, de la série par différence qui aura pour premier et dernier terme, respectivement la partie décuple placée sur la gauche de la virgule, et celle-ci augmentée de 1; et dont la raison sera exprimée par une seule des unités du nombre décimal donné.*

La partie sous-décuple de ce dernier, exprimera, en outre, son rang comme moyen équi-différent, dans la quantité de ceux insérés en nombre égal à celui exprimé par autant de 9 qu'il y aura de chiffres décimaux dans le nombre décimal en question.

Nous reviendrons sur cette proposition lorsque nous développerons la théorie des logarithmes.

432. Si l'on renverse la progression

$$\div 1.4.7.10.13.16.19.22.25.28. \text{ etc.};$$

et qu'on l'écrive au-dessous de celle-ci, ayant soin de faire correspondre les termes, on aura :

$$\div\ 1\ .\ 4\ .\ 7\ .\,10.13.16.19.22.25.28.31.$$
$$\div\ 31\ \ 28\ \ 25.22.19.16.13.10.\ 7\ .\ 4\ .\ 1\ .$$

On voit par là que le premier terme de la progression proposée correspond à son dernier terme ; le second à son avant-
dernier ; le troisième à son avant-deuxième dernier : ainsi de
suite.

Cela posé, toutes les sommes qu'on formera avec chacun
des termes de cette progression proposée et son correspondant
inférieur de cette même progression renversée, seront égales
entre elles.

En effet, la somme formée du premier et du dernier terme
sera composée de deux fois le premier (422), plus d'autant
de fois la raison qu'elle est contenue dans le dernier terme ;
celle formée du second et de l'avant-dernier terme, se trouve,
comparativement à la première somme, d'une part, diminuée
de la raison par rapport à l'avant-dernier terme, et de l'autre
part, elle se trouve augmentée de la raison par rapport au
second terme. Donc, ces deux sommes sont égales.

"On démontrerait de la même manière que la somme formée
du troisième et de l'avant-deuxième dernier terme, leur est
encore égale. Il en est de même des autres sommes, qui ne
sont autres que celles formées avec deux des termes de la
suite pris à égale distance des extrêmes.

Donc, *toutes les sommes que l'on fera avec deux des termes
d'une progression par différence, pris à égale distance des
extrémes, seront égales.*

Les deux termes composant chacune de ces sommes pourront être pris, savoir : l'un des couples pour les extrêmes, et
l'autre pour les moyens d'une équi-différence (388).

Donc, *avec quatre termes pris deux à deux et à égale distance des extrémes, on peut constituer une équi-différence.*

455. *Scolie.* Si le nombre des termes de la progression était
impair, la somme moyenne serait double du terme moyen ;

car dans la progression renversée du numéro précédent, on remarque que les deux termes moyens se correspondent, et forment, par cela même, la somme moyenne, qui est donc double du terme moyen ; ceci deviendra encore plus évident, si l'on se rappelle que trois termes consécutifs de la progression constituent une équi-différence continue (421). Donc, etc.

Ainsi, *le nombre de ces sommes égales est toujours marqué par la moitié du nombre des termes de la progression.*

434. *Autre scolie.* Puisque la totalité de toutes ces sommes égales, ou mieux, puisque l'une d'elles multipliée par leur nombre (31), égale la somme de tous les termes de la progression, il est clair que *la somme de tous les termes d'une progression par différence, ascendante ou descendante, est égale à la somme des deux termes extrémes, ou à celle de deux des termes pris à égale distance de ces mémes extrémes, multipliée par la moitié du nombre des termes.*

435. Les problèmes suivants nous mettront au fait des propriétés que nous venons de faire connaître sur les progressions par différence.

1er *Problème.* Une personne a distribué des aumônes pendant huit jours ; le premier jour elle a donné 0^f,25, le second jour elle a fait don de 0^f,40 : ainsi de suite, toujours en donnant 0^f,15 de plus que le jour précédent ; on demande 1° ce que cette personne a donné le 8e jour ; 2° le montant total de ses aumônes.

Solution. Pour satisfaire à la première condition de cet énoncé, on voit qu'il suffit de trouver le 8e terme de la progression $\div$ 0,25.0,40.... etc., qui est égale à

$$0^f,25 + (0^f,15 \times 7) = 1^f,30. \ (424)$$

La seconde condition consiste à trouver la somme des termes d'une progression qui commence par 0,25 et qui finit par 1,30. Ainsi, le numéro précédent fait connaître que cette somme est égale à

$$(0^f,25 + 1^f,30) \times \frac{8}{2} = 1^f,55 \times 4 = 6^f,20.$$

2me *Problème*. Un particulier doit 1860 francs à un financier ; celui-ci voulant donner à son débiteur la facilité de s'acquitter envers lui dans le courant de l'année, ou de douze mois, ils conviennent que le premier mois il sera payé une somme de 100 fr., et que chacun des autres mois, il sera remboursé une même somme de plus que le précédent mois ; et ce jusqu'au douzième mois qui complétera le paiement. On demande quelles sont les sommes qui se paieront à chacune des époques fixées.

Solution. On voit par l'énoncé du problème que la somme 1860 fr. doit s'acquitter en 12 paiements, dont chacun excédera son précédent de la même quantité. Donc ces paiements formeront une suite de termes en progression par différence, dont la somme ne pourra excéder 1860. Ainsi la créance 1860 fr. peut être considérée comme étant le produit de la somme du premier et du dernier paiement, par la moitié du nombre de ces paiements (434). Si donc on divise 1860 par 6, moitié du nombre des paiements, le quotient 310 exprimera la somme du premier et du dernier terme de la suite. Or, le premier terme étant 100, le dernier sera 310 — 100 = 210.

Partant, la question est ramenée à insérer 10 moyens équi-différents entre 100 et 210 (426) : ce qui donne la progression

100 . 110 . 120 . 130 . 140 . 150 . 160 . 170 . 180 . 190 . 200 . 210,

dont les termes désignent respectivement les paiements des 1^r, 2e, etc., mois.

3e *Problème*. Un voleur en fuite fait 10 lieues par jour, et le gendarme qui le poursuit n'en fait que 3 le premier jour, 5 le second : ainsi de suite, en faisant toujours deux lieues de plus que le jour précédent ; on demande en combien de jours le voleur sera atteint par le gendarme ; et combien ils auront fait de lieues chacun.

Solution. Cet énoncé semble, au premier abord, présenter des difficultés pour établir la progression par différence qui doit en fournir la solution. Mais avec un peu d'attention, on voit que le gendarme en faisant toujours 2 lieues de plus chaque jour, tandis que le fuyard, qui le précède, fait toujours le même nombre 10 lieues par jour, finira par faire en plus le nombre de lieues qu'il faisait d'abord en moins; c'est-à-dire que, si le premier jour il a fait $10 - 7$ lieues, il faut que le dernier jour il fasse $10 + 7$ lieues; comme il doit faire l'avant-dernier jours $10 + 5$ lieues, n'en ayant fait que $10 - 5$ le second jour; de même, il fera $10 + 3$ lieues l'avant-deuxième dernier jour, n'en ayant fait que $10 - 3$ le troisième : ainsi de suite. Donc $10 - 7$ lieues est le premier terme de la progression; quant au dernier terme il est $10 + 7$.

Ainsi la question se réduit à trouver les termes intermédiaires de la progression par différence qui commence par $10 - 7$ ou 3; et qui, en finissant par le terme $10 + 7$, a 2 pour raison.

La somme de tous les termes de la progression

$$\div 10-7.10-5.10-3.10-1.10+1.10+3.10+5.10+7,$$

exprimera le nombre de lieues faites par le gendarme et le voleur au bout de 8 jours de marche : car la progression ci-dessus est composée des 8 termes $\div 3.5.7.9.11.13.15.17$, dont chacun correspond au nombre 10 lieues que fait chaque jour le voleur; on a donc :

$$10 + 10 + 10 + 10 + 10 + 10 + 10 + 10,$$
$$\div 3 \;.\; 5 \;.\; 7 \;.\; 9 \;.\; 11 \;.\; 13 \;.\; 15 \;.\; 17.$$

La première de ces sommes est égale à 10×8, ou à 80, et la seconde à $(3 + 17) \times \dfrac{8}{2} = 20 \times 4 = 80$. Donc, etc.

Des progressions par quotient.

436. *La progression par quotient est une suite de termes dont chacun contient celui qui le précède, ou est contenu en lui* *le même nombre de fois ;* ce qui fait qu'elle peut être, comme celle par différence, ascendante ou descendante : telles sont les deux suites de nombres : 3, 6, 12, 24, 48, etc. ; et 48, 24, 12, 6, etc.

Pour distinguer ces progressions de celles dont nous venons de nous occuper, on fait précéder la suite de quatre points séparés par un trait horizontal (÷), et l'on place deux points entre les termes, comme dans la proportion continue.

Les deux suites ci-dessus s'écriront donc :

$$÷ 3 : 6 : 12 : 24 : 48 : \text{etc.},$$

et
$$÷ 96 : 48 : 24 : 12 : 6 : \text{etc.}$$

Elles s'énoncent comme les progressions par différence.

La raison de la progression par quotient *est le quotient de l'un des termes par son précédent, ou celui de ce dernier par son suivant,* selon que la progression est ascendante ou descendante.

437. *Scolie.* D'après la définition de la progression par quotient, il est clair que, connaissant le premier terme et la raison de la suite, on peut obtenir les termes suivants, en multipliant successivement le dernier terme obtenu par la raison.

Donc, le second terme de toute progression par quotient est formé du premier multiplié par la raison ; le troisième terme est composé du second multiplié encore par la raison, ou du premier multiplié deux fois par la raison : c'est-à-dire du premier multiplié par le carré de la raison ; le quatrième terme est égal au troisième multiplié de nouveau par la raison, ou au premier multiplié trois fois par la raison ; ce quatrième terme se forme donc du premier multiplié par la troisième puissance de la raison. C'est de cette manière qu'on s'assurera que le cinquième terme se compose du premier multiplié par la quatrième puissance de la raison ; de même que le sixième est égal au premier multiplié par la cinquième puissance de la raison : ainsi de suite.

Donc, en général, *un terme quelconque, d'une progression par quotient, est formé du premier terme multiplié par la raison élevée à une puissance marquée par le nombre des termes qui le précèdent.*

On conçoit facilement que, si la suite est descendante, *chacun de ses termes est égal au premier divisé par cette même puissance de la raison.*

438. Le principe de la progression par quotient va servir à résoudre les deux problèmes suivants :

1°. *Trouver un terme quelconque de la progression, sans calculer les termes intermédiaires.*

2°. *Insérer entre deux nombres donnés autant de moyens proportionnels qu'on voudra.*

Solution du premier problème.

439. Trouver le douzième terme de la progression

$$\div\ 3 : 6 : \text{etc.?}$$

Ce douzième terme demandé est égal à

$$3 \times (2)^{11} = 3 \times 2048 = 6144.$$

Solution du second problème.

440. Insérer 9 moyens proportionnels entre 2 et 2048, dans un ordre ascendant ?

Le plus grand de ces deux nombres donnés, étant le dernier terme de la progression, est donc composé du premier terme, qui est le plus petit des deux nombres donnés, multiplié par la raison élevée à une puissance marquée par le nombre des moyens à insérer, augmenté lui-même de 1. Ce plus *un* représente le premier terme de la progression dans le nombre de ceux qui précèdent le dernier.

Dans le cas présent, le second facteur du produit 2048 est donc la dixième puissance de la raison.

Partant, si l'on divise 2048 par le premier terme 2, le quotient 1024 sera la dixième puissance de la raison ; il faudra donc, pour avoir cette raison, extraire la racine dixième de 1024. Mais, comme cette dernière opération devient très difficile en raison de la grande multiplicité des parties qui composent le résultat de l'opération inverse (241), nous allons seulement, de ce qui précède, conclure qu'en général : *pour insérer entre deux nombres donnés autant de moyens proportionnels qu'on voudra, il faut diviser le plus grand de ces nombres donnés, par le plus petit ; puis extraire du quotient une racine du degré marqué par le nombre des moyens à insérer, augmenté lui-même de l'unité.*

Ainsi, pour en revenir à notre exemple, je divise 2048 par 2, ce qui me donne 1024 pour quotient, duquel résultat il faut extraire la racine dixième que je sais être 2. Cela étant, je multiplie le premier terme par cette raison 2, et j'ai le second terme. Celui-ci étant multiplié encore par la raison, me donne le troisième. Continuant de former ainsi les autres termes, j'obtiens la suite

$$\div 2 : 4 : 8 : 16 : 32 : 64 : 128 : 256 : 512 : 1024 : 2048.$$

441. *Scolie.* De la définition de la progression par quotient, on conclut qu'une telle série de nombres n'est autre chose qu'une suite de rapports égaux. Donc, trois termes de la suite, pris dans leur ordre naturel, constituent l'équi-quotient continu ; de même, quatre termes consécutifs, ou pris deux à deux et à égale distance des extrêmes, constituent une proportion. D'où il suit que *tous les produits résultant de deux des termes de la progression, pris à égale distance des extrêmes, sont égaux entre eux* (368).

442. Dans la progression par quotient, comme dans celle par différence, la première idée que suggère une semblable suite de termes, c'est de démontrer l'égalité de leur somme. Pour atteindre ce but, j'aurai recours à des symboles indéterminés qui me conduiront à un résultat indépendant de tout système de numération et par conséquent général.

443. *Porisme.* Pour avoir la somme de tous les termes d'une progression par quotient, ascendante ou descendante, *il faut multiplier le plus grand terme de la suite par la raison ; puis retrancher du produit le plus petit terme ; et enfin diviser le reste par la raison diminuée d'une unité.*

Pour démontrer cette proposition, nous considérerons la suite $\div 2 : 6 : 18 : 54 : 162 :$ etc.

Représentant les termes de cette progression respectivement par les lettres a, b, $c,\ldots l$, on aura cette autre suite

$$\div a : b : c : d : \ldots l,$$

dont la raison est représentée par q.

Or, on a vu, n° **437**, qu'un terme quelconque, de la progression par quotient, était exprimé par le produit résultant de son terme précédent par la raison. Donc $b = a \times q$ ou aq, $c = b \times q$ ou bq, $d = cq$, $e = dq, \ldots l = kq$.

Cela posé, il est bien évident que, si l'on compare la somme formée avec les premières quantités b, c, $d,\ldots$ et l, à celle qu'on obtiendra en ajoutant entre elles leurs équivalentes aq, bq, cq, $dq,\ldots$ et kq ; il y aura encore *égalité* ou *équation ;* c'est-à-dire qu'on aura

$$b + c + d + e + \ldots + l = aq + bq + cq + dq + \ldots + kq.$$

Mais la seconde de ces sommes égales n'étant autre que celle des termes $a, b, c, d, e,\ldots k$ multipliés chacun par le même facteur q, peut être envisagée comme exprimant le produit de deux facteurs, dont l'un est la somme de tous les termes $a, b, c, d, e, \ldots k$ qui précèdent le dernier, et le second, de ces facteurs, la raison q de la suite.

Ainsi, en décomposant cette dernière quantité en ses facteurs, on aura cette autre équation

$$b + c + d + e + \ldots + l = (a + b + c + d + e + \ldots + k) \times q.$$

Partant, si l'on représente par s la somme cherchée, il est clair que cette quantité s surpassera de a la somme

$$b + c + d + e + \ldots + l,$$

exprimée par le premier membre de l'équation ci-dessus, dans lequel manque le premier terme a de la suite proposée. D'où l'on conclut

$$b + c + d + e + \ldots + l = s - a;$$

comme aussi le second membre

$$aq + bq + cq + dq + \ldots + kq,$$

de cette même équation, exprime la somme de tous les termes qui précèdent le dernier, multipliés chacun par la raison : en sorte que ce membre peut être considéré comme exprimant la somme de tous les termes de la progression, moins le dernier multiplié par la raison; on a donc

$$(a + b + c + d + \ldots + k) \times q = (s - l) \times q.$$

Si donc l'on substitue à chaque membre de l'équation primitive sa quantité équivalente, on aura

$$s - a = (s - l) \times q.$$

Cette dernière équation peut se traduire ainsi : la différence entre la somme de tous les termes qui suivent le premier, sur celui-ci, est égale au produit de la somme de ceux qui précèdent le dernier, multipliée par la raison.

A l'égard de la dernière de ces deux quantités égales, on voit qu'avant d'effectuer la multiplication on ne peut préalablement retrancher l de la quantité indéterminée s : donc le produit de s par q, qui est sq, est trop grand de l pris autant de fois qu'il y a d'unités dans q : il faut donc retrancher lq de sq, ce qui donne $sq - lq$ pour l'égal de $(s - l) \times q$; et par conséquent $s - a = sq - lq$ pour l'équation précédente, après avoir effectué la multiplication indiquée dans son second membre.

Cette dernière équation $s - a = sq - lq$ peut se transformer en celle $sq - ql = s - a$: car il est indifférent de dire que $12 - 3 = 16 - 7$, ou que $16 - 7 = 12 - 3$, si ces deux expressions conduisent à la même grandeur.

Actuellement, si l'on supprime le terme $-ql$ dans le premier membre de notre dernière équation littérale, il est clair que sq qui devait en être diminué, surpassera le second membre $s-a$ de touté cette quantité ql. Il faut donc, pour ne point troubler l'égalité de l'expression ci-dessus, écrire $sq = s - a + ql$, ou, ce qui revient au même, $sq = s + ql - a$.

Supprimant ensuite le terme s du second membre de cette dernière, il est évident qu'il faudra l'écrire en moins dans le premier : par-là l'une et l'autre de ces quantités égales auront été diminuées de la même grandeur ; et les résultats constitueront encore l'équation $sq - s = ql - a$.

Le terme $-s$ de la première de ces grandeurs, n'étant autre que $-1s$, il s'ensuit que ce premier membre $sq - s$ est composé de s multiplié par q et par -1, ou par $q - 1$; c'est-à-dire que $sq - s$ est autant que $s \times (q - 1)$. L'équation $sq - s = ql - a$ est donc la même que cette autre

$$s \times (q - 1) = ql - a.$$

Si l'on supprime le facteur $q - 1$ du premier membre de cette dernière équation, il faudra aussi diviser par $q - 1$ le second membre $ql - a$, et l'on aura $s = \dfrac{ql - a}{q - 1}$. Donc, etc.

444. Le mode de démonstration que nous venons d'employer pour la proposition précédente, fait ressortir l'insuffisance des nombres pour généraliser assez les relations existant entre les quantités connues et inconnues de tous les énoncés de même espèce, au point d'arriver, comme on le fait avec les symboles algébriques, à une expression finale de quantités indéterminées et liées entre elles par des opérations purement élémentaires, qui tout indépendantes qu'elles sont de tout système de numération, nous offrent toujours une formule qui devient commune à toutes les propositions semblables, et laisse après elle toutes les traces des calculs qui l'ont fournie, et qui au fond ne sont que des propositions identiques constituant la langue algébrique qui est, sans contredit, la mieux faite de toutes les langues.

Ce ne sera qu'en nous occupant de cette science que nous serons à même de juger de sa supériorité sur les calculs numériques.

Bien que, pour le moment, cette science puisse paraître aride, j'ai cherché à mettre à la portée des commençants la solution de la proposition précédente : car un peu d'attention de la part du lecteur lui suffira pour la comprendre, et même pour acquérir déjà certaines notions sur le calcul des quantités littérales; c'est pourquoi je l'engage à ne point négliger cette démonstration algébrique.

445. La solution du problème suivant suffira pour mettre en pratique les propriétés de la progression par quotient.

Un roi des Indes autorisa le philosophe *Sessa* à lui demander tout ce qu'il voudrait pour le récompenser de la découverte du jeu d'*échecs*. Celui-ci demanda un grain de blé pour la première case de l'*échiquier;* deux pour la seconde ; quatre pour la troisième : ainsi de suite, toujours en doublant. On demande 1° combien il y aurait eu de grains de blé sur la soixante-quatrième et dernière case du jeu ; 2° le nombre de grains de blé compris dans les 64 cases du jeu?

Solution. On voit que, pour satisfaire à la première demande de cet énoncé, il suffit de trouver le soixante-quatrième terme de la progression $\div$ 1 : 2 : 4 : etc., et que pour répondre à la seconde question, il faut trouver la somme des 64 termes de la même suite.

Ainsi, pour en revenir à la première question de l'énoncé, on sait que le 64me terme d'une progression par quotient se compose du premier multiplié par la soixante-troisième puissance de la raison.

Dans la recherche de la soixante-troisième puissance de 2, on simplifiera le nombre des multiplications, si l'on remarque que la deuxième puissance de 2 multipliée par elle-même, donne la quatrième ; que cette dernière multipliée par elle-même, donne la huitième : ainsi de suite.

Ce qui est évident, puisque pour avoir, par exemple, la

huitième puissance d'un nombre, il faut que ce nombre y entre huit fois comme facteur (228). Or, si l'on multiplie par elle-même la quatrième puissance de ce nombre, dans laquelle ce dernier est quatre fois facteur, il se trouvera huit fois facteur du produit. Donc, etc.

Cela posé, on multipliera par elle-même, la deuxième puissance de 2, qui est 4, et l'on aura 16 pour sa quatrième puissance. Celle-ci multipliée par elle-même, donnera 256 pour la huitième puissance de cette raison, qui, multipliée aussi par elle-même, donne 65536 pour la seizième. Cette dernière étant élevée au carré, donnera 4294967296 pour la trente-deuxième puissance de 2.

Multipliant cette trente-deuxième puissance de 2 par sa seizième, on aura 281474976710656 pour sa quarante-huitième, laquelle, étant multipliée par la onzième, qui est 2048, fournira 576460752303423488 pour la cinquante-neuvième puissance de la raison. Enfin, multipliant cette dernière puissance de 2 par sa quatrième, il viendra.....
9223052036854775808 pour la soixante-troisième puissance de la raison de la progression.

Faisant le produit de cette soixante-troisième puissance par le premier terme de la suite, qui, en raison de ce qu'il est égal à 1, donne cette même soixante-troisième puissance pour le 64ᵉ terme demandé.

Afin d'en revenir à la seconde condition du problème, on multipliera le dernier terme de la progression par la raison, ce qui donnera 18446104073709551616, duquel produit on retranchera le premier terme de la suite; puis on divisera le reste par la raison diminuée d'une unité : on aura.........
18446104073709551615 pour la somme de tous les grains de blé contenus dans les 64 cases du jeu.

De l'intérêt composé.

446. Nous avons dit, n° 596, que nous nous occupierions ici de l'intérêt composé : afin de le stipuler, d'une manière

générale , nous prendrons pour exemple le problème suivant.

Un usurier a prêté 1600 francs à $9\frac{3}{5}$ °/₀ par an, à condition que si l'on ne payait pas les intérêts annuels, ces intérêts feraient partie du capital, et porteraient eux-mêmes l'intérêt convenu. L'emprunteur reste 5 ans 4 mois 10 jours sans rien payer ; combien doit-il ?

Solution. Il n'est pas difficile de remarquer que le capital 1600 francs, augmenté de son intérêt à $9\frac{3}{5}$ ou $9\frac{6}{10}$ p. °/₀, doit composer le capital de la seconde année ; que ce dernier capital, augmenté toujours de son intérêt au même taux, doit former celui de la troisième année : ainsi de suite. Or, il est facile de voir en outre que le capital de chaque année se formera en multipliant celui de la précédente année, par la quantité exprimant la valeur de 1ᶠ au bout de l'année. Ainsi, pour trouver l'intérêt de 1ᶠ pendant un an, on dira : puisque 100 francs donnent 9ᶠ,6 d'intérêt, 1ᶠ donnera le centième de 9ᶠ,6 ou 0ᶠ,096. Or, la valeur de 1ᶠ au bout de l'année est de 1ᶠ,096.

Cela posé, on voit que le capital primitif et celui de chacune des 4 dernières années sont en progression par quotient ; et que la raison de cette progression est 1,096.

Le 5ᵉ terme de la suite ÷ 1600 : 1600 × 1,096 : etc., qui est 2198ᶠ,8 exprime donc ce que devait le débiteur à la fin de la cinquième année.

Pour trouver ce qu'il devait au bout de 5 ans et 4 mois, on observera qu'il suffit de multiplier 2198ᶠ,8 par la valeur de 1ᶠ au bout de 4 mois. Or, 1ᶠ rapportant 0,096 au bout d'une année ou de 12 mois, il est clair que pendant 4 mois il ne rapportera que le tiers de 0ᶠ,096 , qui est 0ᶠ,032. Il faut donc multiplier 2198ᶠ,8 par 1ᶠ,032. Le produit 2269ᶠ,16 exprimera ce qui était dû au bout de 5 ans et 4 mois.

Enfin, pour satisfaire entièrement à la question, il ne nous reste plus qu'à ajouter au capital 2269ᶠ,16 son intérêt pendant 10 jours ; ce qui se fera de la manière suivante : 1^f rapportant au bout de l'année ou de 12 mois $0^f,096$, il est évident qu'au bout d'un mois il ne doit rapporter que $\frac{1}{12}$ de $0^f,096$, qui est $0^f,008$, et qu'au bout de 10 jours il ne produira que $\frac{1}{3}$ de $0^f,008$ ou 0^f0026. Donc 1^f, au bout de dix jours, vaudra $1^f,0026$, et les $2269^f,16$, au bout du même temps, vaudront par conséquent $1^f,0026 \times 2269,16$ ou $2275,06$.

Le débiteur doit donc payer, au bout de 5 ans 4 mois et 10 jours, la somme de $2275^f,06$.

Ce problème seul suffit pour mettre le lecteur à même de résoudre tous ceux de ce genre.

Des logarithmes.

447. Les propriétés de chacune des progressions dont nous nous sommes occupés, sont telles que le calculateur est naturellement conduit à comparer l'une de ces suites à l'autre : aussi aperçoit-on d'abord la grande utilité de la correspondance, que l'on peut dire admirable, de chacun des termes d'une suite par différence, avec celui de la suite par quotient qui se trouve placé immédiatement au-dessous.

Cette grande utilité qu'on a de suite présumé retirer de la correspondance des termes d'une progression par différence écrite au-dessous d'une progression par quotient, a fait distinguer par le nom de *logarithmes* les termes de la suite inférieure.

Disons donc que *les logarithmes sont des nombres en progression par différence, qui répondent terme à terme à une pareille suite de nombres en progression par quotient.* Leur inventeur est Néper, célèbre géomètre écossais.

Par cette définition des logarithmes, on voit que chaque nombre peut en avoir une infinité, puisque l'on peut concevoir autant de progressions par différence qu'on peut imaginer de raisons différentes pour celles-ci ; cependant on doit en adopter deux fondamentales. L'une par différence, et l'autre par quotient, et dont la correspondance des termes offre le plus d'avantages. A cette fin, on a choisi pour progression par quotient celle décuple ÷ 1 : 10 : 100 : 1000 : etc., et pour progression par différence la suite naturelle des nombres, en commençant par o ... ÷ o. 1. 2. 3. 4., etc.

Écrivant cette dernière progression au-dessous de la première, on a :

Nombres. ÷ 1 : 10 : 100 : 1000 : 10000 : 100000 : 1000000 : , etc.
Logarith. ÷ o. 1 . 2 . 3 . 4 . 5 . 6 . etc.

La première de ces progressions exprime les nombres, et les termes correspondants de la seconde, désignent respectivement leurs logarithmes.

448. D'après ce qui a été dit n°ˢ **422** et **437**, à l'égard de la formation de l'un quelconque des termes tant de la progression par différence que de celle par quotient, il est facile de remarquer qu'*autant de fois la raison de la suite décuple est facteur dans l'un quelconque de ses termes, autant de fois la raison de la suite naturelle des nombres est contenue dans le terme de celle-ci correspondant à celui dont il s'agit de la première suite.*

Partant, si l'on considère ces deux progressions fondamentales dont la raison de la première, qui commence par 1, est 10 ; et celle de la seconde, qui part de o, est l'unité, on remarquera que le nombre de zéros contenus dans l'un des termes de la première suite, indique toujours le nombre de fois que la raison y est facteur (22); et qu'autant de fois l'unité sera contenue dans l'un des termes de la seconde suite, autant de fois la raison de celle-ci sera renfermée dans ce terme; de là on tire ces deux conséquences.

1° *Le logarithme d'un nombre exprimé par l'unité suivie de zéros sera toujours composé d'autant d'unités entières qu'il y aura de zéros sur la droite dudit nombre.*

2° *Si l'on ajoute une, deux, trois, etc., unités au logarithme d'un nombre, on multiplie ce nombre par 10, par 100, par 1000, par, etc., et réciproquement.*

449. De ce qui précède il résulte que les nombres compris dans la série 2, 3, ... 9 qui compose la suite du terme 1 au terme 10 de la progression par quotient, ou mieux, les moyens équi-quotients entre 1 et 10, n'ont pas de logarithmes en nombres entiers ; en d'autres termes, les moyens équi-différents de la seconde suite qui leur correspondent sont moindres que l'unité, car ils sont interceptés, par les deux termes 0 et 1 de cette suite inférieure. Donc, etc.

Quant aux nombres compris dans les séries 11, 12, 13, ... 99 ; 101, 102, 103, 104, ... 999 ; 1001, 1002, 1003, ... 9999, etc., qui composent les suites de 10 à 100, de 100 à 1000, de 1000 à 10000, etc., ils ne peuvent avoir de logarithmes en nombres entiers ; mais bien des entiers accompagnés de parties décimales, car ces logarithmes se trouvent interceptés par les termes 1 et 2, 2 et 3, 3 et 4, etc., de la seconde suite, c'est-à-dire qu'ils sont des moyens équi-différents entre 1 et 2, entre 2 et 3, entre 3 et 4, etc.

Cela posé, la partie entière d'un logarithme qui, d'après ce qui précède, n'est lui-même autre chose qu'une expression décimale, se nomme *caractéristique*, parce qu'en effet elle caractérise la série de la progression décuple à laquelle appartient le nombre correspondant à ce terme de la progression par différence.

Ainsi la caractéristique de la série 1, 2, 3, ... 9 est 0 ; celle de la seconde série 10, 11, 12, ... 99 est 1 ; celle de la série 100, 101, 102, ... 999 est 2 : ainsi de suite ; c'est-à-dire que la première série de la progression par quotient, qui a pour extrêmes 1 et 10 a pour série correspondante, de la suite par différence, une suite de moyens équi-différents dont les extrêmes sont 0 et 1 ; de même la seconde série de la première suite, dont les termes extrêmes sont 10 et 100, a pour série correspondante, dans la suite inférieure, une collection de logarithmes dont le 1er est 1 et le dernier 2 : ainsi de suite.

450. Donc, pour trouver le logarithme de chacun des termes moyens des séries ci-dessus, par exemple, ceux de la

première série , il faut faire en sorte que ces nombres 2 , 3 ,
4 , ... 9 fassent partie de la progression fondamentale par
quotient ; et qu'ils aient des termes correspondants dans la
progression par différence. Or, il est clair que, si l'on insérait un très grand nombre de moyens proportionnels entre
leurs extrêmes (440), il arriverait de deux choses l'une ; ou
que quelques-uns de ces moyens seraient 2 , 3 , ... 9 , ou du
moins qu'il s'en trouverait deux consécutifs qui intercepte-
raient chacun de ces nombres 2 , 3 , ... 9 , et qui différeraient
d'autant moins entre eux , que le nombre des moyens insérés
serait plus grand ; puis on insérerait le même nombre de
moyens équi-différents entre o et 1 (425), et chacun de ces
moyens calculé jusqu'à la cinquième ou septième décimale,
serait le logarithme du terme correspondant de la suite par
quotient.

450 *bis.* Après avoir ainsi compris le moyen d'obtenir les
logarithmes des nombres composant la première série de la
progression fondamentale par quotient, on en conclut aisément que pour obtenir celui de chacun des termes 11 , 12 ,
13 , ... 99 composant la seconde série de la même suite par
quotient, il faudrait pareillement faire en sorte que ces nombres fissent partie de cette suite décuple ; et qu'ils eussent des
termes correspondants dans la série de ceux qui composent
la suite par différence de 1 à 2 ; et qu'ainsi il faudrait encore
insérer un très grand nombre de moyens équi-quotients entre
10 et 100 , et une pareille quantité de moyens équi-différents
entre 1 et 2 ; puis on en insérerait une égale quantité de proportionnels entre les extrêmes 100 et 1000 , entre ceux 1000
et 10000 , etc. , des troisième , quatrième , etc. , séries de cette
progression supérieure , ayant soin d'insérer aussi un semblable nombre de moyens équi-différents entre leurs termes
correspondants 2 et 3 , 3 et 4 , etc. , de la suite inférieure.

Il faut donc se représenter que l'on a inséré 10000000 de
moyens proportionnels entre 1 et 10 , pareil nombre entre 10
et 100 , entre 100 et 1000 , etc. ; et que l'on a inséré un sem-

blable nombre de moyens équi-différents entre o et 1 , un égal nombre entre 1 et 2 , entre 2 et 3 , etc.

Ayant transporté alors, dans une même colonne verticale, les nombres 1 , 2 , 3, 4 , ... etc. , on a ensuite écrit dans une autre colonne aussi verticale, et à côté de la première, les termes de la progression par différence que l'on a trouvé correspondre à ceux-là, ou plutôt celui correspondant au plus rapproché des deux de la progression par quotient qui intercéptaient chacun d'eux. On aura ainsi une idée de la formation des logarithmes.

451. Par ce qui précède on juge facilement de la difficulté que l'on a dû éprouver en formant les tables des logarithmes; car , pour insérer le nombre de moyens proportionnels indiqué , il a fallu extraire une racine du 10000001ème degré. Ce qui serait devenu très pénible , pour ne pas dire impossible , si cette difficulté n'eût été en grande partie levée par l'extraction de quelques racines carrées successives qui n'ont pas laissé de donner lieu à des calculs encore très considérables.

451 *bis*. Il est inutile d'insister davantage sur la formation des tables logarithmiques , car tout ce que nous venons déjà de dire à ce sujet n'est que pour donner une idée de leur formation. C'est en algèbre que nous traiterons cette théorie d'une manière plus générale ; cependant , j'aurai soin de donner à la fin de mon arithmétique une table de logarithmes calculée jusqu'à 270.

Propriétés des logarithmes.

452. Pour mettre en évidence les propriétés des logarithmes , il faut considérer une progression par quotient dont le premier terme soit l'unité , et une progression par différence commençant par zéro; car les logarithmes n'offrent d'utilité qu'autant que les propriétés des progressions supposent que la première commence par 1 et la seconde par o.

Soient donc les deux suites :

$$\div \; 1 : 3 : 9 : 27 : 81 : 243 : 729 : 2187 : 6561 : \text{etc.}$$
$$: \; 0 \, . \, 4 \, . \, 8 \, . \, 12 \, . \, 16 \, . \, 20 \, . \, 24 \, . \, 28 \, . \, 32 \, . \, \text{etc.}$$

Partant, si l'on multiplie l'un par l'autre deux quelconques des termes de la progression par quotient, et qu'en même temps on ajoute entre eux les deux termes correspondants de la progression par différence, la raison de la première de ces deux suites de termes sera autant de fois facteur dans le produit, que celle de la seconde suite sera contenue dans la somme.

En effet, si, d'une part, on multiplie les deux termes 9 et 81 de la première progression, dont le premier terme 9 contient deux fois la raison comme facteur, et le second quatre fois, on aura un produit 729 dans lequel cette raison sera six fois facteur ; c'est-à-dire qu'on obtiendra le septième terme de cette suite (439) ; et si, de l'autre part, on ajoute les deux termes 8 et 16 de la seconde progression, correspondant aux deux termes en question de la première suite, dont le premier contient deux fois la raison de la suite par différence, et le second quatre fois, on aura une somme qui contiendra six fois cette raison, et sera par conséquent le septième terme de la seconde suite (424).

Donc, *ce produit et cette somme seront deux termes qui se correspondront* (448); *c'est-à-dire que ce produit aura pour logarithme la somme des logarithmes de ses facteurs.*

Cette propriété s'énonce ainsi : *La somme des logarithmes de deux nombres fait connaître le logarithme du produit de ces deux nombres.*

453. Nous venons de voir que la multiplication entre eux de deux des termes de la progression par quotient, donnait pour résultat un terme de cette même progression ayant pour correspondant le terme de la suite par différence exprimant la somme des logarithmes des deux termes facteurs ; et en outre nous savons que la division est l'opération inverse de la mul-

tiplication. Donc, si l'on divisait l'un par l'autre ces mêmes termes de la progression par quotient, on obtiendrait un résultat exprimant celui qu'on aurait en faisant, sur leurs termes correspondants, l'opération inverse de celle qui a été pratiquée sur ceux-ci dans la première hypothèse.

Donc encore, *la différence de deux logarithmes fait connaître le logarithme du quotient des nombres correspondants.*

De ces propriétés des logarithmes, on conclut que, 1° *Ce qui se fait par voie de multiplication sur les nombres, peut se faire par voie d'addition sur leurs logarithmes ; 2° Ce qui se pratique par voie de division sur ces mêmes nombres peut s'obtenir par voie de soustraction sur leurs logarithmes.*

Usages des logarithmes.

454. Les usages des logarithmes se déduisent naturellement de leurs propriétés ; car elles font connaître que : 1° pour faire une multiplication par logarithmes, *il faut ajouter le logarithme du multiplicateur à celui du multiplicande : la somme sera le logarithme du produit ;* c'est pourquoi, cherchant ce logarithme-somme dans les tables, on trouvera ce produit écrit sur la même ligne horizontale.

Exemple : Multiplier 42 par 12, on a :

$$\text{Logarithme de } 42 = 1{,}62325.$$
$$+ \text{ Logarithme de } 12 = \underline{1{,}07918.}$$
$$\text{Logarithme du produit} = 2{,}70243 = 504 = 42 \times 12.$$

2°. Pour faire une division par logarithmes, *il faut retrancher le logarithme du diviseur, du logarithme du dividende ; puis chercher dans les tables à quel nombre répond le logarithme reste. Ce nombre sera le quotient demandé.*

En effet, la somme du logarithme du diviseur et de celui de quotient doit égaler le logarithme du dividende.

Exemple : Diviser 504 par 12, il vient :

$$\text{Logarithme de } 504 = 2,70243$$
$$-\ \text{Logarithme de } 12 = \underline{1,07918}$$
$$\text{Logarithme du quotient} = 1,62325 = 42 = \frac{504}{12}.$$

455. *Corollaire.* Pour élever au carré, au cube, à la quatrième, à la cinquième, etc., puissance un nombre donné, il faut ajouter son logarithme une fois, deux fois, trois fois, quatre fois, etc., à lui-même ; ce qui revient à le multiplier par 2, par 3, par 4, par 5, par, etc.

En général, *il faut multiplier le logarithme du nombre proposé par le nombre qui exprime le degré de la puissance à laquelle on veut l'élever.* Le résultat logarithmique répondra dans les tables à la puissance demandée.

Exemple : Cuber le nombre 12.

On a : Logarithme de $12 = 1,07918$, dont le triple est $3,23754$.

Ce dernier étant cherché dans les tables, on voit qu'il répond à 1728, nombre qui est effectivement la troisième puissance de 12.

456. *Réciproquement ;* Pour extraire la racine deuxième, troisième, etc., d'une quantité quelconque, *il faudra diviser les logarithmes de ces puissances respectivement par 2, par 3, par, etc., c'est-à-dire par le nombre qui marque le degré de la puissance que l'on veut extraire. Ce quotient logarithmique aura pour correspondant dans les tables, la racine cherchée.*

Exemple. Extraire la racine cinquième de 243.

Solution. Logarithme de $243 = 2,38561$, dont le cinquième $0,47712$, cherché dans les tables, répond à 3, nombre qui est bien le résultat de l'expression $\sqrt[5]{243}$.

457. De ce qui précède et de ce qui a été dit n° **373**, on déduit facilement le moyen de trouver, par le secours des logarithmes, le quatrième terme d'une proportion. *Il suffit d'ajouter les logarithmes des deux termes moyens ou des deux termes extrémes ; puis de retrancher de la somme le logarithme du terme extréme ou du terme moyen connu, selon qu'il s'agira d'obtenir un extréme ou un moyen qui sera toujours exprimé par le nombre correspondant au logarithme reste.*

Exemple. Trouver le terme en x de la proportion $6 : 3 ::$ $8 : x$, on a :

$$\text{Log. de } 3 = 0{,}47712$$
$$+\text{Log. de } 8 = 0{,}90309 \Big\} = 1{,}38021 - 0{,}77815 = 0{,}50206 = 4.$$
$$-\text{Log. de } 6 = 0{,}77815$$

Le logarithme reste $0{,}50206$ étant cherché dans les tables, on voit qu'il répond à 4, nombre qui est effectivement le quatrième terme demandé.

458. Les opérations que nous venons de présenter nous font voir que les calculs les plus compliqués ne sont qu'un jeu, lorsqu'on les effectue par le secours des propriétés que nous avons remarquées sur la correspondance des termes des deux progressions fondamentales, car on voit que la multiplication et la division sont deux opérations qui, effectuées par les logarithmes, se changent respectivement en une addition et en une soustraction.

D'où il résulte que la formation des puissances et l'extraction des racines, qui sont l'écueil du calculateur lorsqu'il s'agit de les effectuer directement, se changent respectivement en une multiplication et en une division très simples.

D'après cela, il importe donc de donner ici le moyen d'obtenir les nombres et les logarithmes qui ne se trouvent point dans les tables.

Des nombres dont les logarithmes ne se trouvent pas dans les tables.

459. Les fractions ordinaires, les quantités exprimées en décimales, ainsi que les nombres entiers accompagnés de l'une ou de l'autre de ces deux espèces de fractions, n'ont pas leurs logarithmes dans les tables, de même que les racines qui ne sont point commensurables avec les nombres exprimant les degrés de leurs puissances.

Nous aurons, en outre, à donner le moyen d'obtenir le logarithme d'un nombre qui excédera les limites des tables; car on conçoit très bien que, quelle que soit l'étendue de celles-ci, on rencontrera des nombres qui iront au-delà de leurs limites.

460. C'est par le logarithme d'un nombre, joint à une fraction ordinaire, que nous débuterons dans la recherche des logarithmes dont les nombres ne se trouvent pas dans les tables.

Exemple. Trouver le logarithme de $5 + \dfrac{3}{7}$.

Solution. Convertissant le tout en septièmes, on a à déterminer celui de $\dfrac{38}{7}$.

Or, l'expression $\dfrac{38}{7}$ n'est autre chose que l'indication de la division de 38 par 7 (95). Donc, $\dfrac{38}{7} = 38 : 7$.

Ainsi, le logarithme de ce quotient, qui s'obtient en retranchant le logarithme du diviseur 7 de celui de son dividende 38 (454), satisfera à la question. Donc, le logarithme o,73468 est celui demandé.

On conclut de là que *le logarithme d'une fraction s'obtiendra toujours en retranchant le logarithme du dénominateur de celui du numérateur.*

Mais, comme cette soustraction est, improprement dit,

impossible, en ce que le dénominateur d'une fraction moindre que l'unité excède le numérateur, on retranchera au contraire le logarithme du numérateur de celui du dénominateur, et l'on affectera le reste du signe *moins* (—).

Ainsi, le logarithme de $\frac{7}{38} = -0,73468$.

461. Pour comprendre la raison pour laquelle le logarithme d'une fraction proprement dite, doit être affectée du signe —, il suffit de rappeler le moyen d'obtenir le logarithme d'une semblable grandeur pour en conclure que celui de $\frac{7}{38}$ est égal à $0,84510 - 1,57978$.

Or, cette expression nous fait voir que le logarithme de $\frac{7}{38}$ se compose de l'addition du logarithme du numérateur et de la soustraction de celui du dénominateur ; mais, comme cette dernière quantité excède celle ajoutée, il est clair que le résultat doit se composer d'une quantité soustraite égale à l'excès de la soustraction sur l'addition.

Pour s'en convaincre, supposons qu'il faille composer une quantité avec l'addition $+5$ et la soustraction -8, il est évident qu'on aura $+5-8=-3$; car $+5$ d'une part et -8 de l'autre, se réduisent à -3 ; attendu que celui qui, d'un côté, ajouterait 5 francs à sa bourse, et en retrancherait 8 fr. d'un autre, il est évident, qu'au fond, il ne ferait que retrancher $8-5$ ou 3 francs de son avoir. Donc le résultat de son opération sur sa bourse serait égal à -3 francs.

Si donc on représente son avoir par x, il lui restera $x-3$ pour l'équivalent de $x+5-8$.

Donc $(+5-8)=-3$, comme $(+0,84510-1,57978)$ $=-0,73468$.

De là la distinction des quantités ajoutées et des quantités soustraites, elles s'indiquent par les signes $+$ et $-$ qui sont ceux des opérations addition et soustraction.

Ces quantités ajoutées et soustraites ont toujours été nom-

mées quantités *positives* et *négatives*. Ces dénominations né
conviennent nullement aux grandeurs affectées de leurs signes
particuliers + et —, attendu qu'elles supposent deux espèces
de quantités ; ce qui est contradictoire à la définition des grandeurs, d'après laquelle définition il suffit qu'une chose soit
susceptible d'être augmentée ou d'être diminuée pour qu'elle
soit comprise dans le nombre des quantités. Or, quelle autre
propriété les quantités + 5 et —8, affectées des signes + et—,
peuvent-elles avoir? sinon celles d'être, l'une et l'autre, plus
ou moins considérables. Comme aussi ne peut-on pas dire
qu'il est tout aussi positif que — 8 représente l'assemblage de
huit unités retranchées ou à retrancher, qu'il est positif que
+ 5 représente de son côté l'assemblage de cinq unités ajoutées ou à ajouter. Donc, on ne doit considérer que des quantités *ajoutées* et *soustraites* ; c'est-à-dire des résultats d'additions et de soustractions qui sont les seules opérations
auxquelles les quantités puissent être assujéties, et qui s'indiquent respectivement par les signes + et —.

Cette manière de présenter les quantités accompagnées de
leurs signes particuliers, nous fournira le moyen de les traiter
en Algèbre d'une manière beaucoup plus satisfaisante qu'on ne
le fait par la théorie des quantités *positives* et *négatives,* théorie
qui est aussi embarrassante que contraire au point de vue sous
lequel on doit envisager les grandeurs.

Pour le moment, il suffit de faire observer que ne pouvant
retrancher une quantité d'une autre, en raison de l'infériorité
de celle-ci sur la première, *il faudra retrancher la plus petite
de la plus grande, et affecter le reste du signe qu'aura cette
dernière.*

Ainsi, les logarithmes des fractions proprement dites, sont
des logarithmes soustraits ou affectés du signe *moins* (—) ; tel
est celui de la fraction $\frac{7}{38}$ qui est — 0,73468.

462. Si l'on voulait que la caractéristique du logarithme
d'une fraction fût seule affectée du signe —, *on ajouterait assez*

d'unités au logarithme du numérateur pour que l'on pût en soustraire celui du dénominateur. Cela étant fait et la soustraction effectuée, on affectera la partie décimale du reste d'une caractéristique soustraite égale à la différence entre les unités du reste et celles qui ont été ajoutées pour rendre la soustraction possible : on aura ainsi le logarithme demandé.

En effet, après avoir ajouté un certain nombre d'unités à la caractéristique du logarithme du numérateur, on a multiplié la fraction par autant de fois le facteur 10 qu'on a ajouté d'unités au logarithme de son numérateur (100 et 448, 2°). Donc le logarithme reste, qui est celui de la fraction, est autant de fois trop grand. Ainsi, pour rappeler ce logarithme à sa valeur, il faut retrancher de la caractéristique le même nombre d'unités qui a été ajouté à celles du logarithme du numérateur de la fraction proposée, ce qui conduit à ce qui a été dit n° 461 ; c'est à-dire qu'on retranchera, au contraire, la caractéristique du reste logarithmique du nombre d'unités ajoutées, et l'on affectera le reste du signe — ; ce qui donnera bien un reste, en moins, égal à la différence qui existe entre les unités restantes et les unités ajoutées. Donc, etc.

L'exemple suivant suffit pour rendre ceci très sensible :

Soit à déterminer le logarithme de la fraction $\dfrac{31}{2154}$ de manière qu'il n'y ait que sa caractéristique de soustraite.

J'ajoute d'abord assez d'unités au logarithme du numérateur 31, qui est 1,49136, pour que l'on puisse en soustraire le logarithme du dénominateur 2154, qui est 3,33325.

Dans ce cas-ci, j'ajoute donc 7 unités au logarithme de 31, et j'ai 8,49136.

Retranchant de ce dernier logarithme, celui du dénominateur, on aura 8,49136 — 3,33325 = 5,15811.

La partie décimale 0,15811 de ce reste étant affectée d'une caractéristique 2, égale à la différence 2 qui existe entre les 5 unités du reste 5,15811, et les 7 unités ajoutées à 1,49136 pour rendre possible la soustraction 1,49136 — 3,33325, donne le logarithme 2,15811 qui est celui cherché.

La caractéristique de ce dernier étant seule soustraite, on met au-dessus le signe —; ce qui donne $\overline{2},15811$ pour le logarithme de $\dfrac{31}{2154}$.

Ce qui précède deviendra encore plus évident si l'on se rappelle que le logarithme d'une fraction est égal au logarithme du numérateur, moins celui du dénominateur (454, 2°); et que si, pour rendre cette soustraction possible, on ajoute un certain nombre d'unités au logarithme du numérateur, le reste est alors trop grand de toutes les unités ajoutées. On doit donc diminuer la caractéristique du reste, de tout ce même nombre d'unités ajoutées. C'est ainsi que, quand on veut obtenir le logarithme de $\dfrac{31}{2154}$, on retranche le logarithme de 2154 de celui de 31, après avoir augmenté ce dernier de 7 unités, le reste 5,15811 se trouve trop grand de ces 7 unités ajoutées : il faut donc ôter 7 unités de ce reste.

Effectuant cette soustraction sur la caractéristique, pour que la partie décimale 0,15811 demeure seule ajoutée, on aura 5 — 7 ou — 2.

Le logarithme demandé est donc bien $\overline{2},15811$.

Opérant de cette manière sur les deux fractions $\dfrac{17}{35748}$ et $\dfrac{1}{2134}$, on trouvera que leurs logarithmes sont respectivement — 3,32280 ou $\overline{4},67720$ et — 3,32919 ou $\overline{4},67081$.

Théorie des quantités ajoutées et soustraites.

463. Bien que j'aie dit que ce ne serait que dans mon cours d'Algèbre que je donnerais la théorie des quantités ajoutées et soustraites, leur emploi dans les calculs logarithmiques des fractions ordinaires proprement dites, m'oblige de donner ici, sous ce titre, pour ce qui a rapport aux calculs numériques, la partie de cette théorie qu'on appelle celle des quantités *positives* et *négatives*, comme je l'ai déjà dit en signalant le vice de cette dénomination.

Ce que je vais dire de cette théorie sera de nature non-seulement à nous en former une idée très juste, mais encore à nous faire entrevoir tout l'avantage que nous en retirerons en algèbre.

A ce sujet, nous commencerons par examiner, en particulier, chacun des cas que peuvent offrir les opérations addition et soustraction des grandeurs ajoutées et soustraites.

Additions des quantités ajoutées et soustraites.

464. Afin d'apporter dans nos développements le plus de clarté possible, nous fixerons nos idées sur le résultat qui émanera de chaque opération ; car ce n'est que comme devant concourir ou à l'augmentation ou à la diminution des quantités qui leur sont subordonnées, que l'on doit considérer les grandeurs sous les formes additives et soustractives sous lesquelles elles peuvent se présenter dans leur composition et dans leur décomposition.

Disons donc, à l'égard de l'addition que, 1° *Ajouter une addition, c'est augmenter de toute cette addition le résultat auquel on l'ajoute.*

Il y a ici deux cas à considérer : ou cette addition sera ajoutée à une autre addition, ou elle sera réunie à une quantité soustraite.

1er *cas*. Soit l'addition $+4$ à ajouter à celle $+3$.

On aura un résultat exprimé par $+3$ augmenté des additions $+1, +1, +1, +1$, ou de celle $+4$. Ce résultat est donc $+3 +4 = +7$, ou simplement $3 + 4 = 7$, en se conformant à cette convention : *qu'on peut se dispenser d'écrire le signe $+$ devant une quantité ajoutée, si elle est en tête d'une expression composée de plusieurs grandeurs, de même que si elle est seule.*

2me *cas*. Qu'il s'agisse d'ajouter la même addition $+4$, à la soustraction -7.

Il est clair qu'ici l'on a le résultat $-7 +4 = -3$ (461 à la fin du dernier alinéa).

Pour comprendre qu'effectivement il y a eu dans cette hypothèse une augmentation de 4 unités, il faut, comme je l'ai dit, fixer son attention sur le résultat auquel la soustraction — 7 concourrait à la formation ; et alors on conclura facilement que telle grandeur qui, devant être diminuée de 7 unités, ne le serait plus que de 3, si l'on accompagne cette soustraction — 7, de l'addition + 4. Donc, etc.

465. 2°. *Si l'on ajoute une soustraction à un résultat quelconque, on diminue ce dernier de toute cette quantité soustraite.*

En effet, soit, *pour le premier cas*, à ajouter la soustraction — 4, à l'addition + 12.

Cette addition + 12 se réduira donc à $12 + (— 4)$ ou simplement à $12 — 4 = 8$; car la soustraction $— 4 = (— 1) + (— 1) + (— 1) + (— 1)$.

Or, $12 + (— 4) = 12 + (— 1) + (— 1) + (— 1) + (— 1)$ ou 8.

D'ailleurs, pour peu qu'on y réfléchisse, on concevra aisément que tel qui dirait qu'il veut ajouter à ma bourse une soustraction, me donnerait à entendre qu'il veut disposer de mon avoir pour l'équivalent de cette quantité soustraite.

Ainsi, si Pierre ajoute la soustraction — 5 francs à l'avoir de Jean, qui est de 15 francs, ce dernier restera avec $15 — 5$ ou avec 10 francs. Donc, etc.

2me *cas.* Si l'on se propose d'ajouter la soustraction — 4 à celle — 5, on aura $— 5 + (— 4) = — 9$; car moins 5 d'une part, et moins 4 de l'autre, donnent — 9.

Bien qu'ici la première soustraction — 5 ait été augmentée de la seconde — 4, pour arriver à celle — 9, il ne faut pas en conclure que la réunion de ces quantités soustraites n'opère pas une véritable diminution; loin de là, car c'est précisément en raison de cette augmentation dans la grandeur soustraite, qu'il y aura diminution dans le résultat qui en dépendra, attendu que, plus la quantité soustraite est grande, plus le résultat de l'opération est moindre. Donc, etc.

466. *Corollaire.* De ce qui vient d'être dit sur l'addition des quantités numériques ajoutées et soustraites, on en conclut que pour effectuer cette opération sur ces sortes de grandeurs, *il faut les écrire à la suite les unes des autres avec les signes dont elles sont affectées ; puis effectuer ces opérations ainsi indiquées, afin d'en conclure le résultat final.*

De la soustraction des quantités ajoutées et soustraites,

467. A l'égard de la soustraction des quantités ajoutées et soustraites, nous dirons que, 1° *Si l'on soustrait une addition, on diminue le résultat qui en dépend de toute cette addition.*

En effet, soit, *pour le premier cas,* $+4$ à retrancher de $+7$.

L'opération étant indiquée, il vient $+7 - (+4)$. Cette expression fait connaître que la première partie $+7$ doit être diminuée de la seconde $+4$: elle se réduit donc à celle $7-4 = 3$. Donc, etc.

2me *cas.* Si l'on avait $+4$ à retrancher de -7, on indiquerait cette opération ainsi qu'il suit $-7 - (+4)$. Pour faire comprendre ce que signifie une pareille expression, il suffit de faire abstraction du signe $-$ qui précède le terme -7, et il vient $7 - (+4)$ qui se change en $7-4$, d'après ce qui a été dit dans le premier cas. Donnant ensuite au premier terme 7, de cette dernière expression, le signe qui lui est propre, on a $-7-4$ qui indique qu'il faut d'abord retrancher 7 et ensuite 4, en tout 11. Donc, $-7 - (+4) = -7-4$ ou -11.

Or, la soustraction -7 ayant été, par cette opération, augmentée de celle -4, il est évident que le résultat qui en proviendra sera moindre que celui qui proviendrait de -7 seulement. Donc, etc.

468. *Scolie.* Si l'addition $+4$ du premier et du second cas eût compté parmi les termes concourant à la formation des deux résultats séparés, nul doute qu'en la supprimant de part et d'autre on eût diminué d'autant chaque résultat.

469. 2°. *Si d'une quantité quelconque on retranche une soustraction, on augmente d'autant cette grandeur.*

Pour le premier cas, nous nous proposerons de retrancher la soustraction —3 de l'addition + 7.

Afin d'arriver à l'expression qui doit fournir le résultat de l'opération désignée, nous ferons observer que s'il fallait ajouter à 7 la quantité — 3, on aurait, d'après ce qui a été dit n° **465**, 7 + (— 3); mais comme il faut au contraire soustraire — 3 de 7, on doit alors écrire 7 — (— 3); c'est-à-dire qu'il faut faire l'opération inverse en ajoutant 3 à 7. Donc, l'expression 7 — (— 3) = 7 + 3 ou 10. D'ailleurs deux négations valent une affirmation. Donc, etc.

2ᵉ cas. Retrancher la soustraction — 3 de celle — 7.

En faisant abstraction du signe de la quantité — 7, on arrive, d'après ce qui vient d'être dit, à l'expression 7 —(— 3) = 7 + 3. Rétablissant le signe — devant le terme 7, on a — 7 + 3 = — 4 (**461**, à la fin du dernier alinéa).

Or, la soustraction — 7, d'après cette opération, s'est réduite à — 4. Ainsi, le résultat qui proviendra de cette dernière sera plus grand que celui qui résulterait de celle — 7. Donc, etc.

470. *Corollaire.* De ce qui vient d'être dit sur la soustraction des grandeurs affectées des signes + et —, nous conclurons qu'*une semblable quantité numérique se soustrait d'une autre, en l'écrivant à la suite de celle-ci, avec un signe contraire à celui qu'elle a; puis on effectue les opérations ainsi indiquées.*

471. Nous pourrions, à la rigueur, nous en tenir à ce qui précède touchant les opérations élémentaires des quantités numériques précédées des signes + et — 1, attendu que dans les calculs ordinaires de ces sortes de grandeurs, on n'aura guère recours qu'aux deux précédentes pour ce qui concerne l'emploi des logarithmes des quantités moindres que l'unité ; mais comme les lois à observer sur ces deux signes, dans la composition et la décomposition des grandeurs en général, sont soumises à des règles qui ne se donnent qu'en *algèbre*, d'après des raisonnements qui ne satisfont qu'en partie à l'esprit des commençants, vu que ces règles, dans la troisième opération élémentaire, supposent en quelque sorte que ces signes, qui accompagnent toujours les quantités indéterminées, se multiplient entre eux ; ce qui serait absurde, car ce ne sont que les quantités qui sont affectées de ces signes qui doivent être combinées entre elles par voie de multiplication, ou de toute autre opération ; c'est pourquoi nous donnerons en outre, dans cette première partie des mathématiques, les règles à suivre pour les signes $+$ et $-$ dans la multiplication des quantités qui en sont accompagnées, en les envisageant, comme nous l'avons fait jusqu'ici, sous leurs véritables points de vue : ceux de grandeurs ajoutées et soustraites.

De la multiplication des quantités ajoutées et soustraites.

472. Il se présente quatre cas sur la multiplication de ces grandeurs, savoir : 1° *une addition à multiplier par une addition; 2° une soustraction à multiplier par une addition; 3° une addition à multiplier par une soustraction ; 4° enfin, une soustraction par une soustraction.*

1er *cas.* Multiplier $+\,4$ par $+\,3$.

On comprend aisément qu'il s'agit ici de répéter l'addition $+\,4$ trois fois. On a donc $+\,4 \times +\,3 = (+\,4) + (+\,4) + (+\,4) = +\,12$.

2e *cas.* Multiplier $-\,4$ par $+\,3$.

On a $-\,4 \times +\,3$, expression qui veut dire qu'il faut ajouter ou répéter trois fois la soustraction $-\,4$; ce qui donne $(-\,4) + (-\,4) + (-\,4) = -\,12$ (n° **464**, 2e *cas*).

3ᵉ *cas*. Multiplier $+ 4$ par $- 3$.

L'expression $+ 4 \times - 3$, ne veut pas dire autre chose sinon qu'il faut retrancher 3 fois l'addition $+ 4$. On a donc $- (+ 4) - (+ 4) - (+ 4) = - (+ 12)$. On doit donc retrancher $+ 12$; il faut donc écrire $- 12$ (n° **467**, 1ᵉʳ et 2ᵉ *cas*).

On arriverait encore au même résultat $- 12$, si l'on intervertissait l'ordre des facteurs du produit $+ 4 \times - 3$; car on aurait $- 3 \times + 4 = (- 3) + (- 3) + (- 3) + (- 3) = - 12$ (**464**, 2ᵉ *cas*).

4ᵉ *cas*. Soit enfin la soustraction $- 4$ à multiplier par celle $- 3$.

On voit sans peine que $- 4 \times - 3$ signifie qu'il faut retrancher trois fois successivement la soustraction $- 4$. On a donc $- (- 4) - (- 4) - (- 4) = - (- 12) = + 12$ (**469**, 1ᵉʳ et 2ᵉ *cas*).

On pourrait encore raisonner ainsi sur ce quatrième cas :

Multiplier une soustraction par une soustraction, c'est (**469**), augmenter d'autant de fois cette soustraction multiplicande, qu'il y a d'unités soustraites dans le multiplicateur.

Exemple. Multiplier $- 4$ par $- 3$.

D'après ce qui a été dit, n° **469**, la soustraction $- 4$ donne pour résultat $+ 4$. Donc, trois fois ce résultat égalent $+ 12$. Donc, enfin, $- 4 \times - 3 = + 12$.

475. De ce qui précède, nous conclurons que : 1° *le produit d'une addition par une addition est lui-même une quantité additive;* 2° *celui d'une soustraction par une addition est une grandeur soustraite;* 3° *si l'on multiplie une addition par une soustraction, on a une soustraction;* 4° *enfin, multiplier une soustraction par une semblable quantité, on obtient une addition.*

On peut comprendre toutes ces circonstances dans une seule règle générale, qu'on observera à l'égard des signes caractéristiques des quantités considérées comme facteurs ; cette règle consiste : *à donner le signe + (plus) au produit lorsque les facteurs auront des signes semblables, et le signe — (moins) lorsque ceux des facteurs seront dissemblables.*

Emploi des logarithmes des fractions ordinaires proprement dites.

474. L'emploi des logarithmes des fractions ordinaires proprement dites, ne peut apporter aucune difficulté dans les calculs : on voit d'après ce qui a été dit n°° **463** et suivants, que loin de les employer selon une règle générale tout opposée à celle qui a été assignée pour les logarithmes des nomres entiers, on les emploiera de la même manière.

En effet, une multiplication logarithmique s'opère en ajoutant le logarithme du multiplicateur à celui du multiplicande (**454**). Or, si le multiplicateur est une fraction proprement dite, il est clair qu'en ajoutant son logarithme à celui du multiplicande, on ajoutera une soustraction ; c'est-à-dire qu'on diminuera le logarithme du multiplicande de celui de la fraction multiplicateur.

Disons donc que, *quand on aura à multiplier par une fraction, il faudra diminuer le logarithme du multiplicande du logarithme du multiplicateur.*

Ce qui est évident, car multiplier par une fraction c'est multiplier par le numérateur, et ensuite diviser par le dénominateur (**122**).

Si donc on opère par logarithmes, il faut ajouter le logarithme du numérateur, puis retrancher de la somme le logarithme du dénominateur (**454**), ou, ce qui revient au même, retrancher seulement du logarithme multiplicande, l'excès du logarithme du dénominateur sur celui du numérateur ; car ajouter 3 d'une part et retrancher 7 de l'autre, c'est simplement retrancher 7 — 3 ou 4.

Or, l'excès du logarithme du dénominateur sur celui du numérateur est précisément le logarithme retranché de la fraction multiplicateur. Donc, etc.

475. A l'égard de la division logarithmique par une fraction, il faut, d'après ce qui a été dit, n° **454**, 2°, soustraire
le logarithme de la fraction diviseur de celui du dividende;
mais si l'on se rappelle (**469**) que retrancher une soustraction c'est augmenter de cette soustraction la quantité de laquelle on doit la retrancher, nous en conclurons que retrancher du logarithme du dividende celui de la fraction diviseur, *se réduit à augmenter le premier de ces logarithmes du
second.*

Donc, pour diviser par une fraction moindre que l'unité,
en employant les logarithmes, *il faut augmenter le logarithme
du dividende, de la totalité de celui de la fraction diviseur.*

En effet, diviser par une fraction, c'est multiplier par le
dénominateur de cette fraction diviseur; puis diviser ensuite
par son numérateur (**132**).

En sorte que diviser par $\frac{3}{4}$, par exemple, c'est la même
chose que multiplier par $\frac{4}{3}$. Donc, si l'on opère par logarithme, il faut ajouter le logarithme de l'expression fractionnaire $\frac{4}{3}$; ce qui revient à ajouter au logarithme du dividende,
la différence du logarithme de 4 sur celui de 3 (**460**), ou, en
d'autres termes, ajouter la différence qui existe entre le logarithme du dénominateur de la fraction proposée pour diviseur,
et le logarithme de son numérateur.

Cette différence logarithmique est précisément le logarithme retranché de la fraction diviseur $\frac{3}{4}$. Donc, etc.

476. Ce qui précède étant bien compris, nous passerons à
la recherche du logarithme d'un nombre qui excède les limites des tables.

Pour cela, il faut se rappeler cette seconde conséquence du
n° **448**; que si l'on ajoute une, deux, etc., unités à la caractéristique du logarithme d'un nombre, on multiplie ce

nombre par 10, par 100, etc.; et que si, au contraire, on retranche une, deux, etc., unités de la caractéristique d'un logarithme, on divise le nombre correspondant par 10, par 100, par, etc.

Cela posé, qu'il soit question de trouver le logarithme de 487928.

Pour cela, on séparera par une virgule, sur la droite du nombre proposé, autant de chiffres qu'il sera nécessaire pour que la partie restante à gauche puisse se trouver dans les tables.

Ici, je détache deux chiffres et j'ai 4879,28, nombre qui est cent fois plus petit que celui proposé. Ainsi, le logarithme de 4879,28, rendu cent fois plus grand, sera celui demandé.

Or, pour obtenir le logarithme de 4879,28, je cherche dans les tables celui de la partie entière 4879 que je trouve être 3,68842.

Pour avoir le logarithme de la partie décimale 0,28, je prends la différence 9 qui existe entre les logarithmes des nombres 4879 et 4880; après quoi je fais cette règle de trois : Si pour une unité de différence entre les nombres 4879 et 4880, on a 0,00009 de différence entre leurs logarithmes; combien pour 0,28 de différence entre les deux nombres 4879 et 4879,28 aura-t-on de différence entre leurs loga-rithmes? c'est-à-dire qu'on établira la proportion 1 : 9 :: 0,28 : x, de laquelle on tire $x = 2,52$, ou simplement 2, en négligeant les deux décimales.

J'ajoute donc 2 au logarithme 3,68842, en observant que ces deux unités à ajouter ne peuvent être que de l'ordre de la dernière décimale; car la différence 9, relative à la diffé-rence 1, était de cet ordre; ce qui me donne 3,68844 pour le logarithme de 4879,28.

En sorte que pour avoir le logarithme de 487928, il ne me reste plus qu'à ajouter 2 unités à la caractéristique du dernier logarithme obtenu, et il viendra 5,68844 pour celui cherché.

Cet exemple seul suffit pour se mettre au fait de la recherche des logarithmes de ces sortes de nombres.

477. *Scolie.* Il est à remarquer, au sujet de la règle précédente, que la proportion qui s'y trouve est visiblement fausse,
parce qu'elle suppose que les nombres croissent proportionnellement à leurs logarithmes.

Pour se convaincre du contraire de ce que cette règle de trois
suppose, il suffit de se remettre sous les yeux les deux progressions fondamentales :

$$\div\ 1 : 10 : 100 : 1000 : 10000 : 100000 : \text{etc.}$$
$$\div\ 0\ .\ 1\ .\ 2\ .\ 3\ .\ 4\ .\ 5\ .\ \text{etc.}$$

Ces deux progressions nous font voir que, puisque les
nombres 1, 10, 100, etc., de la première suite, ont respectivement pour logarithmes 0, 1, 2, etc., les nombres compris
entre 1 et 10, entre 10 et 100, entre 100 et 1000, etc., se
partagent inégalement une unité entre eux ; car on remarque
que la différence, entre les logarithmes de deux termes consécutifs de la progression par quotient, est toujours 1, tandis que celle qui existe entre ces deux mêmes termes est d'a-
bord 9, ensuite 90, puis 900, 9000, etc. : ce qui fait que
l'unité qui est ici la différence entre deux logarithmes consécutifs, pris dans la seconde progression fondamentale, est
répartie d'abord entre 9, ensuite entre 90, puis entre 900, etc.

Donc, etc.

478. Il suit du scolie précédent que, plus les nombres
sont grands, moins leurs logarithmes diffèrent.

Ainsi, on ne peut donc supposer les différences entre les
nombres comme étant proportionnelles aux différences entre
leurs logarithmes, que dans les nombres fort grands.

Donc, pour avoir le logarithme d'un nombre qui excède
les limites des tables, *on aura soin de ne séparer sur sa droite
que la plus petite quantité possible de chiffres, pour que la
partie restante à gauche se trouve dans les tables ; et alors*

l'opération du n° 476 sera plus que suffisante pour les calculs ordinaires.

Des logarithmes des quantités exprimées en décimales.

479. 1°. Pour avoir le logarithme d'un nombre accompagné de décimales, *on cherche ce logarithme comme si le nombre proposé n'avait pas de virgule décimale; et après l'avoir obtenu, soit immédiatement dans les tables, soit par la méthode que nous avons donnée, on ôtera autant d'unités à sa caractéristique, qu'il y avait de décimales dans le nombre proposé.*

Exemple. Trouver le logarithme de 32,25.

Je cherche le logarithme de 3225 qui est 3,50853.

Ce logarithme, qui appartient à 3225, nombre 100 fois plus grand que celui proposé, est lui-même 100 fois trop grand. Or, si l'on retranche 2 unités de sa caractéristique, on aura 1,50853 pour le logarithme de 32,25.

Autre exemple. Soit à déterminer le logarithme de 34254,25.

Après avoir supprimé la virgule décimale, il vient à trouver le logarithme de 3425425, d'après le procédé du n° **476.**

Or, détachant trois chiffres sur la droite de ce nombre, on a 3425,425 dont le logarithme est 3,53471.

Ce logarithme est 1000 fois plus petit que celui du nombre 3425425; mais comme ce dernier nombre est 100 fois plus grand que celui proposé 34254,25, il en résulte que le logarithme trouvé n'est que 10 fois trop petit. Il est donc 4,53471.

480. 2°. Pour avoir le logarithme d'un nombre décimal plus petit que l'unité, *on cherche encore ce nombre dans les tables comme s'il n'avait pas de virgule décimale; et ayant pris le logarithme correspondant on le retranchera d'autant d'unités qu'il y avait de décimales dans le nombre proposé, et l'on fera précéder le reste du signe — (476).*

Ceci est fondé sur ce qui a été dit n° **461.**

En effet, le logarithme ainsi obtenu aura été multiplié par autant de fois le facteur 10, qu'il y avait de décimales dans le nombre proposé, et alors, pour le rappeler à sa juste valeur, il faudra en retrancher autant d'unités, que de fois il aura été multiplié par 10, ou autant qu'il y avait de décimales dans le nombre donné ; mais, comme la soustraction se trouve impossible, ou mieux, comme le résultat se trouve exprimé par une quantité ajoutée et une quantité soustraite, et que cette dernière est supérieure à la première, on retranchera au contraire le logarithme obtenu, de ce nombre d'unités égal à celui des chiffres décimaux contenus dans la fraction décimale proposée (460). Donc, etc.

Exemple. Trouver le logarithme de 0,05.

Je cherche le logarithme de 5 que je trouve être 0,69897. Mais comme ce logarithme appartient à un nombre 100 fois plus grand que celui du nombre proposé, il en résulte que ce logarithme est lui-même 100 fois plus grand que celui de ce nombre donné 0,05. Donc, pour le rappeler à sa valeur, il faut en retrancher 2 unités ; cela ne pouvant se faire, ou mieux cela étant fait, il vient à simplifier le résultat 0,69897—2, en retranchant au contraire le logarithme 0,69897, de 2 unités ou de 2,00000 ; le reste 1,30103 affecté du signe moins, donne — 1,30103 pour le logarithme cherché.

Si l'on voulait que la caractéristique fût seule soustraite, on aurait $\overline{2}$,69897 (462).

Des logarithmes dont les nombres ne se trouvent point dans les tables.

481. Cette recherche, qui se compose de l'inverse de la précédente, n'est pas moins utile que cette dernière ; car il existe une infinité de cas dans lesquels elle doit être employée : tel est celui de la division où le quotient n'est pas un nombre entier ; alors le logarithme de ce résultat ne se trouve pas exactement dans les tables.

482. Dans cette recherche nous commencerons par trouver le nombre correspondant à un logarithme donné : ce qui présente les deux cas suivants :

1°. Si le logarithme donné excède les limites des tables, *on ôtera assez d'unités à sa caractéristique pour que l'on puisse trouver les premiers chiffres à gauche de ce logarithme;* si tous les chiffres se trouvent dans les tables, *le nombre cherché sera alors le nombre même écrit vis-à-vis, pourvu qu'on mette sur sa droite autant de zéros, qu'on aura ôté d'unités à la caractéristique.*

Exemple. Soit le logarithme 7,60336 qui se trouve, après avoir ôté 4 unités à sa caractéristique, répondre au nombre 4012; d'où l'on conclut que le logarithme proposé a pour nombre correspondant 40120000.

483. 2°. Si l'on ne trouve dans les tables que les premiers chiffres du logarithme, *on se conduira comme dans l'exemple suivant :*

Trouver à quel nombre répond le logarithme 5,24327; à cet effet, j'ôte 2 unités à la caractéristique; le logarithme 3,24327 que j'ai alors, tombe entre 1750 et 1751.

Le nombre auquel ce dernier logarithme appartient est donc 1750 et une fraction.

Afin d'avoir cette fraction, je retranche du logarithme proposé, diminué des deux unités en question, celui de 1750 qui est le plus petit des deux nombres interceptants, ce qui me donne une différence 0,00023. Je prends en même temps la différence 0,00025 qui existe entre les logarithmes des nombres interceptants 1750 et 1751; puis je fais cette règle de trois : si une différence de 0,00025 entre les logarithmes de 1750 et 1751 répond à une unité de différence entre ces nombres, à quelle différence de nombre doit répondre la différence logarithmique 0,00023, ou plus simplement **(355)**,

$$25 : 23 :: 1 : x = \frac{23}{25}.$$

Ainsi le logarithme 3,24327 appartient au nombre

$$1750 + \frac{23}{25}.$$

Le logarithme proposé 5,24327, qui doit correspondre à un nombre 100 fois plus grand, appartient donc à

$$175000 + \frac{2300}{25},$$

ou à 175092, après avoir extrait les entiers contenus dans la fraction $\frac{2300}{25}$.

484. *Scolie.* Remarquons, comme précédemment, que la règle de trois que nous venons de faire n'est exacte qu'autant que les nombres sont grands, par exemple au-dessus de 1500; c'est-à-dire que, quand la caractéristique sera 3, les erreurs auxquelles cette proportion peut conduire, n'influeront en rien sur les calculs ordinaires.

Quant aux logarithmes qui auront une caractéristique inférieure à 3, le numéro suivant va donner le moyen de trouver leurs nombres correspondants, sans le secours de la proportion précédente.

485. Il est un cas pour lequel on peut se dispenser de suivre le procédé que nous venons d'indiquer, principalement lorsqu'on veut se borner à trouver le nombre correspondant à un logarithme donné à moins d'un dixième, d'un centième, ou d'un millième près.

Ce cas est celui où la caractéristique du logarithme proposé est inférieure d'une, de deux, ou de trois unités à la plus grande qui soit contenue dans les tables.

Exemple. Quel est le nombre auquel répond le logarithme 0,54327?

Solution. Dans ce cas-ci, je cherche le logarithme proposé avec 3 unités de plus à sa caractéristique; c'est-à-dire que je cherche le nombre qui correspond à 3,54327, logarithme 1000 fois plus grand que celui proposé. Donc, le nombre auquel il répond, et qui est intercepté par ceux 3493 et 3494, est 1000 fois trop grand : il est donc 3,493 à moins d'un millième près.

Si l'on n'avait ajouté que deux, ou qu'une seule unité à la caractéristique du logarithme proposé, l'on n'eût obtenu le nombre correspondant qu'à moins d'un centième, ou d'un dixième près.

Si ces approximations ne suffisaient pas, on suivrait le procédé du n° 483.

Des fractions ordinaires et décimales correspondantes à des logarithmes soustraits.

486. Nous avons vu, n°ˢ 461 et 480, que les logarithmes des fractions ordinaires, ainsi que ceux des quantités décimales plus petites que l'unité, étaient des grandeurs soustraites.

Si donc on voulait savoir à quelle fraction ordinaire répond un logarithme soustrait, *il faudrait d'abord chercher la fraction décimale correspondante ; puis transformer celle-ci en fraction ordinaire.*

Exemple. Soit à déterminer la fraction ordinaire correspondante au logarithme — 1,53273.

A cet effet, *on ajoutera à ce logarithme, ou une, ou deux, ou trois, etc., unités, ou, ce qui revient au même, on ajoutera ce logarithme soustrait à ce même nombre d'unités : opération qui se réduit à diminuer ce nombre d'unités, de tout ce logarithme (465) ; et, après avoir trouvé le nombre qui répondra au logarithme reste, on en séparera sur la droite, par une virgule, autant de chiffres qu'il y aura eu d'unités dans le nombre qu'on aura ainsi diminué du logarithme proposé.*

Pour en revenir à notre exemple, j'ajoute donc à 4 unités le logarithme soustrait —1,53273, et j'ai $4 + (—1,53273)$ ou

$$4 — 1,53273 = 2,46727.$$

Ce logarithme reste tombant entre les logarithmes des nombres 293 et 294, j'en conclus que la fraction décimale correspondante est entre 0,0293 et 0,0294 ; elle est donc 0,0293 à moins d'un dix-millième près ; et qu'alors la fraction ordinaire correspondante au logarithme donné est $\dfrac{293}{10000}$.

En effet, ajouter un logarithme soustrait à 4 unités, c'est augmenter ce logarithme de celui 4,00000 correspondant au nombre 10000. Or, le résultat fait connaître le logarithme qui répond au produit des deux nombres correspondants aux logarithmes ainsi réunis (454). On a donc multiplié par 10000 la fraction correspondante à ce logarithme soustrait. Donc le nombre qu'on obtient est 10000 fois trop grand. Donc, etc.

La théorie des logarithmes étant une des plus importantes des mathématiques, en raison de la grande utilité de ceux-ci dans les calculs ordinaires, comme dans les plus compliqués, il importe de l'étudier jusqu'à ce que l'on soit à même de les employer avec une grande habileté.

Du complément arithmétique, ou de la différence d'un nombre à son unité décuple.

487. On nomme complément ce qu'il faudrait ajouter à un nombre pour avoir l'unité suivie d'autant de zéros, qu'il y a de chiffres dans ledit nombre : en sorte que l'on entendra par complément arithmétique *la différence qui existe entre un nombre et l'unité suivie d'autant de zéros qu'il y a de chiffres dans ce nombre*, ou *la différence en moins d'un nombre à son unité décuple.*

Ainsi, le complément arithmétique de 3424 sera

$$10000 - 3424 = 6576;$$

celui de 53299 est

$$100000 - 53299 = 46701.$$

Usages du complément arithmétique.

488. De la manière d'obtenir le complément arithmétique d'un nombre, on conclut aisément que si l'on avait à retrancher un nombre d'un autre, *on y parviendrait en ajoutant à ce dernier le complément arithmétique du premier, pourvu toutefois qu'on retranchât de la somme, une unité immédiatement supérieure à la plus élevée qui soit contenue dans le nombre dont on a pris le complément arithmétique.*

En effet, un nombre quelconque et son complément arithmétique ne sont autre chose que les deux parties composant la somme exprimée par l'unité de l'ordre immédiatement supérieur aux unités les plus élevées dudit nombre (**487**).

Mais, par hypothèse, la première de ces deux parties doit être retranchée, et au lieu d'effectuer cette soustraction, on ajoute encore l'autre partie de cette somme. Donc le résultat se trouve trop grand de la somme totale de ces deux parties. Donc, etc.

L'exemple suivant fera ressortir l'évidence de cette espèce d'allégorie.

Soit à retrancher 3422 de 52325.

A cet effet, j'ajoute au nombre 52325 le complément arithmétique de 3422 qui est $10000 - 3422 = 6578$, ce qui me donne 58903. Résultat trop grand de 10000, puisque, du nombre proposé 52325, je devais en ôter 3422, première partie de la somme 10000, tandis que je lui ai encore ajouté l'autre partie 6578 de cette même somme 10000. Donc le résultat 58903 est réellement trop grand de toute la somme 10000. Or, retranchant de 58903 une unité de dixaine de mille, qui est celle immédiatement supérieure aux plus élevées qui soit contenu dans le nombre 3422, il vient 48903 pour la différence des deux nombres proposés.

489. Il résulte de là que, si l'on avait à ajouter entre eux deux nombres, et qu'il fallût ensuite ôter de leur somme, celle de deux autres nombres; ce qui exigerait deux additions et une soustraction, l'opération se ramènerait *à ajouter aux deux premiers nombres, les compléments arithmétiques des deux seconds; et à retrancher de la somme autant d'unités qu'on y aurait fait entrer de compléments. Observant que ces unités à retrancher doivent être respectivement de l'ordre immédiatement supérieur à celui des plus hautes unités qui seront contenues dans chacun des nombres appartenant à ces compléments : ce dernier résultat sera la différence des deux sommes proposées.*

Exemple. Ajouter entre eux les deux nombres 638425 et 152331, et de leur somme en soustraire celle des deux suivants : 16402 et 1294.

On procédera à cette opération ainsi qu'il suit :

$$\text{Nombres à ajouter.}\begin{cases}638425\\152331\end{cases}$$

$$\text{Nombr. à soustr.}\begin{cases}16402.\\1294.\end{cases}\quad\text{Compl. à ajouter.}\begin{cases}+\text{Compl. arith. de } 16402 = 83598\\+\text{Compl. arith. de } 1294 = 8706\end{cases}$$

$$\text{Résultats.... } 883060 = 773060.$$

La somme 883060 que j'obtiens est alors trop grande, 1° d'une unité de centaine de mille, par rapport au complément arithmétique du premier des deux nombres à retrancher; 2° d'une unité de dixaine de mille, par rapport au complément arithmétique du second de ces mêmes nombres à soustraire.

Ainsi, retranchant de cette somme ces deux unités, on a 773060 pour la différence des sommes données.

490. Afin d'éviter les erreurs auxquelles la soustraction de ces unités de différents ordres pourrait entraîner, on fera en sorte que les compléments arithmétiques soient homogènes; c'est-à-dire qu'il faudra les obtenir *en retranchant les nombres à soustraire de l'unité suivie du même nombre de zéros,* et ajouter alors à la règle précédente ce qui suit :

Il faudra retrancher de la somme totale autant d'unités d'un ordre immédiatement supérieur à celui des plus hautes qui soient contenues dans le plus grand des nombres dont on a ajouté le complément arithmétique, qu'il y a eu de compléments d'ajoutés.

C'est ainsi qu'en reprenant notre exemple, on aurait :

$$638425 + 152331 + (100000 - 16402) + (100000 - 1294),$$

ou

$$638425 + 152331 + 83598 + 98706 = 973060.$$

Retranchant donc de cette dernière somme deux unités de l'ordre des centaines de mille, on aura 773060 : résultat précédemment obtenu.

Cette propriété du complément arithmétique est d'un grand secours dans les récréations mathématiques, pour ce qui concerne les exercices sur les nombres.

Elle offre, en outre, de grands avantages dans les calculs logarithmiques; c'est pourquoi nous allons en faire l'application aux logarithmes.

Application du complément arithmétique aux logarithmes.

491. De ce qui a été dit sur le complément arithmétique, on déduit facilement son application aux logarithmes.

Exemple. Trouver par logarithmes le quotient qui doit résulter de la division de 3760 par 79.

Solution. Pour effectuer cette opération, comme l'exige l'énoncé de la question, il faut retrancher le logarithme de 79 du logarithme de 3760 (484); ce qui revient à ajouter le complément arithmétique du logarithme de 79 au logarithme de 3760; et à retrancher de la caractéristique du logarithme somme une unité de son ordre le plus élevé (488).

Ainsi la question ci-dessus, résolue par le secours du complément arithmétique, fournit le type suivant :

$$\begin{array}{llr}
\textit{Logarith. de } 3760 = \ldots & & 3,57519 \\
+ \textit{ Le compl. arithm. du log. de } 79 = \ldots & & 8,10237 \\
\hline
\textit{Logarith. du quot.} = \ldots & & 11,67756 = 47,59.
\end{array}$$

492. De ce qui a été dit n° **122.**, on conclut que le produit d'une fraction par une fraction se compose du quotient résultant de la division du produit des deux numérateurs par celui des deux dénominateurs.

Si donc on veut obtenir, par les logarithmes, le produit de $\frac{322}{547}$ par $\frac{35}{98}$, il faudra, de la somme des logarithmes des deux numérateurs 322 et 35 (**454**), retrancher celle des logarithmes des deux dénominateurs 547 et 98 (**454**, 2°), ou, en employant le complément arithmétique, il faudra ajouter à la somme des logarithmes des numérateurs le complément arithmétique du logarithme de chacun des deux dénominateurs ; et retrancher du logarithme somme deux unités de l'ordre le plus élevé de la caractéristique. Le reste sera le logarithme produit des deux fractions (**489**).

Ainsi, l'on a pour l'exemple ci-dessus :

$$\begin{array}{lr}
\textit{Logarithme de } 322 = & 2,50786. \\
\textit{Logarithme de } 35 = & 1,54407. \\
\textit{Compl. arithm. du logarithme de } 547 = & 7,26201. \\
\textit{Compl. arithm. du logarithme de } 98 = & 8,00877. \\
\hline
& 19,32271.
\end{array}$$

Le logarithme somme 19,32271 se trouve trop grand de 20 unités par rapport aux deux compléments qui y sont entrés (**489**) ; on en retranchera donc 20 unités, et l'on aura $19,32271 - 20 = -0,67729$.

Ce logarithme soustrait répond à 0,2102 à moins d'un dix-millième près (**486**).

493. On peut employer le complément arithmétique dans la recherche du logarithme d'une fraction.

A cet effet, *il faudra ajouter le complément arithmétique du logarithme du dénominateur au logarithme du numérateur* (**460**) ; *et se rappeler que la caractéristique du logarithme somme sera trop grande de dix unités.*

Par cette manière d'obtenir le logarithme d'une fraction, on pourra éviter la distinction des logarithmes soustraits de ceux ajoutés, *en les employant dans les calculs sans, au préalable, les diminuer de la quantité d'unités qui doit être retranchée de leurs caractéristiques respectives, pourvu qu'on ait soin de retrancher des résultats qu'on aura obtenus, en employant de tels logarithmes les 10 unités de trop à leurs caractéristiques, autant de fois exactement qu'on remarquera qu'elles y seront entrées ; comme aussi de leur ajouter ces 10 unités autant de fois qu'on verra qu'elles auront été retranchées de fois de trop.*

494. La règle ci-dessus s'applique aux fractions décimales.

Exemple. Si l'on proposait de déterminer le logarithme de o,345, qui n'est autre chose que $\dfrac{345}{1000}$ (**187**), *on ajouterait au logarithme de la fraction décimale proposée* (**480**) *le complément arithmétique du logarithme de l'unité suivie d'autant de zéros qu'il y a de chiffres décimaux dans l'expression décimale donnée* (**448**, 2e cons^ce).

495. Bien que de ce qui précède on puisse déduire facilement le moyen de résoudre une règle de trois logarithmique, par le secours du complément arithmétique, nous croyons devoir en donner ici un exemple :

Soit la proportion 3 : 12 :: 8 : x, on a,

$$
\begin{array}{lr}
\textit{Logarithme de } 12 = & 1,07918 \\
+ \textit{ Logarithme de } \ \ 8 = & 0,90309 \\
+ \textit{ Compl. arithm. du logarithme de } \ \ 3 = & 9,52288 \\
\hline
\textit{Logarithme du } 4^e \textit{ terme} \ldots\ldots\ldots & 11,50515 = 32.
\end{array}
$$

495 *bis*. Nous pourrions terminer ici notre Cours d'Arithmétique si , d'une part , nous n'entrevoyions la nécessité de faire voir qu'effectivement le système de numération, adopté pour les nombres entiers, en raison de ce qu'il repose sur des conventions, pourrait être tout autre que décimal;

Et de l'autre part, l'utilité d'exposer, 1° les moyens à l'aide desquels on parvient à la décomposition d'un produit ou d'un nombre quelconque, en ses facteurs premiers ou non premiers;

2°. De faire connaître qu'on peut simplifier une fraction irréductible, par le moyen des fractions continues, procédé employé parfois, aux dépens de l'exactitude, pour juger, d'une manière très approchée, de la valeur d'une fraction, qui, réduite à sa plus simple expression, reste encore sous la forme de nombres considérables et premiers entre eux.

Enfin, les conditions de divisibilité d'un nombre par tel ou tel autre, sont là autant de théories qui doivent faire partie d'un Traité complet d'Arithmétique proprement dite.

Il est d'ailleurs urgent, dans l'étude des sciences mathématiques, de mettre chaque proposition à sa place, afin que l'esprit, loin d'être occupé alternativement d'une chose et d'une autre, soit constamment fixé sur des matières composant l'ensemble de chacune des parties de ces sciences. Par là, l'attention se trouve d'autant plus soulagée, que les objets dont elle a à s'occuper sont mieux classés et resserrés dans un plus petit cadre dans lequel le jugement et l'esprit travaillent alors en raison inverse de la vraie homogénéité des matières qui sont renfermées dans chaque groupe.

Théorie des différents systèmes de numération.

496. On a vu (16) dans la troisième partie du système de numération, qu'un chiffre, placé à la gauche d'un autre exprimait des unités dix fois plus grandes que celles exprimées par ce dernier, ou que ces premières unités étaient décuples des secondes.

On pourrait tout aussi bien convenir que tout chiffre qui sera placé à la gauche d'un autre, exprimera des unités doubles, triples, quadruples, etc. ; ce qui donnerait alors lieu à des systèmes de numération *binaires*, *ternaires*, *quaternaires*, *etc.*, qui auraient respectivement pour base les nombres 2, 3, 4, etc.

Cela posé, quel que soit le système qu'on adopte, les nombres y seront écrits d'après des conventions analogues à celles adoptées dans le système décimal ; je veux dire que toutes les fois qu'on aura un nombre d'unités égal à la base du système adopté, on aura une unité de l'ordre immédiatement supérieur, nommé *dixaine* dans le système décimal.

De même, un nombre de celles-ci égal à la base en donnera une encore d'un ordre immédiatement supérieur, nommé *centaine* dans le système décimal : ainsi de suite.

En sorte que *si l'on veut avoir dans le système donné l'expression de chaque nombre successivement plus grand d'une unité, on ajoutera consécutivement* 1 *au premier chiffre à droite ; et lorsque cette addition donnera un nombre égal à la base de ce système, ou plus grand que cette base, on ajoutera une unité de plus au chiffre immédiatement à gauche ; puis on écrira à droite le nombre d'unités excédantes. Il en sera de même de chacun des autres chiffres de gauche.*

D'après cela, on voit qu'un seul caractère significatif suffit pour le système *binaire* ; qu'il en faut deux pour celui *ternaire* ; trois pour le *quaternaire* ; eu général, *autant qu'il y a d'unités moins une dans la base du système.* Ce *moins un* est toujours remplacé par un dernier caractère *auxiliaire* servant à marquer l'absence des unités de l'ordre où il se trouve placé ; car le plus grand nombre d'unités de chaque ordre ne peut excéder la base du système.

497. On pourrait choisir pour le système *binaire* les caractères o et 1, pour le *ternaire* ceux o, 1 et 2 ; pour le *quaternaire* il serait loisible de prendre les chiffres o, 1, 2, 3, etc.

Partant, veut-on écrire *quatre* dans le système *quaternaire,* on aura 10 ; le nombre *cinq* écrit dans ce système, vaut par conséquent 11, ou la base plus 1.

L'expression 12, écrite dans le même système, vaut *six*, ou la base plus deux ; celle 13 vaut donc *sept*, ou la base plus 3 ; comme l'expression 20 = 8, ou deux fois la base.

Dans le système *binaire*, l'expression 10 vaut *deux*, ou la base ; celle 11 égale *trois*, ou la base plus 1.

Dans le système *duodécimal* l'expression 10 vaut *douze*; celle 13 vaut *quinze* : 22 égale donc *vingt-six* ou deux fois la base plus 2, etc.

498. Ce que nous venons de dire suffit pour nous mettre à même d'écrire un nombre dans l'un quelconque des différents systèmes de numération.

Quant à la réciproque qui consiste à énoncer, dans le discours, les nombres écrits dans l'un comme dans l'autre de ces systèmes de numération, on ne peut la déduire directement de ce qui précède, parce que nous n'avons pas de noms français pour désigner les divers ordres d'unités de ces différents systèmes.

Pour parvenir à énoncer ces nombres, on est donc obligé de les transformer ou de les traduire dans le système décimal qui contient des mots français pour désigner l'unité de chaque ordre continuellement multiple de la base du système (11).

En conséquence, nous sommes conduit à donner ici le moyen de transformer, dans le système décimal, un nombre écrit dans un système quelconque.

De la transformation, dans le système décimal, d'un nombre écrit dans un système quelconque.

499. *Premier exemple.* Énoncer dans le discours le nombre 23121 écrit dans le système *quaternaire*.

Solution. A cet effet, je vais commencer par le transformer dans le système décimal, faisant observer que je désignerai, pour rendre plus sensible le passage de l'un des systèmes à l'autre, les unités des deuxième, troisième, etc., ordres du nombre proposé, respectivement par les noms dixaine, centaine, etc. ; c'est-à-dire que nous le considérerons comme étant écrit dans le système décimal.

Ainsi, 1° le premier chiffre 1 de droite vaut 1 dans l'un et dans l'autre système ;

2°. Le second chiffre 2, qui vaut deux dixaines, exprime deux fois la base du système, ou $4 \times 2 = 8$.

3°. Le troisième chiffre 1, qui tient la place des centaines, vaut une fois le carré de 10, et marque par conséquent qu'on a pris une fois le carré de la base, ou une fois le produit de 4 par 4 ou enfin $4 \times 4 \times 1 = (4)^2 \times 1 = 16$.

4°. Le chiffre 3, qui est au rang des mille ; représente trois fois le cube de 10, et désigne pour lors qu'on a pris trois fois le cube de la base 4 ; il vaut donc $4 \times 4 \times 4 \times 3 = (4)^3 \times 3 = 192$.

5°. Enfin le chiffre 2 qui est à la place des dixaines de mille est donc formé de deux fois la quatrième puissance de la base et vaut alors $4 \times 4 \times 4 \times 4 \times 2$ ou $(4)^4 \times 2 = 512$.

Ajoutant au premier chiffre de droite du nombre proposé, tous les produits ci-dessus, comme on le voit ci-après, on aura 729 pour l'expression dans le système *decimal* du nombre 23121 écrit dans le système *quaternaire*.

$$\left.\begin{array}{rcr} 1 & = & 1 \\ 4 \times 2 & = & 8 \\ (4)^2 \times 1 & = & 16 \\ (4)^3 \times 3 & = & 192 \\ (4)^4 \times 2 & = & 512 \end{array}\right\} = 729.$$

Ce qu'on vient de dire étant applicable aux autres systèmes, nous en déduirons ce principe que: *Dans l'expression d'un nombre écrit dans quelque système que ce soit, chaque chiffre marque combien de fois il faut prendre de la base du système dans lequel le nombre est écrit, une puissance d'un degré marqué par le rang qu'occupe le chiffre à la gauche des unités simples.*

Deuxième exemple. Transformer dans le système décimal le nombre 43525 écrit dans le système *sextenaire.*

Solution. On a :

$$\left. \begin{array}{llll} 5 & = 5 \times 1 & = & 5 \\ 20 & = 2 \times 6 & = & 12 \\ 500 & = 5 \times (6)^2 & = & 180 \\ 3000 & = 3 \times (6)^3 & = & 648 \\ 40000 & = 4 \times (6)^4 & = & 5184 \end{array} \right\} = 6029.$$

Donc, le nombre 43525, écrit dans le système *sextenaire*, répond à 6029 écrit dans le système *décimal.*

Troisième exemple. Transformer dans le système décimal le nombre 7185 écrit dans le système *novennaire.*

Solution. On a :

$$\left. \begin{array}{llll} 5 & = & & 5 \\ 80 & = 8 \times 9 & = & 72 \\ 100 & = 1 \times (9)^2 & = & 81 \\ 7000 & = 7 \times (9)^3 & = & 5103 \end{array} \right\} = 5261.$$

Transformation dans un système quelconque d'un nombre écrit dans le système décimal.

500. Cette transformation, qui est l'inverse de la précédente, se déduit facilement de cette dernière ; car on remarque dans celle-ci que le nombre décimal égal à celui écrit dans l'un quelconque de ces systèmes, se forme successivement de chaque puissance de ce système quelconque, prise autant de fois qu'il y a d'unités dans chacun des chiffres du rang respectivement correspondant à chacune de ces puissances, jusqu'à la plus haute qui est marquée par le rang qu'occupe le dernier chiffre de gauche dudit nombre ; et renferme en outre le premier chiffre de droite de ce nombre.

D'où l'on conclut généralement que, pour transformer dans un système quelconque, un nombre écrit dans le système décimal, *il faut chercher d'abord quelle est la plus haute puissance de la base nouvelle que le nombre proposé peut contenir; et ensuite déterminer le nombre de fois que cette plus haute puissance y est contenue : le quotient sera le premier chiffre de gauche de l'expression demandée.*

On verra ensuite combien le reste du nombre proposé renferme de fois la puissance de la base immédiatement inférieure, et l'on mettra ce quotient à la droite du premier chiffre déjà obtenu. S'il y a un second reste, on le divisera encore par la puissance de la base immédiatement inférieure; observant de mettre un zéro au quotient, toutes les fois que le reste ne pourra pas se diviser par la puissance qui lui correspond; puis de continuer à diviser ce reste par la puissance de la base d'un degré encore inférieur; et de mettre le quotient toujours à la droite de celui précédemment obtenu.

On continuera ainsi l'opération jusqu'à ce que l'on ait employé pour diviseur la 1re puissance de la base, ou la base elle-même.

Après avoir placé ce dernier quotient, on écrira encore à sa droite le reste de la division, ou zéro s'il n'y a pas de reste; car il est évident que ce reste exprimera toujours le premier chiffre de droite du nouveau système, qui est entré dans le nombre proposé, sans avoir été multiplié par aucun facteur.

Nous allons faire l'application de cette règle à quelques exemples.

1er *exemple.* Transformer dans le système *quaternaire* le nombre 4697 écrit dans le système *décimal.*

Je formerai donc, comme on le voit ci-après, un tableau des diverses puissances de la nouvelle base 4, jusqu'à la plus haute que puisse contenir le nombre proposé 4697.

$$\left.\begin{array}{l} 4697 \\ 601 \end{array}\right\} \quad \underline{4096.}\ |\ \underline{1024.}\ |\ \underline{256.}\ |\ \underline{64.}\ |\ \underline{16.}\ |\ \underline{4.}$$

$$601 \;\big\}\; 1021121.$$

$$89$$
$$25$$
$$9$$
$$1$$

Cela étant fait, on divisera 4697 par cette plus haute puissance 4096; ce qui donnera 1 pour quotient, et 601 de reste.

Divisant ce reste 601 par la puissance 1024 immédiatement inférieure à la première, on aura zéro pour quotient, et le même reste 601.

Ce reste étant divisé par la puissance 256, donnera 2 pour quotient, et 89 de reste.

Je continue à diviser le reste 89 par la puissance 64 immédiatement inférieure à la précédente, et j'ai 1 pour quotient et 25 de reste; lequel reste étant divisé par la puissance 16, donnera 1 pour quotient, et 9 pour reste.

Enfin, divisant ce dernier reste par la première puissance 4 de la base, on aura 2 pour quotient, avec un reste 1; lequel reste s'écrira à la droite du dernier chiffre mis au quotient; ce qui donnera le nombre 1021121 pour l'expression demandée.

2e *Exemple.* Transformer dans le système *sextenaire* le nombre 948 écrit dans le système *décimal.*

Solution. Formant, comme ci-dessus, un tableau des différentes puissances de la base 6 du système donné, jusqu'à la plus haute contenue dans le nombre proposé 948, il viendra à diviser d'abord 948 par 216, ce qui donnera 4 pour quotient, et 84 de reste.

Divisant ce reste 84 par la puissance 36, d'un degré inférieur à la précédente, on aura 2 pour quotient, et 12 de reste.

Ce dernier reste étant divisé par la première puissance de

la base, donnera 2 pour quotient exact. Écrivant ce dernier reste, qui est zéro, à la droite du dernier chiffre mis au quotient, on aura 4220 pour l'expression demandée.

$$
948 \ \Big\{ \ \frac{2\text{.}16 \mid 36 \mid 6}{4220}
$$
$$
84
$$
$$
12
$$
$$
0
$$

D'après ce qui précède, on voit que tout autre système aurait pu être adopté à la place du système décimal, si ce dernier n'eût offert plus de commodité pour les calculs, et plus d'avantages contre les incommensurables.

Théorie de la Divisibilité des nombres.

501. Il importe souvent de connaître les nombres qui en divisent exactement d'autres, tant par rapport aux avantages que l'on en retire dans beaucoup de circonstances, qu'à l'idée juste qu'on conçoit alors sur leur formation. Aussi, l'objet de cette théorie est-il de découvrir les moyens à l'aide desquels on pourra s'assurer de la divisibilité des nombres, sans recourir à la division elle-même (*).

Or, voyons quelles sont les conditions que réclame un nombre pour être divisible ou par 2, ou par 4, ou par 5, etc.

A cet effet, rappelons ce qui a été dit, n° **222**, qu'un nombre quelconque peut toujours être décomposé en ses unités simples, ses dixaines, ses centaines, etc., ou simplement en ses unités simples, et en ses dixaines, vu que toutes les unités de ce nombre supérieures à celles-ci sont des multiples de 10.

(*) On doit entendre par diviseurs d'un nombre, ceux qui le divisent exactement : le diviseur d'un nombre divisera donc ce dernier avec un reste nul ; et le quotient sera par conséquent un nombre entier. Donc, tout nombre qui a des diviseurs n'est autre qu'un multiple de ceux-ci.

Ainsi, un nombre qui est la somme de plusieurs autres, est divisible par un nombre donné, lorsque celui-ci divise exactement chacune des parties composant ce nombre proposé (**154**).

La question est donc ramenée à voir dans quelle circonstance les unités simples, les dixaines, les centaines, etc., d'un nombre, ou tout au moins ses unités simples et ses dixaines, sont divisibles par 2, par 3, par 4, etc.

Cela posé, si l'on décompose le nombre 5434 en deux parties, dont l'une soit ses unités simples, on aura $5430 + 4$, ou $(543 \times 10) + 4$, dont la première 543×10 de ces parties sera toujours divisible par 2 et par 5, puisque l'un de ses facteurs, 10, est lui-même un multiple de l'un comme de l'autre de ces derniers (**193**). Il faut donc que l'autre partie 4 exprimant les unités simples, soit un multiple de 2 ou de 5, pour que le nombre proposé soit divisible ou par 2, ou par 5 (**154**).

Ainsi, 1° *tout nombre terminé ou par* 0, *ou par* 2 ; *ou par* 4, *ou par* 6, *ou, enfin, par* 8, *sera divisible par* 2; et par cette raison jouira de la propriété d'être pair : car on entend par *nombres pairs* ceux qui se divisent exactement par 2, parce que, semblablement au nombre 2, ils peuvent être considérés comme étant la somme de deux parties égales d'unités entières, tandis que les nombres 3, 5, 7, 9, etc., qui ne se partagent qu'en deux parties inégales d'unités entières, se nomment *impairs* (*voir* la note du n° **152**).

Le caractère zéro est compté dans le nombre des chiffres pairs parce que la moitié de zéro ne peut être que zéro; ou encore, tout nombre terminé par un zéro, pouvant être considéré comme étant le quintuple d'un autre nombre finissant lui-même par l'un des chiffres pairs 2, 4, 6 et 8, sera nécessairement un nombre pair.

2°. *Tout nombre terminé par* 0, *ou par* 5, *sera divisible par* 5.

502. Quant aux symptômes de divisibilité des nombres par

3 et par 9, on se rappellera qu'ils ont été développés dans le n° **222**.

303. Pour mettre en évidence les conditions de divisibilité par 4, il suffit de suivre le procédé du n° **154**, qui consiste à observer de la même manière les restes provenant de la division de 10, de 100, de 1000, etc., par 4.

Par là, nous verrons quel reste donnera la division totale du nombre proposé, par le diviseur 4; et en outre, nous déduirons une règle générale pour obtenir chacun de ces restes. En sorte qu'il ne nous restera plus qu'à vérifier si la somme de ces restes est un multiple, ou non, de 4.

Diviseur.

Dividendes. | 4 | *Restes.*

1   1

10   2

100   0

1000   0

etc.   0

En effet, 1 divisé par 4, donne 1 pour reste.

Multipliant ce reste 1 successivement par 10, par 100, etc., on formera les unités, dixaines, centaines, mille, etc.

Or, 10 divisé par 4, donne 2 pour reste; 100 qui se compose de 10×10, étant divisé par le même nombre 4, donnera 2×2 pour reste; 1000 qui égale $10 \times 10 \times 10$, donnera donc pour reste $2 \times 2 \times 2$, ou 8 qui égale 4×2.

On verrait de la même manière que les unités supérieures à l'unité de mille donnent aussi des restes multiples de 4.

Les nombres 20, 200, 2000, etc. ; 30, 300, 3000, etc., etc., étant divisés par 4, donneraient des restes qui seraient respectivement doubles, triples, etc., des précédents restes respectifs $2, 2 \times 2, 2 \times 2 \times 2$, etc. ; en sorte que ces mêmes restes seraient encore des multiples de 4 (**155**); on en exceptera cependant le premier qui, dans certains cas, ne le serait pas, comme on le voit.

Arith. Boil.   26

D'où il suit, que *tout nombre qui n'aurait ni unités simples,
ni unités de dixaines, ou bien dont les unités simples et les
dixaines formeraient un multiple de* 4 *, serait lui-même divisible par* 4.

504. Nous suivrons la même voie pour arriver aux conditions de divisibilité par 6, et nous remarquerons que 10,
divisé par 6, donne un reste 4 ; mais, comme 4 est égal à 6—2,
il s'ensuit que le reste de la division de 10 par 6 est — 2 ;
100, qui égale 10×10, donnera donc pour reste (—2) × (—2),
ou + 4 (n° **472**), qui égale encore 6 — 2 ou — 2 ; 1000, qui se
compose de 10 × 10 × 10, donnera pour reste (—2) × (—2)
× (—2) = [(—2)×(—2)]×(—2) ; mais, (—2)×(—2)=+4,
et (+4) × (—2) =— 8 (n° **472**) ; donc (—2) × (—2) × (—2)
=— 8. De ce reste — 8, ôtant + 6, ou ajoutant + 6 à — 8
(**463** et suivants), on obtient — 2 pour le reste de la division
de 1000 par 6 ; ainsi de suite.

Diviseur.

Dividendes. | 6. | *Restes.*

1 . . . . 1 .

10 . . . .—2 .

100 . . . . ,—2 .

1000 . . . . ,—2 .

etc . . . .—2 .

Nous conclurons donc de là, qu'*un nombre quelconque sera
toujours composé d'un multiple de* 6 *, plus du chiffre de ses
unités simples, moins le double de tous ses autres chiffres ;*
car, si les dividendes simples, au lieu d'être 10, 100, 1000, etc.,
étaient 2, 20, 200, 2000, etc. , ou 30, 300, 3000, etc.,
ou, etc.; on trouverait pour restes + 4 ou — 6, ou, etc.
Donc, etc.

Ainsi, un nombre sera divisible par 6 *toutes les fois que la
différence en plus ou en moins de ses unités simples sur le
double de la somme de ses autres chiffres, sera nulle, ou don
nera un nombre multiple de* 6.

505. Voyons maintenant quels sont les indices de la divisi-bilité d'un nombre par 7.

A cet effet, observons que, 1° l'unité divisée par 7 donne 1 pour reste; 2° 10 étant divisé par 7, donne un reste 3, 3° 100, qui égale 10×10, donnera pour reste 3×3 ou 9, lequel se réduit à 2 en en retranchant 7; 4° 1000, qui égale $10 \times 10 \times 10$, donnera pour reste $3 \times 3 \times 3$ ou 27; mais $27 = (7 \times 4) - 1$: donc le reste de la division de 1000 par 7 est $- 1$; 5° 10000, qui égale $10 \times 10 \times 10 \times 10$, donnera pour reste $3 \times 3 \times 3 \times 3 = 27 \times 3$; mais comme le pre-mier facteur de ce dernier reste 27×3 égale $(7 \times 4) - 1$, il en résulte que ce reste se réduit à $(-1) \times 3$, ou à -3 **(472)**; 6° 100000, qui égale $10 \times 10 \times 10 \times 10 \times 10$, donnera pour reste $3 \times 3 \times 3 \times 3 \times 3$, ou 27×9, ou, à cause que $27 = 28 - 1$, et que $9 = 7 + 2$, $-1 \times + 2 = -2$ **(472)**; 7° 1000000, qui égale $10 \times 10 \times 10 \times 10 \times 10 \times 10$, donnera pour reste $3 \times 3 \times 3 \times 3 \times 3 \times 3$, ou 27×27, ou $-1 \times -1 = +1$ **(472)** : ainsi de suite, c'est-à-dire qu'en continuant ainsi à diviser par 7 l'unité continuellement décuple, on obtiendra alternativement les restes $+1, +3, +2$, et $-1, -3, -2$.

	Diviseur.	
Dividendes.	7.	*Restes.*
1		1.
10		3.
100		2.
1000		-1.
10000		-3.
100000		-2.
1000000		1.

Ces restes 1, 3 et 2 expriment une fois, trois fois et deux fois les chiffres significatifs qui sont à la tête de leurs divi-dendes respectifs 1, 10 et 100; comme les restes $-1, -3$ et -2 expriment aussi moins une fois, moins trois fois et moins deux

26..

fois les chiffres significatifs qui sont à la tête de leurs dividendes respectifs 1000, 10000 et 100000 : ainsi de suite.

Si ces chiffres significatifs étaient doubles, triples, etc., les restes seraient doubles, triples, etc.

D'où il résulte qu'un nombre qui renfermerait des unités simples de mille, des dixaines et même des centaines de mille, serait exprimé par un multiple de 7, plus par ses unités simples, plus par le triple de ses dixaines et le double de ses centaines, moins toutes ses unités simples de mille augmentées du triple de celles du second ordre et du double de celles du troisième.

Si ce nombre proposé renfermait des unités de l'un ou de l'autre, et même de chacun des trois ordres décuples immédiatement supérieurs aux centaines de mille, il serait exprimé par un multiple de 7, plus par un nombre égal à la somme des unités des trois ordres de la première tranche de droite, et en outre par un nombre égal à la somme de toutes les unités de la troisième tranche, moins toutes les unités de la seconde tranche ternaire : ainsi de suite, après avoir multiplié le premier chiffre de chacune de ces tranches par 1, le deuxième par 3 et le troisième par 2.

Donc, en général, pour s'assurer si un nombre est exactement divisible par 7, *il faut le partager en tranches par ordre ternaire, en commençant par la droite ; puis on multipliera le premier chiffre de chaque tranche par 1, le second par 3 et le troisième par 2 ; on fera ensuite deux sommes : l'une de tous les produits provenant des tranches de rangs impairs, et l'autre de ceux résultant des tranches de rangs pairs. La différence entre ces deux sommes sera nulle ou multiple de 7 si le nombre proposé est lui-même divisible par 7.*

Exemple. Qu'il s'agisse de vérifier si 585774 est divisible par 7.

D'après ce qui précède, 585774 est composé d'un multiple de 7, plus $[(4\times1) + (7\times3) + (7\times2)] - [(5\times1) + (8\times3) + (5\times2)] = 39 - 39 = 0$.

Donc le nombre proposé est multiple de 7.

506. Continuant de former le tableau des restes de chacune des divisions par les nombres 8, 11 et 13, en opérant comme précédemment, on verra que,

1°. *Un nombre sera divisible par 8 lorsque la tranche de ses unités simples sera elle-même divisible par 8.*

Diviseur.

Dividendes. | 8. | Restes.

1 . . . . 1 .

10 . . . . 2 .

100 . . . . 4 .

1000 . . . . 0 .

10000 . . . . 0 .

etc. . . . . 0 .

2°. *Un nombre sera divisible par 11 lorsque la différence entre la somme de ses chiffres de rangs pairs et celles de ses chiffres de rangs impairs sera nulle ou divisible par 11.*

Diviseur.

Dividendes. | 11. | Restes.

1 . . . . 1 .

10 . . . . —1 .

100 . . . . 1 .

1000 . . . . —1 .

etc. . . . . etc.

3°. *Pour vérifier si un nombre est divisible par 13, il faut d'abord partager ce nombre en tranches de trois chiffres chacune, à partir du chiffre des dixaines inclusivement; multiplier ensuite de droite à gauche le premier chiffre de chaque tranche par 3, le deuxième par 4 et le troisième par 1; faire la somme des produits provenant des tranches de rangs impairs; faire une seconde somme des produits résultant des tranches de rangs pairs, et augmenter cette dernière somme du chiffre des unités simples du nombre proposé; et, enfin, prendre la différence qui existe entre ces deux sommes : si elle est zéro ou un multiple de 13, le nombre proposé sera lui-même divisible par 13.*

Diviseur.

Dividendes. | 13. | Restes.

1 . . . . 1.

10 . . . . —3.

100 . . . . —4.

1000 . . . . —1.

10000 . . . . 3.

100000 . . . . 4.

1000000 . . . . 1.

etc. . . . . etc.

On découvrira, d'après ce procédé, les conditions de divisibilité par les nombres premiers 17, 19, 23, etc.

Moyen de vérifier un produit et un quotient d'après les propriétés de la divisibilité des nombres.

307. Nous avons vu, n° **222**, que les conditions de divisibilité par 9 servaient à vérifier la multiplication et la division ; il en sera de même des symptômes de divisibilité par les autres nombres : ils nous fourniront aussi des méthodes simples et expéditives pour vérifier ces deux opérations.

A cet effet, nous ferons observer que si l'on divise le multiplicande d'un produit par un certain nombre, on obtiendra un reste si ce dividende n'est pas un multiple du diviseur employé : même observation à l'égard de son multiplicateur.

Dans cette hypothèse, chacune des deux parties du multiplicande, multiple et non multiple du diviseur adopté, étant multipliée successivement par chacune des mêmes parties du multiplicateur, donneront quatre produits particls, dont le premier seul, qui est celui résultant des deux restes, sera non multiple du diviseur en question.

Concluons donc de là, que *si l'on cherchait les restes que donneraient les divisions partielles du multiplicande et du multiplicateur par le diviseur adopté ; que l'on multipliât ensuite ces restes l'un par l'autre, et que l'on cherchât aussi le reste de ce produit, il s'ensuivrait que ce dernier reste serait le même que celui donné par la division du produit total, par le diviseur dont il s'agit ; car l'égalité de ces restes sera la preuve que le nombre obtenu est le véritable produit des deux facteurs donnés.*

Il est bon de dire que nous n'entendons point parler des restes provenant de la division par le nombre 2 ; car ayant toujours 0 ou 1 pour restes, il suffirait que le produit total fût, ce qu'il ne peut manquer d'être, pair ou impair, pour qu'il donnât le même reste que celui du produit des facteurs.

Nous ne nous servirons pas non plus des restes que donnent les diviseurs 4, 8, 5 et 10 ; car ces restes ne dépendent que des deux ou des trois premiers chiffres, et même que du premier seulement ; d'où il suit que les autres chiffres pourraient varier à l'infini, sans que la loi des restes l'indiquât.

Ainsi, nous ne considérerons, dans la règle générale donnée plus haut, que les restes provenant de la division, ou par 3, ou par 9, ou par 7, ou par 11, etc.

Exemple. Qu'il soit proposé de vérifier si 1866392 est bien le produit de 7348 par 254.

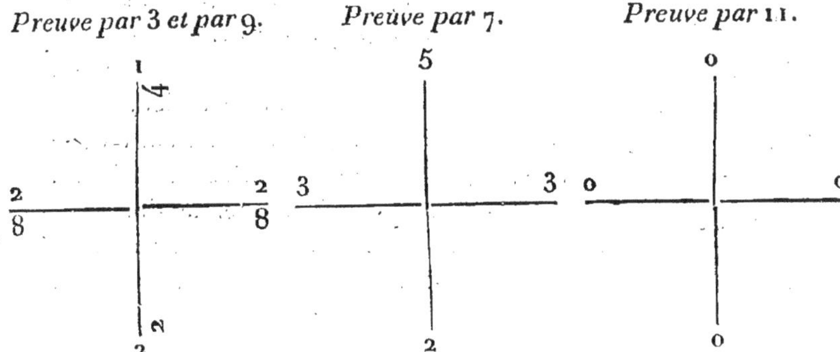

On cherchera donc les restes du multiplicande, successivement d'après les conditions de divisibilité par 3, par 9, par 7 et par 11; puis on cherchera pareillement les restes du multiplicateur, selon les mêmes principes de divisibilité, ayant soin d'écrire le premier de ces restes à l'extrémité supérieure, et le second à celle inférieure de la même ligne verticale, comme on le voit d'autre part, pour chacun des modes de vérification; puis on déterminera le reste du produit de chacun de ces couples de résultats, qu'on écrira à l'une des extrémités de la ligne horizontale. Ce dernier reste devra être égal à celui qu'on obtiendra en divisant le produit donné par le nombre qui aura servi de diviseur à ses facteurs.

508. Quant à la division, on se rappellera ce qui a été dit n° **222**, que, puisque le dividende est la somme du produit du diviseur par le quotient et du reste de l'opération, il s'ensuit évidemment que *le reste fourni par la division du dividende par un certain nombre, doit être égal au produit de celui qui résulte du diviseur, par celui que donne le quotient, plus au reste que donne la division du reste de l'opération principale par ce même diviseur.*

Recherche des nombres premiers.

509. Pour procéder à la recherche des nombres premiers, *il suffit de diviser chacun de ceux composant leur suite naturelle et indéfinie, successivement par chacun de ceux moindres que sa moitié, en commençant par le plus petit. Si aucune de ces divisions ne réussit, on en conclura que le nombre est premier.*

En effet, le plus petit quotient en nombre entier, qu'on puisse obtenir à la première division, quand le diviseur n'égale pas le dividende, est 2; et, dans cette hypothèse, le diviseur, qui multiplié par le quotient reproduit le dividende, doit donc être égal à la moitié du dividende: il ne peut donc excéder cette moitié et donner un quotient plus grand que 1. Donc, etc,

C'est de cette manière que l'on trouve que les nombres premiers sont 1, 2, 3, 5, 7, 11, 13, 17, 19, 23, 29, 31, 37, 41, 43; etc.

510. Les symptômes de divisibilité par les nombres 2, 3, 4, 5, etc, nous fournissent le moyen de simplifier la quantité des divisions à effectuer pour reconnaître quand un nombre est premier ; car nous avons vu n° **507** et suivants, que la seule inspection d'un nombre suffit pour s'assurer s'il est multiple de l'un ou de l'autre de ceux qui doivent lui servir de diviseur, pour en conclure s'il est ou non premier.

511. Il suit en outre de là que les nombres 4, 6, 8, 9, 10, 12, 15, etc. , ne sont pas des nombres premiers ou générateurs, ils ont tous des diviseurs ; ce sont donc des multiples de ces derniers (**51**).

512. Tout nombre multiple d'autres pourra toujours être décomposé en deux parties dont l'une exprimera celle du *tout*, et l'autre la quantité de ces parties (**54**). Chacune de celles-ci pourra également être multiple d'autres nombres , et par conséquent susceptible d'être à son tour décomposée de la même manière : ainsi de suite , ce que l'on appelle *décomposer un nombre non premier en ses facteurs* ; c'est l'objet du chapitre suivant.

Recherche des diviseurs ou des facteurs d'un produit.

513. La décomposition d'un nombre donné , non premier , en ses facteurs, se déduit de sa décomposition en ses facteurs premiers.

Or, la recherche des facteurs premiers d'un produit se conclut de ce qui précède ; on le divise d'abord par 2 autant de fois consécutives que faire se peut. Supposons qu'il soit divisible trois fois par 2 ; alors ce nombre est le produit de $2 \times 2 \times 2$ ou de $(2)^3$, par le dernier quotient qu'on a obtenu.

On essaiera ensuite la division de ce dernier quotient par 3. Supposons que cette dernière division puisse s'effectuer 2 fois consécutivement ; ce quotient en question sera à son tour le produit de $(3)^2$, par un nouveau quotient ; en sorte que le nombre proposé sera actuellement le produit de $(2)^3 \times (3)^2$, par le dernier quotient.

On continuera ainsi à éprouver tous les nombres premiers jusqu'à ce que l'on obtienne pour quotient un nombre premier qui comptera dans la quantité des facteurs premiers du nombre proposé ; car ce dernier quotient, multiplié par tous les autres facteurs premiers, égale le nombre donné.

La théorie de la divisibilité des nombres sera encore d'un grand secours dans cette décomposition d'un nombre en ses facteurs premiers.

Exemple. Soit 360 le nombre proposé. Afin de mieux distinguer les facteurs, on donnera au calcul la disposition ci-contre :

Dividendes.	*Diviseurs premiers.*
360	 2
180	 2
90	 2
45	 3
15	 3
5	 5

On divisera ce nombre par 2, puis le quotient 180 encore par 2, et enfin le dernier quotient 90 étant divisé par 2, donne 45.

Comme 45 n'est plus divisible par 2, on prendra en toute assurance le nombre 3 pour nouveau diviseur parce que $4 + 5 = 9$ **(223)**; puis on divisera encore 15 par 3 et l'on aura pour dernier quotient le nombre premier 5 qui, mis au nombre des diviseurs premiers de 360, termine l'opération et donne $360 = (2)^3 \times (3)^2 \times 5$.

Autre exemple. Soit le nombre 210.

Dividendes.	Diviseurs premiers.
210	2
105	3
35	5
7	7

514. Il est important de remarquer que les nombres premiers, employés comme diviseurs, doivent être au-dessous de la racine carrée du nombre proposé; et que, s'ils ne divisent ce nombre, il est inutile d'aller au-delà de sa racine carrée; car le nombre lui-même est sûrement un nombre premier, puisque tout nombre est le produit de sa racine carrée par elle-même. Ainsi, si l'on fait croître l'un des facteurs, l'autre doit décroître (54); ce qui prouve que lorsqu'il y a un diviseur plus grand que la racine carrée du nombre proposé il y en a aussi un plus petit.

Exemple. 127 est un nombre premier; car il n'est divisible par aucun des nombres 2, 3, 5, 7, etc., jusqu'à 11, et sa racine carrée est interceptée par 11 et 12.

515. *Scolie.* Le nombre 477 peut être divisé deux fois par 3, et l'on a $477 = (3)^2 \times 53$; mais 53 est un nombre premier, vu qu'il n'est divisible ni par 2, ni par 3, ni par 5, ni par 7, racine du plus grand carré contenu dans 53. Donc, 477 ne peut être ultérieurement décomposé; ses facteurs premiers sont donc $3 \times 3 \times 53$. Voyez *Euler, Lagrange, Gauss* et *Legendre*.

De la décomposition d'un produit en tous ses facteurs premiers et non premiers.

516. Pour en venir à la décomposition d'un produit en tous ses facteurs premiers et non premiers, nous ferons observer que, 1° ayant d'abord décomposé ce nombre en ses facteurs premiers, tous ceux-ci combinés entre eux par voie de multiplication, donneront un produit qui divisera celui proposé, car tout nombre se divise par lui-même.

2°. Ces mêmes facteurs premiers, multipliés entre eux, en tant qu'ils font *moins un*, donneront un certain nombre de produits dont chacun sera un diviseur non premier du nombre proposé; parce que chacun d'eux exprimera la quantité de fois que le *moins un*, qui n'est pas entré dans le produit dont il s'agit sera contenu dans le dividende total.

3°. Si on les combine de nouveau entre eux, en tant qu'ils sont *moins deux*, on aura encore un nombre quelconque de produits, dont chacun d'eux divisera aussi celui donné; attendu que chacun de ceux-là fera connaître combien de fois est contenu dans celui-ci le résultat de la multiplication entre eux des deux autres, exprimés par le *moins deux*, qui n'ont pas concouru à la formation de ce produit diviseur; ainsi de suite, *en les multipliant toujours entre eux, en tant qu'ils sont, de moins un en moins un, jusqu'à leur produit 2 à 2; ce qui donnera, en prenant la formule dans l'ordre inverse, pour diviseurs non premiers du nombre proposé, tous les produits différents dont sont susceptibles ses facteurs premiers pris 2 à 2, 3 à 3, 4 à 4, etc., jusqu'à égalité de leur nombre.*

517. La difficulté de cette décomposition est donc de déterminer le nombre de produits différents que l'on peut former avec une quantité quelconque de facteurs pris 2 à 2, 3 à 3, 4 à 4, etc., vu qu'il n'y a que les connaissances algébriques qui puissent conduire à une formule générale à l'aide de laquelle on arrive à ce nombre de produits différents dont est susceptible une quantité m de facteurs pris n à n.

Nous nous bornerons donc ici à donner le moyen de les obtenir sans, au préalable, en faire connaître la quantité.

A cet effet, soit le nombre 2310.

On commencera par chercher les facteurs premiers du nombre proposé en donnant aux calculs la même disposition que dans le n° 515, et l'on aura, pour ceux de celui en question, 2, 3, 5, 7 et 11.

divid.	diviseurs premiers et non premiers.
2310	2
1155	2 3.6
385	2 2 3 5.10.15.30
	2 2 2 3 3 3 4 7.14.21.35.42.70 105.210
11	2 2 2 2 3 3 3 4 3 3 4 4 4 5 11.22.33.55.77.66.110.165.360.154.231.385.462.770.1155.2310.

Cela étant on obtiendra les autres facteurs ainsi qu'il suit :

On multiplie le deuxième diviseur 3 par le premier qui est 2, et l'on écrit le produit 6 à côté du multiplicande 3; puis on multiplie le troisième des diviseurs premiers 5, par chacun des précédents diviseurs 2, 3 et 6 du nombre proposé, ayant soin d'écrire à côté du multiplicande 5, les produits 10, 15 et 30 qui en résultent.

Passant ensuite au quatrième de ces diviseurs premiers, qui est 7, on le multipliera par chacun des diviseurs précédents tant premiers que non premiers ; puis on écrira pareillement à la droite de ce nouveau multiplicande 7 les produits 14, 21, 35, 42, 70, 105 et 210, qui en résultent, comme étant autant de nouveaux diviseurs du nombre proposé.

Enfin, multipliant le cinquième et dernier des diviseurs premiers de 2310, qui est 11, par chacun de ses précédents diviseurs premiers et non-premiers ; et écrivant de même les résultats à la suite du dernier multiplicande 11 on aura, pour le restant des diviseurs du dividende proposé, 22, 23, 55, 77, 66, 110, 165, 360, 154, 231, 385, 462, 770, 1155 et 2310.

On voit par le dispositif ci-dessus, dans lequel on a indiqué au-dessus de chaque produit le nombre des facteurs premiers qui l'ont composé, que les cinq diviseurs premiers du nombre proposé, fournissent eux-mêmes dix autres diviseurs de ce nombre en les combinant 2 à 2 ; un pareil nombre pris 3 à 3 ; cinq en les prenant 4 à 4 ; et un seul pris en tout qu'ils sont; ce qui s'accorde avec la formule algébrique qui prouve qu'effectivement un nombre 5 de facteurs multipliés entre eux 2 à 2, 3 à 3, 4 à 4 et 5 à 5, donnent en tout 26 produits différents qui divisent tous en particulier le nombre proposé.

Ce nombre 2310 a donc 31 diviseurs différents, tant en nombres premiers que non premiers.

517. Nous ferons remarquer, à l'égard de la décomposition précédente, que si le nombre proposé contenait plusieurs fois les mêmes facteurs premiers, ceux-ci multipliés 2 à 2, 3 à 3, etc., donneraient des produits semblables qui ne compteraient alors que pour 1 dans la quantité des diviseurs de ce nombre. Tel est le produit 360 qui est formé de $2 \times 2 \times 2 \times 3 \times 3 \times 5$.

Les facteurs 2 et 3, qui se répètent, donneraient une grande quantité de produits semblables, qu'il est inutile d'obtenir.

On évitera cette multiplicité de diviseurs égaux en disposant le calcul de la manière suivante :

Dividendes.	*Diviseurs premiers et non premiers.*
360.	2
180.	2.4
90.	2.8
45.	3.6.12.24
15.	3.9.18.36.72
5.	5.10.20.40.15.30.60.120.45.90.180.360.

Comme le facteur 2 est répété trois fois dans la ligne verticale des facteurs premiers de 360, on supprimera le premier couple 2×2, après avoir écrit son produit sur la deuxième ligne horizontale.

Ce nouveau diviseur 4 multipliant le dernier des trois facteurs 2, qui seul doit rester de son nombre, donne 8, que l'on écrit à sa suite dans la troisième ligne horizontale.

En sorte que les diviseurs premiers se réduisent d'abord à 2, 3, 3 et 5, et l'on a déjà pour diviseurs non premiers de 360 les nombres 4 et 8.

Passant au quatrième des diviseurs premiers, c'est-à-dire au premier des diviseurs 3, on le multipliera par les précédents 2, 4 et 8 : les résultats 6, 12 et 24 s'écriront à sa droite dans la quatrième ligne horizontale.

Ensuite, comme le couple de facteurs 3×3 donne 9, on place ce résultat sur la droite du cinquième diviseur premier, et l'on supprime le premier de ces deux diviseurs 3, ce qui fait que les diviseurs premiers de 360 sont 2, 3 et 5 ; puis on continue à multiplier 3 par chacun des précédents diviseurs 2, 4, 8, 6, 12 et 24, excepté toutefois les trois premiers 2, 4 et 8, dont les produits 6, 12 et 24 figurent déjà dans la quatrième ligne horizontale.

Le restant des diviseurs du nombre proposé s'obtiendra donc en multipliant le sixième diviseur premier, qui est 5, par chacun de ceux qui précèdent, et l'on aura pour tous les diviseurs de 360 les vingt-trois nombres suivants : 2, 3, 4, 5, 6, 8, 9, 10, 12, 15, 18, 20, 24, 30, 36, 40, 45, 60, 70, 72, 90, 120, 180 et 360.

Simplification des fractions par le moyen des fractions continues.

548. Nous avons vu, n° 155, que la simplification des fractions, par le plus grand diviseur commun, nous offrait de grands avantages pour le calcul de ces sortes de grandeurs ; cependant ce procédé de simplification nous laisse encore assez souvent les fractions sous une forme trop compliquée pour que les calculs soient encore fort longs ; et comme il arrive quelquefois que l'on n'a besoin que de résultats rapprochés, on a cherché à abréger les calculs aux dépens de l'exactitude, en commençant par ramener à l'unité le numérateur d'une fraction, en le divisant par lui-même ; mais, afin de ne pas changer

la valeur de cette fraction, il a fallu diviser aussi le dénominateur de cette fraction par son numérateur. Cette dernière division ne s'effectuant pas exactement dans une fraction irréductible, il s'ensuit qu'en négligeant le reste, un a un dénominateur trop petit, et par conséquent une fraction trop grande.

Qu'il s'agisse de simplifier la fraction irréductible $\dfrac{13}{37}$.

Divisant les deux termes de cette fraction par son numérateur 13, on a $\dfrac{1}{2 + \dfrac{11}{13}}$.

Si l'on néglige la partie $\dfrac{11}{13}$ du dénominateur, ce dernier sera trop petit, et la fraction $\dfrac{1}{2}$ trop grande.

Si, au contraire, on opère sur la fraction $\dfrac{11}{13}$, comme sur celle proposée, on aura $\dfrac{1}{2 + \dfrac{1}{1 + \dfrac{2}{11}}}$.

Négligeant, à son tour, la fraction $\dfrac{2}{11}$ dans le dénominateur de celle $\dfrac{1}{2 + \dfrac{2}{11}}$, il vient $\dfrac{1}{2 + \dfrac{1}{1}}$, ou, à cause que $\dfrac{1}{1} = 1$,

$\dfrac{1}{3}$ pour seconde valeur approchée de $\dfrac{13}{37}$; car le dénominateur de $\dfrac{1}{1}$ est trop petit de toute la fraction $\dfrac{2}{11}$ négligée; donc

l'expression $\dfrac{1}{1} = 1$, qui a été ajoutée au dénominateur de $\dfrac{1}{2}$, est trop grande, et la fraction $\dfrac{1}{3}$ qui en est résultée est elle-même trop petite.

La véritable valeur de $\frac{13}{37}$ est donc interceptée par les deux fractions $\frac{1}{2}$ et $\frac{1}{3}$; c'est-à-dire qu'elle est plus petite que $\frac{1}{2}$, et plus grande que $\frac{1}{3}$. D'où il suit que l'expression

$$\cfrac{1}{2 + \cfrac{1}{1 + \cfrac{2}{11}}}$$

nous donne pour $\frac{13}{37}$ les deux approximations $\frac{1}{2}$ et $\frac{1}{3}$.

En continuant toujours de la même manière à diviser les deux termes de chaque fraction obtenue, par son numérateur, on obtiendra des valeurs successivement plus grandes et plus petites que la fraction proposée ; c'est ce qu'on appelle *convertir une fraction en fractions continues.*

La fraction irréductible $\frac{935}{1813}$ transformée de la sorte en fraction continue, donne

$$\frac{935}{1813} = \cfrac{1}{1 + \cfrac{1}{1 + \cfrac{1}{15 + \cfrac{1}{2 + \cfrac{1}{2 + \cfrac{1}{11}}}}}}.$$

519. Afin de se former une idée juste sur ce qu'on doit entendre par fractions continues, il ne faut point perdre de vue qu'une telle expression s'obtient en divisant toujours les deux termes de la dernière fraction obtenue par son numérateur, en commençant par celle proposée ; et qu'ainsi le reste de la division du dénominateur de chacune de celles-ci, par son numérateur, fournit, par une opération semblable, le numérateur de la nouvelle fraction sur laquelle on opère encore de la même manière : ainsi de suite, jusqu'à ce que l'on arrive directement à une dernière fraction ayant aussi pour numérateur l'unité.

Arith. Boil. 27

D'où il suit évidemment qu'une fraction continue peut être définie ainsi : *c'est une suite de fractions ayant toutes l'unité pour numérateur, et pour dénominateur un nombre entier accompagné d'une de ces mêmes fractions, excepté la dernière qui, seule, est d'une dénomination exprimée par un nombre entier.*

Si la fraction ordinaire dont il s'agit n'est pas une fraction proprement dite, il est clair que la définition de la fraction continue, équivalente à ce nombre fractionnaire, doit commencer par cette phrase : *c'est une expression composée d'un entier accompagné d'une suite de fractions,* etc.

520. *Scolie.* Si l'on se reporte à la manière dont on a converti en fractions continues, la fraction $\dfrac{935}{1813}$, on verra qu'on a d'abord divisé 1813, plus grand des deux nombres exprimant les deux termes de la fraction proposée, par 935 le plus petit ; puis ce dernier a été divisé par le reste 878, qui a eu lui-même pour diviseur le second reste 57 ; et ainsi de suite.

Donc la conversion d'une expression fractionnaire, plus petite que l'unité, en fractions continues, ne diffère en rien de la règle générale prescrite pour procéder à la recherche du plus grand diviseur commun à deux nombres. (*Voyez* le n° **159.**)

521. *Réciproquement ;* la conversion d'une fraction continue en fraction ordinaire, se déduit naturellement de la proposition directe : *il suffit,* en commençant l'opération par la droite, *de réduire les entiers en fraction de même espèce que celle qui accompagne le dénominateur de l'avant-dernière fraction,* ou, mieux, *on réduira en fraction de l'espèce de la dernière le dénominateur de la précédente ; puis on divisera le numérateur de celle-ci, par la fraction qu'on aura obtenue* (**134,** 2ᵉ *cas*); *le quotient ajouté au dénominateur de la fraction immédiatement à gauche, donnera le diviseur du numérateur de cette fraction : ainsi de suite, et l'on arrivera à la fraction proposée.*

Si, en opérant ainsi, on commençait par négliger quelques-unes des premières fractions à droite, on aurait des expressions ou trop grandes, ou trop petites, et qui seraient d'autant plus simples qu'on aurait négligé plus de termes vers la droite.

De cette manière, on pourra toujours s'assurer jusqu'à quel point on est éloigné de la vraie valeur de la fraction, en prenant la différence entre la fraction proposée et chacune de celles qu'on aura obtenues.

FIN DE L'ARITHMÉTIQUE.

27.

Nomb.	Logarithmes.	Nomb.	Logarithmes.	Nomb.	Logarithmes.
0	inf. nég.	36	1.55630	72	1.85733
1	0.00000	37	1.56820	73	1.86332
2	0.30103	38	1.57978	74	1.86923
3	0.47712	39	1.59106	75	1.87506
4	0.60206	40	1.60206	76	1.88081
5	0.69897	41	1.61278	77	1.88649
6	0.77815	42	1.62325	78	1.89209
7	0.84510	43	1.63347	79	1.89763
8	0.90309	44	1.64345	80	1.90309
9	0.95424	45	1.65321	81	1.90849
10	1.00000	46	1.66276	82	1.91381
11	1.04139	47	1.67210	83	1.91908
12	1.07918	48	1.68124	84	1.92428
13	1.11394	49	1.69020	85	1.92942
14	1.14613	50	1.69897	86	1.93450
15	1.17609	51	1.70757	87	1.93952
16	1.20412	52	1.71600	88	1.94448
17	1.23045	53	1.72428	89	1.94939
18	1.25527	54	1.73239	90	1.95424
19	1.27875	55	1.74036	91	1.95904
20	1.30103	56	1.74819	92	1.96379
21	1.32222	57	1.75587	93	1.96848
22	1.34242	58	1.76343	94	1.97313
23	1.36173	59	1.77085	95	1.97772
24	1.38021	60	1.77815	96	1.98227
25	1.39794	61	1.78533	97	1.98677
26	1.41497	62	1.79239	98	1.99123
27	1.43136	63	1.79934	99	1.99564
28	1.44716	64	1.80618	100	2.00000
29	1.46240	65	1.81291	101	2.00432
30	1.47712	66	1.81954	102	2.00860
31	1.49136	67	1.82607	103	2.01284
32	1.50515	68	1.83251	104	2.01703
33	1.51851	69	1.83885	105	2.02119
34	1.53148	70	1.84510	106	2.02531
35	1.54407	71	1.85126	107	2.02938

Nomb.	Logarithmes.	Nomb.	Logarithmes.	Nomb.	Logarithmes.
108	2.03342	144	2.15836	180	2.25529
109	2.03743	145	2.16137	181	2.25768
110	2.04139	146	2.16435	182	2.26007
111	2.04532	147	2.16732	183	2.26245
112	2.04922	148	2.17026	184	2.26482
113	2.05308	149	2.17319	185	2.26717
114	2.05690	150	2.17609	186	2.26951
115	2.06070	151	2.17898	187	2.27184
116	2.06446	152	2.18184	188	2.27416
117	2.06819	153	2.18469	189	2.27646
118	2.07188	154	2.18752	190	2.27875
119	2.07555	155	2.19033	191	2.28103
120	2.07918	156	2.19312	192	2.28330
121	2.08279	157	2.19590	193	2.28556
122	2.08636	158	2.19866	194	2.28780
123	2.08991	159	2.20140	195	2.29003
124	2.09342	160	2.20412	196	2.29226
125	2.09691	161	2.20683	197	2.29447
126	2.10037	162	2.20952	198	2.29666
127	2.10380	163	2.21219	199	2.29885
128	2.10721	164	2.21484	200	2.30103
129	2.11059	165	2.21748	201	2.30320
130	2.11394	166	2.22011	202	2.30535
131	2.11727	167	2.22272	203	2.30750
132	2.12057	168	2.22531	204	2.30963
133	2.12385	169	2.22789	205	2.31175
134	2.12710	170	2.23045	206	2.31387
135	2.13033	171	2.23300	207	2.31597
136	2.13354	172	2.23553	208	2.31806
137	2.13672	173	2.23805	209	2.32015
138	2.13988	174	2.24055	210	2.32222
139	2.14301	175	2.24304	211	2.32428
140	2.14613	176	2.24551	212	2.32634
141	2.14922	177	2.24797	213	2.32838
142	2.15229	178	2.25042	214	2.33041
143	2.15534	179	2.25285	215	2.33244

Nomb.	Logarithmes.	Nomb.	Logarithmes.	Nomb.	Logarithmes.
216	2.33445	252	2.40140	288	2.45939
217	2.33646	253	2.40312	289	2.46090
218	2.33846	254	2.40483	290	2.46240
219	2.34044	255	2.40654	291	2.46389
220	2.34242	256	2.40824	292	2.46538
221	2.34439	257	2.40993	293	2.46687
222	2.34635	258	2.41162	294	2.46835
223	2.34830	259	2.41330	295	2.46982
224	2.35025	260	2.41497	296	2.47129
225	2.35218	261	2.41664	297	2.47276
226	2.35411	262	2.41830	298	2.47422
227	2.35603	263	2.41996	299	2.47567
228	2.35793	264	2.42160	300	2.47712
229	2.35984	265	2.42325	301	2.47857
230	2.36173	266	2.42488	302	2.48001
231	2.36361	267	2.42651	303	2.48144
232	2.36549	268	2.42813	304	2.48287
233	2.36736	269	2.42975	305	2.48430
234	2.36922	270	2.43136	306	2.48572
235	2.37107	271	2.43297	307	2.48714
236	2.37291	272	2.43457	308	2.48855
237	2.37475	273	2.43616	309	2.48996
238	2.37658	274	2.43775	310	2.49136
239	2.37840	275	2.43933	311	2.49276
240	2.38021	276	2.44091	312	2.49415
241	2.38202	277	2.44248	313	2.49554
242	2.38382	278	2.44404	314	2.49693
243	2.38561	279	2.44560	315	2.49831
244	2.38739	280	2.44716	316	2.49969
245	2.38917	281	2.44871	317	2.50106
246	2.39094	282	2.45025	318	2.50243
247	2.39270	283	2.45179	319	2.50379
248	2.39445	284	2.45332	320	2.50515
249	2.39620	285	2.45484	321	2.50651
250	2.39794	286	2.45637	322	2.50786
251	2.39967	287	2.45788	323	2.50920

Nomb.	Logarithmes.	Nomb.	Logarithmes.	Nomb.	Logarithmes.
324	2.51055	360	2.55630	396	2.59770
325	2.51188	361	2.55751	397	2.59879
326	2.51322	362	2.55871	398	2.59988
327	2.51455	363	2.55991	399	2.60097
328	2.51587	364	2.56110	400	2.60206
329	2.51720	365	2.56229	401	2.60314
330	2.51851	366	2.56348	402	2.60423
331	2.51983	367	2.56467	403	2.60531
332	2.52114	368	2.56585	404	2.60638
333	2.52244	369	2.56703	405	2.60746
334	2.52375	370	2.56820	406	2.60853
335	2.52504	371	2.56937	407	2.60959
336	2.52634	372	2.57054	408	2.61066
337	2.52763	373	2.57171	409	2.61172
338	2.52892	374	2.57634	410	2.61278
339	2.53020	375	2.57403	411	2.61384
340	2.53148	376	2.57519	412	2.61490
341	2.53275	377	2.57634	413	2.61595
342	2.53403	378	2.57749	414	2.61700
343	2.53529	379	2.57864	415	2.61805
344	2.53656	380	2.57978	416	2.61909
345	2.53782	381	2.58092	417	2.62014
346	2.53908	382	2.58206	418	2.62118
347	2.54033	383	2.58320	419	2.62221
348	2.54158	384	2.58433	420	2.62325
349	2.54283	385	2.58546	421	2.62428
350	2.54407	386	2.58659	422	2.62531
351	2.54531	387	2.58771	423	2.62634
352	2.54654	388	2.58883	424	2.62737
353	2.54777	389	2.58995	425	2.62839
354	2.54900	390	2.59106	426	2.62941
355	2.55023	391	2.59218	427	2.63043
356	2.55145	392	2.59329	428	2.63144
357	2.55267	393	2.59439	429	2.63246
358	2.55388	394	2.59550	430	2.63347
359	2.55509	395	2.59660	431	2.63448

www.ingramcontent.com/pod-product-compliance
Ingram Content Group UK Ltd.
Pitfield, Milton Keynes, MK11 3LW, UK
UKHW022051120726
13694UKWH00001B/86